U0307048

　　本书基于作者承担的国家社科基金青年项目（18CFX079）结项成果完成写作，感谢国家社科基金项目对于本书出版的资助，也特别感谢天津财经大学法学院对于本书出版的配套资助。

法天下学术文库

《巴黎协定》国家自主
贡献遵约评估机制研究

B ALIXIEDING GUOJIAZIZHU
GONGXIANZUNYUEPINGGUJIZHIYANJIU

潘晓滨 著

中国政法大学出版社

2024·北京

图书在版编目（ＣＩＰ）数据

《巴黎协定》国家自主贡献遵约评估机制研究 / 潘晓滨著. -- 北京：中国政法大学出版社，2024. 6.
ISBN 978-7-5764-1548-3

Ⅰ. P467

中国国家版本馆 CIP 数据核字第 2024SU4534 号

出 版 者	中国政法大学出版社
地　　　址	北京市海淀区西土城路 25 号
邮寄地址	北京 100088 信箱 8034 分箱　邮编 100088
网　　　址	http://www.cuplpress.com (网络实名：中国政法大学出版社)
电　　　话	010-58908586(编辑部) 58908334(邮购部)
编辑邮箱	zhengfadch@126.com
承　　　印	固安华明印业有限公司
开　　　本	720mm×960mm　1/16
印　　　张	25
字　　　数	400 千字
版　　　次	2024 年 6 月第 1 版
印　　　次	2024 年 6 月第 1 次印刷
定　　　价	99.00 元

前　言

　　提交国家自主贡献承诺并保障有效履行，是《巴黎协定》规定的一项缔约方义务。在遵约路径上，《巴黎协定》采取了从温控目标到国家自主贡献，从遵约评估到差距再分配的思路，虽然全球盘点制度增强了温控目标到国家贡献之间差距的透明度，但是在如何对各国贡献进行承诺的充分性与可信度评估，以及事后的履行效果评估，《巴黎协定》在国家自主贡献、便利履行与促进遵守、透明度、全球盘点等规则中都没有作出明确界定，这也给协定所能实现的环境效果带来了极大的不确定性。形成并借鉴具有普遍参考价值的国家自主贡献遵约评估方案，势必成为未来全球气候治理所要面对的问题。中国作为全球应对气候变化的重要参与者、贡献者和引领者，如果能够在未来气候谈判中与多数缔约方认同的遵约评估方案达成一致，并在国家自主贡献可信度评估、遵约程序评估、灵活履约评估、部门基准评估等方案指引下，完善国内应对气候变化法律与政策体系建设，将会进一步巩固我国在国际气候治理中的引领地位，这也是本书的重要意义所在。

　　本书的总体思路分为"溯源—探理—构架—应用"四个步骤。首先，在溯源环节，本书致力于对《巴黎协定》的核心概念、法律形式与义务特征进行探究，并围绕国家自主贡献的制度规范，及其与国家自主贡献遵约密切相关的《巴黎协定》便利履约与促进遵守、透明度、全球盘点和灵活履约制度，进行系统性梳理和规范分析，同时搜集了各个代表性国家（集团）的国家自主贡献文件和分部门的承诺数据和材料，作为比较研究和后文评估的基础。其次，在探理部分，本书综合比较了国际环境法遵约评估相关的法学、国际关系学、伦理学等基础理论，对《巴黎协定》国家自主贡献遵约评估研究的理论体系进行论证。接下来的评估方案分析是本书的核心内容，主要借助比较不同权威学术机构提出的遵约评估方案，构建了系统性国家自主贡献可信度评估、遵约主体与程序评估、灵活履约评估与部门基准评估的"四维度"遵约评估框架体系。技术路线为跟踪世界银行碳市场网络（NCM/HKS）、格林汉姆气候研究院（GRI）、斯德哥尔摩环境研究所与世界资源研究所（SEI/WRI）、欧盟气候行动追踪项目（CAT）等国外智库的研究进展，形成针对《巴黎协定》国家自主贡献遵约评估研究的重要方案和评价结论。最后，也是最重要的，是在对"四维度"遵约评估框架进行总结借鉴的基础上，对我国参与国际气候谈判和履行国际法律义务以及在国内层面完善法律政策体系保障国家自主贡献承诺的实施，提供两方面的针对性建议。在具体的篇章布局上，本书具体分为十个章节。

第一章内容定位于《巴黎协定》的核心概念演变与整体法律架构评析。《巴黎协定》的核心架构首先是明确总体温控目标，然后规定各缔约方为实现这一目标而努力的一般义务，并在具体的专门条款中予以阐述。《巴黎协定》中很少有规范性和明确化的法律义务，并且这些规范性规定主要是程序性的，侧重于国家自主贡献、透明度框架及其问责。这些规定倾向于"行为义务"而非"结果义务"，并通过多种方式加以限定。

第二章内容基于两个视角下的理论梳理与分析。一部分内容着眼于国际法与国际关系遵约理论的发展，通过对现有关于遵约的国际法理论与国际关系理论进行分析，客观评析各个学派观点的优势和不足，用以回答以《巴黎协定》为例的国际遵约理论的本原性问题，探究国家在国际事务中选择遵循国际法这一行为的原因基础。另一方面内容则定位于气候正义理论在法哲学与伦理学层面的演进。通过辨析罗尔斯正义论二原则、内格尔的霍布斯主义、托马斯·博格的世界主义、历史唯物主义和能力主义、波斯纳的国际帕累托主义等理论学说，本部分内容为建构气候正义概念的内涵与外延奠定了坚实的多元化理论基础，气候正义论的研究在于更好指导全球气候正义实践，为不同利益集团国家有效开展国际合作，共同遵守《巴黎协定》义务寻求理论基础。

第三章内容通过国家自主贡献制度的产生背景、条款结构、国际实施进展、存在问题几个角度进行了针对性研究。国家自主贡献是《巴黎协定》中的核心制度，围绕《巴黎协定》第4条自身实施而言，从卡托维茨大会出台的国家自主贡献特征、信息与核算导则中，进一步明确了未来实施问题的解决，并指导各国更好地履行国家自主贡献义务。本部分内容重点包括了对典型国家提交的国家自主贡献更新报告的分析，对其所展现出的特征进行了总结。围绕《巴黎协定》实施细则对国家自主贡献的制度安排和新要求，国家自主贡献通报与更新的情况进展。本部分的问题分析为后续提出相应的《巴黎协定》国家自主贡献履行义务建议提供了重要支撑。

　　第四章内容围绕《巴黎协定》遵约制度及其密切相关的透明度框架、全球盘点和灵活履约制度现状及其存在的问题展开论述。《巴黎协定》建立了一个系统性围绕国家自主贡献的制度体系，与强化透明度框架共同来确保信息的系统化运行。同时，《巴黎协定》通过遵约制度促进缔约方的执行，并敦促缔约方通过全球盘点增强在个体和总体层面的雄心壮志。通过此种方式，该制度可以合乎逻辑地实现《巴黎协定》所设定的温控与全球减缓与适应气候变化目标。然而，该制度体系仍然面临着重大的缺陷，如便利履行与促进遵守的非强制性、缺乏信息的及时性、全球盘点中基于假设而非基于解决方案的决策，以及缺乏对灵活履约制度实施保障等问题。

　　第五章至第八章内容是本书围绕《巴黎协定》国家自主贡献遵约评估的核心章节，包括四个方面的评估方案分析。第五章致力于建立一套科学、有效的国家自主贡献实施可信度评估框架，包括了与国家自主贡献实施直接相关的应对气候变化立法和政策基础，透明、包容和有效的决策过程，公共与私人机构参与，国家参与国际合作与公众舆论，以及过往气候变化承诺的逆转记录、政党与国家领导人的作用、地方实体的参与等核心要素，作为补充，创设了国内目标与国家自主贡献连续性评估。第六章的评估方案围绕《巴黎协定》国家自主贡献的遵约主体功能与程序问题展开，围绕遵约委员会的功能定位在于政治协商而非争端解决问题，便利履行职能与促进遵守的职能差别，在于程序启动并未体现出不同国家的差异性问题，以及委员会所能采取的措施对缔约国的效力侧重于促进遵守而淡化非遵守情况的处理问题，本评估方案建议借鉴国际环境条约中较成熟的非遵守情势程序来强化《巴黎协定》义务的履行。第七章定位于碳市场网络与《巴黎协定》的兼容性评估。评估方案假定碳单位存在的三个价值，即减缓价值、遵约价值和财务价值，提出了《巴黎协定》国家自主贡献的灵活履约与碳市场网络建设相衔接的可行路径。第八章定位于《巴黎协定》目标相兼容的部门基准评估工具评析，通过定义并分析了一系列全球范围内与《巴黎协定》相兼容的部门基准，涉及电力、交通、工业和建筑四个关键部门，并深入分析了典型国家的部门排放水平，考虑了每个国家（集团）当前的技术和基础设施情况，提出关键年份的基准水平参考。

第九章是关于中国参与《巴黎协定》规则谈判与履行义务的针对性建议。在中国参与国际应对气候变化进程的总体战略层面，中国应致力于树立负责任的大国形象，坚持"两个共同体"思想的道德立场，以争取气候谈判话语权为宗旨，秉持两类国家区别对待的双轨思路，为解决气候正义的实践困境贡献中国智慧与方案。在中国参与《巴黎协定》国家自主贡献谈判与履约层面，应建立国家自主贡献全面力度观，巩固《巴黎协定》"自下而上"制度安排，同时积极适用信息与核算导则，筹备第二轮国家自主贡献，并提升国家自主贡献义务履行的能力。在中国参与《巴黎协定》遵约及其配套的透明度框架和盘点制度完善层面，应积极吸收遵约程序方案的合理性要素，将非遵守情势程序的引入作为与透明度规则和全球盘点的纽带，纳入《巴黎协定》强制义务的促进履行。在中国参与《巴黎协定》灵活履约应对环境完整性风险方面，中国应当吸收碳市场网络方案的合理要素，在国际谈判中提出针对《巴黎协定》碳市场规则实施和环境完整性风险应对的中国方案和立法建议，同时积极布局完善国内碳市场规则体系建设，为未来更好参与《巴黎协定》下的国际碳市场减排活动进行必要准备。

第十章是关于中国实施《巴黎协定》国家自主贡献的国内法律政策建议。本部分内容吸收了决定国家自主贡献可信度水平密切相关的应对气候变化立法和政策基础、领导人与政党的作用、公私机构的参与等重要考虑因素，提出了中国在国内有效实施《巴黎协定》国家自主贡献的建议。一方面，中国应建立起"两山"理论指导下的国内"双碳"法治体系，并考虑将"双碳"进程纳入国家正在进行的环境法典编纂过程；另一方面，中国应推进以碳市场为关键点建立应对气候变化法专门立法体系，并考虑创设碳预算等重要制度工具。

目　录

导　论·001

第一章　《巴黎协定》国家自主贡献遵约评估的制度背景·015
　第一节　《巴黎协定》的核心概念及其功能演变·015
　第二节　《巴黎协定》的法律形式与义务特征·017

第二章　《巴黎协定》国家自主贡献遵约评估的理论因应·028
　第一节　国际遵约理论问题及其整合方向评析·028
　第二节　后格拉斯哥时代气候正义的理论同构·040

第三章　《巴黎协定》国家自主贡献的核心条款与履行分析·053
　第一节　国家自主贡献模式的历史发展·053
　第二节　国家自主贡献的概念辨析·057
　第三节　关于《巴黎协定》第4条国家自主贡献的文本分析·064
　第四节　国家自主贡献内容要素与特征分析·083
　第五节　巴黎规则手册对国家自主贡献实施细则的完善·093
　第六节　国家自主贡献通报或更新的情况进展评析·102

第四章　《巴黎协定》国家自主贡献遵约及其相关制度分析·111
　第一节　《巴黎协定》遵约制度现状及其问题·111
　第二节　《巴黎协定》透明度制度现状及其问题·129

第三节 《巴黎协定》全球盘点制度现状及其问题·136

第四节 《巴黎协定》灵活履约制度现状及其问题·144

第五章 《巴黎协定》国家自主贡献实施可信度评估·158

第一节 国家自主贡献实施可信度评估的概念·159

第二节 国家自主贡献可信度评估的框架设计·163

第三节 基于国家自主贡献可信度评估的结果比较·184

第四节 关于国家自主贡献可信度评估框架的扩展分析·188

第五节 关于国家自主贡献可信度评估框架的总体评价·201

第六章 《巴黎协定》便利履行与促进遵守有效实施评估·203

第一节 关于委员会职能的评估·204

第二节 关于遵约程序适用范围的评估·205

第三节 关于未遵守程序的启动环节评估·208

第四节 委员会的成果产出与处理措施评估·214

第五节 基于便利履行与促进遵守评估方案的总体评价·219

第七章 碳市场网络与《巴黎协定》的兼容性评估·221

第一节 国际碳市场网络（NCM）的功能定位·221

第二节 碳市场网络与国际气候机制兼容性评估的基本架构·222

第三节 不同类型碳市场的减缓与遵约价值评估·231

第四节 《巴黎协定》与碳市场网络兼容的可行路径评估·235

第五节 基于碳市场网络评估方案的总体评价·241

第八章 《巴黎协定》目标相兼容的部门基准评估·243

第一节 建立与《巴黎协定》相兼容部门基准的必要性与可行性·244

第二节 与《巴黎协定》相兼容部门基准评估框架设计·257

第三节 与《巴黎协定》相兼容部门基准评估工具的总体评价·290

第九章 中国参与《巴黎协定》规则谈判与履行义务的建议·296

第一节 中国参与国际应对气候变化进程的总体战略·296

第二节　中国参与《巴黎协定》国家自主贡献谈判与履约的建议 · 300

第三节　中国参与《巴黎协定》便利履行与促进遵守完善的建议 · 304

第四节　中国参与《巴黎协定》遵约相关透明度与盘点完善的建议 · 307

第五节　中国参与《巴黎协定》灵活履约应对环境完整性风险的建议 · 309

第十章　中国实施《巴黎协定》国家自主贡献承诺的国内法律政策建议 · 313

第一节　以"两山"理论作为纳入"双碳"目标的生态文明法治指引 · 313

第二节　以碳市场为关键点构建应对气候变化法律与政策体系 · 317

第三节　引入保障"双碳"目标进展的国家碳预算制度 · 330

第四节　建立碳捕获与封存技术与碳市场的耦合机制 · 334

第五节　完善公私合作治理构建以碳市场为核心的公众参与制度 · 337

结论与展望 · 340

缩略词表 · 343

参考文献 · 351

导　论

一、研究背景

(一) 气候变化的现实与全球应对

"气候变化" (Climate Change) 是指气候平均状态统计学意义上的巨大改变或者持续较长一段时间的气候变动。气候变化的原因可能是自然的内部进程，也可能是人为持续对大气组成成分和土地利用的改变。借鉴 1992 年达成的《联合国气候变化框架公约》(UNFCCC)，其对"气候变化"的定义为，除在类似时期内所观测的气候的自然变异之外，由于直接或间接的人类活动改变了地球大气的组成而造成的气候变化。这样来看，国际社会更多关注的是人为因素所致的气候变化。19 世纪以来，气候变化一直是一个重要的科学问题，当时约瑟夫·傅里叶、约翰·廷德尔和斯万特·阿列尼乌斯等科学家都独立地发现并解释了地球大气的动力学，阐明了二氧化碳排放和温度之间的联系。全球变暖在 20 世纪 50 年代末引起了美国科学家的重视，当时贝尔实验室的一系列科学研究把科学带入了日常生活，解释了大气的运作以及气候变化的原因和后果。自 20 世纪 70 年代起，人们越来越多地意识到，温室效应将导致地球表面平均气温缓慢稳步上升。2021 年，联合国政府间气候变化专门委员会 (IPCC) 发布了第六次评估报告第一和第二工作组报告 (AR6-WG-I/II)，再次明确强调，人类的影响很可能是 20 世纪中期以来可观测到的气候变暖的主要原因。数据显示，工业革命之前大气层中的二氧化碳所占比例约为 0.28‰，而这一比例在 2021 年已经超过了 0.4‰。自 1750 年工业革命以来全球大气中二氧化碳、甲烷和氧化亚氮等温室气体的浓度显著增加，它们的总体效应是引起气候变暖。气候变化将导致地球生态系统发生一系列不利的发展变化。一方面，冰川消融、积雪融化，以及海洋温度上升，导致了海平面的上升，同时导致降雨形态改变，季风变化无常，土地退化和草原荒漠化；另一方面，洪涝、干旱、泥石流、滑坡以及飓风等极端天气事件以及灾害性环境事件，在发生频率和强度上也会显著增加。承认地球气候的变化及其不利影响，是人类共同关心的问题。气候变化和人类活动之间存在相互作用、相互影响的关系，或可得到更多证明。全球变暖已成为人类迄今为止面临的最为严重、规模最广泛、影响最深远的全球性环境问题。地球是全人类共有的家园，需要全世界的主权国家和人民采取有效手段共同应对气候变化，其中建立一套行之有效的国际应对气候变化法律制度无疑是最佳路径。

（二）国际应对气候变化法律体系的发展

自 1988 年世界气象组织（WMO）和联合国环境规划署（UNEP）合作成立政府间气候变化专门委员会（IPCC）以探索气候变化的原因、影响和解决方案以来，IPCC 的评估报告和特别报告（如 1.5 摄氏度报告）为全球气候变化决策者提供了重要参考。第一次评估报告第三工作组（FAR-WG-Ⅲ，1990年）回应了联合国大会第 44 届会议（UNGA，1989 年）的决议，即应达成一项气候变化框架公约。该公约应借鉴《保护臭氧层维也纳公约》，包括原则、义务、体制安排、争端解决、条约附件和议定书等。根据这些建议，联合国大会于 1990 年 12 月决定成立一个政府间谈判委员会（INC），以开始关于《联合国气候变化框架公约》（UNFCCC，后文简称为《公约》）的谈判。到1992 年，该公约已经达成，这是第一个关于应对气候变化的政治共识和国际法。随后，国际社会先后达成了《京都议定书》《巴黎协定》等国际气候条约，以及《马拉喀什宣言》《坎昆协议》《卡托维兹一揽子实施规则》和《格拉斯哥协议》等缔约方会议决定和政治性文件，以上共同构成了全球气候治理法律制度与政策共识的体系内容。

1. 全球气候治理的主体

《公约》及其附属的《京都议定书》《巴黎协定》是全球气候治理的主要渠道，提供了可操作的国际规范。作为一项国际条约，《公约》第 22 条第 1款和第 2 款明确规定，条约的主体是主权国家或区域经济一体化组织。《公约》对缔约方的分类有两种：一种分类为发达国家和发展中国家，其明确了缔约方之间存在不同类型的国家；另一类被归类为附件一缔约方、附件二缔约方和非附件一缔约方，用于确定具有不同属性的缔约方的义务。《京都议定书》完全符合《公约》对缔约方的分类，而《巴黎协定》则完全避免按附件进行分类，并仅根据发达国家和发展中国家类型规定义务。除国际气候变化条约外，一方面，各国还利用二十国集团（G20）、七国集团（G7）、主要经济体能源与气候论坛（MEF）和气候行动部长级会议（MOCA）等主要平台，讨论全球和个别气候行动，建立政治共识，为国际谈判和各国国内务实行动提供政治指导。另一方面，地方政府、企业、非政府组织、当地人民和地方社区等非国家行为主体也积极参与全球气候治理。这些主体不仅在其所在国家开展和促进气候行动，而且越来越积极地参与国际条约内外的全球气候治理，这一点得到了缔约方会议的承认。

2. 全球气候治理规则的演变

根据这些国际条约，全球气候治理的规则主要分为两类，即关于实质性义务的规定和程序的规则。从《公约》到《巴黎协定》，发达国家和发展中国家都要履行三项主要的实质性义务，即温室气体排放控制或减少、气候变化适应行动以及在资金、技术转让和能力建设方面向发展中国家提供支持。在温室气体排放控制方面，发达国家和发展中国家对全球气候变化负有共同但有区别责任（CBDR），并且处于不同的发展阶段。因此，《公约》《京都议定书》和《巴黎协定》为它们规定了共同但有区别的义务。例如，《京都议定书》只为发达国家设定了量化减排目标。此外，《巴黎协定》要求发达国家承担全经济领域的绝对减排目标，而发展中国家则可以根据本国国情，承担多样化的温室气体排放控制目标。就气候变化适应行动而言，这三项条约都强调其重要性，但都没有具体规定其内容和数量要求，也没有区分发达国家和发展中国家在这方面的义务。在向发展中国家提供支助方面，《公约》明确规定附件二缔约方有义务向发展中国家提供资金支持。《京都议定书》继承了《公约》的规定，而《巴黎协定》则继承了发达缔约方的强制性义务，但同时也鼓励其他国家提供支持，这是条款的重大变化。

程序规则也主要包括三个方面：透明度、全球盘点和争端解决。其一，透明度通常指缔约方报告、审查和多边审议其执行情况的信息。《公约》第12条要求所有缔约方提交国家温室气体清单和关于执行情况的国家信息通报。第10条第2款第（b）项规定，应审查发达国家报告的信息，这是整个全球气候变化法律体系下透明度规则的起源。随后的缔约方会议决定逐步建立和完善涵盖发达国家和发展中国家的透明度制度。从《公约》到《巴黎协定》，国际社会逐步构建了一个从"严格二元"到"对称二元"再到"共同强化"的跨国家集团的规则体系。[1]其二，全球盘点虽然说是《巴黎协定》建立的一个新机制，但其实《公约》第10条第2款第（a）项便已经规定，要围绕全球应对气候变化及其影响进行评估，可以说盘点制度是对《公约》所要求的应对气候变化进程的重要回应。其三，在促进遵守履行与争端解决方面，《公约》第13条要求建立一个机制来解决与《公约》执行有关的争端，但这一机制一直悬而未决，直到2001年《马拉喀什宣言》制定时才有了《京都议定书》的遵约制度。与此相比，《巴黎协定》的便利履行与促进遵守制度更多的是促进性功能，而非考虑、裁定甚至采取强制性措施，以确定是否满足国家自主贡献（NDCs）。因为《巴黎协定》鼓励各国以"自下而上"的方式实现国家自主贡献，而其目标的实现不受法律约束。[2]

一般来说，全球气候治理体系在过去30年里发生了重大变化，但由于合法性、普遍性和权威性，《公约》《京都议定书》和《巴黎协定》一直是这一体系的核心，在可预见的未来不会发生改变。在国际气候变化法律体系下，实质性的义务和程序规则在全球气候治理中转移，"严格二元"模式严格区分发达国家和发展中国家，"对称二元"模式并行可以促进发达国家和发展中国家的合作，最后的"共同增强"模式，敦促更多的行动力度和透明度在一般规则下，对所有国家，朝着共同的目标，这显示了一个明显的收敛趋势。由于发达国家和发展中国家对全球气候变化的历史责任不同，它们仍然负有共同但有区别责任（CBDR）。然而，由于国际经验的积累、发展中国家改变发展模式的意愿、国家治理和应对气候变化能力的提高，两类国家应对气候变化的行动有更多的相似之处。但是，考虑到各国特别是发展中国家在发展阶段、资源禀赋、治理结构和文化习惯等方面存在巨大差距，在共同目标和一般规则的背景下，尊重每个国家的意愿，为发展中国家提供实施灵活性仍然非常重要。

---

[1] Wang Tian & Gao Xiang, "Reflection and Operationalization of the Common but Differentiated Responsibilities and Respective Capabilities Principle in the Transparency Framework under the International Climate Change Regime", *Advances in Climate Change Research*, 2018, 9 (4).

[2] Daniel Bodansky, "The Legal Character of the Paris Agreement", *Review of European, Comparative & International Environmental Law*, 2016, 25 (2).

3. 后格拉斯哥时代气候大会取得的进展

联合国格拉斯哥气候变化大会，即《公约》第 26 届缔约方会议（COP26），于 2021 年 11 月在新冠肺炎大流行的全球化背景下成功举行。会议全面通过了《格拉斯哥气候变化协议》，针对《巴黎协定》各条款达成了最后的实施规则，形成了巴黎规则手册（Paris Rulebook）。会议重申了支持发展中国家的气候资金承诺，强调了建立应对气候变化影响的能力和适应能力，表明了实现《巴黎协定》规定的长期全球目标的政治意愿，并决心努力将气温上升控制在 1.5 摄氏度之内。商定包括逐步减少煤电和逐步取消无效的化石燃料补贴。[1]正如联合国秘书长安东尼奥·古特雷斯所评论的那样，协议的达成反映了当今世界的利益、状况、矛盾和政治意愿。它们采取了重要的手段。但不幸的是，集体政治意愿不足以克服一些深层次的矛盾。[2]《巴黎协定》是应对气候变化的重要国际条约。在 2018 年波兰卡托维兹，《公约》第 24 届缔约国大会（COP24）就一揽子实施细则达成共识后，协议实施所需的规则、程序和模式已基本成型。[3]一些问题需要进一步谈判，并最终于 2021 年在英国格拉斯哥第 26 届缔约国会议上完成。此后，埃及沙姆沙伊赫气候大会与阿联酋迪拜气候大会，分别在气候变化损失损害基金、非二氧化碳温室气体管控、全球盘点等议题上取得了进展。尽管《巴黎协定》被广泛认为是一项具有里程碑意义的多边环境协议，参与范围最广、生效速度最快、实施规则也最全面，[4]但《巴黎协定》的环境效力和执行效率仍有待进一步检验，框架条款中所包含的挑战需要通过缔约方共同努力并建立合理的评估机制来加以确定和解决，从而提高《巴黎协定》的实施效果。

（三）法律与政策评估机制的引入

法律与政策评估，是基于评估法律与政策的制定与实施状况，并根据现实发展的需要而兴起的评价方式。其特点集成了几个方面的重点内容：一方

---

〔1〕 UNFCCC, 2021. Glasgow Climate Pact. UNFCCC Decision 1/CMA. 3.

〔2〕 A. Guterres, "Secretary-General's Statement on the Conclusion of the UN Climate Change Conference COP26", https://www. un. org/sg/en/node/ 260645.

〔3〕 Liu Zhenmin & Patricia Espinosa, "Tackling Climate Change to Accelerate Sustainable Development", *Nature Climate Change*, 2019, 9 (7).

〔4〕 Cherry Todd et al. , "Can the Paris Agreement Deliver Ambitious Climate Cooperation? An Experimental Investigation of the Effectiveness of Pledge-and-review and Targeting Short-lived Climate Pollutants", *Environmental Science and Policy*, 2021, p. 123.

面需要借助量化的分析评价标准，摸清法律与政策现状、诊断问题缺陷与规划未来发展；另一方面，评估机制是以提升重大决策的效率与科学性，对国际社会与国家法治建设起到评价和指引作用。20 世纪 80 年代中期以来，伴随着国际上兴起的法治促进运动，国内外各种法律与政策评估机制应运而生，例如世界银行全球治理指数（WGI）与世界正义工程（WJP）的法律与政策指数构建及评估方法，都率先带动了国际层面法治的量化评估。当今，全球气候变化深刻影响着人类的生存和发展，国际社会应对气候变化相关的各项法律、法规正在不断完善，特别是围绕《巴黎协定》要求所有缔约方所提交的国家自主贡献（NDCs）必须严格遵守，并制定了一系列针对国家自主贡献（NDCs）的可信度评估、充分性评估、遵约程序评估与灵活性履约评估等方案，只有这样才能在《巴黎协定》实施过程中更加有的放矢，赋予其比《京都议定书》更强化与全面的法律约束力。

二、研究文献综述

提交"国家自主贡献"承诺并保障有效履行，是《巴黎协定》规定的一项缔约方义务。在遵约路径上，协定采取了"温控目标—国家自主贡献—国际评估—差距再分配"的思路，虽然全球盘点增强了温控目标到国家贡献之间差距的透明度，但是针对如何对各国贡献进行承诺力度的事前评估，以及事后的履行效果评估，《巴黎协定》中的透明度、全球盘点等规则并没有作出明确界定，这也给《巴黎协定》所能实现的环境效果带来了极大不确定性。制定一套具有法律约束力的"国家自主贡献"遵约评估机制，势必成为未来气候谈判的焦点问题。党的十九大报告指出，我国业已成为全球应对气候变化的重要参与者、贡献者和引领者。如果能够在未来气候谈判中提出一套符合自身利益并得到多数缔约国认同的国际遵约评估方案，将会进一步巩固我国在国际气候治理中的引领地位，这也是本书研究的重要意义所在。

（一）国内研究情况

通过梳理国内的学术文献，国内学者的研究既包括了基于国际环境法、气候变化法学、"双碳"目标法治保障等单一视角的内部领域研究，也包括了法学与国际关系学、环境经济学交叉视角下的研究。内部领域学者的研究涵盖了三个主要层次：其一，部分学者致力于国际应对气候变化法基础理论研究，通过对气候正义论的剖解分类，为应对气候变化法律原则、规则的形成和发展提供理论指导，[1]并通过分配正义与矫正正义的实现，为中国参与国际气候谈判所应秉持的法律立场提供支撑。[2]也有学者以《巴黎协定》为背景，以气候正义分类的层级关系为研究切入点，提出了"分配正义、代内正义、矫正正义、国际正义"的递进关系。[3]另有学者对分配正义问题进行理论分析，并指出全球应对气候变化责任的基本法理应当是"各尽所能、能者多劳"，分配应对气候变化责任的依据应当是根据每一国家的"各自的能力"。[4]其二，部分学者在《巴黎协定》生效前后，针对国际气候法中基本原则的发展和重新解读进行了研究。一方面，后京都时代共区原则的发展特点呈现出从异质责任原则到同质责任原则、从静态的主观身份原则到动态的客观要件原则、从"能力+影响"决定的二元归责原则到"影响"决定的一元归责原则的转变。另一方面，在《巴黎协定》达成后，共区原则的这种转变开始对国家主体的分类定位，以及减缓、资金、技术、透明度、盘点等具体规则产生趋势影响。[5]其三，部分学者致力于对《巴黎协定》规则的总体特点，以及某类具体规则的发展进行专门研究。从整体而言，《巴黎协定》的"自下而上"路径存在利弊关系，仍然需要"自上而下"具有法律约束力的制度加以保障。[6]在具体规则发展领域，针对后巴黎时代市场机制的转变，[7]气候资金的透明度机制的完善，[8]减缓制度的国际合作模式的变迁，[9]针对

---

[1]　王灿发、陈贻健：《论气候正义》，载《国际社会科学杂志（中文版）》2013年第2期，第30~44页。

[2]　曹明德：《中国参与国际气候治理的法律立场和策略：以气候正义为视角》，载《中国法学》2016年第1期，第29~48页。

[3]　朱伯玉、李宗录：《气候正义层进关系及其对〈巴黎协定〉的意义》，载《太平洋学报》2017年第9期，第10页。

[4]　徐祥民：《气候共同体责任分担的法理》，载《中国法学》2023年第5期，第171~190页。

[5]　薄燕：《〈巴黎协定〉坚持的"共区原则"与国际气候治理机制的变迁》，载《气候变化研究进展》2016年第3期，第243~250页。

[6]　秦天宝：《论〈巴黎协定〉中"自下而上"机制及启示》，载《国际法研究》2016年第3期，第64~76页。

[7]　曾文革、党庶枫：《〈巴黎协定〉国家自主贡献下的新市场机制探析》，载《中国人口·资源与环境》2017年第9期，第112~119页。

[8]　龚微：《论〈巴黎协定〉下气候资金提供的透明度》，载《法学评论》2017年第4期，第175~181页。

[9]　高翔：《〈巴黎协定〉与国际减缓气候变化合作模式的变迁》，载《气候变化研究进展》2016年第2期，第9页。

《巴黎协定》遵约机制与其他国际法遵约制度的横向比较,[1]以及遵约实施性规则发展历史梳理与规范分析,[2]国内学者进行了丰富的研究。

交叉领域研究呈现出向经济学领域的定量与向国际关系学领域的定性分析两个方向的延伸。部分学者从环境经济学视角对国家自主贡献中减排目标的有效性进行了分析。[3]部分学者提出了低碳领导力评估框架,开始尝试对G20 国家的贡献力度进行评估。[4]部分学者分析了不同温控目标对于中国提交国家自主贡献的影响。[5]另一部分学者则致力于探讨中国在后巴黎时代参与国际气候治理的定位与贡献选择,以及美国提出和重新加入《巴黎协定》对中国气候谈判立场以及国家自主贡献的影响。[6][7]

(二) 国外研究情况

与国内的分散化研究形成鲜明对比,国外针对《巴黎协定》及其"国家自主贡献"模式的研究趋势呈现出由广度向深度,由整体评价向各个具体问题聚焦的发展趋势。针对《巴黎协定》的整体研究,国外大多数研究机构出台了权威报告,并由专家学者出版了研究专著,总体观念仍然是对国际气候法的发展持积极评价。世界资源研究所(WRI)认为,《巴黎协定》凭借"国家自主贡献"模式实现了法律约束力与非约束力之间的平衡,保障了多数国家的参与和未来减排路径的初步设计。[8]斯德哥尔摩环境研究所(SEI)则认为《巴黎协定》下的"国家自主贡献"模式具备了灵活性、广泛性、非附加性

〔1〕 冯帅:《〈巴黎协定〉遵约机制研究》,法律出版社 2023 年版。

〔2〕 吕江:《气候变化〈巴黎协定〉遵约机制述评》,知识产权出版社 2023 年版。

〔3〕 崔学勤、王克、邹骥:《2℃和 1.5℃目标对中国国家自主贡献和长期排放路径的影响》,载《中国人口·资源与环境》2016 年第 12 期,第 7 页。

〔4〕 陈迎、蒋金星:《G20 成员低碳领导力评估研究》,载王伟光、刘雅鸣:《气候变化绿皮书:应对气候变化报告(2017):坚定推动落实〈巴黎协定〉》,社会科学文献出版社 2017 年版。

〔5〕 邹骥等:《论全球气候治理——构建人类发展法制路径创新的国际体制》,中国计划出版社 2015 年版。

〔6〕 王毅等主编:《美国退出〈巴黎协定〉对全球气候治理的影响及我国的应对策略》,科学出版社 2021 年版。

〔7〕 魏庆坡:《美国宣布退出对《巴黎协定》遵约机制的启示及完善》,载《国际商务(对外经济贸易大学学报)》2020 年第 6 期,第 107~121 页。

〔8〕 Northrop Smith, "Domestic processes for joining the Pairs Agreement", *World Resource Institute Technic Note*, 2016.

和动态性特征。[1]气候与能源方案中心（C2ES）则提出观点，"国家自主贡献"模式作为一项权宜之策，改变了不同集团国家不作为的借口，其后续工作重点是设定推进主权国家持续承诺的动态模式。[2]在国外学者的代表性研究中，部分学者通过对《巴黎协定》的条款进行分章研究，围绕"国家自主贡献"模式，以减缓条款作为主线，针对自主贡献所关联的贡献转让、资金、技术转让、能力建设、透明度、全球盘点、遵约等规则进行了法条解读和背景分析。[3]另有学者研究了国际环境条约的遵约制度设计，[4]有观点认为约束力不同的国际气候法规则直接导致了国家遵约程度的不同，合理的制度设计和完善的实施路径可以促进国家遵守有约束力的气候法规则，最后对"国家自主贡献"履约路径以及遵约机制的作用提出了见解。其他学者认为，现有国际气候体制下遵约与贡献标准的差异，让发展中国家与发达国家陷入了无休止的争论。应由发达国家和发展中国家共同遵守统一的国际气候法遵约标准，并在贡献标准上体现两类国家的差异化。[5]部分学者则将全球气候变化谈判各方分为北方集团和南方集团，并指出气候协议必须统筹考虑地区差异、脆弱性等多种因素，才能实现真正意义上的公平。[6]持相近观点的学者认为，巴黎气候谈判的成果，取决于所有国家对于可持续发展、经济增长与气候责任的认同。[7]英国知名学者尼古拉斯·斯特恩教授会同另外两位学者，对巴黎气候大会的目标与可能遇到的阻碍因素进行了分析，并针对应对气候

〔1〕　B. Kjellen, "Personal Reflections on the Paris Agreement: the Long-term View", http://euroca-pacity. org / downloads / Bo_ Kjellen_ Reflections_ Paris_ Agreement. pdf.

〔2〕　The Center for Climate and Energy Solutions（C2ES）, "Understanding 'Nationally Determined Con-tributions' Under the Paris Agreement", https://www. c2es. org/wp-content/uploads/2021/02/understanding-nationally-determined-contributions-under-the-paris-agreement. pdf.

〔3〕　Daniel Klein et al. , "The Paris Agreement on Climate Change: Analysis and Commentary", *OUP Oxford*, 2017.

〔4〕　Alexander Zahar, "International Climate Change Law and State Compliance（Routledge Advances in Climate Change Research）", *Routledge*, 2015.

〔5〕　L. Rajamani, "The Principle of Common but Differentiated Responsibility and the Balance of Com-mitments under the Climate Regime", *Review of European Community and International Environmental Law*, 2002, 9（2）: 120~131.

〔6〕　M. Blicharska et al. , "Steps to Overcome the North-South Divide in Research Relevant to Climate Change Policy and Practice", *Nature Climate Change*, 2017, 7（1）, pp. 21~27.

〔7〕　Rodney Boyd, Fergus Green & Nicholas Stern, "Négociations Climatiques et Commerciales: Itinéraires Croisés", *Politique étrangère*, 2015, Printmps（1）, p. 129.

变化谈判所应秉持的关键性原则、政策和制度提出了建议。[1]另有学者建议巴黎大会的成果应当涵盖"核心协定、国家承诺组合、透明度与可问责机制、遵约机制"四个主要方面,并结合灵活性与可行性对四个方面的内容进行了优势和劣势分析。[2]

《巴黎协定》遵约中的具体问题,是国外研究的重要发展趋势,其主要问题逐步聚焦于落实协定议题所面临的五个挑战,分别包括缔约国批准和退约、"国家自主贡献"模式下发展中国家的参与和能力建设、温控目标的实现前景、评估与盘点的规则完善、国际碳市场规则的重新定位。[3]其中,围绕"国家自主贡献"的履约评估问题,国外多个著名研究机构从不同研究视角提出了自己的方案或设想。①美国哈佛大学肯尼迪学院会同世界银行碳金融中心(HKS & NCM)提出了"减排价值"(Mitigation Value)等概念体系,[4]并在多份研究报告中提出将其作为各国自主贡献中行动和支持力度的衡量标准,[5][6]以此作为国际气候法遵约、国家间基于贡献转让的气候合作、国际碳市场衔接的评价基础。[7]②瑞典斯德哥尔摩环境研究所(SEI)认为"国家自主贡献"的评估实施作为一项基于透明度规则的灵活机制应包括三类主要路径,[8]即增强透明度规则框架下的执行评审和多边考虑机制,全球盘点以实现更长远目标的集体评估机制,成立以专家为基础的评审委员会采用非

〔1〕 R. Boyd & F. Green, "The Road to Paris and Beyond", *Renewable Resources Journal*, 2015, 29 (4), pp. 6~15.

〔2〕 S. Maljean-Dubois, T. A. Spencer & M. Wemaere, *The Legal Form of the Paris Climate Agreement: A Comprehensive Assessment of Options*, Social Science Electronic Publishing, 2015 (9).

〔3〕 Daniel Bodansky, *The Art and Craft of International Environmental Law*, Harvard University Press, 2009.

〔4〕 Joseph E. Aldy, "Evaluating Mitigation Effort: Tools and Institutions for Assessing Nationally Determined Contributions", *Harvard Project on Climate Agreements with the Support of-and in Collaboration with-Enel Foundation*, *International Emissions Trading Association*, World Bank Group's Networked Carbon Markets, 2015 Initiative.

〔5〕 Andrei Marcu, "Mitigation Value, Networked Carbon Markets and the Paris Climate Change Agreement", *Harvard Project on Climate Agreements*, 2016.

〔6〕 Jsutin Macinante, *Key Elements of the Mitigation Value Assessment Process*, World Bank Group's Networked Carbon Markets (NCM) initiative, 2015.

〔7〕 Michael A. Mehling, Gilbert E. Metcalf & Robert N. Stavins, "Linking Heterogeneous Climate Policies (Consistent with the Paris Agreement)", *Harvard Project on Climate Agreements*, 2017.

〔8〕 R. Weikmans, H. van Asselt & J. T. Roberts, "Transparency Requirements under the Paris Agreement and Their (un) Likely Impact on Strengthening the Ambition of Nationally Determined Contributions (NDCs)", *SEI Report*, 2019.

对抗、非惩罚性的促进承诺机制。③英国格林诺姆气候与环境研究所（GRI）则尝试建立一套基于定性方法的国家自主贡献实施评估框架，[1]凭借法律和决策程序、国家和私主体、参与国际环境条约情况、国际环境条约的遵约等指标，对各国国内实施与国家自主贡献的一致性，以及国家承诺与《巴黎协定》的要求相符等问题进行客观评价。[2]研究机构尝试采用该评估框架对主要排放大国进行比较评估。[3]④欧盟气候行动追踪项目（CAT）通过对国家自主贡献承诺的评估设定"不足""中等""充分"和"模范"四个等级，分别对32国的NDC承诺方案进行了评估，并认为中国的减控排措施所达效果要超过提交的NDC方案，建议中国提高承诺力度。[4]该机构进一步提出了"气候行动基准"（Climate Action Benchmark）概念，并在后续研究中指出国别评估与基于部门基准层面的评估可以被作为衡量不同国家《巴黎协定》下自主贡献承诺（NDCs）与其履约一致性评估的重要出发点。[5]

三、研究意义

（一）学术价值方面

首先，本书有助于启发将国际法理论与国际气候法发展中的"瓶颈"问题研究相结合。通过对国际法遵约管理学派观点、合法性理论、跨国法律过程理论、气候正义理论的内涵挖掘，探索其对于《巴黎协定》后关键性制度完善和发展方向的指导作用。其次，有助于国际法学与国际关系学、环境经济学、生态伦理学之间理论和研究方法的沟通。应对气候变化首先是一个国际政治问题，通过学科交叉可以深化对气候政治问题产生的原因及其法律因

〔1〕 Alina Averchenkova & Samuela Bassi，"Beyond the Targets：Assessing the Political Credibility of Pledges for the Paris Agreement"，*Grantham Research Institute on Climate Change and the Environment*，*Centre for Climate Change Economics and Policy*，2016.

〔2〕 Alina Averchenkova & Sini Matikainen："Policy Brief：Assessing the Consistency of National Mitigationactions in the G20 with the Paris Agreement"，*Grantham Research Institute on Climate Change and the Environment*，*Centre for Climate Change Economics and Policy*，2016.

〔3〕 Alina Averchenkova et al.，"Climate Policy in China, the European Union and the United States：Main Drivers and Prospects for the Future In-depth Country Analyses"，*Grantham Research Institute on Climate Change and the Environment*，*Centre for Climate Change Economics and Policy*，2017.

〔4〕 Bill Hare et al.，"Facilitating Global Transition：The Role of Nationally Determined Contributions in Meeting the Long-Term Temperature Goal of the Paris Agreement"，*Climate Action Tracker Report*，2017.

〔5〕 Paola Parra，"Equitable Emissions Reductions under the Paris Agreement"，*Climate Action Tracker Report*，2017.

应的理解，而经济学以及产业部门分析工具的进入则可对制度设计产生助力。最后，有助于丰富国内学术界在国际气候法新发展背景下针对具体法律问题的研究框架。

（二）应用价值层面

一方面，本书定位于应用研究，将在分析国际气候法具体规则发展趋势的基础上，探索符合大多数国家立场的国家自主贡献（NDCs）遵约评估方案，涵盖了国家自主贡献（NDCs）及其配套强化透明度框架、全球盘点等制度的国际法律义务便利履行，在后续参与国际气候谈判时，本书将为我国参与国际气候谈判提供可行思路支持。另一方面，国家自主贡献（NDCs）承诺以及《巴黎协定》温控目标的实现重在国内实施，本书将通过开展法律与政策可信度评估等路径，探索我国国内立法和政策措施与国际气候法规则的衔接。

四、研究内容的总体构思

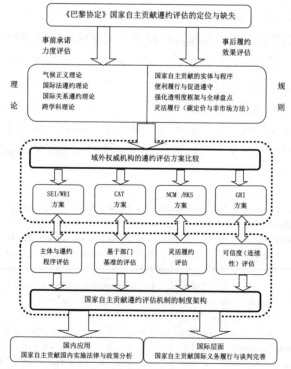

图 0-1　《巴黎协定》国家自主贡献遵约机制研究总体架构图

五、研究方法的应用

（一）规范分析法

本书广泛采用了规范分析方法。首先，针对国际气候法，尤其是《巴黎协定》之中的重要条款及其实施规则进行详细分析，包括协定第 4 条关于国家自主贡献（NDCs）的法律规定，第 13 条关于强化透明度框架的法律规定，第 14 条关于全球盘点的法律规定，第 15 条关于便利履行与促进遵守的法律规定，以及巴黎气候大会（COP21）、卡托维兹气候大会（COP24）、马德里气候大会（COP25）和格拉斯哥气候大会（COP26）等形成的巴黎规则手册内容。其次，针对数十个典型国家提交的国家自主贡献预案（INDCs）、首轮国家自主贡献（NDCs）和首轮更新国家自主贡献（NDCs）进行了引证与比较。最后，针对各国应对气候变化立法、政策、规划等，以及我国围绕"双碳"目标的实施提出的政策体系与法律制度，进行了涵盖法条、政策性内容的具体考察。规范分析法便于本书详尽了解《巴黎协定》及其实施细则的法律现状，并得到各国履行国家自主贡献（NDCs）提交与履行义务的实然状态，为遵约评估研究提供一手的资料依据。

（二）价值分析法

本书广泛采用了价值分析方法。一方面，本书在理论基础部分，围绕气候正义理论的内涵与外延，从罗尔斯正义论、世界主义理论、国际帕累托主义原则等角度分析了国际气候正义的应然状态，从价值认知层面，描述气候变化国际法律制度所包含的价值准则和价值排序，探索气候正义的应然状态及其指导下的我国参与气候谈判的国际规则构建。另一方面，本书在制度分析以及遵约评估方案的评价部分应用价值评价方法，从全球应对气候变化的国家利益和需要出发，按照我国参与国际气候变化法规则建设的价值标准、价值准则，对特定遵约评估方案的总体或部分进行判断与取舍。

（三）实证分析与跨学科研究法

本书的重要内容是在运用法学理论的前提下，综合运用生态伦理学、环境经济学、公共管理学、国际关系学等多学科视角和研究方法审视、分析及总结《巴黎协定》国家自主贡献遵约评估的制度设计。在基础理论的梳理方面，采用了国际关系相关理论，丰富了国际法遵约理论的内容，同时在分析气候正义论时，采用伦理学前沿理论进行了内涵与外延的界定。在遵约评估框架的阐释与评价方面，本书借鉴了气候经济学、公共管理学一些成熟的定量与定性分析相结合的方法和模型，对国家自主贡献（NDCs）的实施可信度评估、充分性评估、灵活履约评估进行了论证。

（四）比较研究法

比较研究法主要应用于首轮国家自主贡献（NDCs）和首轮更新国家自主贡献（NDCs）的提交内容比较，G20 等典型国家的自主贡献实施可信度与充分性比较，以及各国在国内层面的法律实施与政策分析。在最后的建议中，通过遵约评估方案得出的考量因素，分析不同国家法律政策与其实施国家自主贡献（NDCs）的适配程度，进而讨论我国构建和完善自己的法律政策规范与实施体系，更好地探索我国国家自主贡献（NDCs）的实践路径。

第一章

《巴黎协定》国家自主贡献遵约评估的制度背景

第一节　《巴黎协定》的核心概念及其功能演变

《巴黎协定》完全依靠缔约国家"自下而上"的国家自主贡献（NDCs）模式来实现全球温控与减排进程，条约达成的可接受性是谈判中多方博弈的结果。在实施层面，《巴黎协定》有效性将多个核心概念作为重要支柱。[1]这些核心概念包括了应对气候变化的努力雄心、国家自主贡献（NDCs）承诺的进步，以及发达国家和发展中国家两个阵营的共同但有区别责任的贯彻。[2]

一、应对气候变化的努力雄心

《巴黎协定》为气候行动设定了雄心勃勃的全球性目标，这些目标又为各类应对气候变化行动确立了基准，并形成了实施这些目标的预期。在《巴黎协定》的宗旨和长期目标中，特别包括温控目标以及与减缓、适应和支助措施有关的目标。这些预期是在与减缓措施、透明度有关的有法律约束力行为义务范围内确定的。所有因素结合形成了一个动态的全球气候治理体系，该体系通过个体和集体目标的反复增长来实现《巴黎协定》宗旨与长期目标。目标的完成需要不断扩大努力雄心的范围，不仅包括减缓行动，还包括了适应气候变化与支助措施。以减缓气候变化为中心的发达国家阵营认为，长期目标只应设定温度上限，并澄清这一上限对减少全球温室气体排放的影响。

---

[1] 高翔：《〈巴黎协定〉与国际减缓气候变化合作模式的变迁》，载《气候变化研究进展》2016 年第 2 期，第 9 页。

[2] D. Bodansky, "The Legal Character of the Paris Agreement", *Review of European, Comparative & International Environmental Law*, 2016, 25 (2).

然而，发展中国家认为，增强对减缓措施的期望应该与不断增强的支助措施（包括资金、技术和能力建设）相匹配，而且在减缓和适应之间应该有政治上的平等。[1]尽管发展中国家阵营中的小岛屿国家联盟（AOSIS）、最不发达国家联盟（LDCs）、非洲国家集团（AGN）、拉丁美洲和加勒比独立联盟（AILAC）等国家集团长期以来一直支持 1.5 摄氏度的目标，但显然《巴黎协定》目标条款中关于 1.5 摄氏度的目标是一种激励而非约束性义务。比 2 摄氏度以及 1.5 摄氏度更严格的温控目标已被理解为各国校准其减缓努力的基准。

二、国家自主贡献（NDCs）承诺的进步

《巴黎协定》力求通过国家自主贡献（NDCs）的周期性更新与全球盘点来实现各国应对气候变化措施的进步与更强雄心的实现。在法律条款中，以"期望"（will）和"建议"（should）而不是"应当"（shall）的框架来进行形式表达和义务设置。缔约方负有每 5 年对其国家自主贡献（NDCs）进行更新和强化的约束性义务。这些自主贡献措施应反映出了进展情况和最大的雄心，并应被纳入《巴黎协定》确立的全球盘点的结果。全球盘点评估了长期的总体进展目标。全球盘点是《巴黎协定》中为数不多的"自上而下"的要素之一，因此对于盘点制度用于监督《巴黎协定》国家自主贡献（NDCs）运作的效果与过程而言至关重要。但围绕盘点的遵约评估职能而言，许多发达和发展中国家都希望在制定连续的国家自主贡献（NDCs）时最大限度地发挥自主权。其他国家则渴望加强自主贡献力度，如果可能的话甚至可以自动弥合国家自主贡献（NDCs）的总数量与保持在温度极限内所必需的减排路线图之间的差距。

《巴黎协定》规定有温度限制以及长期的减缓和适应目标。尽管规定时间表可能让实现这些目标的方法更简单，但在谈判过程的早期就清楚地表明，各国对此类目标和时间表的政治意愿有限，而国家自主贡献（NDCs）将成为实现这些目标的核心。尽管一些学者认为这种模式可能不具备进程的稳定性以及结果可预测性，但该框架在鼓励各国提升努力力度并随着时间推移而不断重复的过程中发挥了积极功能，寄希望于最终能够实现《巴黎协定》的立

---

〔1〕 D. Bodansky, "The Paris Climate Change Agreement: A New Hope?", *American Journal of International Law*, 2016, 110 (2), pp. 288~319.

法宗旨与长期目标。

三、各国承诺与行动的差异化

缔约方大会有义务特别注意缔约方各自的国家能力和情况，这构成了所有参与缔约国家之间的差异化，实际上这意味着《巴黎协定》将继续秉持国际环境法体系所坚持的共同但有区别责任与各自能力原则（CBDR-RC）的划分，《公约》可能会根据发展中国家的能力和情况为发展中国家提供特殊考虑，但未明确规定。尽管有些缔约方主张设立一个具有促进和强制特征类似《京都议定书》遵约委员会那样的机构，但在《巴黎协定》体制下所设立的委员会要适用于所有国家，而《京都议定书》体制下的遵约委员会仅适用于发达国家，因此这类提议并未获得重视。但是，鉴于《巴黎协定》对各国行为义务而非结果义务的依赖，《巴黎协定》所创设的遵约委员会有义务特别注意缔约方各自的国家能力和情况，这构成了针对所有缔约方的差异化对待，实际上会根据发展中国家的能力和情况为其提供特殊考虑。

第二节　《巴黎协定》的法律形式与义务特征

《巴黎协定》的法律形式及其特定义务设定，是条约谈判的核心问题之一，其法律形式、性质及其约束力既是相互独立的概念，又是相互关联的问题。区分其法律形式与义务特征有利于我们澄清以下几个问题：其一，巴黎气候大会达成的决议内容是否以及在何种程度上表现为一项具有约束力的国际条约；其二，任何行动和目标，特别是有关减少温室气体排放的行动和目标是如何进行的；其三，《巴黎协定》各章节之间以及各条款之间是如何联系的；其四，国家自主贡献（NDCs）中的具体承诺与规定用语的规范性和准确性是怎样的；其五，《巴黎协定》的义务或者承诺的性质，例如所承担的义务是否为一种结果或者行为；其六，促进有效实施和确保遵守问责的规定和机制是如何保障行动与目标实现的。[1]在本部分内容中，我们将分析巴黎气候大会结果的整体法律结构、《巴黎协定》各条款如何协同工作，然后站在整体

---

〔1〕　徐崇利：《〈巴黎协定〉制度变迁的性质与中国的推动作用》，载《法制与社会发展》2018第6期，第12页。

视角下对《巴黎协定》个别章节规定的法律性质展开分析。

一、巴黎气候大会整体成果的法律结构

巴黎气候大会建立起的法律制度包括具有不同法律地位的若干制度要素，即《巴黎协定》文本、《联合国气候变化框架公约》（UNFCCC）缔约方会议第 1/ CP. 21 号大会决议（也可以被称作"巴黎大会决议"）、一些既存的气候制度要素（包括在之前的历次气候谈判中所形成的成熟资金、技术、灵活履约制度等）、《巴黎协定》缔约方会议（CMA）在协定生效之后达成的各项决定（围绕"巴黎规则手册"展开），这里还包括了各缔约国所提交的国家自主贡献预案（INDCs）与正式和更新的国家自主贡献（NDCs）文件。《巴黎协定》是一项有法律约束力的国际条约，在许多国家还被纳入了批准的内部程序，例如《巴黎协定》是否必须由议会或其他立法机构批准等。从几个正式指标可以清楚看出《巴黎协定》是一项国际条约，特别是它规定了生效的条件，并且必须根据其通常程序获得批准、接受或者加入。根据《巴黎协定》第 21 条第 1 款的规定，一旦满足至少 55 个缔约方以及排放量约占全球总排放量的 55% 的缔约方批准，《巴黎协定》就会生效。值得注意的是，第 27 条不允许法律保留，即各国不得排除某些条款，《巴黎协定》必须被作为一个内容整体在缔约国国内获得批准。因此，从正式意义上讲，2016 年 11 月 4 日《巴黎协定》生效后，整个《巴黎协定》对缔约方具有国际法上的约束力。

《巴黎协定》是在《公约》第 1/ CP. 21 号决定下通过的。"巴黎大会决议"作出进一步详细规定，该决定是一个包含制定方式、程序、指南（Module, Procedure & Guideline, MPG）以及政治程序的任务授权与工作计划文件。第 1/ CP. 21 号决定还设立了像巴黎能力建设委员会（the Paris Committee on Capacity-building, PCCB）这样的机构与一个新的临时机构，即《巴黎协定》特设工作组（the Ad Hoc Working Group on the Paris Agreement, APA），负责执行 CMA 审批的任务。《巴黎协定》还使某些既有和未来决定的内容具有了国际法上的约束力，虽然缔约方会议的决定不具有约束力，但会因条约有特别规定或者有理由推定而具有约束力。[1] 例如，在"巴黎大会决议"第 8 段和第 9 段中，

---

〔1〕 梁晓菲、吕江：《气候变化〈巴黎协定〉及中国的路径选择研究》，知识产权出版社 2019 年版，第 28~35 页。

第 4 条规定缔约方有义务按照 CMA 第 1/ CP. 21 号决定和任何其他相关决定"通报"国家自主贡献（NDCs）并提供涉及的相关信息。同样，缔约方应遵循第 1/ CP. 21 号决定中的报告与审查条款，以及今后《巴黎协定》缔约方会议（CMA）做出的相关决定。此外，还规定了除非另行决定，否则《公约》缔约方大会（COP）的议事规则应在必要时适用于《巴黎协定》缔约方会议（CMA）。

国家自主贡献（NDCs）制度无疑是《巴黎协定》实施的核心议题，在形式上表现为各缔约方按期提交的阶段性气候行动计划。在促成巴黎气候变化大会的谈判中，缔约方追求的减排目标和行动是否将正式成为条约的一部分的问题具有很强的政治性和象征性。虽然从法律角度看，该条约可以使非正式组成部分具有约束力，但从政治上讲，对某些缔约方而言最好是将这些内容排除在外。在《巴黎协定》中，国家自主贡献（NDCs）尽管被提及但却并不是《巴黎协定》的正式组成部分，其被记录在由《公约》秘书处管理的公共登记处中。在巴黎气候大会召开之前，由 180 多个国家提交的国家自主贡献预案（INDCs）构成了第一批正式国家自主贡献（NDCs）内容。[1] 由于各缔约方各自的气候计划和行动是应对气候变化的国际努力的核心，因此将国家自主贡献（NDCs）置于在《巴黎协定》正文之外，会导致国际应对气候变化制度的可预测性和稳定性遭受质疑。首先，这可能难以确定国家自主贡献（NDCs）的内容，《巴黎协定》的确规定了登记是公开的，且第 1/CP. 21 号决定规定了其制定的模式和程序，以及与文件一起提交的信息要求。其次，在没有具体规定的情况下，将国家自主贡献（NDCs）置于在《巴黎协定》正文之外会引发一个问题，即在修改协定及其附件的规则不适用的情况下，如何改变在协定之外的内容。就国家自主贡献（NDCs）自身的运行机制而言，《巴黎协定》提供了具体的规则，由各缔约方随时单方面调整国家自主贡献（NDCs）内容，但也或多或少地须符合一些严格条件，例如调整应提高目标雄心的水平，发达国家需维持整个经济范围内的绝对减排目标，而发展中国家则需逐步实现整个经济范围内的目标。

---

〔1〕 H. K. Laudari et al. , "What Lessons Do the First Nationally Determined Contribution (NDC) Formulation Process and Implementation Outcome Provide to the Enhanced/Updated NDC? A Reality Check from Nepal", *Science of The Total Environment* , 2020, p. 759.

二、《巴黎协定》内容的法律结构

《巴黎协定》的核心内容是围绕其总体目标构建的，其规定了缔约方努力实现这一目标的一般义务，并在具体的专题条款中作出详细规定。第 2 条对《巴黎协定》的主要目的作出了定义，其中第一项包含三个专门的气候变化应对目标，包括：让温度增长保持在工业化水平之前 2 摄氏度以内，同时也努力实现 1.5 摄氏度的目标，提高适应和调节气候的能力，促进资金流向低碳排放领域，以及实现气候适应型社会发展。第 3 条规定所有缔约方有义务为此目的的做出努力，包括《巴黎协定》后续第 4、7、9、10、11、13 条中定义的具体努力内容，这些部分涵盖了《公约》的传统内容领域，包括缓解、适应、资金、技术、能力建设以及透明度规则等。每一条款都定义了分支领域的目标与涉及的缔约方，尽管其在精确度和规范性方面有所不同，但必须设法实现这一目标。[1]《巴黎协定》第 2 条规定了立法宗旨，而第 3 条则是一个枢纽和引擎，其将《巴黎协定》的宗旨与其他条款中的具体义务联系在一起，需要各缔约方在一段时间内做出目标远大且循序渐进的努力。应当指出，第 3 条提到的《巴黎协定》的宗旨"如第 2 条所述"是可以解释的，这可能意味着"目的"只包括第 2 条第 1 款，而不包括第 2 条第 2 款。这样可以避免潜在的困难，即在目标中且由此在全球盘点中纳入第 2 条第 2 款关于实施的"期望"条款。然而，最直接且政治上最合理的解释是，该引用包括了整个第 2 条，因为其概括了第 2 条第 2 款中关于差异化义务的主要折中方案。此外，第 3 条的措词将含糊不清的"期望"（will）作为促进各国取得应对气候变化进展的义务指向，而不是明确义务性更强的"应当"（shall）。第 5 条关于国际碳汇机制的规定、第 6 条关于国际灵活履约机制的规定、第 8 条关于气候变化损失损害机制的规定，以及第 12 条关于教育与认识的规定，均未被列入第 3 条。因此，这些内容并未包含在有关为实现《巴黎协定》目标与逐步推进应对气候变化进展而应履行的一般义务中。

各方将进行的努力内容嵌入一个旨在使各方逐步提高行动雄心的制度架构，包括各缔约方有义务每 5 年以国家自主贡献（NDCs）的形式确定并向国

---

〔1〕 Hoehne et al. , "Exploring Fair and Ambitious Mitigation Contributions under the Paris Agreement Goals", *Environmental Science & Policy*, 2017.

际社会传达本国所做出的努力。每 5 年进行一次全球盘点，评估缔约方在实现《巴黎协定》的宗旨和长期目标方面的共同进展。由于第 3 条将整个第 2 条定义作为立法宗旨，因此评估必须包括第 2 条中所有要素的进展。盘点的结果应通知各方，以利于后续努力。然后，各缔约方定义更远大的目标并继续努力，直到下一次的全球盘点，并以此模式形成循环推进。对于几乎所有这些核心义务，《巴黎协定》和"巴黎大会决议"都对如何履行作出了详细规定。如何完成这些核心义务是问题的关键，为此《巴黎协定》在专门条款中引入了具体义务内容并建立了相应的遵约制度。

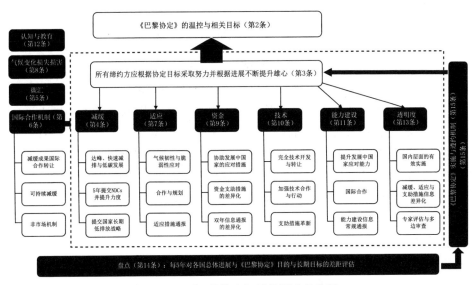

图 1-1 《巴黎协定》法律制度结构图

在达成《巴黎协定》的谈判中，最困难的政治问题是如何处理发达国家和发展中国家之间的差异。自 1992 年《公约》通过以来，国际气候法律制度下的义务始终基于共同但有区别的责任和各自能力原则（CBDR-RC）。《公约》的主要义务区分了列入附件一的发达国家和非附件一的发展中国家。《巴黎协定》在解决这一分歧方面开辟了新的遵约路径。其一，确立所有缔约方的核心义务。《巴黎协定》明确规定，所有缔约方都要在减缓、适应、实施手段和透明度方面为实现其目标采取行动。《巴黎协定》虽然未提及《公约》附件中的国家类型划分，但值得注意的是，即使没有对这样的分类作出定义，

《巴黎协定》的许多条款也仍然区分了发展中国家与发达国家。自哥本哈根气候变化大会以来，这种做法已经逐渐成为惯例。其二，《巴黎协定》进一步补充了共同但有区别责任原则，增加结合不同国家的情况，可能会扩大确定差异基础的因素范围。[1]其三，《巴黎协定》丰富了解决国家之间差异性的方法，减缓领域的核心义务中载有关于提交国家自主贡献（NDCs）的差别规定，在透明度规则的适用中，原则上适用于所有缔约方，但不同类型的国家之间仍然存在区别，并具有很强的灵活性。此外，《巴黎协定》还承认了最不发达国家（LDCs）与小岛屿发展中国家（SIDS）在资金支持、能力建设和透明度方面的特殊需求。

三、《巴黎协定》部分章节和条款的法律性质

《巴黎协定》整体的法律形式与结构，与其中个别条款与要素的区分也是十分必要的。虽然从形式上讲，《巴黎协定》整体内容对每个缔约方都具有法律约束力，但其中个别条款是否确立了权利和义务，以及在多大程度上确立了法律上的权利和义务，则取决于法律规范中具体措辞。[2]在条约用语中，通常最具规范性的术语是"应当"（shall）。在《巴黎协定》中，许多使用"应当"（shall）的条款在内容上都是程序性的，例如确立国家信息通报义务。在《巴黎协定》的文本中，其他使用"应当"（shall）的情形还有强制执行机构及其程序，以及创设权利（特别是发展中国家权利）方面的内容。此外，《巴黎协定》还使用了模糊性的"期望"（will）一词，而没有使用明确义务指向的"应当"（shall）。从语法上讲，"期望"（will）是指将来的事实性语言，尽管在曾经的缔约方会议决定中被使用过，但其不是表达义务的标准语言。此外，还有使用"将要"（are to）来表示一种义务的情形。除了这些为数不多的规范性元素，《巴黎协定》还采用了事实性、纲领性、宣示性或软法性语言。"应该"（should）一词出现多次，该词的规定性不如"应当"（shall），但比仅仅是允许的"可以"（may）语气更强。"应该"（should）是作用于特定缔约方并期望其遵守该规定义务，并且其他缔约方有权采取措施预防该缔约

---

〔1〕 梁晓菲、吕江：《气候变化〈巴黎协定〉及中国的路径选择研究》，知识产权出版社2019年版，第51~66页。

〔2〕 P. Lawrence & D. Wong, "Soft Law in the Paris Climate Agreement: Strength or Weakness?", *Review of European Comparative & International Environmental Law*, 2017, 26（3）, pp. 276~286.

方的不遵约行为。但是，如果某一缔约方没有完成"应该"（should）对应的义务，很难表明违反了《巴黎协定》规定的义务，特别是当这一缔约方给出了作为或不作为的理由时，更难确定其非遵约的法律责任。

总体来看，《巴黎协定》第 2 条和第 3 条的法律性质略有不同。第 2 条在设定温度目标、将适应纳入其自身权利，以及首次提出资金应当投向促进经济社会低碳转型等方面没有设定明确的法律义务。第 3 条将《巴黎协定》下的具体努力与总体目标联系起来，该条款在内容上更具法律确定性，但细看措辞就会发现其软法特征与模糊性，例如缔约方"将要"（"are to"）承担并表示努力决心的措辞是不合常规的条约语言，其既可以被理解为确定性规范，也可以被理解为对未来的预测或安排。为了实现《巴黎协定》的宗旨，要求各方根据具体条款做出努力。而要求做出努力可能意味着第 3 条应规定各方履行第 3 条所指的特定义务的标准，或者第 3 条可以是与其他具体义务并列的独立义务。无论如何，第 3 条要求的是行为义务而非结果义务导向。《巴黎协定》在后续条款中明确规定了各缔约方在准备制定、信息通报、更新与实施各自的国家自主贡献（NDCs），以及相应的透明度方面的具体义务。这些通过多轮气候谈判达成的规则，表现为具体的行为义务。

在减缓气候变化问题上，《巴黎协定》第 4 条规定各缔约方都有义务准备、通报和保持连续的国家自主贡献（NDCs），但是该条款没有规定国家自主贡献（NDCs）应该具有的内容及其质量保障，结果义务的缺失意味着各国如何完成自己提交的国家自主贡献（NDCs）并不在遵约范围之内。不过，《巴黎协定》第 4 条的确实现了将国内行为（包括"准备"与"建立国内的减缓措施"）与国际行为（"信息通报和更新"）相结合，并建立了评估实施国家自主贡献（NDCs）国内措施的标准。另一类似情况是该条款部分要求各国取得进展的原则是由"期望"（will）来表达的而非义务导向的。

在资金方面的规定也显示出了类似模式，但有重要的区别。其一，第 9 条关于资金方面的规定比其他各条款存在更大的争议，其体现于规范性和透明度方面。尽管《巴黎协定》并未通过援引《公约》附件二清单，包含 1992 年经济合作与发展组织（OECD）和欧盟成员国，来确定承担资金义务的国家或地区，然而资金义务明确涉及发达国家缔约方，其他缔约方只是以非强制性规定的方式加以鼓励，被隐含在"全球努力"的提法中。其二，在第 9 条之外有几项条款规定了接受资助的国家或地区，但没有规定谁必须提供资助。

虽然应向发展中国家缔约方提供支持等条款的表述具有明确的强制性，但规定的是整体性权利，而非个体性或集体性的义务。其三，第3条将第9条关于资金方面的规定与第2条第1款的总体目标联系起来，从总体上指导应对气候变化资金的流向。除了这些特殊方面以外，发达国家的资金义务还集中于国际和国内的行动层面，并附有针对结果的非强制性要求。其所规定的提供财政支持的严格义务，只是《公约》规定的已有义务的延续，而没有进一步量化。并且，发达国家所需要履行的两年信息通报义务中需要包含预计提供的公共财政资源水平信息，才能符合透明度义务要求。在调动气候资金方面"超越以往努力"的要求也被表述为"应该"（should）而非"应当"（shall）的强制性义务导向。

全球盘点是一项强制性集体义务，与各缔约方各自提交的国家自主贡献（NDCs）具有双重法律联系。这一联系具有明确的法律义务指向，但义务的内容留下了广泛的解释空间。因为其规定全球盘点"应当"（shall）告知各缔约方，总体思路是清晰的，但是盘点工作如何进行尚待各方进一步协商。另外，全球盘点是《巴黎协定》的长期目标，但其并未完全明确哪些内容属于长期目标。第14条第1款规定了一个长期目标，该目标明确提及了"第2条中规定的温控目标"。因此，第2条第1款的目标既是《巴黎协定》立法宗旨的一部分也是其长期目标之一，这一表述可能会导致混淆。因为第14条第1款已经表明《巴黎协定》的宗旨和其长期目标之间存在区别，而且该条款所指的其他长期目标也并不十分清楚。

关于透明度和遵约机制的规定本身即具有义务导向性，这种程序性制度让《巴黎协定》体系的运行具有了双重功能。透明度规则主要规定了程序性义务，一般法律原则以及报告与通报义务具有明确的义务指向。同时，《巴黎协定》的透明度义务具有混合特征。其义务性规定既包括了提交结果报告的国际行为义务（提供信息），也包括了以国内行为（收集信息）为基础，且受制于由《巴黎协定》缔约方会议（CMA）通过的模式、程序和指导规则（Module，Procedure，and Guideline，MPG）的国内实施性义务。根据第15条建立的便利履行与促进遵守机制同样有可能提升《巴黎协定》的法律效力。第15条第2款阐明该机制由一个委员会组成，随后的"巴黎大会决议"确定了该委员会的规模和人员机构组成。

关于适应气候变化方面的规定，规范性措辞要么不精确，要么因为限定词而呈现软法化效果。《巴黎协定》第 7 条第 3 款规定适应的努力应被认可，这一规定并未明确这种认可的含义或者必要条件。关于合作和适应措施通报的规定中使用了"应该"（should）。而《巴黎协定》第 7 条第 9 款对适应措施的规划和行动的规定，虽然使用了具有高度规定性的"应当"（shall），但却同时使用了"酌情"（as appropriate）的限定词弱化了义务效果。第 7 条其他内容中具有明确义务指向的条款仍然是关于适应措施的程序性要求。

技术转让和能力建设的情况有类似规定。除了一项关于加强技术开发和转让合作的规定外，各个缔约方没有具体义务。《巴黎协定》第 10 条的规定是程序性的，并明确了相关机构设置与财务标准。关于能力建设，《巴黎协定》第 11 条包含了合作的一般原则和采用"应该"（should）语气的义务设定，以促使发达国家提高支助力度，以促进发展中国家围绕应对气候变化进展进行通报。同样，第 10 条与第 11 条具有规定义务指向的条款仍然是关于程序性义务和体制方面的要求。

在《巴黎协定》第 3 条目标连接之外，其他几条非核心条款在行文中也遵循这一模式。第 5 条关于碳汇机制的规定只局限于一般性原则内容，针对权利义务的规定留给了缔约方很大的自由裁量权，某些义务内容采取可以"酌情"处理（as appropriate）的行文来进行义务导向的弱化。[1]第 6 条建立了减缓气候变化进程中三种不同类型的国际合作路径。其特殊之处在于并没有明确表示国际合作的具体方式，而是巧妙地暗示了缔约方可以建立国际碳市场机制，但有一些条件有待后续缔约方会议达成实施细则。[2]损失与损害机制第一次作为一个明确的问题被列入《巴黎协定》，但其对缔约方缺乏任何义务性规定。在《巴黎协定》第 8 条中明确了排除赔偿责任等实体性内容，从而避免了缔约方之间发生潜在争议。[3]最后，《巴黎协定》第 12 条关于教育、公众意识、公众参与和公众获取信息的规定看似具有法律义务的规定性内容，但法律规范的具体内容模糊，并加上了"酌情"（as appropriate）的限

〔1〕 陈熹、刘滨、周剑：《国际气候变化法中 REDD 机制的发展——兼对〈巴黎协定〉第 5 条解析》，载《北京林业大学学报（社会科学版）》2017 年第 1 期，第 6 页。

〔2〕 高帅等：《〈巴黎协定〉下的国际碳市场机制：基本形式和前景展望》，载《气候变化研究进展》2019 年第 3 期，第 10 页。

〔3〕 林灿铃：《气候变化所致损失损害补偿责任》，载《中国政法大学学报》2016 年第 6 期，第 9 页。

定词，这弱化了国际法律义务的可执行性。

综上所述，尽管《巴黎协定》的个别条款表现出鲜明的精确性和法律规范性，但在实施方面又显得模棱两可，且具有明显的软法性特征，这需要《巴黎协定》手册在实施细则方面的完善。[1]《巴黎协定》的法律文本中很少有条款能够明确规定缔约方义务，并兼顾法律规范性与准确性。这些内容涉及国家自主贡献（NDCs）的准备、通报、更新与实施等诸多环节，以及透明度、盘点、遵约等问题。这些义务的内容趋向于明确缔约方的行为义务，并且以多种方式加以限定。"巴黎大会决议"以及之后形成的历次国际气候谈判中的大会决议，包括 2018 年卡托维茨气候大会决议、2019 年马德里气候大会决议、2021 年格拉斯哥气候大会决议、2022 年沙姆沙伊赫大会决议、2023 年迪拜气候大会决议，包含了许多任务和工作计划，详细规定了实施细节，这些需要由各缔约方在谈判中达成共识。

小　结

《巴黎协定》作为全球应对气候变化新型制度的国际法载体，包括了具有不同法律性质的制度要素。《巴黎协定》的出台并非要取代《公约》，而是继京都机制退出后对《公约》在新时期进行补充。并且，《巴黎协定》吸纳了《京都议定书》所形成的一系列气候制度的既有要素。《巴黎协定》的核心架构首先是明确总体目标，然后规定各缔约方为实现这一目标而努力的一般性义务，并在具体的专门条款中予以阐述。第 3 条是《巴黎协定》的法律枢纽和引擎，该条款连接了第 2 条的立法宗旨和其他条款规定的具体义务，并且随着时间的推移需要越来越大胆的行动。这些努力嵌入了一种法律结构，旨在将发达国家和发展中国家共同纳入，并使所有国家逐步提高个体和集体的雄心。《巴黎协定》将共同但有区别责任（CBDR）下的差异化努力措施，用更与时俱进的方式进行融合，确立了各方的核心义务，同时以多样化的方式解决不同条款的差异化问题。《巴黎协定》很少规定规范性与明确化的法律义务，并且这些内容主要围绕程序性义务展开，侧重于建立减缓措施的国家自主贡献（NDCs）、核心透明度框架，以及关于资金的集体义务。《巴黎协定》

---

〔1〕 史学瀛、宋亚容：《从波兰气候大会看国际气候变化法新成果》，载《天津法学》2019 年第 2 期，第 6 页。

使用了大量的限定词，使缔约方在是否实施以及如何实施其条款方面具有灵活性，这些规定倾向于行为义务，并通过多种方式加以限定。《巴黎协定》采取了一种国际环境治理的新思路，所订立的国际条约依靠各缔约方在国家层面确定他们打算付出的努力，并结合透明度框架说服力的影响，在资金、技术和能力建设方面给予支持，并通过定期评估进展情况来推动《巴黎协定》目标的实现。通过这种运行结构，《巴黎协定》确立了一种政治承诺，这种承诺与法律核心内容相比，条款法律义务的强制性和精确性较弱，但其努力指向更为清晰。在后续的国际气候大会中，针对巴黎规则手册的谈判逐渐完善，进一步商定和细化了《巴黎协定》实施细则，这对于维护各国应对气候变化的信心与保证政治承诺有效而言至关重要。

第二章

《巴黎协定》国家自主贡献遵约评估的理论因应

第一节　国际遵约理论问题及其整合方向评析

国际遵约理论是国际法发挥调整国家间关系作用的核心动力。只有分析并厘清国际遵约理论，才能更好地理解国际法的内涵和发展，才能利用好推进和维护国际法结构的宝贵资源。围绕"国家为什么遵守国际法"这一问题的研究很多，学者们对此也提出了很多不同的理论和观点。《巴黎协定》确立了"自下而上"的履行模式，为了追求全球应对气候变化、保护地球生态环境的宏伟目标，而部分模糊了针对缔约方实体性履行义务及其问责机制的设定。如何能够促进各国自发遵守《巴黎协定》的履约义务，确保全球温控目标的实现，也成了国际法学界针对遵约问题的研究重点之一。[1]本部分内容将通过梳理现有国际遵约理论，尝试分析并寻找现有国际遵约理论中的合理要素，并为《巴黎协定》遵约提供整合性的理论基础。

一、国际遵约理论基本理论观点梳理

（一）关于遵约的国际法理论

当前国际上对于遵约问题的国际法理论研究主要包括同意理论、管理学派理论、合法化理论和跨国法律过程理论四大类观点。其中，每一种理论体系都有自己的核心观点去解释国家选择遵约与否的行为。经过对各个学派观点的评析，总结有关遵约国际法理论的各个流派对国家遵约行为过程和目的

---

〔1〕易卫中：《论后巴黎时代气候变化遵约机制的建构路径及我国的策略》，载《湘潭大学学报（哲学社会科学版）》2020 年第 2 期，第 6 页。

的观点，有利于解释以《巴黎协定》为例的国际遵约理论的本原性问题，即国家在国际事务中选择是否遵循国际法这一行为以及选择的原因是什么。通过对国家行为原因的分析，推导出国家遵循国际法的核心动力。对于这个问题，不同的国际法理论有着不同的回答。

第一，同意理论。解释国际遵约最普遍的国际法理论是基于同意的理论。该理论首先认为国家不受它不同意的义务的约束。同意理论认为，国家的自由意志是国家决定该国际法是否对其有约束力的标准。[1]同意理论强调国家应该遵守国际条约。但并未表明这种遵循约束力的来源，只是强调国际法必然要被遵守。然而，对于该原则的基础理论，自然法学派、分析实证主义法学派和基本规范法学派则有着不同的观点。18世纪自然法学派大行其道，该学派推崇自然法，认为每个人都要坚守对自然法的约许。此后，自然法学式微，其影响力日渐降低。[2]分析实证主义法学派在19世纪日渐兴起，其主张基于国家主权和现实社会的基本情况，对于国际法的遵循应该以国家强制力和同意为基础。所以，国际条约和国际法应该被遵守的义务应当服务于具体存在的现实，在该观点里依旧是基于国家同意。基本规范法学派认为，世界各国都在国际社会中存在，一旦一个国家作出不遵循国际法的行为，那么国际社会的正常运行便会不复存在。可是，为什么各国要遵守国际法规？是否有一个强制力保障这个遵守的实现？基本规范法学派的解释仅是在强调结果的循环论证，不能以此来证明这个问题得到了解决。

第二，管理学派理论。管理学派的代表人物蔡斯等人对于遵约的法学理论有不同于同意理论的见解。蔡斯等人认为，国际话语的形成过程是遵约法学理论的核心问题，该学派通过反对强制执行学派来论证自己的观点。管理学派认为，在国际法中引入强制执行措施来保障各国都遵循国际法的观点是一种"简单但并不正确的国内法律体系类比"方法。[3]管理学派认为，对不遵守国际法的国家进行军事或者经济制裁并不是最优的选择。因为进行制裁的政治压力和行动成本过大，相比之下带来的收益却很少。因为一个主权国家受到制裁后的反应往往是相应地作出对等制裁或者反制措施，这种情况下

---

[1] 王铁崖：《国际法引论》，北京大学出版社1998年版，第35页。

[2] 潘抱存、潘宇昊：《中国国际法理论新发展》，法律出版社2010年版，第16~18页。

[3] Abram Chayes & Antionia Handler Chayes, *The New Sovereignty: Compliance with International Regulatory Agreements*, Cambridge MA, London; Harvard University Press, 1995, p. 2.

并不能达到让其遵循国际法的目的，所以其在国际法遵循的过程中很难被作为有效的威慑手段。因此，该学派反对国际法律义务必须以制裁和威慑作为保障的观点。对"国家为什么遵守国际法"这一问题，该学派认为，国际条约影响了法律规范，而法律规范自身就具有应被遵守的责任。国家对国际法的遵循并不因为条约或者国际上的某种力量会违背国际法而进行制裁，而是因为先前行为已经产生必须信守约定的规范义务。[1]管理学派认为，国家违反条约义务，通常不是以条约遵循与否导致的成本收益的损益比为基础考量，而是基于不遵守国际法的国家缺乏对国际法和国际秩序的了解而产生的现象。这一不遵守问题在国际环境条约领域表现得尤其突出。[2]因此，管理学派主张通过说服参与国家在遵约方面提高自身参与的程度，完善争端解决机制，使各国遵约的核心动力并非来自国家对于经济或者军事制裁的恐惧，而是来自通过不断的劝说使这些国家担心被孤立于现有的国际交往网络之外。这个过程并不是直接的恐吓和制裁，而是通过不断劝说使国家产生内生性的遵约动力。

第三，合法性理论。该学派认为，国家之所以遵守国际法，是因为国际机制和需要被遵守的国际法具有合法性。具体而言，该学派认为，所谓的国际法，在它产生和实施过程中都具有合法性，有说服力的"说辞"组合在一起构成了国际法。[3]该学派还将视野聚焦在国际法本身是否合法和具有公正性上，而不是在传统研究语境下对国家是否遵约这一问题作出解释。在具体的形式上，国际法规则要在形式和实质两个方面都做到合法和公平。这就要求通过正当合理的程序，产生分配正义的结果。同管理学派相比，合法性理论也认为国家之所以遵循国际法，并不是源于对制裁的恐惧，或对自己国家总体利益的考量，而是源于国际法产生和生效过程中的合法性。合法性理论的经典观点认为，国际法应该由四个方面组成，在这四个要求下产生的国际法才会得到各国的遵循。其一，这种规则必须是通过民主的方式制定，包括

〔1〕 史明涛：《国家正向和反向参与国际制度：一个国际—国内制度互动的解释》，载《国际观察》2009 年第 2 期，第 8 页。

〔2〕 ［英］帕特莎·波尼、埃伦·波义尔：《国际法与环境》（第 2 版），那力、王彦志、王小钢译，高等教育出版社 2007 年版，第 48~55 页。

〔3〕 Phillip R. Trimble, "International Law, World Order, and Critical Legal Studies", *Stanford Law Review*, Vol. 42, 1990, p. 833.

产生主体的民主性与生成过程的民主性，只有这样才能保证国际法制定的透明度，从而使得各国愿意在公平的基础上参与对国际法的遵循。其二，这种规则必须是该国境内现有社会秩序体系的重要组成部分，来源于实践并作用于实践。其三，这种规则必须具有稳定性，在该规则所在体系里同其他规则能够相互协调，并且按照该规则可以做到同案同判，能够体现公平正义。其四，这种规则必须同解释和适用于国际义务的次级规则之间具有不可分割的关系。

第四，跨国法律过程理论。该学派注重在国内和国际两个领域国家和个人作为主体如何通过相互作用，从而出台、实施、执行、解释和内化跨国法律。[1]该学派也认为，只强调国际法的违约制裁与强制实施并不能提高主权国家对于国际法或者国际条约的遵循程度，反而应该强调国家自愿遵守国际法。但与前文所述观点不同的是，该观点提出了国家遵守国际条约的内化途径，并且解释了为什么要遵约以及怎样遵约的问题。一方面，跨国法律过程理论认为，国际规则内化到国内需经历三个阶段。第一阶段，该种规则必须产生于数个跨国行为组织之间的相互交往，而这种相互交往包括经济和文化等各种类型。第二阶段，在此期间各国因此产生了需要共同遵守的规则，这种规则经过各国认定最终成为能够指定和约束各国行为的法律规则。第三阶段，这种规则都有其具体的范围，随着国际交往的日渐深入，在国际上每个具体范围或领域的一系列规则逐步被各个国家内化。整个过程经过不断的重复最终将各国的利益和国际身份在某些领域重塑。[2]另一方面，跨国法律过程理论摆脱了前述各种理论仅以国家为探讨对象的偏见。该理论认为，跨国行为的主体，不仅只局限于国家，还应该包括非国家行为体，具体而言还应该探讨跨国公司和个人等主体。[3]通过了解这些主体在国际上的相互作用，他们在相互交往和联络中行程的规范，以及对话协商方式被内化到一个国家的内部法律体系中，进而使这些法律规则得到遵循。不论是国家、跨国公司还是个人作为跨国行为主体，规则内化过程贯穿于国际交往的全过程，在这

---

〔1〕 Harold H. Koh, "The 1998 Frankel Lecture; Bringing International Law Home", *Houston Law Review*, Vol. 35, 1998, p. 623.

〔2〕 Harold H. Koh, "Why Do Nations Obey International Law?", *The Yale Law Journal*, Vol. 106, No. 8, Jun. 1997, pp. 2599~2659.

〔3〕 刘志云：《国际法的"有效性"新解》，载《现代法学》2009 年第 5 期，第 8 页。

个过程中这些主体构成了一个具有共同认识的组织体，并且一同处理这些国际法律事务。该理论认为，这些相互作用产生的行为规范、行为方式来源于国际交往但又反作用于一国境内的立法、行政、司法行为，形成内化的过程。在此情况下，内化的国际法律规范在国内得到了遵循，并且具备了自发的执行力，这种执行力不是外国或者什么国际组织强加的，而是国家自己选择的。因此，这种重复参与跨国法律的过程致使国家选择遵守自己选择的国际法。

（二）关于遵约的国际关系理论

与遵约国际法理论不同的是，关于遵约的国际关系理论主要是探究何种因素形成了国家遵守国际法的自主意愿，而这种因素不仅仅局限于法律因素，也包括政治、经济、社会等各种因素对于国际法遵守问题的影响。[1]具体而言，关于遵约的国际关系理论可以分为：以古典经济学派"完全理性人"为代表的传统现实主义、新现实主义、国际关系学和自由主义等四个学派理论。

第一，传统现实主义理论。该理论认为，在现实的国际关系下，国家可以根据自我利益采取理性的行动，并为了国家利益作出一系列行为以达到其特定目标。但因为国际体系中强大的国家能从中获得更多的利益，所以国家权力因素成了国家遵守国际法的决定性因素。这就导致国家之间的冲突和国家实力差距会影响国家对于国际法的遵循。在这种情况下，实力强大的国家可以强制让弱小国家接受并遵循有利于其利益的国际法，而真正的公平遵循只会在霸权国家内或者几个强大国家的联合体中存在。[2]在这种观点中，国际法的作用较小，其只不过是国家利益博弈后的成果和强大国家制定的国际的"游戏规则"。随着全球经济的发展，各个大洲的很多新兴经济体崛起，这种观点逐渐因不符合时代发展潮流而被淘汰。

第二，新现实主义理论。随着世界经济的不断发展，国际关系也日渐变换。传统的现实主义日渐不符合全球政治经济的新格局，此时新现实主义理论的地位逐渐上升。新现实主义认为，传统现实主义仅关注国家权力作为国际法遵循的原则这一观点过于武断。其认为虽然国家是一个独立行为体，但应该超越法律框架，从政治、经济、社会等各种因素角度出发，分析其对于

---

〔1〕 秦亚青：《关系本位与过程建构：将中国理念植入国际关系理论》，载《中国社会科学》2009年第3期，第18页。

〔2〕 阎学通：《道义现实主义的国际关系理论》，载《国际问题研究》2014年第5期，第102～128页。

国际法遵守问题的影响，尤其是应该通过理性选择的方式来解决国际遵约过程中遭遇的利益分歧和矛盾问题。新现实主义也有其自身问题，该理论视野下的国际法对国家行为的影响并不大，因为国家在追求或是法律因素或是其他政治经济因素下的利益最大化的过程中，只有遇到了跟其利益相关的国际法才会选择遵循。这种对国际法的遵循并不来源于法律本身的效力，而是一种巧合下的遵循表象。

第三，有限理性选择理论。关于遵约的国际关系理论，主要以"理性人"的现实利益选择作为遵约的动力，简单来讲，国家和自然人作为主体被称为"理性人"。他们在国际交往中因为制裁和声誉等因素的影响，为了实现自身利益而进行理性选择，进而形成对国际法的遵循。随着学者对国际关系学理论的不断研究，有限理性选择理论也逐渐成为主要的国际关系理论观点，因为人们发现国家和自然人一样都不是完美的，是有缺陷、有冲动、会犯错的"有限理性人"。[1]所以，国家也只有有限的决策能力而非传统理论上人为的完全理性人。因此，应在有限理性情况下分析国家的决策能力和执行能力，进一步了解究竟是何种原因形成了国家遵守国际法的自主意愿。

第四，自由主义理论。该理论学派重视国内因素对国际法遵循的影响。该理论的底层逻辑是公民通过民主选举选出代表本国公民自身意志的政府来参与国际法遵约活动，因此当国家要选择遵守还是违背国际法时，会从国内公民的角度思考利弊。在这种情况下，国家即便可能作出违背国际法的决定，也不会真正违背国际法。[2]该观点的支持者认为，国内政治对国际法的遵循问题是极为重要的，只有了解作为基础的国内政治，才能理解国家在国际法遵循层面作出的决定。在该观点中，国家并不是前述理论认为的一元形式的实体，而是由国家制度、利益和社会意识等不同个体组成的集合体。因此，在该理论看来，在国内政治结构有差异的情况下，所谓"民主选举产生的自由国"相较于"非自由国"更容易遵守国际法，因为国内利益集团更倾向于选择遵守国际法以制衡本国政府。

---

〔1〕　梁福秋：《理性与选择——西蒙的有限理性理论与科尔曼的理性选择理论比较研究》，载《科教导刊》2011 年第 26 期，第 2 页。

〔2〕　苏长和：《自由主义与世界政治——自由主义国际关系理论的启示》，载《世界经济与政治》2004 年第 7 期，第 16~21 页。

二、对现有国际遵约理论的评析

（一）关于遵约的国际法理论

同意理论认为，国家选择做出是否遵约的行为源自国家自身的同意，因此会陷入滑坡论证的误区，即想要证明的结论却是证明的前提，这个初始假设不能推导出同意足以约束国家的结论。这种论证方式属于典型的逻辑谬误。因此，同意理论无法完全回答"国家为什么遵守国际法"这一问题，无法解释国家选择遵循国际法的强制力来源。[1]同意理论的论证方式是存在逻辑谬误的，因为它混淆了国家遵守国际条约的前提和结论。因而，同意理论只看到国家之所以受到国际法的约束、选择遵循该法律，是因为其自身选择同意。所以，该理论仅强调了"条约应当遵守"的原则和概念，但仅通过这种强调对国际法的遵循，并不能成为国家遵守国际法的动力。

管理学派虽然声称跟同意理论有所不同，因为其找到了一种遵约的动因或者说是"强制力"，但这种所谓的"强制力"不过是不断重复国家应该基于担心被孤立于现有的国际交往网络之外这一点来作为遵约动力，这种动力较为单一，仅能在协调博弈的范围内对部分条约遵守原因作出解释，而对于其他的国家间利益冲突较为明显的条约，则缺乏迫使各个国家遵循的力度。因为各国在协调博弈的范围内，冲突较小本就没有违约的必要，因此才能按照管理学派认为的那样，可以不通过强制性威慑，只需注重管理就能促进国际争端解决机制的完善。因此，管理学派理论是假定国家不遵守国际法是因为缺乏彼此之间的交流，进而通过争端解决机制解决因沟通不畅而产生的矛盾就可以让国家遵约并参与国际交往。所以说，管理学派的观点遵循力非常脆弱，只有在国家不需要强制力迫使执行的情况下才能够解释得通，但当国家利益与国际法相冲突时，国家就会反对遵循国际法，这个时候管理学派则无法解释在有意违法的前提下究竟是什么动力迫使国家倾向于选择有损自身利益的方式完成对国际法进行遵循。

合法性理论与同意理论有着类似的不足。合法性理论也只是强调国际法产生和实施构成中合法性的重要性，但对于很多关于国家为什么要遵守国际

---

〔1〕 徐崇利：《构建国际法之"法理学"——国际法学与国际关系理论之学科交叉》，载《比较法研究》2009 年第 4 期，第 13 页。

条约的内生性问题则没有解释清楚，仅仅通过对合法性的强调而忽视了那些真正涉及国家核心利益的问题。国家内部的国家权力和国际法都需要依赖一定的规则和程序来实现合法性，但这些规则和程序在国内存在合法性，并不等同于在国际上各国都普遍接受这一所谓的合法性。[1]因此，可能会引发某些国家标榜其合法性而同其他国家利益相违背的合法性危机。反过来讲，合法性理论下，一个国家如果想违背国际法，只需要强调现存的国际规则的存在和适用方面存在违法性即可，并不需要付出什么代价就可以作出违背的决定。这就是该学派只重视规则的合法性，而忽视其他的因素所带来的弊端。总而言之，合法性理论没有逃出同意理论滑坡论证或者说循环论证的怪圈，仅仅通过强调合法性而不去论证合法性的来源，遵守的保障力从何而来？该理论没有通过符合法理和逻辑的理论研究或者经验总结，只是推崇合法性的地位，而这并不是国家遵循国际法的真正动力，因为其无法解释在国家利益和国际法合法性相矛盾时，到底是遵循本国法律的合法性而违背国际法，还是遵循国际法的合法性而忽视本国利益这一问题。

跨国法律过程理论认为，国家内部的法律制度与整个国际社会的国际遵约理论是存在相互作用的，这方面的解释具有合理性，因为这能部分解释当国家内部利益面对国际遵约有矛盾时为什么应该选择遵约。可是对于解释国际法的遵循力这一核心问题而言，这种理论能够覆盖的情况远远不够。首先，该理论并不能解释清楚为什么部分而不是全部的国际法律规范能够通过内化成为国内遵循。同时，该理论也不能解释国际法律规范内化的具体过程。即便是该学派认为的国际法律实在性内化，也不能解释这种选择性内化的合理性，反而是那些符合国内当权者策略的国际法律容易被遵循，进而得到内化。而对于那些不符合国内利益的国际法律是因为何种力量可以被内化，该观点并不能作出明确的解释。甚至在这种矛盾的情况下，当国内利益大于国际遵循时，这种基于交流而产生的内化行为不会对国家内部产生可观的影响，反而可能会浪费宝贵的国际资源。而且，跨国法律过程理论无法解释国际法内化重复行为的最终结果，这就会导致这种重复交往到底进行到何种程度才能内化成国内遵循没有定论。与同意理论、合法性理论类似的是，跨国关系

---

〔1〕 温树斌：《关于国际法"法律性"的辩证思考——理论和实践的视角》，2006 年中国青年国际法学者暨博士生论坛。

理论所强调的内化过程归根结底也是建立在国家要遵守国际法这个没有约束力的口号之上的。[1]因此，其只是在关注的主体上做了创新，不只是聚焦在国家一个主体，而是把眼光放到了国际组织和个人身上。但这一创新还是没能解释国家遵循国际法的核心力量到底是什么。

（二）关于遵约的国际关系理论

通过前述关于遵约国际关系理论的梳理，我们可以看到，传统现实主义理论、新现实主义理论、国际关系学理论和自由主义理论等遵约的国际关系理论从不同角度描述了各自对于"国家为什么遵守国际法"的理解。[2]但是，这四种理论均无法单独对这个问题作出圆满的回答。在《巴黎协定》国际遵循实践中，这四项理论从各自的角度贡献了遵约价值，但与此同时也暴露出了自身的局限。传统现实主义和新现实主义都属于国际关系理论中的理性主义，其将国家作为研究对象，分析国家遵约行为背后的推动力。[3]国际关系学理论在理性主义的基础之上，通过分析影响国家遵约行为的制裁和声誉等其他因素，认为国家也只有有限的决策能力而非传统理论上的完全理性人，进一步探索国家意志对"国家为什么遵守国际法"这一问题的解答。自由主义理论也是在理性主义的基础之上，使研究对象突破国家的限制，进一步细分为国家内部的各个组织，认为国内政治经济制度等因素会影响一个国家对外作出是否遵循国际法的行为。但自由主义也有其缺陷，该理论认为，国家的遵约与否取决于国内的政治制度，而一国境内对于政治有影响的各方作出的基于自身利益的选择并不一定合理。虽然该观点强调民主在该理论框架下是影响国家行为是否合理的重要因素，但各利益集团作出的选择在当下可能看起来极为合理，符合一国境内大部分人的利益，但随着时间的推移，这种基于政治集团利益而作出的行为可能有短视之嫌，由此产生难以预测的变动会使得国家行为和决策反复变动。总而言之，四种关于遵约的国际关系理论均各有其合理的解释，但都无法对"国家为什么遵守国际法"这一核心问题作出令人满意的回答，因此迫切需要一种能够综合前述观点的新的国际遵循

---

[1] 王明国：《遵约与国际制度的有效性：情投意合还是一厢情愿》，载《当代亚太》2011年第2期，第24页。

[2] 王林彬：《为什么要遵守国际法——国际法与国际关系：质疑与反思》，载《国际论坛》2006年第4期，第5页。

[3] 朱鹏飞：《国际环境条约遵约机制研究》，载《法学杂志》2010年第10期，第3页。

研究观点来解释这个问题。

三、《巴黎协定》遵约背景下的"树冠羞避"学说

树冠羞避（Crown Shyness），指的在特定情况下某些树种会有的自然现象。具体表现为即使生存空间较为拥挤，但在森林中相邻的树木的树冠也互不遮挡。各有各的专属空间而不接触，从地面望上去这些树木的树冠如同拼图一样（如图 2-1），感觉像是树木在互相"礼让"。因此，这种情况非常类似于当今国际法遵循的现状，每个国家都是世界这个森林中的一棵树，"树冠羞避"体现了各国对国际法的遵循，国家之间都在争取更多的资源，但十分"默契"地互不侵占。

图 2-1 关于"树冠羞避"的自然现象

部分学者曾提出过关于国际法遵守理论的"冰山三阶层"模型。其认为：国际法遵守理论可以类比为一座冰山，适用冰山理论。这座冰山可以被分为三个阶层，代表着三个层级的影响因素。其强调在三层结构之中：第一阶层直接决定了国家是否遵守国际法；第二阶层并不直接决定国家行为，但对第一阶层国家意志的形成发挥决定性作用；第三阶层隐藏最深同时最为根本，直接决定第二阶层两种概念的产生，并最终影响第一阶层的显现形式。[1] 本书结合前文分析以及在"冰山三阶层"模型基础上，提出"树冠羞避"国际法遵守学

---

〔1〕 曹家玮：《〈巴黎协定〉促进遵守和履行机制研究》，华东政法大学 2020 年硕士学位论文，第 23~24 页。

说，也强调国际法遵守理论可以被分为三个阶层，不过是类似树木的树冠、树干和树根。第一层即为表现出来的树冠，直接表现为国家决定是否遵循国际条约，具体到本书就是《巴黎协定》这一有关气候变化的国际条约。

在第一部分表象的"树冠"下，各国如同一棵棵不同的大树，在同一片森林里利用有限的自然资源。从外表上看，各国虽然都在竭尽全力地追求更高的资源利用率，但会呈现出"树冠羞避"的默契。所以，从第一层只能看到各国遵循国际法的现象，需要进一步分析其产生的原因。

在第二部分主体的"树干"部分，"国家观念"与"国家理性"可以被解释为"树冠羞避"的成因，因此称为"树干"。在第二阶层的分析中，每一个主权国家都生存在国际这个"森林"中，保护全球环境这个观念是各个国家应有的共识，因为只有"森林"健康，各个"树木"才会有生存的空间。基于这种国家观念，各国会作出符合国际遵循的决定。而在国家理性下各国都能意识到单靠每个"树木"的利益肆意生长，即不顾环境的发展必然会挤占其他"树木"的生存空间，这种行为在"森林"中必然会遭到其他"树木"的制裁，这种制裁会让一个国家难以在"森林"中立足。因此，在这种情况下，各国必须作出遵守《巴黎协定》的决定，约束自身的无序发展行为，共同面对全球气候的变化。

第三部分的"树根"强调的是国家对于国际法遵循的根本原因，即对"国家为什么遵守国际法"这一问题的解答。作出对于国家利益和国家行为问题两项概念存在的依据，因此可以被称为"树根"。从跨国法律过程理论和自由主义理论出发，国家本身是由其内部的国家利益、政治体制等构建的，这种性质决定了国家的行为必须符合国内各个组织的共同利益，然而国家又不能在国际社会独善其身，其必须跟各国或国际组织存在联系，国家在此过程中与其他主权国家、非国家行为体等在国际法律遵循问题上反复交流，其本质上就是对国际法产生和执行的实践，并且通过将国际法内化成为本国法律的形式继续加以遵循，如此反复的交流和内化行为，又重塑了一国国内遵循国际法的态度。如同树根从土壤中吸取营养促进树木发展，同时土壤松软更有利于土地的肥沃。

综上所述，本书在梳理现有国际遵约理论的基础上，评析遵约的国际法与国际关系的二元理论体系，通过总结遵约的国际法同意理论、管理学派理论、合法化理论、跨国法律过程理论的优势和不足，分析了遵约的国际关系理论中传统现实主义、新现实主义、国际关系学和自由主义理论的内涵和外延。本书进而提出了国家遵守以《巴黎协定》为代表的国际环境法的复合型国际法遵守理论，即"树冠羞避"学说。

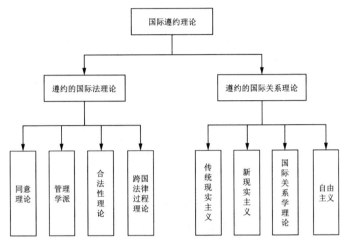

图 2-2　基于现有理论体系梳理的国际遵约理论体系图〔1〕

"树冠羞避"国际法遵约学说，是在国际遵约理论的基础上总结关于遵约的国际法理论和国际关系理论而提出的三阶段遵约结构。国际遵约理论是国际法发挥调整国家间关系作用的核心动力，只有分析并厘清国际遵约理论，才能更好地理解国际法的内涵和发展，才能利用好推进和维护国际法结构的宝贵资源。遵约的国际法理论流派应用于分析遵守问题，这也有利于解释国际关系理论的核心命题，即在国际事务中国家行为的原因是什么。通过对国家行为原因的分析，推导出国家遵循国际法的核心动力。遵约的国际关系理论主要是探究何种因素形成了国家遵守国际法的自主意愿，而这种因素不仅仅局限于法律因素，也包括政治、经济、社会等各种因素对于国际法遵约问题的影响。总之，对《巴黎协定》进行的国际遵约理论的评析，是应对全球气候变化的关键举措。因为在全球气候变化这一问题中，任何一个单一国家都无法独善其身。气候变化事关整个"森林"的问题，这关乎其中每一棵"树木"的生存和发展利益。单独一个国家的发展如同一棵"树木"为了自

---

〔1〕　唐颖侠：《国际气候变化条约的遵守机制研究》，人民出版社 2009 年版，第 57~60 页。

身利益肆意生长，全然不顾环境的发展会挤占其他"树木"的生存空间，这种行为在"森林"中必然会遭到其他"树木"的制裁，这种制裁会让一个国家难以在"森林"中立足。因此，保护全球气候环境是各个国家应有的共识，因为只有"森林"健康，"树木"才会有生存的空间。

第二节 后格拉斯哥时代气候正义的理论同构

《联合国气候变化框架公约》第 26 次缔约方大会（COP26）在英国的格拉斯哥落下帷幕，这是《巴黎协定》进入实施阶段以来的首次气候大会。本次气候大会被环保主义者认为是"人类最后的机会，也是最好的机会"。会议达成了政治性文件《格拉斯哥协议》，虽然比起以往的会议决定有进一步的推进，但仍然具有明显的妥协色彩，气候治理的全球合作进展依然缓慢。一方面，在目标层面，生态整体性保护仍然难以落实。《格拉斯哥协议》重申了《巴黎协定》所确定的 1.5 摄氏度目标，但根据各国所提交的更新国家自主贡献（NDCs）量化承诺，距离气候系统的保护目标仍然相差甚远。如果全人类仍然不能认识到问题的紧迫性，那么未来将看到一片片"完全违反自然的荒芜，日益腐败的自然界"，[1]成为新的"公地悲剧"。又因各方都希望"搭便车"而更加退步。另一方面，在实施层面，共同但有区别责任难以落实。《格拉斯哥协议》虽然仍然要求发达国家增加资金援助，但发达国家仍以不积极的态度履行资金义务，实现全球控温目标的可能性只会更加渺茫。此外，全球碳市场方兴未艾，导致全球合作减排效率降低。虽然《格拉斯哥协议》已对《巴黎协定》第 6 条国际合作的实施细则进行了明确，但国际政治博弈依然影响着全球碳市场的谈判进程。推进统一碳交易机制的建立又会导致各方博弈新局面的产生。全球气候博弈并不能独立于政治与经济博弈，各国的经济利益冲突与政治立场的对立影响了全球气候治理进程，进而影响了缔约方遵守国际法的态度，导致《巴黎协定》等国际环境条约所追求的环境目标很容易落空。[2]这种矛盾属于全球气候治理的实然层面，已有的经济与政治手段无法有效应对。那么，我们有必要从应然视角，基于伦理学与法哲学研究

---

〔1〕《马克思恩格斯文集》（第 1 卷），人民出版社 2009 年版，第 225~226 页。
〔2〕 赵岚：《美国环境正义运动研究》，知识产权出版社 2018 年版，第 23~24 页。

角度，将正义论应用于全球气候治理，追求帮助各方达成共识走向全球气候正义的应然路径。

一、气候正义的内涵与外延

对气候正义问题的关注可以被视为环境正义问题向具体领域的延伸。环境正义运动于 20 世纪 80 年代初在美国肇始，起因是废物处理设施和污染工业在贫困有色人种社区的不均衡分布。环境正义最初以一种反环境种族主义的姿态出现，其实质是关注环境平等问题，反对环境负担的不平等分配，[1] 这一精神实质继而逐步扩展到其他环境保护领域。进入 21 世纪早期，一些非政府组织承袭了环境正义运动的精神，开始对气候变化的影响进行伦理审视，关注气候变化中利益与负担分配的公平性问题，"气候正义"（Climate Justice）的名称便应运而生。有的非政府组织直接以气候正义来命名，比如"国际气候正义网络"，该组织于 2002 年提出了包括 27 项内容的"气候正义巴厘原则"，[2] 这可以被视为气候正义最早的正式文本表达。随后，围绕气候正义展开的研究也逐步增多，气候正义逐渐成为讨论气候变化领域利益与负担分配问题时经常使用的一个规范概念和核心论题。[3]

气候正义作为正义论在气候领域的应用，先是从属于"正义"这一大尺度的伦理学与法哲学概念，后是符合"气候领域"实然层面的事实变化。以休谟的观点来看："正义只是起源于人的自私、有限的慷慨，以及自然为满足人类需要所准备的稀少的供应。"[4] 罗尔斯对休谟的这一论断进行了扬弃，得出了分配正义的前提。[5] 基于不同的侧重点，学者们提出了不同的定义角度：从宏观上，气候正义可以是一套价值体系；[6] 从中观层面，气候正义的重点

〔1〕 李建福：《国际环境政治中非政府组织功能剖析》，载《太平洋学报》2022 年第 5 期，第 13 页。

〔2〕 Susanne C. Moser & Lisa Dilling（eds.），*Creating a Climate for Change：Communicating Climate Change and Facilitating Social Change*，Cambridge University Press，2008，p. 119

〔3〕 李春林：《气候变化与气候正义》，载《福州大学学报（哲学社会科学版）》2010 年第 6 期，第 45~50 页、第 108 页。

〔4〕 ［英］休谟：《人性论》（下册），关文运译，商务印书馆 1980 年版，第 536~537 页。

〔5〕 江娅、刘汉琴：《论正义产生的条件——从休谟到罗尔斯》，载《伦理学研究》2012 年第 6 期，第 91~94 页。

〔6〕 王灿发、陈贻健：《论气候正义》，载《国际社会科学杂志（中文版）》2013 年第 2 期，第 31 页。

在于权利与义务的分配；[1] 从微观层面，气候正义则要着眼于碳排放空间资源的分配。[2] 本书则认为，气候正义是在气候资源有限的现实条件下，各国之间在权利与义务上达到可持续性的公平与公正，从而维护地球上绝大多数人气候环境利益的规范伦理。为了更好地理解气候正义的内涵与外延，我们有必要从气候正义的产生背景、原则体系、范围与形式几个层面加以论证。

（一）背景信念：气候非正义问题的产生

对于国际层面的气候正义而言：一方面，气候资源处于愈发稀缺的状态；另一方面，国际社会的主要参与者都是理性的自利者。正是农耕文明长期以来维持着气候资源的低消耗，使得人们心中一直有一个"气候资源是取之不尽用之不竭"的假象，但经过工业化国家二百余年毫无节制的温室气体排放，越来越频发的极端天气告诉人们，气候资源并非取之不尽，只有对资源进行合理分配才能自救。同时，由于气候资源的非排他性，各国在面对"有限的气候资源逐渐成为本国发展的制约因素"这一现状时，[3] 为了既得利益或是将得利益，往往会选择不择手段，通过比别国多占有气候资源来维持或发展经济。对于一国而言，自身内部利益才是考虑因素，因此在面对其他国家时会天然具有不道德性，这意味着一国在参与国际社会的治理时必然是理性的自利者。而没有威权实体统治下的国际社会，虽然没有落到霍布斯所说的"每一个人对每个人的战争状态"，[4] 但也不存在一个足以约束各国应对气候变化的组织。

（二）内涵凝练：气候正义原则的价值排序

气候正义的原则体系建构体现出了多元主义的特点。中外学者从不同角度提出观点，包括生态整体性原则、平等对待原则、历史责任原则、能力原则、共同但有区别责任原则。这些原则都能够成为气候正义所秉持的价值基础。[5] 生态整体性原则的核心在于保障地球生态系统的稳健性，并允许系统在受到干扰的情况下保持其功能。1992 年达成的《里约宣言》在序言中指

---

〔1〕 陈春英：《气候治理与气候正义》，中国社会科学出版社 2019 年版，第 41~42 页。

〔2〕 陈晓：《气候正义理论的辨析与建构》，中国社会科学出版社 2021 年版，第 44~46 页。

〔3〕 曹荣湘主编：《全球大变暖——气候经济、政治与伦理》，社会科学文献出版社 2010 年版，第 288~290 页。

〔4〕 ［英］霍布斯：《利维坦》，黎思复、黎廷弼译，商务印书馆 1985 年版，第 94~95 页。

〔5〕 杨通进：《气候正义研究的三个焦点问题》，载《伦理学研究》2022 年第 1 期，第 79~91 页。

出，联合国环境与发展会议致力于"尊重所有人的利益和保护全球环境与发展系统完整性"。[1]保障气候系统的稳定性是实现地球生命支持系统的重要环节。如果大气浓度超过上限，全球将面临气候系统进入更加不稳定状态的风险，这将给全人类带来灾难性的后果。[2]从可持续发展角度来看，气候系统的完整性意味着全球系统在"可比较的时间内观察到的自然气候可持续能力"范围内的持续运转。[3]平等对待原则作为义务论功利主义的核心原则，是气候正义原则体系的起点。其要求将每个人的幸福最大值视作目标，将平等对待每个人的幸福作为基础。面对国际领域的利益冲突，仅仅是理想化地要求各国担负起对地球环境保护的共同责任是不具有说服力的，必须要加以道德上的规劝。气候正义尤其需要这种道德前提，在制定应对气候变化的规则时，平等对待所有国家，不论肤色、财富多寡、受教育的程度，[4]每个国家的人民在国际气候规则下都应享有平等待遇，并共同参与全球气候变化应对行动。《巴黎协定》遵约义务下所有国家都需要提交国家自主贡献（NDCs）便是对这一原则的鲜明贯彻。[5]但平等对待原则，并非一致要求气候正义的实现需要基于形式上权利义务的平等分配，考虑到导致全球环境退化的历史与现实因素，以及国家能力上的差异，各国对保护全球气候环境负有共同但是又有区别的责任。[6]"共同"责任让每个国家都无法逃避气候变化的全球性影响，"区别"责任则强调历史责任与能力原则的重要性。一方面，发达国家的国民并不能因为自己祖先对气候变化问题的无知而免除自己的历史责任；[7]另一方

〔1〕 P. Bridgewater, R. E. Kim & Bosselmann K. Ecological Integrity, "A Relevant Concept for International Environmental Law in the Anthropocene?", *Yearbook of International Environmental Law*, 2016.

〔2〕 R. Andrea, "The Principle of Sustainability, Transforming Law and Governance", *Journal of Environmental Law*, 2010（3）, pp. 509~511.

〔3〕 R. E. Kim & K. Bosselmann, "International Environmental Law in the Anthropocene: Towards a Purposive System of Multilateral Environmental Agreements", *Transnational Environmental Law*, 2013, 2（2）, pp. 285~309.

〔4〕 杨桃：《气候变化伦理原则——世界科学知识和技术伦理委员会适应与缓解报告》，载《国际社会科学杂志（中文版）》2017 年第 4 期，第 173~189 页。

〔5〕 黄素梅：《气候变化"自下而上"治理模式的优势，实施困境与完善路径》，载《湘潭大学学报（哲学社会科学版）》2021 年第 5 期，第 5 页。

〔6〕 李慧明、李彦文：《"共同但有区别的责任"原则在〈巴黎协定〉中的演变及其影响》，载《阅江学刊》2017 年第 5 期，第 11 页。

〔7〕 申丹娜、李立晨：《科学与政策的复杂关系：臭氧治理和气候变化治理的政策比较》，载《自然辩证法通讯》2022 年第 2 期，第 17~22 页。

面，发达国家所处的领先社会经济状况，以及在应对气候变化过程中的资金、技术和组织能力优势，也让其难以推卸现实责任。总之，气候正义的实现应当在共同应对的基础上，根据历史损害以及现实能力来划分责任，气候正义应建构以生态完整性原则为约束、以平等对待原则为基点、以共同但有区别责任原则为方向、以历史责任与现实能力原则为依据的原则体系。

（三）外延维度：气候正义范围的时空体系

气候变化的风险不仅是超越性的，而且是"去边界"性的，因为其最终改变了自身的边界，在空间上超越了民族国家，在时间上超越了不同世代，在社会层面超越了义务、责任与债务的界限。[1]因此，气候正义的实现在外部表现上建构于空间、时间，以及人与自然关系三个维度中。首先，从空间维度看，气候正义包括国内与国际两个层面的气候正义。国内气候正义可以通过一国立法程序实现，但由于气候资源的非排他性特点，各国往往倾向于将国家利益摆在第一位，因此会选择在分配气候资源时"搭便车"。应对气候变化必然要走向世界主义，在面对全球性气候危机时，各国让渡一部分主权进行国际合作是重要路径。因此，气候正义在空间维度上应着眼于国际气候正义，而非国内气候正义。[2]其次，从时间维度看，气候正义则可以表现为代内与代际气候正义。代内气候正义是以当代全球气候资源现状进行制度规划，这与上述的国际气候正义是不谋而合的。代际气候正义则是将视角从当前扩大到较长的历史区间，以前代人、当代人与后代人的权利义务为分配对象，体现了一种可持续性理念。[3]代际气候正义主要涉及的是如何界定温室气体排放的历史责任，以及如何履行代际气候义务问题。最后，从人与自然关系角度看，气候正义则体现为种际正义。[4]相对人类中心主义的生态伦理观认为，气候正义应当具有种际正义要素，要求人类对地球生态系统的其他参与者进行保护。[5]但生态中心主义思想是不可取的，把动植物与自然生态系统也视为气候正义的合法主体的观点是不妥当的。

---

〔1〕［英］戴维·赫尔德、安格斯·赫德·玛丽卡·西罗斯主编：《气候变化的治理：科学、经济学、政治学与伦理学》，谢来辉等译，社会科学文献出版社2012年版，第38~40页。

〔2〕史军：《代际气候正义何以可能》，载《哲学动态》2011年第7期，第5页。

〔3〕［瑞士］克里斯托弗·司徒博、牟春：《为何故、为了谁我们去看护？——环境伦理、责任和气候正义》，载《复旦学报（社会科学版）》2009年第1期，第12页。

〔4〕易小明：《论种际正义及其生态限度》，载《道德与文明》2009年第5期，第4页。

〔5〕叶冬娜：《以人为本的生态伦理自觉》，载《道德与文明》2020年第6期，第44~51页。

（四）外延表征：气候正义形式的二分结构

气候正义在外延表征上分为程序正义与实体正义。程序气候正义意在解决"谁能参与应对气候变化的行动"，以及"参与者怎样参与在程序上正当"的问题。实体气候正义则是涉及对参与者权利与义务的分配。权利与义务是通过对基本善的占有而产生的，当我们将应对气候变化视为一个整体时，想要使权利拥有足够坚实的基础，就需要先对基本善进行分配。[1]具体而言，适应与减缓气候变化的基本善，除了在碳排放方面的权利和义务，还包括参与其中的主体资格以及对气候非正义的补偿。[2]实体正义主要是通过分配与矫正环节实现的，其主体部分在于实现分配正义，而矫正正义则是在初次分配出现失灵的问题时参与进来，推动正义的再次实现。

二、气候正义的理论溯源与辨析

（一）罗尔斯正义论的两个正义原则

罗尔斯认为，社会正义的实现首先要建立起正义的社会制度，进而提出了两个基本原则，即平等原则与差别原则，并且前者优先于后者。[3]平等原则是平等保护公民基本权利的原则，此处的基本权利主要指的是政治权利与自由权利。而差别原则是保护处在最不利地位者的利益，通过对社会中权利与义务的再分配实现这种保护。差别原则承认在社会中存在不平等，但这些不平等的目的是有利于最不利者实现其利益的。不能为了达到更大的效益而违反平等原则，对社会财富和权力进行分配时，应当要机会平等、保障自由。为了让社会全体公民共享这种平等带来的价值，就必须在机会平等的前提下，使得那些社会中必须存在的不平等适合于最少利益者的最大利益。

首先，罗尔斯正义原则与平等对待原则具有一致性。罗尔斯认为，平等的基础是平等的道德人格，这种道德人格由人们所持有的善观念和正义感两种道德能力构成。[4]世界各国应当自然认定它们具有了平等的善观念和正义

---

〔1〕 李志：《全球气候治理的国家责任伦理思考》，载《黑河学刊》2018 年第 5 期，第 170~172 页。

〔2〕 ［西］卡门·贝莱奥斯－卡斯泰罗、曲云英：《气候伦理的非个体主义特征：支持共同或累积的责任》，载《国际社会科学杂志（中文版）》2015 年第 3 期，第 112~123、8、13 页。

〔3〕 ［美］约翰·罗尔斯：《正义论》，何怀宏、何包钢、廖申白译，中国社会科学出版社 1988 年版，第 60~61 页。

〔4〕 ［美］约翰·罗尔斯：《正义论》，何怀宏、何包钢、廖申白译，中国社会科学出版社 2009 年版，第 399~400 页。

感，也就具备了在分配领域应用罗尔斯正义原则进行分配的道德基础。一方面，国际气候正义的主体是国家，不经人的赋予不会存在任何道德观念。认可了平等对待原则就意味着各国认为在气候变化问题上不会违反罗尔斯两个正义原则的平等基础。另一方面，假设国家是具有一定道德人格的，只有各国对于气候变化问题有着最基础的善与正义感的共识，才会认可平等对待原则，那么也就满足了罗尔斯的平等基础。其次，罗尔斯正义原则与共同但有区别责任原则具有一致性。分配气候资源时以罗尔斯正义原则为指导可以既关注各国之间权利与义务的平等，又关注各国国情的差别，这又恰恰是共同但有区别责任原则的精神实质。

罗尔斯两个正义原则是对国际气候正义在分配领域的指导，尤其是全球碳排放空间分配可以引入两个基本要素，即平等的碳排放权，并考虑最不发达国家的利益。根据平等原则，气候领域的基本权利分配，是承载每个国家生存发展权的碳排放权分配的平等分配。[1]此种权利的分配，应当是对各国满足生存需求的最低碳排放量的共享，而非保护某些国家的奢侈排放。[2]根据差别原则，在分配碳排放空间时应当允许一定程度的不平等，以满足最不发达国家的利益。这意味着不平等是针对高于最低排放权利的限额的，且这种不平等不能影响最不发达国家的生存发展需要。[3]在将罗尔斯的正义原则运用到气候正义分配时，由于要求各国出让一部分国家利益，因此一定会面对国家主义的诘难，即便以平等对待原则对各国进行道德义务规劝，如果没有制度与法律的约束，依然难以使这种正义的分配落地，因此仍然需要从其他理论出发寻求实现气候正义的正当性依据。

（二）内格尔的霍布斯主义理论

内格尔认为，全球正义的实现的基本要求是建立世界政府。在表述中他强调："没有主权赋予正义制度的稳定性，个体无论有怎样的道德动机，也只

〔1〕 吴卫星：《后京都时代（2012~2020 年）碳排放权分配的战略构想——兼及"共同但有区别的责任"原则》，载《南京工业大学学报（社会科学版）》，2010 年第 2 期，第 18~22 页。

〔2〕 李钢、廖建辉：《基于碳资本存量的碳排放权分配方案》，载《中国社会科学》2015 年第 7期，第 17 页。

〔3〕 蔡文灿：《国际碳排放权分配方案的构建——基于全球公共物品和财产权的视角》，载《华侨大学学报（哲学社会科学版）》2013 年第 4 期，第 10 页。

能空有正义的强烈愿望，而没有实际的表现。"[1]内格尔的理论显然是对霍布斯主义建立威权组织以实现正义的继承与发展。国际气候治理的困境，在内格尔看来都可以归咎于没有一个权威的政府统筹规划，如果能建立一个超国家组织作为全球气候治理的管理者，这些问题不会发展成现在这么困难。但是，霍布斯主义建立威权政府所要解决的问题与气候正义的实现有所不同。霍布斯主义建立"利维坦"是为了终止人与人之间相互斗争的自然状态，[2]气候正义则是为了应对气候变化这个共同的敌人。其次，即便"民主制度不适合应对危机的解决"，[3]可以为威权组织提供合理性，但就全球在减缓气候变化的实际行动而言，很难说各国政府及其民众已经将气候变化当作了迫在眉睫的危机。同时，现实世界没有通向世界政府的可行途径，武力强制不符合世界和平的发展潮流，国家授权则会延续气候博弈中各国扯皮不断的困境。[4]

除了建立世界政府之外，内格尔承认实现全球正义的另一种途径是，通过国际协商建立国际制度或组织，这种形态的国际合作也在一定程度上跨越了主权的限制，其"可能就像一个楔子的尖端，不断地楔入最终将从道德与政治上撼动分离的民族国家的统治主权"。[5]建立世界环境组织（World Environmental Organization，WEO）作为未来努力的方向，不失为一个折中的进路，[6]各国可以参照联合国等国际组织的条款，先由世界主要碳排放国加入，再逐步吸收进世界其他国家，并要求成员方强制实施这些条款。但这种国家间联合的力度远小于主权所能带来的效果，国家可以出于自身利益考虑退出国际合作项目，比如英国脱欧、美国退出《巴黎协定》就是鲜明的例证。世

---

〔1〕　[美] 托马斯·内格尔、赵永刚、易小明：《全球正义问题》，载《吉首大学学报（社会科学版）》2010年第6期，第13~20页。

〔2〕　武掌华：《霍布斯国家主义法律观之刍议》，载《湘潭大学学报（哲学社会科学版）》2005年第Z1期，第3页。

〔3〕　[澳] 大卫·希尔曼、约瑟夫·韦恩·史密斯：《气候变化的挑战与民主的失灵》，武锡申、李楠译，社会科学文献出版社2009年版，第22~23页。

〔4〕　荆克迪、师翠英：《人类命运共同体原则下的全球气候博弈分析》，载《南京社会科学》2019年第1期，第8页。

〔5〕　雷垒垒：《基于道德和价值论的平等观——托马斯·内格尔政治哲学研究》，浙江大学2015年硕士学位论文。

〔6〕　周茂荣、聂文星：《国外关于世界环境组织的研究》，载《国外社会科学》2004年第1期，第36~41页。

界环境组织（WEO）的成立，需要世界主义思想的加入，以世界主义包容各方价值观冲突，方能在其中体现全人类共同利益。

（三）博格的世界主义理论

世界主义（Cosmopolitanism）在词源学上由"Cosmos"（世界）和"Polites"（公民）这两个词根构成，字面意思是"世界公民"。[1]从古希腊的斯多亚学派，到近代的康德，再到现代的托马斯·博格，世界主义学者都有一个共识，那就是不强调国家与民族之间的分别，将实现人类共同利益作为最终目标。[2]托马斯·博格将世界主义的基本观点分为三种，即个体主义、普遍性与普适性。个体主义认为，全球正义的落脚点在于单独的个体而非国家、民族等政治群体组织。普遍性观点认为，这些个体的价值存在于共性之中，而非为由肤色、宗教等划分出来的群体特殊性所决定。普适性观点认为，赋予这种价值普适的强制性，每个人都应当对世界上的其他人持有一种关切。[3]世界主义中有明显的平等理念，很适合丰富气候正义这种意在解决全球气候问题的实现路径。

基于托马斯·博格对世界主义的理解，气候正义的实现应当吸取重建国际秩序的构想。世界主义观点认为，世界范围内的不平等往往源于世界秩序不够正义，因此需要将在秩序中处于优势地位主体的部分利益，向秩序中的弱者倾斜，参与者与维持者都应负有重建一个更加公平的秩序的责任。[4]在气候变化领域，已有国际气候变化规则的建立受发达国家的影响更为深重，而发展中国家为了减排要付出的成本显然更高，要解决这种不公平的现象需要发达国家做出更多贡献，为发展中国家提供资金、技术和能力建设。这一过程需要制度的确认，按照法律世界主义给出的解决方案，就是要建立一套实现气候正义的国际法。[5]但面对发达国家的对抗言论，我们必须要通过历史唯物主义扳正视野，以能力主义审视气候正义，防止理论与现实脱节。

---

〔1〕 徐向东编：《全球正义》，浙江大学出版社 2011 年版，第 23～24 页。

〔2〕 高奇琦：《和谐世界主义：中国参与全球治理的理论基础》，载《当代世界与社会主义》2016 年第 4 期，第 13 页。

〔3〕 蔡拓：《世界主义与人类命运共同体的比较分析》，载《国际政治研究》2018 年第 6 期，第 17 页。

〔4〕 谢惠媛：《世界贫困问题的伦理论争——析托马斯·博格的世界贫困理论》，载《社科纵横》2012 年第 6 期，第 3 页。

〔5〕 许小亮：《法律世界主义》，载《清华法学》2014 年第 1 期，第 13 页。

（四）历史唯物主义与能力主义理论

历史唯物主义的视角要求我们用阶级史观思考问题，资本主义导致了世界大多数的不公平结果，无论是经济上的贫富差距还是环境领域的气候非正义。[1]在历史责任问题上，发达国家及其背后的资本并没有表现出应有的责任担当，像美国这样的头号强国甚至是全球气候治理进程缓慢的罪魁祸首。历史上，发达国家率先开展工业革命，无节制地排放温室气体，占用了大气环境容量，使得全球所有国家都要一同承担治理的责任。而且，发达国家为了本国利益以"不知者无罪"为由为其历史排放做辩护，同时却苛求发展中国家牺牲发展利益承担减排义务。发达国家主导的工业化历史不仅导致了一系列对发展中国家人权、经济权利的践踏，更是如今各国长期维持占有气候资源不平衡状态的根本原因。[2]秉持历史唯物主义观点，想要达成和谐的国际合作，就需要各国结束争吵，一致就历史责任达成基本共识。

虽然能力主义很难与正义问题进行理论融合，更多的时候能力路径是"用来评估人们的福祉与自由状况等宽泛的规范性框架"。[3]但气候正义是一个必然要走向实践的正义体系，要融合能力主义的视角，使气候正义得以不脱离现实生活，更好地激发人们的行动潜力。具体而言，秉持能力主义理论要思考两个问题：一方面，如何使人们获得充足的能力，即如何通向能力主义者的正义；另一方面，何以使人们运行在这样的框架中，即能力主义正义框架的运行至少要求人们具备何种能力。在气候正义领域，这两个问题可以转化为减缓气候变化至少要各国付出些什么样的努力，才能在减缓过程中保障那些发展中国家的生存发展权利。其一，同为减排主体，发达国家具有更充足的能力减少更多的碳排放量，而发展中国家则反之，那些欠发达、不发达国家甚至可能没有能力进行减排。想要达到减排目标，发达国家就必须承担更多与能力相适应的减排责任，以弥补发展中国家无法做到的那些碳排放量缺口。[4]其二，气候正义不是要求各国一味减排，而是要在发展的基础上

---

〔1〕 丁参、戴建平：《应对气候变化——资本主义的挑战与社会主义的道路》，载《自然辩证法通讯》2022年第2期，第44页。

〔2〕 刘晗、李静：《气候变化视角下共同但有区别责任原则研究》，知识产权出版社2012年版，第58~59页。

〔3〕 ［美］拉斯·尼尔森等：《能力主义的充足性原则：能力与社会正义》，载《国外理论动态》2018年第6期，第58~70页。

〔4〕 华启和：《气候博弈的伦理共识与中国选择》，社会科学文献出版社2014年版，第270~271页。

减排，要求发展中国家承担太多的减缓责任，会严重地限制其提高人民生活水平的努力，这是与基本道德要求相违背的。发达国家则是享受着先发展红利，要求其承担与发展中国家相比更多但与能力相适应的减排责任，不会对其国民的生活水平造成像对发展中国家那样大的恶劣影响。共同但有区别责任原则蕴含着能力主义的价值追求，是尊重了各国处在不同发展阶段的现状，以能力分配碳排放空间的气候正义原则。要求发达国家率先承担减排责任，并非给发达国家施加过量的道德压力，而是基于发达国家远超于发展中国家的减排能力提出的更公平、更具有经济效率的可行性方案。

（五）国际帕累托主义理论

意大利经济学家帕累托在研究资源配置时提出了一个最优状态标准，其是指在某种既定的资源配置状态下，任何改变都不可能使至少一个人的状况变好，而又不使任何人的状况变坏，这一状态则实现了帕累托最优。在气候变化领域，波斯纳与韦斯巴赫提出了国际帕累托主义原则。[1]其认为，国际社会所达成的任何一项应对气候变化协议都必须满足国际帕累托主义原则，即所有国家都必须相信自己会因应对气候变化协议的签署而使自身境况好转。国际帕累托主义不能被简单归类为一条伦理原则，而更像是一种实用主义的约束因素。在缺乏国际权威政府的合作体制下，如果协议得不到所有国家的认同，其是不可能达成的，国家只会加入服务于自身利益的协议。国际帕累托主义理论剖析了当下国际应对气候变化进程受挫的深层次原因，更加倾向于从效率而非公平视角寻找气候正义实现的具体路径，其被认为是开展国际碳定价合作，寻求符合成本效率低碳转型路径的重要理论渊源。但国际帕累托主义将国家利益作为国际合作能否达成的唯一标准，却没有对国家追求的利益是否合乎道德要求进行思考，同时偏离了气候正义最应当讨论的方向，导致其缺乏对分配正义的关注。波斯纳是将可行性作为衡量标准，然而气候正义应当优先聚焦的是如何实现公平分配，用可行性代替公平显然是不妥的，这在某种意义上是正义的缺失。[2]

综上所述，丰富气候正义的内涵与外延，需要通过融合各种理论寻找可行的或是合理的部分，才有可能实现国家间跨越主权的合作，从而走向气候

---

〔1〕 ［美］埃里克·波斯纳、戴维·韦斯巴赫：《气候变化的正义》，李智、张键译，社会科学文献出版社 2011 年版，第 9~10 页。

〔2〕 陈晓：《气候正义理论的辨析与建构》，中国社会科学出版社 2021 年版，第 156~166 页。

正义。我们应以罗尔斯正义论的平等原则和差别原则为指导，在面临愈发严峻的气候危机的背景下为实现全球气候资源的正义分配提供依据。借鉴霍布斯主义理论的要素，虽然建立全球政府是不够现实的，但可以希冀建立类似世界环境组织（WEO）这样的超国家组织来统筹各国的应对进程，吸纳世界主义对个体国家的关怀，建立国际统一法律制度的实践方式。坚定历史唯物主义和能力主义立场，为发达国家率先行动并对发展中国家进行援助提供了道德责任基础。通过辩证分析波斯纳的国际帕累托主义理论，则可以从功利主义视角寻求全球多数的共同利益诉求点，尽早启动全球行动。总之，气候正义要求我们在追求减排效率时必须兼顾平等问题，气候正义作为全球正义要求各国努力超越主权的限制。最后也是最为重要的是，气候正义体现出了多元主义特点，至少现有的单一理论或学说很难解决气候正义的实现问题，只有融合不同学说才有可能找到最优解。

小　结

本章内容基于不同视角下的理论梳理与分析。一部分内容着眼于国际法与国际关系遵约理论的发展。国际遵约理论是国际法发挥调整国家间关系作用的核心动力。只有分析并厘清国际遵约理论，才能更好地理解国际法的内涵和发展，才能利用好推进和维护国际法结构的宝贵资源。因此，对现有关于遵约的国际法理论与国际关系理论进行分析，客观评析各个学派观点的优势和不足，以回答以《巴黎协定》为例的国际遵约理论的本原性问题——国家在国际事务中选择是否遵循国际法这一行为的原因是什么。本章从关于遵约的国际法理论和关于遵约的国际关系理论两个方面阐述了国际遵约理论的基本观点，进而对现有的国际遵约理论进行评析，最后融合并提出国际法遵约的新学说。

另一方面内容则定位于气候正义理论在法哲学与伦理学层面的演进。从《巴黎协定》到《格拉斯哥协议》，全球气候治理处于缓慢推进中，国际社会距离气候正义的应然状态还有较长的距离。面对不断迫近的气候危机，我们所应秉持的气候正义指导理念，应当是有利于实现气候正义优先价值选择与排序，有利于划分气候正义的代内与代际正义范围，有利于厘清分配正义与矫正正义的实践模式的观念体系。通过辨析罗尔斯正义论二原则、内格尔的霍布斯主义、托马斯·博格的世界主义、历史唯物主义和能力主义，波斯纳的国际帕累托主义等理论学说，本章为建构气候正义概念的内涵与外延奠定了坚实的多元化理论基础，气候正义理论的研究意义在于更好地指导全球气候正义实践，为不同利益集团国家有效开展国际合作、共同遵守《巴黎协定》义务寻求理论基础。

第三章

《巴黎协定》国家自主贡献的
核心条款与履行分析

第一节 国家自主贡献模式的历史发展

《公约》与《京都议定书》奠定了早期全球应对气候变化合作的国际法基础，但由于《京都议定书》只规定了（2008—2012年）第一承诺期温室气体减排义务，并未对2012年后的全球应对气候变化行动作出制度性安排，因此国际社会不得不通过随后几年召开的缔约方大会进行谈判，商讨2012年后的全球应对气候变化的制度安排。但随着全球参与国际气候治理的阵营分化，部分新兴发展中国家大国的崛起，京都机制所设定的由发达国家集团率先减排的模式遭遇巨大挫折。哥本哈根气候大会未能达成一项有约束力的国际法律文件深刻地印证了这一点，这也让京都第二承诺期（2012—2020年）名存实亡。随着《京都议定书》第二承诺期的失败，未来国际气候协议的具体设计逐渐开始由"自上而下"向"自下而上"的方向演化。2005年，澳大利亚曾提出的国家时间表方案（National Schedule）建议，相对比较系统和完整，这也奠定了"承诺+审评"的基调。美国一直力推可测量、报告与核查（MRV）规则的建立，这也起到了进一步完善"承诺+审评"模式的作用，这可以说是国家自主贡献预案（INDCs）的最早雏形。为了《京都议定书》失效之后全球还能够进一步维持共同应对气候变化的合作局面，从2005年之后的历次气候变化大会都在围绕着如何团结尽可能多的国家参与全球气候治理，并平衡发达国家、发展中国家两大阵营参与中发生的利益冲突和挑战，经历了一系列艰苦卓绝的国际气候谈判，终于确立了以国家自主贡献（NDCs）为核心制度的《巴黎协定》，并由此奠定了全球应对气候变化努力"自下而上"的模式基础。

一、"巴厘路线图" 双轨推进阶段

《公约》缔约方于 2007 年在印尼巴厘岛通过了具有深远影响的"巴厘路线图"（Bali Roadmap），也被称作巴厘行动计划（Bali Action Plan，BAP），主要是为了对 2012 年后的全球减排行动做出安排，并保证各国长期、全面和可持续地开展应对气候变化国际行动。"巴厘路线图"本质上设定了应对气候变化的双轨机制。一方面，推动机构设立的双轨模式，即由长期合作行动特别工作组（AWG-LCA）围绕巴厘行动计划中的共同愿景、减缓、适应、技术和资金等方面展开工作，而附件一国家《京都议定书》进一步承诺特别工作组（AWG-KP）则重点负责跟进京都承诺第一期 2012 年结束后的事宜。另一方面，双轨包含了发达国家的减缓承诺及通过发展中国家国内适当减缓行动（Nationally Appropriate Mitigation Action，NAMAs）机制表达对发展中国家参与减排的期待。此外，应对气候变化问题中的五大支柱，即作为对《公约》最高目标扩展和延伸的共同愿景，以及减缓、适应、资金、技术，丰富了路线图的内涵。然而，"巴厘路线图"也在后续谈判中显现出了一定的问题。对于减缓气候变化责任的区分问题，发展中国家与发达国家的态度不一致，其坚持要与发达国家进行区分，同时在发展中国家内部也应区分。此外，发达国家的减排目标如何对比，如何保证发展中国家适当减缓行动（NAMAs）的可测量、可报告和可核实（MRV）也是争议焦点。

2009 年 12 月召开的哥本哈根大会以失败告终，对应对气候变化谈判造成了负面影响，也标志着京都第二承诺期的全球进程陷入了无规则可依的低谷期。这次会议的主要分歧在于，由于以中国、印度、巴西为代表的新兴经济体的崛起，发达国家和其他发展中国家对气候变化谈判的预期发生了变化。各方只围绕 2 摄氏度的温控目标、共同但有区别责任原则、双轨制的谈判安排、绿色气候资金、技术转让机制、审评机制等内容达成了暂时的一致，但达成的《哥本哈根气候变化协议》仅仅属于一份政治协议，并不具有法律约束力。2010 年，在墨西哥坎昆召开的《公约》缔约方大会第 16 次大会通过了具有里程碑意义的《坎昆协议》。《坎昆协议》包含了减缓、行动透明度、技术、资金、适应、森林以及能力建设方面的内容。如该协议为减排确定了明确的目标和时间表，以确保全球平均气温上升不超过 2 摄氏度，并依照各国不同的责任和能力，鼓励所有国家参与减排行动等。该协议还要求确保各

国所采取的行动在国际上的透明度，同时确保 2 摄氏度目标的全球进展情况得以及时审议。动员开发和转让对应对气候变化有帮助的清洁技术，并通过在适当的时候应用这些技术，以在适应和减缓气候变化上取得良好效果。同时，该协议还提议建立绿色气候基金（GCF），以帮助发展中国家减缓气候变化和适应其不利影响。加强全球能力建设特别是提升发展中国家的能力，以应对气候变化的全面挑战，建立有效的制度体系以确保这些目标得以成功实现。整个"巴厘路线图"将美国重新拉回了应对气候变化的国际主流进程，同时激发了发展中国家采取实质性减排行动的积极性。国际社会对应对气候变化问题重要性的认识得到了前所未有的提高。在很多国家，应对气候变化问题都被主流社会所认识，并开始开展务实的行动。但是，《坎昆协议》仍然属于一份政治性协议，其所建立起来的"承诺+审评"的模式缺乏一个有力的法律形式，使得整个协议过于松散化，很难保证行动的力度和应对气候变化的有效性。

二、"德班平台"单轨推进阶段

2011 年，在南非德班召开的气候大会上，《公约》缔约方一致认为，为应对 2020 年以后的气候变化形势，有必要筹划一部全新的、普遍性的和具有法律约束力的国际协议。为此，各缔约方应各尽所能，一起从应对气候变化的成功中获得益处。通过德班大会，各国同意通过《京都议定书》第二承诺期，延续现存的国际法律体制。同时，应依照公约启动新的谈判平台，以期在 2015 年达成一项 2020 年之后具有法律约束力的法律文件。会议决定在 2012 年结束"长期合作行动特别工作组"（AWG-LCA）的谈判工作，并根据最有效的科学数据，开展对气候变化近况的新一轮评估，以确定 2 摄氏度是否足以防止气候灾难，或者是否只能上升 1.5 摄氏度，否则就会产生人类无法承受的气候灾难后果。

2012 年的卡塔尔多哈缔约方大会决定在 2015 年通过一项普遍的气候变化协议，并于 2020 年生效，同时决定由"加强行动的德班平台特别工作组"（Ad hoc Working Group on the Durban Platform for Enhanced Action，ADP）单独负责谈判工作。强调需要加大各国的减排承诺和帮助脆弱性国家适应气候变化，启动《京都议定书》新的承诺期，并借此确保该条约重要的法律和核算模式得以承继，并强调发达国家引领强制削减温室气体行动的原则等。该次大会为全球气候变化协议制定了明确的时间表，即在 2015 年通过该协议，并于 2020 年生效，并在 2020 年之前想方设法加大相关国家的减排承诺。同时，缔约方大会修正了《京都议定书》，保留了 8 年的第二承诺期，保留议定书有价值的会计核算准则，最迟于 2014 年审议其减排承诺、京都三机制的保留、增强 MRV 制度的透明度和责任制度、京都第一期剩余配额的结转等。在转为德班平台谈判后，发达国家明确表示要推翻《公约》的意图，各方对公约的原则，特别是共同但有区别原则（CBDR）是否应当遵守展开了激烈的争论。发达国家试图模糊公约原则，将发展中国家和发达国家的承诺同质化，认为所有承诺在性质和法律效力上是一样的，但是具体目标可以根据具体情况有所区别，最终达到发达国家和发展中国家在减排时的身份无区别。但以基础四国（BASIC）为代表的大部分发展中国家则坚持继续按照《公约》界定各方承诺，这为新协议的达成增添了博弈难度。

2013 年召开的波兰华沙气候大会通过一系列重要决定，继续朝着确保在 2015 年达成普遍性的全球气候变化协议的轨道前进。这一协议的目的包括了约束所有国家加入全球减排和通过激励手段保证各国的广泛行动。为了打破关于承诺原则性争论的僵局，华沙会议首次提出了国家自主贡献预案（INDCs）的概念，要求各方尽快开展国内的准备工作，确定各自在 2015 年新协议下的承诺目标，这可以被看作应对气候变化"自下而上"模式奠定的开端。但发达国家和发展中国家的诉求仍不一致，发展中国家希望明确发达国家的承诺，并需要包括资金、技术和能力建设的支持，而欧盟等发达国家则更希望建立一个强化透明度框架（ETF）审评机制，以持续地提高各方提交贡献的力度。2014 年 12 月召开的秘鲁利马气候大会的主要任务就是识别国家自主贡献预案（INDCs）相关信息和确定后续进程，讨论通过新协议谈判草案的基本要素等。这次大会形成了 2015 协议草案要素的正式文件，涵盖了新协议文本的基本要素。同时，大会对于国家自主贡献预案（INDCs）的范围、信息和后续处理做出了进一步的决定。该决议明确了贡献文件应包含的减缓要素，并邀请各方在国家自主贡献预案（INDCs）中提交与适应相关的信息，但并未明确国家自主贡献预案（INDCs）是否必须包含资金、技术和能力建设支持。此外，也不再对国家自主贡献预案（INDCs）进行事前评估。利马大会还进一步明确了 2015 年新协议应体现共同但有区别责任原则的基本内涵。至此，以国家自主贡献（NDCs）为核心的全球应对气候变化协议已初具雏形。

三、《巴黎协定》开启各国自主贡献的新阶段

2015 年 11 月 30 日，联合国气候变化框架公约第 21 次会议在法国首都巴黎成功召开，经过 11 天艰苦卓绝的谈判进程，巴黎大会终于达成了一个令各方都基本满意的国际气候治理新成果。《巴黎协定》确立了 2020 年后全球气候治理的核心内容。国家自主贡献（NDCs）这一形式保证了尽可能多的国家参与全球减排行动。在《京都议定书》模式下，国际社会"自上而下"地根据一些规则给国家分配减排任务，导致了一些承担义务的发达国家主动退约，影响了全球的减排进程。国家自主贡献（NDCs）则反其道而行之，通过"自下而上"的安排，使每个国家都能根据其自身经济状况、发展情况、政治诉求以及自身实力等进行减排，既参与了全球的减排行动，为人类的整体减排行动做出应有的贡献，又能够避免因减排造成的经济、政治上的不利局面。国家的减排承诺和行动不再是被人强迫安排的，而是根据国家主权原则自主自愿的。为了不影响本国家国际声誉，国家对自己做出的承诺也会尽力完成。而且，《巴黎协定》下的国家自主贡献模式（NDCs）要求国家逐渐根据自己的能力增加减排力度，这也赋予了国家极大的自由和灵活性。与《京都议定书》给国家强制安排确定的指标不同，国家自主贡献模式（NDCs）可以允许国家先订立较容易完成的目标，随着时间的推移和能力的增加，再进一步提高其贡献力度。换言之，国家自主贡献模式（NDCs）将减排看作一个可以随时调整的动态过程，使国家在发展中逐渐提高减排能力和力度，为全球碳减排持续贡献力量，这个调整过程是通过应对气候变化的全球总体模式来进行的，即各国定期在缔约方会议上总结《巴黎协定》的履行情况，以评估实现《巴黎协定》宗旨和长期目标的集体进展情况。

第二节　国家自主贡献的概念辨析

无论是国家自主贡献（NDCs），还是国家自主贡献预案（INDCs），都是国家根据缔约方大会以及所达成的《巴黎协定》的要求，对其 2020 年后的各自应对气候变化行动进行概括和提交。考虑到不同国家的国情及其减排意愿，在坚持共同但有区别的责任和各自能力原则的基础上，由缔约国提出应对全球气候变化的减排行动目标，履行"自下而上"的减排义务。作为缔约方的

承诺，受法律义务的拘束，各缔约方负有完成其提出的减排行动计划的法定责任。

一、国家自主贡献预案（INDCs）

国家自主贡献预案（Intended Nationally Determined Contributions，INDCs）包含以下三个主要方面的概念要素：首先，"贡献"（Contribution）与以往在应对气候变化国际法中使用的承诺（Commitment）概念并不相同。"贡献"模式对国家的要求明显低于《京都议定书》对各国承诺的要求，其法律约束力的降低，对行动形式的要求明显低于实质性标准。其次，"国家自主决定"（Nationally Determined）意味着国家承担气候责任的方式是"自下而上"主动参与，不同于传统国际气候治理中"自上而下"的京都模式所要求的减排目标分解，最大限度地保证了更多国家的参与。其三，预案（Intended）的设定，即表明国家提出的目标并不是一成不变的，而是可能随着能力的提高、时间的推移而变化的，这为后期各国调整"贡献"留出了一定的空间。

从"承诺"到"贡献"的转变，开启了气候责任承担的新模式。应对气候变化不是一个国家的事情，而是全人类的事情，其解决需要国际社会的共同努力，因而厘清每个国家需要承担的责任是促进国际合作的关键。《公约》确立的共同但有区别责任原则，使得各国在合作中所应承担的义务必然是不同的，能力强的可能承担得多，能力弱的可能承担得少。因此，多年来气候谈判的核心议题之一是探索如何采取更有效的方式，促进国家有效合作来共同应对气候变化。起初，《公约》通过规定各缔约方的相关减排承诺（commitment）具体表明了各缔约方应当承担的义务，这说明承诺有着强有力的法律约束。此后，《京都议定书》更进一步量化了附件一缔约方的减排承诺，建立了附件一国家温室气体排放的报告、审评和遵约审查模式。然而，无论是美国宣布拒绝核准《京都议定书》，还是后来日本、加拿大等国的退出，都表明以承诺作为气候责任分担基础的应对气候变化模式实质上已经名存实亡。因此，为了使更多的国家参与应对气候变化的全球进程，各方明确以"贡献"代替承诺，意味着目标约束力被弱化，各缔约方在一定程度上拥有更大的参与应对气候变化的自由度。

国家自主贡献预案（INDCs）确立了"自下而上"模式。既然控制温室气体排放进而减缓全球变暖进程是终极目标，为达成这一目标，《公约》在生效之初即确立了"自上而下"的气候责任分配与承担方式。《京都议定书》严格遵循了这一模式并将其细化，通过确立具体的量化减排目标为发达国家设定应完成的义务。这一模式的优点是通过设定量化、较具体化的目标，明确主要国家的气候责任，但缺点是不够灵活，致使被要求承担义务的发达国家认为不公平，从而干脆不履行义务，严重影响了气候责任的承担和远期温控目标的实现。国际社会开始寻找一种替代方式，解决应对气候变化责任分担问题。在"自上而下"模式表现出极大不足时，各缔约方逐渐开始接受了自哥本哈根气候大会之前出现的"承诺+审评"模式，即典型的"自下而上"模式。经过后续谈判进程，终于在巴黎气候大会中采用了国家自主贡献预案的思路，进一步明确了采取"自下而上"模式来处理国际气候责任分担问题。

国家自主贡献预案（INDCs）意味着通过动态调整和不断总结最终达成温控目标。"自下而上"模式的最大优点是灵活性，从而使更多的国家能够参与应对气候变化进程。但这一模式也有一定的缺陷，即在缺乏强制减排目标约束的情况下，如何在保证气候责任的公平分担的情形下完成总体减排目标。国家自主贡献体现了一个国家应对气候变化的雄心，体现了其通过减缓和适应行动为全球贡献力量的决心，也体现了其参与国际事务、承担气候责任的诚心。《巴黎协定》设立的全球盘点模式使得国家自主贡献预案（INDCs）的实施处于动态之中，而且其以"棘齿机制"（Ratcheting Mechanism）为基础，确立了随着时间的推移而逐步提升各缔约方的减排目标。这就需要通过不断审评和相互交流，促进各国在国内能够真正实施所提交的自主贡献，并最终汇聚力量，促进有利于全球总体温控目标的实现。一些国家针对国家自主贡献预案（INDCs）的评审机制提出了国别方案，但各国对评审机制始终存在争议，因此可预期（intended）一词，一方面指明各缔约方在"自下而上"路径下提交的本国贡献，仅是基于其国家自身的预期，另一方面也为后期调整各方贡献留出了余地。

国家自主贡献预案（INDCs）体现了应对气候变化合作仍坚持了共同但有区别原则。该原则仍然是《巴黎协定》国家自主贡献履行模式的重要基础，《公约》所秉持的气候责任分担基本原则是不可替代的，考虑到历史责任和各自能力的不同，发达国家和发展中国家的划分及相关的承诺规定，仍然具有合理性和可行性，并且短时期内不会发生根本性改变，因此该原则的基础仍然存在。在实施层面，共同但有区别原则完整体现在国家自主贡献预案（IN-

DCs）的制定、提交、确定和实施过程中。对于减缓方面的贡献，发达国家仍应继续采用相对于基年的全经济体系减排目标，而发展中国家则可依据本国国内现状和未来发展需求，选择一些相对灵活的贡献模式，如照常情景（BAU）的减排目标、单位 GDP 碳强度减排目标、行业部门减排目标等，从形式和内容上区别于发达国家。在减缓领域，发达国家的贡献还应包括其在资金和技术转让方面的贡献，这也是共同但有区别原则的重要体现。

二、国家自主贡献（NDCs）

根据《巴黎协定》的相关规定，各国首次提交国家自主贡献预案（INDCs）并不是其进行减排的终点而是起点。在缔约方向，《公约》秘书处在预案后提交各自的目标，国家自主贡献预案（INDCs）由此便会转变为国家自主贡献（Nationally Determined Contributions，NDCs），作为缔约方的承诺受法律义务的拘束，各缔约方负有完成其提出的减排行动计划的法律义务。然而，国家自主贡献（NDCs）也不是一成不变的，其通过"棘齿机制"（Ratcheting Mechanism），随着沟通交流、评审等，会进行进一步的修正和提高，其减排力度必须越来越大。

根据巴黎气候变化大会决议，在 2018 年召开了缔约方之间的促进性对话（Facilitative Dialogue），会议旨在呼吁认知全球气候行动的紧迫性，对比各国落实协定的进展，并强调气候行动带来的机遇和广泛效益。对话开启协定框架下的首次盘点，这也是 2023 年启动的 5 年盘点的重要先导。2018 年的促进性对话为各国在 2020 年前提交国家自主贡献（NDCs）提供了信息，并成为提升各国行动力度的核心步骤之一。促进性对话并不是要各国互相点名指责，而是要体现全球气候行动带来的发展机遇和经济效益。对话展示了私营部门、地方政府和公民社会已开展的气候行动，这些行动将气候议题与更广泛的可持续发展目标联系起来，成了 2020 年全球气候行动出现转折的基础。

根据《巴黎协定》第 4 条第 2 款和第 3 款的规定，[1][2]一旦各国提出了根据本国的能力、情况等的行动目标，就要持续不断地在其能力范围内努力

---

〔1〕《巴黎协定》第 4 条第 2 款，各缔约方应编制、通报并保持它计划实现的连续国家自主贡献。缔约方应采取国内减缓措施，以实现这种贡献的目标。

〔2〕《巴黎协定》第 4 条第 3 款，各缔约方的连续国家自主贡献将比当前的国家自主贡献有所进步，并反映其尽可能大的力度，同时体现其共同但有区别的责任和各自能力，考虑不同国情。

减排，同时其自主贡献也应在此基础上不断进步。通过促进性对话，各缔约方也能对其他缔约方实施其自主贡献的情况有所了解，将会对下一阶段要提出的国家自主贡献（NDCs）有所认识。各缔约方在2020年前后提出新的国家自主贡献（NDCs），而为了使国家自主贡献（NDCs）得到更好的实施，并有利于《巴黎协定》温控目标的实现，《巴黎协定》第4条第9款规定，[1]要求缔约方从2023年后，每5年进行一次全球应对气候变化盘点，并以此鼓励各国在自己的能力范围内，不断加大减排力度，以保证总体温控目标的实现。

三、国家自主贡献（NDCs）与相关概念的辨析

（一）国家自主贡献（NDCs）与国家适当减缓行动（NAMAs）

国家适当减缓行动（Nationally Appropriate Mitigation Actions，NAMAs）是指作为减少温室气体排放自愿承诺的一部分，由发展中国家所采取的一系列政策和行动。这一机制的提出要追溯到"巴厘路线图"关于纳入发展中国家减排活动的双轨机制。由于2009年哥本哈根气候变化大会努力达成一项具有法律约束力的国际气候变化条约的最终失败，所达成的《哥本哈根气候变化协议》仅为一项政治性文件。在大会召开期间，包括广大发展中国家在内的世界各国也针对2020年的应对气候变化目标作出了承诺。由于发展中国家在京都第二承诺期并不履行强制减排义务，这些国家做出的承诺也被纳入了国家适当减缓行动（NAMAs）机制的范围。就发展中国家而言，国家适当减缓行动（NAMAs）需要这些国家对其可持续发展目标、经济社会发展和消除贫困的优先事项作出回应。国家适当减缓行动（NAMAs）基本上需要政策、技术、融资和能力建设以可测量、可报告与可核查（MRV）的方式予以支持和帮助。该机制承认，不同的国家可以在公平的基础上，根据共同但有区别责任和各自的能力（CBDR-RC），采取不同的适合本国的行动，它还强调发达国家向发展中国家提供财政援助，以有效实施国家减排行动。

（二）国家自主贡献（NDCs）与长期温室气体低排放战略（LEDS）

长期温室气体低排放发展战略（Long-Term Low Greenhouse Gas Emission

---

〔1〕《巴黎协定》第4条第9款，各缔约方应根据第1/CP.21号决定和作为本协定缔约方会议的《公约》缔约方会议的任何有关决定，并从第14条所述的全球盘点的结果获取信息，每5年通报一次国家自主贡献。

Development Strategy，LEDS）的概念首先出现在 2010 年的《坎昆协定》中，并被《巴黎协定》和巴黎大会决定所采纳，并被纳入了《巴黎协定》第 4 条关于国家自主贡献（NDCs）减缓目标的整体内容体系。《巴黎协定》第 4 条第 19 款包含了一个更长期、更面向发展的观点，其规定所有缔约方应努力拟定并通报长期温室气体低排放战略（LEDS）。[1]尽管不是一项有法律约束力的义务，但《巴黎协定》的规定创造了一个明确的预期，即长期战略目标与国家自主贡献（NDCs）中的 5 年至 10 年的短期目标相结合，共同对各个缔约方履行国家自主贡献的承诺形成了潜在约束力，一个长期战略减排目标是可以被拆分为若干中短期目标的。

根据巴黎气候大会决议，邀请各缔约方在 2020 年前提交长期温室气体低排放战略（LEDS），增加了"本世纪中叶"一词，表明"长期"可能意味着 2050 年左右，并请秘书处在《公约》网站上公布缔约方所通报的长期温室气体低排放战略（LEDS）的内容。这些规定在若干方面很重要：其一，其对提交的 5 年或 10 年期国家自主贡献增加了一个长期的视角。长期战略为低碳发展的短期投资决策提供了一个重要的参考。其二，将应对气候变化与发展联系起来，将长期观点作为发展战略。其三，各国在考虑长远观点时可能会更加雄心勃勃。因此，长期温室气体低排放战略（LEDS）可能成为提高减排力度的重要工具。其四，如果所有国家都能够提交长期温室气体低排放战略（LEDS），基于各个国家的长期温室气体低排放战略（LEDS），将形成一幅全球应对气候变化的综合图景，这将加强公众对全球减排（控排）路径的理解。

（三）国家自主贡献（NDCs）与各国碳中和目标

《巴黎协定》在放弃了诸多以往强制性减排和控排规定的情况下转换思路，提出了各缔约方自愿减排的规定，这就可以使缔约方根据自身减排能力，以自愿形式承诺并提交国家自主贡献（NDCs）。基于诸如此类灵活的条文规定，《巴黎协定》得到了全球更为广泛的参与和支持，也掀起了各国提出本国自主贡献目标的热潮。从国际法的角度来看，由于《巴黎协定》所规定的减排义务是一种单方面确认的单边承诺，其对于其他缔约国或缔约方并没有互

---

〔1〕《巴黎协定》第 4 条第 19 款，所有缔约方应努力拟定并通报长期温室气体低排放发展战略，同时注意第 2 条，根据不同国情，考虑它们共同但有区别的责任和各自能力。

惠性，所以各国提出的碳达峰与碳中和目标是一种单边的法律行为。[1]例如，我国的"双碳"目标是在《巴黎协定》履约义务的基础上提出的，是具有典型履约性质的，可以看出"双碳"目标的提出具有国际法上的单边法律行为与履约行为两大特点。《巴黎协定》并没有确定明确的国际法律责任或要求采取严厉的制裁措施，以确立单边法律行为的法律责任，但从履约的角度出发，违背本国所提交的国家自主贡献（NDCs）目标必然会严重影响本国声誉。

表3-1　中国提交的国家自主贡献与相关减排承诺[2][3][4][5]

时间	文件	性质	与减缓气候变化相关的目标框架
2009	哥本哈根气候大会承诺	NAMAs	2020年中国单位国内生产总值（GDP）二氧化碳排放量比2005年下降40%~45%。争取到2020年非化石能源占一次性能源消费比重达到15%左右。争取到2020年森林面积比2005年增加4000万公顷，森林蓄积量比2005年增加13亿立方米。
2015	强化应对气候变化行动—中国国家自主贡献	INDCs/首轮NDCs	2030年中国单位国内生产总值（GDP）二氧化碳排放量比2005年下降60%~65%，2030年左右实现碳达峰，非化石能源占一次能源消费比重达到20%左右，森林蓄积量比2005年增加45亿立方米左右。
2021	中国落实国家自主贡献成效和新目标新举措	首轮更新NDCs	到2030年，中国单位国内生产总值二氧化碳排放将比2005年下降65%以上，非化石能源占一次能源消费比重将达到25%左右，森林蓄积量将比2005年增加60亿立方米，风电、太阳能发电总装机容量将达到12亿千瓦以上。

〔1〕　柳华文：《"双碳"目标及其实施的国际法解读》，载《北京大学学报（哲学社会科学版）》2022年第2期，第13~22页。

〔2〕　汪光焘：《哥本哈根气候变化会议与中国的贡献》，载 http://www.npc.gov.cn/zgrdw/npc/xinwen/rdlt/rdjs/2010-02/02/content_ 1537280.htm，2022年8月15日访问。

〔3〕　新华社：《强化应对气候变化行动—中国国家自主贡献》，载 http://www.gov.cn/xinwen/2015-06/30/content_ 2887330.htm，2022年8月15日访问。

〔4〕　生态环境部：《中国落实国家自主贡献成效和新目标新举措》，载 https://www.mee.gov.cn/ywdt/hjywnews/202110/t20211029_ 958240.shtml，2022年8月15日访问。

〔5〕　生态环境部：《中国本世纪中叶长期温室气体低排放发展战略》，载 https://www.mee.gov.cn/ywdt/hjywnews/202110/t20211029_ 958240.shtml，2022年8月15日访问。

时间	文件	性质	与减缓气候变化相关的目标框架
2021	中国本世纪中叶长期温室气体低排放战略	LEDS	力争于 2030 年前达到峰值，努力争取 2060 年前实现碳中和；到 2060 年，全面建立清洁低碳安全高效的能源体系，能源利用效率达到国际先进水平，非化石能源消费比重达到 80%以上。

资料来源：由作者整理分析。

第三节　关于《巴黎协定》第 4 条国家自主贡献的文本分析

减缓气候变化是《巴黎协定》的核心部分。《巴黎协定》第 4 条首先提出了减缓的长期目标，并制定了对各国行为具有约束力的核心条款，所有义务性规定均围绕国家自主贡献（NDCs）的各个方面展开。通过国家自主贡献（NDCs）形式进行减缓努力，这代表着《公约》下所有国家进行一般承诺以及部分国家进行额外承诺模式的转变。每个国家均以最初的国家自主贡献（NDCs）为起点，通过其法律制定与实施也可以对此国家最具有雄心的减缓目标进行预期。此外，国家自主贡献（NDCs）会受到严格审查，审查的内容包括了应提供的信息类型、有待进一步制定的减缓目标的会计核算，以及关于透明度的规定（《巴黎协定》第 13 条及其实施细则）。《巴黎协定》规定了强制而非自愿的国家自主贡献（NDCs）信息要求，要求必须每 5 年提交一次国家自主贡献（NDCs）的减缓目标，以便于跟踪每个提交国家实施与实现各自国家自主贡献（NDCs）的进展。缔约方必须根据《巴黎协定》第 4 条及其实施细则中多方面的原则对国家自主贡献（NDCs）减缓目标作出解释。作为对相对较短（5 年或 10 年）时间框架的补充，各国还需要努力制定国家长期低排放战略（LEDS）并提交给《公约》秘书处。对各个国家自主贡献（NDCs）中减缓目标的区分，明显比过去存在更加细微的变化。新模式既没有严格将国家划分在两个清单中，如《京都议定书》针对发达国家和发展中国家的分组，也没有对所有国家施加完全相同的义务。在《巴黎协定》中这种区分被表述为"根据不同国情，采取共同但有区别的责任以及各自能力（CBDR-RC）"的方式。通过冗长的气候谈判，达成的"自下而上"新模式试图在根据《公约》的两个附件中作出区分，以及对所有国家提出单一要求之间找到了一条可行的道路。国家自主贡献（NDCs）模式为所有缔约方设定了统一的单独减排义务，虽然形式上有细微差别，但立法者希望随着时间推移各国不同的减缓目标能够转移到同一形式下。《巴黎协定》第 4 条是关于各国减缓与相关应对气候变化目标设定和履行模式的核心义务性规定，共 19 款的法律条文以"国家自主贡献"模式为核心进行了详细规定，涵盖了总括性的减缓长期目标的设定，涵盖各国减缓进展、支助、灵活性和协同效益的国家自主贡献（NDCs）实体性规则，关于国家自主贡献（NDCs）的信息提交、时间框架、登记、核算等程序性规则，以及关于发展中国家与区域经济一体化组织（如欧盟）的差异化"国家自主贡献"实施问题。《巴黎协定》第 4 条最早搭建了关于国家自主贡献（NDCs）的框架性内容，并由后续的《巴黎协定》缔约方会议（CMA）出台的首次国家自主贡献（NDCs）导则来指引各缔约方履行相关义务。

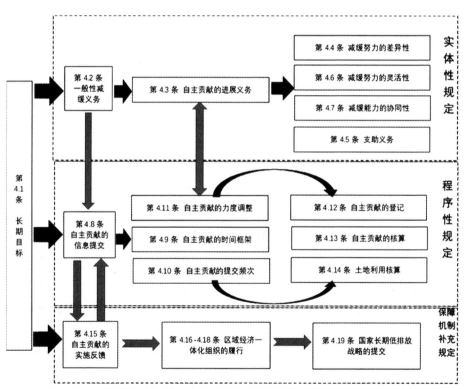

图 3-1　《巴黎协定》第 4 条文本国家自主贡献（NDCs）的逻辑结构图

一、减缓长期目标的设定（第4条第1款）

《巴黎协定》将全球气温目标作为其目标的一部分。保持"把全球平均气温升幅控制在工业化水平以前低于2摄氏度之内，并努力将气温升幅限制在工业化前水平1.5摄氏度之内"这一气温目标是《巴黎协定》第4条第1款减缓的长期目标，以及专项条款中其他目标的起点。减缓的长期目标实现的程度对气温升高有影响，反过来又与气候变化的影响程度以及适应的规模相关。[1]《巴黎协定》第7条第1款包括了关于适应的全球目标，但没有按照非洲国家集团（AGN）的建议进行量化。各国围绕长期减缓目标量化的各种形式和方法，在专门提案中表达了对具体长期减缓目标需求的分歧。具体问题包括了峰值、排放预算与分配、净零排放和脱碳进程，以及承诺的具体日期与减排量等内容，没有明确的数字规定将会导致减缓目标仅仅停留在定性表达层面。在2015年的巴黎气候大会谈判中，出现了国家自主贡献（NDCs）的结构模式，该模式考虑到了长期目标的主要构成要素与可能的排列顺序。针对这种新出现结构模式的理解是从参照全球气温目标开始的，包括与排放峰值相关的规定，当然发展中国家可能需要更长时间，然后则囊括了定量或定性表达，具体或不具体的时间框架，以及相关背景内容。这些可以放在最后或更提前的位置，尤其是背景中提到的消除贫穷和可持续发展对许多国家而言十分重要。这个目标的表达结构可以简要概括为"全球气温目标+峰值+定量或定性表达+时间框架+背景"。

《巴黎协定》第4条第1款的条款文本遵循了这种结构模式，其将《巴黎协定》第2条中的全球气温目标，[2]即2摄氏度的温控目标与1.5摄氏度的努力目标，与各缔约方共同实现的具体减缓目标联系起来。需要尽快达到温

---

〔1〕《巴黎协定》第4条第1款，为了实现第2条规定的长期气温目标，缔约方旨在尽快达到温室气体排放的全球峰值，同时认识到达峰对发展中国家缔约方来说需要更长的时间；并旨在从此后根据现有的最佳科学迅速减少，以联系可持续发展和消除贫困，在平等的基础上，在本世纪下半叶实现温室气体源的人为排放与汇的清除之间的平衡。

〔2〕《巴黎协定》第2条第1款，本协定在加强《公约》，包括其目标的执行方面，旨在联系可持续发展和消除贫困的努力，加强对气候变化威胁的全球应对，包括：（a）把全球平均气温升幅控制在较工业化前水平低于2℃之内，并努力将气温升幅限制在工业化前水平以上1.5℃之内，同时认识到这将大大减少气候变化的风险和影响；（b）提高适应气候变化不利影响的能力并以不威胁粮食生产的方式增强气候抗御力和温室气体低排放发展；（c）使资金流动符合温室气体低排放和气候适应型发展的路径。

室气体排放的全球峰值，承认碳达峰对发展中国家缔约方来说需要更长的时间。达到碳排放峰值后，各缔约方需要进行迅速减排，以实现总体平衡，时间框架是 21 世纪后半叶。重要的背景因素是平等、可持续发展和消除贫穷。具体达成的《巴黎协定》第 4 条第 1 款文本不包括上述任何定量或定性表达。相反，最后达成的正式文本插入了关于"在本世纪下半叶实现温室气体源的人为排放与汇的清除之间的平衡"的内容。引用科学平衡的效果类似于"净零"，但这种说法并非所有国家都能接受。对于温室气体源的人为排放与汇的清除之间平衡的表达，科学界人士比各国决策者更为熟悉，其确切含义可能需要在进一步的谈判和分析中加以界定，特别是汇的清除的精确量化。虽然该协定没有量化平衡，但根据由国家自主贡献预案（INDCs）产生的温室气体排放合计总量，在 2030 年预计会达到 550 亿吨水平。巴黎大会决议量化了可预估的排放量和所需的减排量，并要求将其降低到 400 亿吨，以符合全球气温目标。秘书处编写的一份关于国家自主贡献预案（INDCs）的综合报告指出，"通报的国家自主贡献预案（INDCs）的实施估计导致 2025 年全球总排放水平为 552（520~569）亿吨二氧化碳当量及 2030 年全球总排放水平为 567（531~586）亿吨二氧化碳当量，2030 年的排放水平比成本最低的 2 摄氏度方案要多排放 151（111 至 217）亿吨二氧化碳当量（35% 置信区间）。"[1]各国谈判代表使用了估计更为完善的 550 亿吨和 400 亿吨的数字，没有具体说明气体、部门和概率，也没有概述选择 2 摄氏度或 1.5 摄氏度或"最低成本"中隐含的权益衡量指标的含义。因此，基于更科学的框架信息，这些数字最好被理解为政治上的共识。

实现大气环境容量平衡的时间期很长，预设为 21 世纪下半叶，这意味着 2050 年到 2100 年之间的任何一年。虽然原则上可以将升温限制在 2 摄氏度和 1.5 摄氏度之内，但将升温限制在 1.5 摄氏度之内的窗口期很有可能已经关闭。提及减缓气候变化背景的意义十分重大，条文中的背景内容包括平等、可持续发展和消除贫穷等问题。这些要素被包括在《巴黎协定》第 2 条所述的立法目的之中，相对于《公约》将其放在序言部分，《巴黎协定》将其列为更重要的内容。减缓的长期目标是根据发展和气候变化问题的程度制定的，

---

〔1〕　FCCC Secretariat, "Aggregate Effect of the Intended Nationally Determined Contributions: an Update Synthesis Report", http://sdg. iisd. org/news/un-reports-find-updated-climate-commitments-fall-far-short-of-paris-goal.

含蓄地说，这与 2015 年达成的另一项主要国际文件《2030 年联合国可持续发展议程》可持续发展目标（SDGs）建立了重要联系，而可持续发展目标中（SDGs）也包含了应对气候变化目标。因此，在发展和应对气候变化的背景下，《巴黎协定》引入了共同但有区别的减缓义务。

二、减缓进展、支助、灵活性和协同效益问题

（一）国家自主贡献减缓义务的设置（第 4 条第 2 款）

第 4 条第 2 款规定的减缓气候变化是《巴黎协定》的核心，其规定了各缔约方应当履行的两项法律义务：①强制性要求编制、通报并保持国家自主贡献（NDCs）减缓目标；②强制性要求采取国内减缓措施。在条约的整体法律形式中，本条款具体规定各方"应当"（shall）显示了该条款具有法律约束力。[1]需要注意的是，《巴黎协定》第 4 条第 2 款包含了强制性的行为义务，但实施国家自主贡献（NDCs）结果义务，包括国家减缓措施的实施和减排效果的实现未被包括在《巴黎协定》中。第 4 条第 2 款的第一句话明确规定了各缔约方编制、通报和保持后续国家自主贡献（NDCs）的程序性义务。与在巴黎气候大会之前提交的国家自主贡献预案（INDCs）不同，根据国际法要求，国家自主贡献（NDCs）减缓目标的通报不再是自愿的，而是具有强制性效力的。一些缔约方，包括小岛屿国家联盟（AOSIS）、拉丁美洲和加勒比独立国家联盟（AILAC）、南非、欧盟倾向于使用更直接的用语，如"应执行"或"应实现"，对此中国和印度表示支持，而美国则持反对态度。"实现"这一概念被移到了第二句，同时也受到透明度规则的约束。条款第二句是对缔约方的总括性规定，即要求所有缔约方单独采取旨在实现其国家自主贡献（NDCs）减缓目标的国内措施。然而，这是另一种行为义务，寻求国内措施可能包括制定法律、出台政策或其他具有预期效果的行政措施等。在这种情况下，国家自主贡献（NDCs）减缓目标可以根据法律的明确规定，获得国内法律效力。在句末提及的"这种贡献"指的是第一句中提到的国家自主贡献（NDCs）。

另外，《巴黎协定》第 4 条需要与第 13 条（透明度）的相关章节一起解

---

[1]《巴黎协定》第 4 条第 2 款，各缔约方应编制、通报并保持它打算实现的下一次国家自主贡献。缔约方应采取国内减缓措施，以实现这种贡献的目标。

读，这些章节在跟踪国家自主贡献（NDCs）减缓目标的成就方面具有很强的作用。第 13 条第 7 款要求提交国家自主贡献信息，[1]以便跟踪国家自主贡献（NDCs）减缓目标的实施进展和实现情况。本条款再次使用了明确的强制性义务表达"应当"（shall），该词在《巴黎协定》中仅出现过 7 次，其中有一次由"视情况而定"限定。此外，根据第 13 条第 11 款，[2]为跟踪实现成果而提交的信息，应接受技术专家审查（TERs）和多边审议。换言之，尽管《巴黎协定》没有规定各缔约方"应实现"其国家自主贡献减缓目标，但其要求各国提交关于其国家自主贡献（NDCs）减缓目标的实施进展和实现情况的信息，并对这些信息进行技术和政治方面的审查。有争议的是，如果透明度框架的结果表明一个缔约方正在采取明确无法实现其国家自主贡献（NDCs）减缓目标的国内措施，这可能会使人怀疑该缔约方是否履行了国家自主贡献（NDCs）义务。这种情况能否提交《巴黎协定》第 15 条所设立的委员会审议，[3]取决于为该委员会拟定的职权范围。而根据 2018 年波兰卡托维茨气候大会所达成的《〈巴黎协定〉第 15 条第 2 款所述便利履行与促进遵守委员会有效运作的模式和程序》[4]针对委员会职能范围的规定，缔约方可能违反《巴黎协定》第 4 条履约义务的情况，仅规定了根据《巴黎协定》第 4 条第 12 款所述公共登记册的最新状态，缔约方未能通报或未持续通报其国家自主贡献（NDCs）信息的情形并不违反《巴黎协定》第 4 条第 2 款所设定的义务。

---

〔1〕《巴黎协定》第 13 条第 13 款，作为《巴黎协定》缔约方会议的《公约》缔约方会议应在第一届会议上根据《公约》下透明度相关安排取得的经验，详细拟定本条的规定，酌情为行动和支助的透明度通过通用的模式、程序和指南。

〔2〕《巴黎协定》第 13 条第 7 款，各缔约方应定期提供以下信息：（a）利用政府间气候变化专门委员会接受并由作为《巴黎协定》缔约方会议的《公约》缔约方会议商定的良好做法而编写的一份温室气体源的人为排放量和汇的清除量的国家清单报告；（b）跟踪在根据第四条执行和实现国家自主贡献方面取得的进展所必需的信息。

〔3〕《巴黎协定》第 15 条第 2 款，本条第 1 款所述的机制应由一个委员会组成，应以专家为主，并且是促进性的，行使职能时采取透明、非对抗、非惩罚性的方式。委员会应特别关心缔约方各自的国家能力和情况。

〔4〕 CMA. 1, Decision 20 / CMA. 1, "Modalities and Procedures for the Effective Operation of the Committee to Facilitate Implementation and Promote Compliance Referred to in Article 15, Paragraph 2, of the Paris Agreement", https: // newsroom. unfccc. int / sites/ default / files / resource / CMA2018_ 03a02E. pdf.

（二）国家自主贡献的进展更新问题（第 4 条第 3 款）

根据《巴黎协定》第 3 条介绍的进展概念，[1]通过第 4 条第 3 款适用于国家自主贡献（NDCs）减缓目标。[2]可以说，这种情况下的进展介于强制性的"应当"（shall）和建议性的"应该"（should）之间，但这种规定创造了一种明确而强烈的期望，即各方将连续通报国家自主贡献（NDCs），这些国家自主贡献的力度将超越现有的提交水平，并且减排力度也更大。第 4 条第 3 款使用了辅助动词"期望"（will），这在不具约束力的法律文书中比在条约中更为常见。在这种情况下，无论进展是强制的还是自愿的，都很难看出缔约方会议的意图。此外，每一个缔约方的国家自主贡献（NDCs）都将"反映出其最高的减排雄心"。未来国家自主贡献（NDCs）的参考是一个自我设定的基准，即参考该缔约国现有的国家自主贡献水平，但也受到"最高可能减排雄心"的规范性期望的指导，这是一个随着时间的推移而变得更具雄心的减排方向。一个缔约方的国家自主贡献（NDCs）是否反映了其最高抱负，可能很难在透明度框架中确定，因为其包含一个主观因素，特别是考虑到根据不同国情，共同但有区别的责任和各自能力原则（CBDR-RC）的情形下。

解读《巴黎协定》第 4 条第 3 款的规定，应结合国家自主贡献（NDCs）减缓目标的形式及其数值严格性来理解进展问题。连续的国家自主贡献（NDCs）减缓目标是否确实比现有的更严格，取决于形式和数量，以及其他方面，包括适用的规则，特别是关于市场、土地利用变化和核算的规则。对于数字上的进展，参考的是该国的国家自主贡献（NDCs）。进一步阐述与国家自主贡献减缓目标有关的特征或信息，可能为如何评估进展情况提供指导。进展还可能取决于发展中国家获得来自发达国家或其他国家的支助水平，因此与资金或其他类型的援助进展有关。进展还与全球盘点有关，因为各国已同意在制定下一个国家自主贡献（NDCs）时考虑集体进展评估的结果。值得注意的是，从国家自主贡献预案（INDCs）到最终的国家自主贡献（NDCs），

---

〔1〕《巴黎协定》第 3 条，作为全球应对气候变化的国家自主贡献，所有缔约方将保证并通报第 4 条、第 7 条、第 9 条、第 10 条、第 11 条和第 13 条所界定的有力度的努力，以实现本协定第 2 条所述的目的。所有缔约方的努力将随着时间的推移而逐渐增加，同时认识到需要支持发展中国家缔约方，以有效执行本协定。

〔2〕《巴黎协定》第 4 条第 3 款，各缔约方下一次的国家自主贡献将按不同的国情，逐步增加缔约方当前的国家自主贡献，并反映其尽可能大的力度，同时反映其共同但有区别的责任和各自能力。

前者在《巴黎协定》第 4 条正文中的缺失在某种意义上是另一种进展，第 4 条并未提及国家自主贡献预案（INDCs）。在巴黎气候大会之前遵循的两个步骤，即首先提交一个国家自主贡献预案（INDCs），然后最终确定并正式化为具有法律约束力的国家自主贡献（NDCs），在未来将不再需要被遵守。在许可的意义上使用"可以"（May），使得其具备随时加强减缓力度的可能性，在《巴黎协定》第 4 条第 11 款中保持开放。[1] 国家自主贡献（NDCs）中减排力度的调整应该是向上的，并且与《巴黎协定》缔约方会议（CMA）做出的指导相一致。国家自主贡献（NDCs）应在相关《巴黎协定》缔约方会议（CMA）召开之前 9 个月至 12 个月提交。

（三）国家自主贡献的减缓努力差异性问题（第 4 条第 4 款）

《巴黎协定》的序言概述了根据不同国情体现共同但有区别的责任和各自能力（CBDR-RC）作为一项基本原则，并将其纳入了《巴黎协定》第 2 条第 2 款的目标。[2] 第 4 条第 3 款重复了"根据不同国情，共同但有区别的责任和各自能力"这一短语，第 4 条第 4 款规定的不同进展再次说明了发达国家和发展中国家在国家自主贡献（NDCs）减缓义务方面的差异。[3] 值得一提的是，对减缓措施的差异化历史进行简要回顾，可以更好地理解《巴黎协定》第 4 条第 4 款规定的处理方法。对国家自主贡献（NDCs）形式差异的理解，应结合第 4 条第 2 款中的各缔约方负有统一的国家自主贡献减缓义务。如《京都议定书》附件 B 所述，《巴黎协定》第 4 条第 4 款中的国家自主贡献的形式，并非仅针对缔约方排放量限制或削减承诺。它们也不遵循"巴厘行动计划"（BAP）对发达国家的承诺和对发展中国家行动的区分，均受制于监测、报告与核证制度（MRV）。很明显，巴黎大会需要一种比简单区分或统一类型更加细微区分的方法来应对差异化问题。一种可行的方法是将重点放在各国减缓努力的形式上，该方法由巴西提交的一项被称为"同心分化"的提案发展而来。在这个圆圈的中心是采取限排或减排承诺的附件一缔约方，随

---

〔1〕《巴黎协定》第 4 条第 11 款，缔约方可根据作为《巴黎协定》缔约方会议的《公约》缔约方会议通过的指导，随时调整其现有的国家自主贡献，以提升其力度水平。

〔2〕《巴黎协定》第 2 条第 2 款，本协定的执行将按照不同的国情体现平等以及共同但有区别的责任和各自的原则。

〔3〕《巴黎协定》第 4 条第 4 款，发达国家缔约方应当继续带头，努力实现全经济绝对减排目标。发展中国家缔约方应当继续加强它们的减缓努力，应鼓励它们根据不同的国情，逐渐实现全经济绝对减排或限排目标。

着时间的推移，其他各方也在向中心转移。谈判代表通过一系列的国家适当减缓行动（NAMAs），从相对增长的减排形式，包括偏离照常情景（BAU）和碳排放强度下降目标，到单年的绝对量减排，或在一个承诺期内的限排或减排承诺。在谈判过程中，选项范围逐渐被缩小。事实证明，在巴黎气候大会的最后谈判中，对何时可以采用一种共同的国家自主贡献（NDCs）减缓目标形式是难以确定的。接近减缓义务的支助措施为一些缔约方创造了更好的平衡。同样，灵活履约可以平衡更高目标发展的需求。

《巴黎协定》第 4 条第 4 款从《公约》确立的发达国家带头减排原则开始。关于发达国家减缓义务的强制性规定，特别是对于美国而言是难以接受的，后者认为强制性减缓规定将导致其国内批准《巴黎协定》成为不可能的事件。美国坚持在巴黎大会后期进行修改，并明确表示其不会接受强制性减缓规定。[1] 非洲国家集团（AGN）的部长们希望在给予其他集团灵活性、支助和能力建设条款中明确提及非洲。经过广泛的谈判，在一份技术更正清单中宣读了强制性的"应当"（Shall）表述，并在《公约》秘书处当天发布的修订版本中将其修订为自愿性的"应该"（Should）。因此，《巴黎协定》第 4 条第 4 款规定，发达国家应发挥带头作用，并通过实施全经济绝对减排目标（EAERTs）来实现这一目标。发展中国家应加强减缓努力，并鼓励它们随着时间的推移向全经济绝对减排或限排目标（EERLTs）迈进。全经济绝对减排目标（EAERTs）和全经济绝对减排或限排目标（EERLTs）这两种形式虽都是减缓目标，但并不相同。它们也不是早期的形式——减排或限排承诺、全经济量化减排目标、强度减排目标、国家适当减缓行动（NAMAs）或任何其他形式。两者关键的区别在于前者是绝对的削减。全经济领域的绝对减排或限排目标（EERLTs）包括绝对减排，但在允许"限排"时，也可能包括排放量的适当绝对增加。一般认为，与历史基准年相比，绝对减排的年排放量要少一些，而限排允许的年排放量要多一些。没有明确规定发展中国家应采取"难度更大"的形式，并鉴于不同发展中国家的国情给予了额外的灵活性。但这项规定缺少许多重要细节，随着《巴黎协定》实施细则的达成，围绕这些规则还将进行进一步的谈判。

---

〔1〕 魏庆坡：《美国宣布退出对〈巴黎协定〉遵约机制的启示及完善》，载《国际商务（对外经济贸易大学学报）》2020 年第 6 期，第 15 页。

（四）关于国家自主贡献中的支助问题（第4条第5款）

《巴黎协定》第4条第5款规定，应向发展中国家"提供"支助，但不确定提供方，并以被动语态起草规定。[1]然而，该条款通过"根据第9、10、11条"分别与《巴黎协定》有关资金、技术转让以及能力建设的制度相联系。因此，支助的提供应根据具体规定进行，包括关于由谁提供资金的说明。特别是这个问题在巴黎大会上各缔约方之间引发了激烈的争论，达成的决议是最终仍然留待以后解决，需要解决的不仅是提供支助的内容，还包括如何动员实施，以及如何确定支助提供者的范围，一些发达国家认为新兴发展中国家和排放大国也应当承担支助义务。尽管根据《巴黎协定》第4条的规定，发展中国家所采取的减缓行动将与其能够获得的支助存在密切联系，但这也表明给予发展中国家获得的支助越多，将越有利于它们提高减缓的行动力度。

（五）关于国家自主贡献的灵活性问题（第4条第6款）

《巴黎协定》第4条第6款规定了减缓的灵活性问题，并将其扩展到最不发达国家（LDCs）和小岛屿发展中国家（SIDS）。[2]这些缔约国可以编制和通报反映它们具备特殊情况的温室气体低排放战略、计划和行动。灵活性规定是第4条关于差异化问题的一个方面，针对最不发达国家和小岛屿发展中国家的特殊情况进行了分类对待。本段内容虽然被放在靠近包含国家自主贡献（NDCs）减缓目标规定的位置，但明文规定却不是国家自主贡献（NDCs）的措辞，而是采用了"战略、计划和行动"的名称。这里并非意味着最不发达国家和小岛屿发展中国家可以免除统一的减缓义务，因为《巴黎协定》第4条第2款同样适用于这些国家，对任何缔约方都会一视同仁。《巴黎协定》第4条第6款只是阐明了最不发达国家和小岛屿发展中国家可能采取的一系列措施，反映了这些国家的特殊情况。第4条第19款邀请所有缔约方拟定长期温室气体低排放战略（LEDS），这个规定也是自愿的，[3]因此并不对第4条第6款给予最不发达国家和小岛屿发展中国家的灵活性带来任何限制。

---

〔1〕《巴黎协定》第4条第5款，发达国家缔约方应向发展中国家缔约方提供支助，以根据本协定第9条、第10条和第11条执行本条，同时认识到增强对发展中国家缔约方的支助，将能够加大它们的行动力度。

〔2〕《巴黎协定》第4条第6款，最不发达国家和小岛屿发展中国家可编制和通报反映它们特殊情况的关于温室气体低排放发展的战略、计划和行动。

〔3〕《巴黎协定》第4条第19款，所有缔约方应努力拟定并通报长期温室气体低排放发展战略，同时注意第二条，根据不同国情，考虑它们共同但有区别的责任和各自能力。

（六）关于国家自主贡献的协同效益问题（第4条第7款）

《巴黎协定》将协同效益的概念纳入其中，提供了减缓与适应、减缓与经济多样化之间的概念联系。这些都是重要的政治声明，反映了一些缔约方重视并认同协同效益的重要性。第一个联系是关于适应行动可以带来减缓的协同效益，这似乎是显而易见的，很难想象由适应行动产生的减排效果得不到认同和承认。值得注意的是，在有关2020年前减缓力度的决议文本中，缔约方在巴黎大会成果中加入了另一个方向的联系，减缓行动应具有适应、公众健康与可持续发展的协同效益。这是减缓行动与经济多样化之间的一种联系，而经济多样性通常与应对措施密切相关。同样显而易见的是，经济多样化带来的减缓协同效益也将发挥一定的作用。《巴黎协定》第4条第7款让缔约方在获取减缓成果时拥有了更大的选择空间，其中就包括将共同受益纳入国家自主贡献（NDCs）。[1]第4条第15款更直接地涉及应对措施，我们需要进一步考虑发展与气候变化之间的联系，以及如何更好地付诸实施。

三、关于国家自主贡献的信息提交、时间框架、登记、核算

（一）国家自主贡献的信息提交（第4条第8款）

第一，关于国家自主贡献（NDCs）目标信息的可澄清、透明度与可理解问题。《巴黎协定》第4条第8款是一项严格的强制性要求。该条款规定："所有缔约方应根据巴黎大会第1/CP.21号决议提供必要信息以保证减缓目标的可澄清、透明度与可理解性。"[2]这一条款将巴黎大会决议纳入了《巴黎协定》。从法律角度来看，实际上使该决定具有了法律约束力，或者可以将《巴黎协定》解读为授权《巴黎协定》缔约方会议（CMA）从事有约束力的法律制定。在任何一种情况下，双方都有义务遵守相关大会决议。值得注意的是，针对"相关决议"的规定可能会为各缔约方提供自由裁量空间。但是，巴黎大会第1/CP.21号决议的规定并没有强制要求提供信息。从这个意义上来说，其软化了提供信息的约束效应。这个决议几乎一字不差地重复了2014

---

〔1〕《巴黎协定》第4条第7款，从缔约方的适应行动和/或经济多样化计划中获得的减缓协同效益，能促进本条下的减缓成果。

〔2〕《巴黎协定》第4条第8款，在通报国家自主贡献时，所有缔约方应根据第1/CP.21号决定和作为《巴黎协定》缔约方会议的《公约》缔约方会议的任何有关规定，为清晰、透明和了解而提供必要的信息。

年智利利马气候大会的相关内容。这些信息包括与国家自主贡献（NDCs）减缓目标有关的要素，即基准年、时间框架、气体类型与部门覆盖范围、假设情景与方法学、缔约方考虑其国家自主贡献（NDCs）"公平而有力度"所凭借的信息，以及该国家自主贡献（NDCs）对于《公约》目标的实现所能做出的贡献。在决议中，如果没有通过准确而清晰的规定说明这些要素，《巴黎协定》的强制性条款便可能会导致各方不能提供全面、优质的信息。总的来说，巴黎大会所达成的成果，强制性要求各国要提供国家自主贡献（NDCs）减缓目标的信息，但却没有规定信息中所应包含的具体的信息要素。此外，《巴黎协定》不仅引用了巴黎大会决议，还引用了今后《巴黎协定》缔约方会议（CMA）所能达成的"任何相关决议"。可以说，未来的《巴黎协定》缔约方会议（CMA）达成的决议可以使用强制性规定，在提供信息方面将"应该"（Should）变为"应当"（Shall）。新措施将支持缔约方进行更清晰的信息说明，如果这种做法变得普遍，《巴黎协定》缔约方会议（CMA）可能会围绕"各方应当提供信息"达成一致，并具体列出信息内容元素。

　　第二，关于国家自主贡献（NDCs）信息与透明度和全球盘点的关系问题。与国家自主贡献（NDCs）减缓目标有关的信息是透明度（第13条）不可分割的一部分，也是全球盘点（第14条）的要素之一。信息与减缓有关，因为其是在透明度框架下进行审查的，全球盘点的结果将通知各缔约方，进而影响其未来的国家自主贡献（NDCs）提交。《巴黎协定》第13条第7款规定了"各缔约方应定期提供以下信息"的法律义务，首先规定温室气体源的人为排放量和汇的清除量的国家清单报告，其次规定跟踪执行和实现其国家自主贡献（NDCs）减缓目标方面取得的进展所必需的信息。虽然没有达成结果性的法律义务，如应当"执行"或"实现"国家自主贡献（NDCs）减缓目标，但透明度规定必须提供执行和实现国家自主贡献（NDCs）减缓目标进展的信息。这些信息以及有关支助的信息将接受技术专家审查（TERs）。全球盘点有一个全面的范围，包括减缓、适应问题以及履行和支助的方式问题。我们要确定信息输入的来源，但几乎可以肯定的是，国家自主贡献（NDCs）是一个关键性信息来源。全球盘点的结果应在其制定下一次国家自主贡献（NDCs）减缓目标时通知各国。这样《巴黎协定》的规定就发出了一个强烈的信号，即在考虑进一步的各自行动时，要考虑集体行动效果。全球盘点明确采用"顾及公平和利用现有的最佳科学"，所以公平分配和充分性都被包含在流程中。

第三，关于国家自主贡献（NDCs）信息提交中专题内容问题。对于所需提供的信息和专题内容之间的区别并不清晰，对此能够作出不同的解释，但两者都与国家自主贡献（NDCs）减缓目标有关。在谈判过程中，大会审议了一份比《巴黎协定》第4条所载内容更长的国家自主贡献（NDCs）减缓专题内容清单，但未能找到将它们纳入《巴黎协定》的方法。巴黎大会决议请《巴黎协定》特设工作组（APA），围绕国家自主贡献（NDCs）所应包括的专题内容制定了进一步的指南，以供《巴黎协定》缔约方会议（CMA）第一届会议审议和通过。第一届《巴黎协定》缔约方会议于2016年11月在马拉喀什召开（会议第一部分），《巴黎协定》特设工作组（APA）在所应包括的专题内容方面取得了实质性进展，但没有产生正式的谈判结果。2017年授权进一步开展专题内容方面的谈判工作，同样也包括信息和减缓核算。一些专题内容可能会进一步规定信息需求以及相关事项，例如所适用方法学的一致性、政府间气候变化专门委员会（IPCC）的衡量标准和方法的使用，以确保一旦一个国家选择在国家自主贡献（NDCs）的减缓行动中纳入碳的排放源或碳的清除汇，这个国家就不能在以后加以排除。

（二）国家自主贡献提交的频率和目标时间框架（第4条第9款／第10款）

《巴黎协定》第4条第9款规定，国家自主贡献（NDCs）减缓文件必须每5年提交一次，此规定采取了明确的法律义务加以确立。[1]根据《巴黎协定》第4条的规定，巴黎大会的成果中不包括提交国家自主贡献《巴黎协定》的具体年份。巴黎大会的决议也规定缔约方应在《巴黎协定》缔约方会议（CMA）之前至少提前9个月至12个月向秘书处提交本协定第4条所述的国家自主贡献（NDCs）。一个明显的问题涉及因利马缔约方会议和华沙缔约方会议的邀请而准备的国家自主贡献预案（INDCs）。缔约方可以不迟于批准《巴黎协定》时提交正式的最终国家自主贡献（NDCs），或者如果缔约方已经通报了一份国家自主贡献预案（INDCs），则视为符合了该条款关于邀请的规定。成为《巴黎协定》缔约方的条件是提供一份国家自主贡献（NDCs），本来已包含在谈判文本中但随后被删除，因此提交一份国家自主贡献（NDCs）

---

〔1〕《巴黎协定》第4条第9款，各缔约方应根据第1/CP.21号决定和作为《巴黎协定》缔约方会议的《公约》缔约方会议的任何有关决定，并参照第14条所述的全球盘点的结果，每五年通报一次国家自主贡献。

并不是一个具有法律约束力的缔约条件。可以想象，一些缔约方可能会寻求加入《巴黎协定》，而不提交国家自主贡献预案（INDCs）或国家自主贡献（NDCs）。《巴黎协定》生效后，将有明确的义务要求各缔约方通报连续的国家自主贡献（NDCs）减缓目标。巴黎大会决议第 23 段和第 24 段为《巴黎协定》第 4 条关于连续国家自主贡献（NDCs）的 5 年周期提供了一个可能的起点，要求各缔约方在 2020 年通报或更新其国家自主贡献（NDCs）。

各国选择 2025 年或 2030 年作为基于华沙气候大会和利马气候大会的上述邀请而提交的国家自主贡献预案（INDCs）的最后目标年限。有助于首先考虑 2021 年至 2030 年的 10 年期，其中巴黎大会决议敦促那些提出国家自主贡献（NDCs）并包含至 2025 年的时间框架的缔约方，最晚在 2020 年通报或更新它们各自的国家自主贡献（NDCs）。[1]请那些提交国家自主贡献（NDCs）的内容包含至 2030 年时间框架的缔约方，最晚在 2020 年通报或更新它们的国家自主贡献（NDCs）。在 2030 年之后的时期，这两项规定都表明了再次确定通报的时间，即缔约方应"每 5 年"提交一次连续的国家自主贡献（NDCs）。与国家自主贡献（NDCs）的通报时间不同的是国家自主贡献的时间框架，与《京都议定书》中更为明确的规定进行类比，时间框架类似于承诺期，而通报时限则是对减排或限排目标的通报。虽然巴黎气候大会商定了 5 年周期的时间安排，但没有共同时间框架。无论是 5 年还是 10 年，都存在争议。因此，大会商定了一个程序，第 4 条第 10 款规定应在第一届《巴黎协定》缔约方会议（CMA.1）审议国家自主贡献（NDCs）的共同时间框架，但该条款的措辞并未授权《巴黎协定》缔约方会议（CMA）作出具有约束力的决定。马拉喀什召开的第一届《巴黎协定》缔约方会议（CMA）将国家自主贡献减缓行动的共同时间框架提交给了附属履行机构（SBI）第 47 届会议（2017 年 11 月）进行审议，由其向《巴黎协定》缔约方会议第一届会议（CMA.1）汇报。

（三）国家自主贡献信息提交的登记问题（第 4 条第 12 款）

《巴黎协定》第 4 条第 12 款规定，国家自主贡献（NDCs）应被记录在秘书处管理的一个公共登记册上。[2]在登记问题上，缔约方曾经探讨了各种选

---

〔1〕《巴黎协定》第 4 条第 10 款，作为《巴黎协定》缔约方会议的《公约》缔约方会议应在第一届会议上审议国家自主贡献的共同时间框架。

〔2〕《巴黎协定》第 4 条第 12 款，缔约方通报的国家自主贡献应记录在秘书处保持的一个公共登记册上。

择，即国家自主贡献（NDCs）是否会被包含在协定附件、登记册、在巴黎气候大会之前提交国家自主贡献（NDCs）的网站或其他形式中。虽然一些人认为条约所附的国家自主贡献（NDCs）具有更大的法律效力，但法律专家指出，其约束性质"主要取决于条款基于国家贡献规定的承诺"，而不是取决于其登记形式。其他人担心，网站登记可能表明贡献内容缺乏约束性，使各缔约方能够简单地调整网站。如上文所述，《巴黎协定》第 4 条第 2 款阐明了国家自主贡献（NDCs）的法律性质。巴黎大会决议请附属履行机构（SBI）制定运作和使用该公共登记册的模式和程序，还请秘书处在 2016 年上半年提供了临时登记册。《公约》官方网站修改后可以容纳国家自主贡献登记簿，并将根据第 4 条提交的国家自主贡献（NDCs）纳入其中。减缓信息公共登记簿与根据《巴黎协定》第 7 条第 12 款所设立的适应信息通报公共登记簿之间存在一些相似之处，后者由附属履行机构（SBI）开发，供《巴黎协定》缔约方会议第一届会议（CMA.1）审议。

（四）国家自主贡献信息的核算问题（第 4 条第 13 款）

《巴黎协定》第 4 条第 13 款规定了一项明确且统一的义务，缔约方应当对各自国家自主贡献（NDCs）进行核算。[1]但这并非一项集体规定，因为贡献程度是由每一个国家自主决定的。在原则的概述中，环境完整性作为一项一般性原则，也被称作"透明、精确、完整、可比和一致性"原则，这是一项对核算工作起到更具体的指引作用的原则。另一个是避免双重核算原则，双重核算属于市场机制中产生的风险，缔约方履行核算义务应符合上述原则。然而，考虑到"根据"一词的位置，关于核算导则是与原则有关，还是与广义核算有关，存在一些歧义。虽然"指导"一词的选择似乎意味着一种更为温和的方法，但规定性语言的使用，包括条文中"应当促进"和"应当核算"的表达，以及根据《巴黎协定》缔约方会议（CMA）采用的"指导"要求履行这些强制性义务的事实，明确表明导则是具有约束力的。当然，这种做法将取决于导则的明确规定，以及导则在多大程度上被纳入强制性或任意性要素。在具体的形成过程中，《巴黎协定》特设工作组（APA）应酌情借鉴《公约》和《京都议定书》制定的各种方法，拟定国家自主贡献（NDCs）的

---

〔1〕《巴黎协定》第 4 条第 13 款，缔约方应核算它们的国家自主贡献。在核算相当于它们国家自主贡献中的人为排放量和清除量时，缔约方应促进环境完整性、透明、精确、完整、可比和一致性，并确保根据作为《巴黎协定》缔约方会议的《公约》缔约方会议通过的指导避免双重核算。

核算指引文件。在明确规定方法和通用指标以及方法一致性方面，巴黎大会决议比《巴黎协定》第 4 条第 13 款更进一步，努力包括所有的人为排放或清除类别，对排放源秉持"一次纳入始终纳入"的理念，对吸收汇更是如此。该决议规定，缔约方应对第二次和其后的国家自主贡献（NDCs）适用核算导则，缔约方也可选择将这些指引要求适用于其第一次国家自主贡献（NDCs）。

考虑到缔约方在达成《巴黎协定》的过程中存在意见分歧，国家自主贡献（NDCs）的核算义务要求，以及巴黎大会成果所载原则和指导实施细节内容是非常重要的。发达国家与发展中国家存在的分歧是，核算是应该根据行动和支助透明度的条款处理，还是应当根据减缓行动进行处理。发展中国家担心的是，支助和适应的透明度同样不会那么明确。如果没有对支助行动的明确跟踪，发展中国家认为他们的减缓行动力度可能无法实现。正如第 4 条第 13 款所概述的一些重要因素，包括《巴黎协定》中的义务、原则以及决策过程中的减缓措施，需要与《巴黎协定》第 9 条和第 13 条一起解读。

（五）关于国家自主贡献中的土地利用核算问题（第 4 条第 14 款）

有人特别关注与土地利用和土地利用变化（LULUCF）有关的核算问题。《巴黎协定》第 4 条第 14 款对土地进行了非常概括的规定，尽管其甚至没有使用"人为排放和清除的核算"一词间接指出吸收汇的清除问题，特别是包括农业、林业和其他土地利用。[1]巴西在减少亚马逊地区的森林砍伐方面取得了成功，它并不想受制于《巴黎协定》中的核算细则。条款通过"缔约方应酌情考虑《公约》下的现有方法和指导"的规定，保持了适用方法的灵活性。这一规定可以说比《公约》约束力弱，《公约》下的方法和指引，指的是使用缔约方会议商定的可比方法，以及温室气体源的人为排放和汇的清除。《巴黎协定》第 4 条第 14 款也限制了现有的方法，没有规定开发或合并土地核算的程序。但是，其确实参考了第 4 条第 13 款下的一般减缓核算方法，并为《巴黎协定》缔约方会议（CMA）采用一项指导文件作为一般性减缓核算标准的一部分提供了可能性。值得注意的是，土地核算与减少发展中国家毁林和森林退化所致排放量密切相关，这也建立起了《巴黎协定》第 4 条与第 5 条之间的联系。

---

　　[1]《巴黎协定》第 4 条第 14 款，在国家自主贡献方面，当缔约方在承认和执行人为排放和清除方面的减缓行动时，应当按照本条第 13 款的规定，酌情考虑《公约》下的现有方法和指导。

四、关于国家自主贡献的差别实施问题

(一) 发展中国家的实施反馈机制 (第4条第15款)

《巴黎协定》第4条第15款规定，缔约方应考虑"那些经济受应对措施影响最严重的缔约方，特别是发展中国家缔约方关注的问题"。[1]因此，在履行国家自主贡献 (NDCs) 时，产生的任何结果都需要进行考虑。将这些规定纳入减缓措施，很明显与执行国家自主贡献 (NDCs) 减缓目标可能产生的影响相关。在制度设计上，缔约方实施应对措施产生影响的反馈机制将服务于《巴黎协定》实施的整体效果。《公约》附属科学技术咨询机构 (SBSTA) 和附属履行机构 (SBI) 负责拟定这一机制的规则、模式和程序。

(二) 针对区域经济一体化组织的差异化规定 (第4条第16~18款)

该条款关于区域经济一体化组织的规定，是参考《京都议定书》中的类似规定而制定的。欧盟是目前唯一加入《公约》的区域经济一体化组织。然而，《巴黎协定》第4条第16款[2]和第4条第17款的规定并不限于区域经济一体化组织，条款被解读为可能也适用于其他没有实施基于《京都议定书》体制的区域经济一体化组织。由于《京都议定书》对排放量限制或削减承诺的定义更为精确，因此以成熟的核算制度为后盾，背景差异非常重要，以确保各成员国之间的可比性。在《巴黎协定》中，没有规定各自和集体的国家自主贡献 (NDCs) 之间的关系，特别是没有明确规定必须将相同的核算原则同时应用于集体，包括区域经济一体化组织或其他联合协定的全部参与国，或者由个体缔约方单独适用。巴黎大会所取得的成果，依赖于区域经济一体化组织自愿提供信息，这在欧盟层面可能是一个合理的期望，但没有义务要求区域经济一体化组织单独或集体提供任何相关规则和方法的应用信息。《巴黎协定》第4条第17款明确指出，区域经济一体化组织及其成员方应根据第4条第13款、第4条第14款、第13条 (透明度) 和第15条 (便利履行与促

---

〔1〕《巴黎协定》第4条第15款，缔约方在执行本协定时，应考虑那些经济受应对措施影响最严重的缔约方，特别是发展中国家缔约方关注的问题。

〔2〕《巴黎协定》第4条第16款，缔约方，包括区域经济一体化组织及其成员国，凡是达成了一项协定，根据本条第2款联合采取行动的，均应在它们通报国家自主贡献时，将该协定的条款通知秘书处，包括有关时期内分配给各缔约方的排放量。再应由秘书处向《公约》的缔约方和签署方通报该协定的条款。

进遵守）的规定，对《巴黎协定》所规定的排放水平承担责任。在《巴黎协定》第4条第18款中，[1]区域经济一体化组织签署和批准《巴黎协定》，其批准条约的行为不附加于成员方生效。区域经济一体化组织拥有与成员方数目相等的投票权，但如果一个成员方投了票，则区域经济一体化组织不能投票，反之亦然。

五、关于《巴黎协定》第4条减缓条款的整体评价

《巴黎协定》明确规定所有国家都有法律义务在条约的总体框架内连续实施国家自主贡献（NDCs）中的减缓行动，并采取有力的国内措施实现这些目标（第4条第2款）。国家的履约义务通过强制性审查得到加强，包括跟踪实施进展以及国家自主贡献减缓目标的完成情况（第13条第7款），并接受技术专家审查（TERs）和多边审议，关于支助措施的信息（第13条第11款和第13条第12款）可在全球盘点条款中加以考虑（第14条），并且可能和便利履行与促进遵守条款相联系（第15条）。细微差别表现在形式、灵活性和支助措施方面。在巴黎气候大会之前，许多国家提交了国家自主贡献预案（INDCs），但众所周知的是，所有国家自主贡献预案的减排效果总和并不能弥补减排任务缺口。然而，《巴黎协定》代表了国际气候治理模式向混合路径的重大转变，以"自下而上"的国家自主贡献（NDCs）模式为主线，并以"自上而下"的制度设计作为补充。《巴黎协定》的目标是保持温升目标低于2摄氏度，并努力将其限制在1.5摄氏度内，这与国家自主贡献方案所能实现的总体减排效果存在差距。在一种以"自下而上"承诺为核心的制度中，审查力度和其他"自上而下"的制度设计，对于确定《巴黎协定》是否足以实现温控目标而言至关重要。《巴黎协定》第4条的减缓条款需要与透明度和全球盘点等条款一起考虑，其实施效果的达成在很大程度上取决于透明度、全球盘点以及遵约制度的后续实施情况，只有这样才能促进"自下而上"的减排力度不断提升。

《巴黎协定》的实施关键在于各国切实履行国家自主贡献（NDCs）的减

---

[1]《巴黎协定》第4条第18款，如果缔约方在一个其本身是本协定缔约方的区域经济一体化组织的框架内并与该组织一起，采取联合行动开展这项工作，那么该区域经济一体化组织的各成员国单独并与该区域经济一体化组织一起，应根据本条第13款和第14款以及第13条和第15条，对根据本条第16款通报的协定为它规定的排放量承担责任。

缓义务，并随着时间的推移逐渐提升目标力度。发达国家在减缓和提供支助方面做出表率是一个重要前提因素，发达国家不仅需要通过采用《巴黎协定》第 4 条第 4 款规定的国家自主贡献（NDCs）形式来率先进行减缓活动，而且必须在减缓力度上表现出雄心，并连续出台越来越严格的减缓行动目标。同时，根据第 4 条第 5 款，发达国家还应向发展中国家提供支助，让发达国家提供方对此保持开放态度。从这个意义上讲，其在很大程度上取决于如何进一步推进资金与技术转让的达成。还需要补充的是，国家自主贡献（NDCs）减缓行动的实施不仅亟须能力提升，还需要所有缔约方国内措施的跟进以及透明度建设。

《巴黎协定》在各国减缓行动的差异性制度设计方面发生了重大转变，对某一类国家不再设定具有约束性的量化减排义务，对其他国家不再要求其提交量化承诺。《巴黎协定》下提交国家自主贡献（NDCs）方案是所有缔约方统一的国际法律义务，虽然方案在形式上存在细微差别，但会随着时间推移统一于一种形式。将来会要求所有国家都提交一个全经济领域绝对量化减排目标，但当下没有可能也不需要强求缔约方围绕设定的具体日期达成一致。在实施减缓措施方面，国际社会还有许多工作要做。需要明确的一点是国家自主贡献（NDCs）的共同时间表，各国有义务每 5 年提交一次国家自主贡献，但其中的目标完成时限是否也是 5 年仍有待明确。一个具有操作性的方法是将 5 年时间期对标一个或两个时间进度表，这里将包括一个指示性时间表以及一个具有约束力的国家自主贡献（NDCs）完成时间表。

《巴黎协定》对缔约方减缓行动的核算和信息通报工作具有强制性。随着时间的推移，未来进一步的核算工作将日趋严格，并促进《巴黎协定》设立更具雄心的减排目标，信息工作也很可能成为有用的起点。《巴黎协定》引入了针对缔约方的义务性规定，并为未来工作的开展提供了保证。在国家自主贡献（NDCs）的连续提交过程中，某些特定制度元素很可能被固定为一种常见做法，这将有助于更好地了解国家自主贡献（NDCs）的实施进展以及减缓目标的完成情况，使其成为行动透明度的一个组成部分。与《巴黎协定》规定的透明度规则工作流程一起，核算及信息工作将被内化到共通的透明度模块、程序与指南规则（MPGs）中，巴黎规则手册达成的精细化实施规则，将有力地加强国家自主贡献（NDCs）的核算工作，各类不同方面的信息将在全球盘点中汇集在一起，并与《巴黎协定》整个制度体系的各个部分链接在一起。《巴黎协定》中的减缓前景取决于进一步详细工作的开展。从总体上看，每个缔约方减缓行动的进展、雄心和充分性对于《巴黎协定》国家自主贡献（NDCs）模式实施的整体效果而言都将是至关重要的。

第四节　国家自主贡献内容要素与特征分析

一、首轮国家自主贡献的内容要素

根据《巴黎协定》第 4 条关于国家自主贡献（NDCs）所列信息的类别要求，本部分内容对截至 2016 年 11 月 30 日提交的 168 份缔约方所提交的国家自主贡献（NDCs）进行了统计评估，简要讨论了不同的类别，并说明和总结了《巴黎协定》正式生效后已提交或更新国家自主贡献（NDCs）的评价结果。其中，内容要素包括各国所提交国家自主贡献（NDCs）涵盖的减缓目标类型、基准年与目标年、目标部门和地理范围、所涵盖的温室气体类型、关于市场机制的规定等部分内容。

（一）目标类型的选择

根据《巴黎协定》，附件一国家与非附件一国家之间的区别被大大弱化，所有缔约方都必须通过其国家自主贡献（NDCs）减缓目标或行动进行履约。然而，目标由各个国家根据自身国情自主决定，特别是目标的类型和行动意愿。各缔约方可以通过自身的实际情况选择截然不同的目标类型。根据《巴黎协定》第 4 条第 4 款，发达国家应制定全经济范围的绝对减排目标（EAERTs），并鼓励发展中国家根据本国情况向全经济范围减排或限制目标（EERLTs）迈进。

大多数国家已经明确表达了温室气体减排或控排目标，其通常与非温室气体目标相结合。在提交温室气体目标的国家中，大多数国家要么选择了照常情境（BAU）目标要么选择了绝对减排和控排目标，后者既可以表示为与历史年份相比的变化，也可以用绝对数量来表示。所有《公约》附件一国家（土耳其除外）以及 29 个发展中国家都选择了绝对温室气体目标，并且占全球温室气体排放量 41% 以上的国家已经明确这一目标类型。占全球温室气体排放量 1/6 的 74 个国家打算实现与照常情境（BAU）排放量预测相比的减排目标。占全球排放量约 1/3 的 10 个国家提交了碳排放强度减排目标，并承诺降低其经济体系中的碳排放强度，并使用"tCO2/ GDP"或人均 tCO2 排放量两个比值关系来表示。发展中国家圣卢西亚和津巴布韦为预计的照常情境（BAU）排放参考值设定了碳减排强度目标。包括中国在内的 4 个国家在其国家自主贡献（NDCs）中表明计划在 2030 年之前达到其全国温室气体排放量的峰值，但具体量化的碳排放峰值目标没有表述。此外，18 个国家只提交了量化的非温室气体目标，如减少森林砍伐或可再生能源发电的最低比例等。14 个国家只承诺采取有助于减少温室气体排放的行动，但没有明确具体目标。

（二）基准年与目标年的设定

在各国所提交的国家自主贡献（NDCs）目标中，其选择的基准年份各有不同。大多数提交的国家自主贡献预案（INDCs）与更新的国家自主贡献（NDCs）偏离了对 2030 年照常情境（BAU）排放量的预测。在使用照常情境（BAU）的国家中，有 4 个国家已经决定采用一个动态基线，即他们将在未来的某个时候更新其照常情境（BAU）预测来更新所设定的目标量值。3 个国家已经表示更新的国家自主贡献（NDCs）中包括的照常情境（BAU）排放将不再改变。这两种方法都可能带来一定的挑战，即如果驱动温室气体排放参考值的实际发展与在沟通国家自主贡献（NDCs）时所做的假设存在很大程度的不同，那么减缓目标的实际数值可能由照常情境（BAU）预测的不确定性所主导。另一方面，重新计算其照常情境（BAU）排放量的国家将无法确定其绝对温室气体减排或控排目标数值。对于这些国家来说，将更难估计他们在实现温室气体目标方面取得的进展。对于所有其他采用照常情境（BAU）排放目标的国家，无法确认预计排放数值是否为动态的信息。超过 50 个国家已经表明了其针对历史排放水平的目标，其余国家要么没有量化目标，要么在确定其减缓目标时没有使用基准年。不同的历史基准年和固定的排放水平对《巴黎协定》第 4 条规定的目标类型没有任何核算问题。117 个更新的国家自主贡献（NDCs）设定了 2030 年的量化目标，包括选择了多个目标年或目标期间的 11 个国家，另外 12 个国家已经选择了以 2020 年、2025 年、2035 年或 2050 年作为实现其目标的年份。

（三）控排部门和地理范围的设定

根据《巴黎协定》第 4 条第 4 款的要求，各国在所提交国家自主贡献（NDCs）中都有不同程度的体现，所有缔约方提交的国家自主贡献（NDCs）都涉及国民经济的所有部门，在国民经济体系中的占比总体而言小于 50%，这些国家占全球温室气体排放总量的86%。[1]其他92个国家的国家自主贡献（NDCs）基本都包括与温室气体减排密切相关的能源部门，其中一半还包括农业和废物管理部门，而只有3个国家涉及了工业生产过程排放与土地利用、土地利用变化和林业（LULUCF）问题。特别是小岛屿国家那样领土较小的国家，由于温室气体排放量几乎可以忽略不计，因此不存在部门减排或控排的说法。大多数缔约方已将其管辖的整个领土纳入更新的国家自主贡献（NDCs）。对地理范围的覆盖也存在少数例外，例如非洲国家苏丹废物处理部门的地理覆盖范围仅限于18个州中的一个，而其国家自主贡献所涵盖的所有其他部门都包括在贡献文件之内。对于国家自主贡献（NDCs）包括所有部门和全部领土的国家来说，实施国际碳市场机制在解释减缓成果的国际转让（ITMOs）时会比较简单，而覆盖范围上的不足则可能会导致减缓成果转让的环境完整性问题。如果并非包括全部部门或地理区域都涉及在内，一国有必要确定国家的特定减缓结果是否被国家自主贡献（NDCs）覆盖。如果在国家自主贡献（NDCs）中载明特定的减排或控排目标以国际支助为条件的情况，也需要明确减缓成果是否被包括在国家自主贡献（NDCs）的有无条件承诺部分。

（四）所涵盖的温室气体类型

《巴黎协定》包含《公约》和《京都议定书》定义的所有温室气体类型，但根据《公约》的规定，针对减缓气候变化行动的核算一般不包括受《维也纳保护臭氧层公约》及其《蒙特利尔议定书》控制的人造温室气体。在《公约》下通常报告的温室气体包括二氧化碳（CO_2）、甲烷（CH_4），一氧化二氮（N_2O）、氢氟碳化物（HFC）、全氟化碳（CF_4）、六氟化硫（SF_6）和三氟化氮（NF_3）。在京都第一承诺期（2008年—2012年），已经覆盖了前6类温室气体，在京都第二承诺期（2012—2020年），包括全部所有7类温室气体。在40个国家所提交国家自主贡献（NDCs）中，涵盖了全部6类或7类温室气体，这些国家的排放量占据全球温室气体排放量约57%。[2]另外16个提交国家自主贡献（NDCs）的国家净减排量占全球温室气体排放量的25%，覆

〔1〕 Jakob Graichen, Martin Cames & Lambert Schneider, "Categorization of INDCs in the light of Art. 6 of the Paris Agreement", *Discussing Paper*, 2016.

〔2〕 UNFCCC, "Handbook on Measurement, Reporting and Verification for developing Country Parties", http://unfccc. int/files/national_reports/annex_i_natcom_/application/pdf/non-annex_ i_mrv_handbook. pdf.

盖的温室气体类型只包括二氧化碳（CO_2）。[1]然而，大多数提交国家自主贡献（NDCs）的国家在其更新贡献文件中都包括二氧化碳（CO_2）、甲烷（CH_4）、一氧化二氮（N_2O）三类温室气体，但其排放量仅占全球温室气体排放总量的7.4%。有3个国家列入了额外的温室气体类型，包括墨西哥文件中所载入的黑碳、毛里求斯载入的短期气候污染物（SLCPs）以及阿曼载入的氟氯烃（HCFCs）。这些温室气体类型已在《蒙特利尔议定书》中得到覆盖，因此根据《公约》的规定并不需要在国家自主贡献（NDCs）中加以覆盖。

大多数发展中国家都在国家自主贡献（NDCs）减缓目标中进行了沟通并以提供国际支助作为履约前提条件。其中，在文件中覆盖全球温室气体类型的49个国家只通报了附加条件的减排或控排目标，80个国家通报了附加条件和无条件减控排目标，这些国家占全球温室气体排放的16%。[2]34个国家在国家自主贡献（NDCs）中仅包括无条件目标，这些国家包括了大多数附件一国家以及G20国家，其排放量覆盖了全球温室气体排放的70%。[3]在G20国家中，印度和沙特阿拉伯只提交了附加条件的目标，阿根廷、印度尼西亚、南非和土耳其明确表达了一个无条件和附加条件的组合目标。资金和技术转让是为实现有条件的目标所需要的支助性要素之一，但大多数国家并没有提及关于有条件减缓目标的国际碳市场机制内容。[4]

（五）IPCC指南与全球升温潜值（GWP）

国家温室气体清单是根据政府间气候变化专门委员会（IPCC）的指导方针和良好实践指南编制的。在IPCC 1996指南的基础上，2006年出台了新版指南文件，并在《公约》和《京都议定书》下的相关决定中使用。《巴黎协定》第13条第7款要求所有国家使用IPCC并经《巴黎协定》缔约方会议（CMA）同意的方法来编制一份国家温室气体清单报告。因此，《巴黎协定》缔约方会议（CMA）可以决定哪些准则适用于《巴黎协定》，在指定可使用指南的国

〔1〕 Anne-Sophie Tabau, "Evaluation of the Paris Climate Agreement According to a Global Standard of Transparency", *Carbon & Climate Law Review*, Vol 23, 2016 (10).

〔2〕 UNFCCC, "Handbook on Measurement, Reporting and Verification for Developing Country Parties", http://unfccc. int/files/national_reports/annex_i_natcom_/application/pdf/non-annex_i_mrv_handbook. pdf.

〔3〕 UNFCCC, "Adoption of the Paris Agreement", http://unfccc. int/documentation/documents/advanced_ search/items/6911. php? priref = 600008831.

〔4〕 Jakob Graichen, Martin Cames & Lambert Schneider, "Categorization of INDCs in the Light of Art. 6 of the Paris Agreement", *Discussing Paper*, 2016.

家中，大多数国家使用 IPCC 2006 指南，但较小的发展中国家也可以使用 IPCC 1996 指南与 IPCC 2000 年良好实践指南，或 IPCC 1996 与 IPCC 2006 指南的组合。

从温室气体的评估报告中可以看出，随着时间的推移，对气候全球升温潜值（GWP）的科学理解不断提高。全球升温潜值（GWP）取决于大气中这些气体的当前浓度，因此其在每个 IPCC 评估报告中都有所更新，这导致不同报告中的数值偏差较大。[1]《巴黎协定》缔约方会议（CMA）可提供使用全球升温潜值（GWP）换算数值的指导。例如，作为缔约方国家自主贡献（NDCs）核算指南的一部分，各国在其国家自主贡献中使用来自不同 IPCC 评估报告的不同全球升温潜值（GWP）。覆盖全球温室气体排放的 33 个国家使用 IPCC 第四次评估报告（AR4）的数值，该数值也适用于《京都议定书》第二承诺期。只有 3 个国家使用了 IPCC 第五次评估报告的换算值（AR5），其排放量覆盖约全球温室气体排放的 4%。[2] 45 个国家打算使用 IPCC 第二次评估报告（SAR）中适用于《京都议定书》第一个承诺期的旧数值，这些国家仅占全球温室气体排放量的 5% 左右，部分非附件一国家在其 2 年期更新报告与国家信息通报中使用了这些数值。[3] 另有许多国家占全球温室气体排放量的 42%，并没有具体说明其将以哪个评估报告的全球升温潜值（GWP）作为核算依据。

（六）碳市场的预期用途问题

关于国际碳市场机制预期用途的信息有限。事实上，在提交更新的国家自主贡献（NDCs）时，尚不清楚《巴黎协定》将列入哪种关于国际市场机制的规定。根据权威研究机构的报告，[4] 覆盖了约 25% 全球温室气体排放的 80 个国家在其更新的国家自主贡献（NDCs）中表达了对国际碳市场机制的某种

---

〔1〕 Lambert Schneider et al.，"Robust Accounting of International Transfers under Article 6 of the Paris Agreement"，*DEHSt Discussing Paper*，2016.

〔2〕 UNFCCC，"Handbook on Measurement，Reporting and Verification for Developing Country Parties"，http：//unfccc. int/files/national_ reports/annex_ i_ natcom_ /application/pdf/non－annex_ i_ mrv_ handbook. pdf.

〔3〕 UNFCCC，"Handbook on Measurement，Reporting and Verification for Developing Country Parties"，http：//unfccc. int/files/national_ reports/annex_ i_ natcom_ /application/pdf/non－annex_ i_ mrv_ handbook. pdf.

〔4〕 IGES INDC and Market Mechanism Database Version v3. 0，http：//enviroscope. iges. or. jp/modules/envirolib/view. php？docid＝6147.

支持，这些国家大多是发展中国家。占全球温室气体排放量 32% 的 17 个国家宣布，它们不打算参与国际碳市场机制。[1]此外，大多数国家对于其是否打算使用该机制的态度较为模糊。

表 3-2　首轮国家自主贡献（NDCs）的内容要素比例分析

类目	国家自主贡献的内容	数量	占全球排放量的比例
温室气体目标	温室气体绝对减排或限排目标	43	41.4%
	照常情境（BAU）温室气体目标	74	15.6%
	温室气体强度目标	10	32.8%
	温室气体峰值目标	4	2.0%
	没有提出温室气体目标	32	4.3%
非温室气体目标	能源、能效等其他类型单一目标	18	1.2%
	能源、能效等其他类型补充目标	73	46.0%
	没有提出非温室气体目标	72	48.9%
非温室气体目标类型	多个非温室气体目标	17	31.9%
	仅可再生能源目标	63	13.3%
	仅能源效率目标	1	0.01%
	仅林业目标	10	2.0%
	无非温室气体目标	72	48.9%
行动类型	没有目标的行动方案	14	3.1%
	附带目标的行动方案	19	1.4%
	无行动方案	130	91.6%
目标是否附加条件	仅无条件目标	34	68.1%
	仅附加条件目标	49	12.4%
	无条件和附加条件组合目标	80	15.6%

[1] Jakob Graichen, Martin Cames & Lambert Schneider, "Categorization of INDCs in the Light of Art. 6 of the Paris Agreement", *Discussing Paper*, 2016.

续表

类目	国家自主贡献的内容	数量	占全球排放量的比例
基准年选择	历史年或固定排放量	53	74.0%
	照常情境（BAU）排放量	79	15.8%
	采取照常情境（BAU）固定基线	3	0.01%
	采取照常情境（BAU）动态基线	4	1.8%
	未提及基准年	31	6.3%
目标年选择	单年（2030年）	106	69.7%
	单年（其他年份）	11	19.6%
	多年（2030年与至少另一年）	11	0.5%
	未提及目标年	35	6.3%
部门覆盖范围	所有部门（能源、工业、农业、土地利用、土地利用变化和林业、废物）	71	86.0%
	能源和其他三个部门	27	4.8%
	能源和其他两个部门	22	1.7%
	能源和其他一个部门	17	0.6%
	仅能源部门	20	1.4%
	仅部分能源分部门	6	1.6%
温室气体类型	《京都议定书》第二承诺期的7种温室气体	21	40.1%
	《京都议定书》第一承诺期的6种温室气体	18	17.1%
	CO_2，CH_4，N_2O 和其他两种温室气体	3	0.2%
	CO_2，CH_4，N_2O 和其他一种温室气体	6	0.3%
	CO_2，CH_4，N_2O	72	7.4%
	CO_2，CH_4	4	0.01%
	仅 CO_2	16	24.8%
	列为其他污染物（短期气候污染物或氟氯烃）	3	0.01%

续表

类目	国家自主贡献的内容	数量	占全球排放量的比例
	未提及温室气体涵盖类型	23	5.5%
IPCC 指南选择	IPCC–1996 指南和 2000 良好实践指南	41	28.0%
	IPCC–2006 指南	49	2.1%
	IPCC–1996 与 2006 指南混合使用	11	60.5%
	未提及	62	5.5%
全球升温潜值（GWP）换算数值选择	IPCC 第二次评估报告（SAR）	45	5.4%
	IPCC 第四次评估报告（AR4）	33	45.3%
	IPCC 第五次评估报告（AR5）	3	3.7%
	未提及 GWP 换算标准依据	82	41.7%
对国际碳市场的态度	表态参与国际碳市场	80	25.2%
	表态不参与国际碳市场	17	31.6%
	未表态提及是否参与	66	39.3%
清洁发展机制及其后续机制	表态参与 CDM 或 SDM	28	1.4%
	表态不参与 CDM 或 SDM	2	10.6%
	未表态提及是否参与	133	84.1%

资料来源：由作者整理分析。

二、典型国家的首轮国家自主贡献（NDCs）特征的比较分析

G20 国家和所有欧盟成员国承担了全球温室气体排放量的近80%。表3-3总结并比较了 G20 更新的国家自主贡献的一些关键特征。除沙特阿拉伯外，所有 G20 成员国都承诺了实现温室气体排放目标。其中主要采用了四种目标

类型：绝对目标、相对于照常情境（BAU）减排目标、温室气体强度目标和温室气体排放峰值。这些目标大多属于缔约方全领域经济范围，所提交的贡献文件覆盖了国家的所有经济产业部门、全部京都温室气体类型以及缔约方的全部领土管辖范围。作为全球最大的温室气体排放国，中国在2015年提交的首轮国家自主贡献（NDCs）目标中提出了全经济领域层面的二氧化碳排放强度目标，即到2030年实现单位GDP二氧化碳排放量下降60%~65%，并在2030年左右实现碳达峰。除了温室气体目标之外，中国还提出了自己的非温室气体目标，包括将非化石能源在一次能源消费中的比例提升至20%，森林蓄积面积增加45亿立方米等。此外，中国还提出了在农业、林业、水资源等重点领域以及市、沿海、生态脆弱地区，建立气候变化风险预测预警和防灾等适应气候变化的工作目标。值得注意的是，作为依靠石油收入的G20国家沙特阿拉伯，其提交的首轮国家自主贡献（NDCs）文件缺乏量化目标，而且覆盖的经济领域只纳入了部分能源部门。

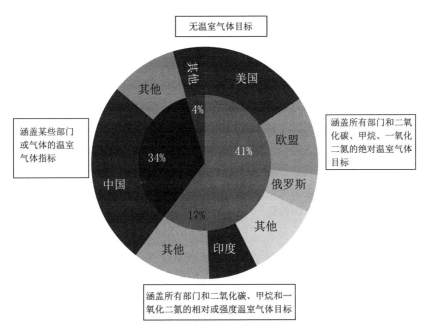

图3-2　按目标类型和范围分列的全球温室气体排放份额[1]

---

〔1〕　WRI，"CAIT Climate Data Explorer"，WRI Analysis Report，http://cait.wri.org/indcs.

表 3-3　G20 国家首轮国家自主贡献（NDCs）的内容要素比较[1]

国家	温室气体目标类型	非温室气体目标类型	部门涵盖范围	温室气体类型	目标承诺是否附加条件
阿根廷	照常情境（BAU）目标	无	全部	《京都议定书》第一承诺期 6 类气体	无条件与有条件组合目标
澳大利亚	绝对温室气体目标	可再生能源目标	全部	《京都议定书》第二承诺期 7 类气体	无条件目标
巴西	绝对温室气体目标	可再生能源目标	全部	《京都议定书》第一承诺期 6 类气体	无条件目标
加拿大	绝对温室气体目标	无	全部	《京都议定书》第一承诺期 6 类气体	无条件目标
中国	温室气体强度目标	多个非温室气体目标	全部	仅 CO_2	无条件目标
欧盟	绝对温室气体目标	多个非温室气体目标	全部	《京都议定书》第二承诺期 7 类气体	无条件目标
印度	温室气体强度目标	多个非温室气体目标	全部	《京都议定书》第一承诺期 6 类气体	有条件目标
印度尼西亚	照常情境（BAU）目标	可再生能源目标	全部	CO_2，CH_4，N_2O	无条件与有条件组合目标
日本	绝对温室气体目标	可再生能源目标	全部	《京都议定书》第二承诺期 7 类气体	无条件目标
韩国	照常情境（BAU）目标	无	全部（不包括 LULUCF）	《京都议定书》第一承诺期 6 类气体	无条件目标
墨西哥	照常情境（BAU）目标	无	全部	《京都议定书》第一承诺期 6 类气体	无条件与有条件组合目标

---

　　[1]　PIK, "Paris Reality Check-pledged Climate Futures", PIK Analysis Report, https://www.pik-potsdam. de/primap-live/indcs.

国家	温室气体目标类型	非温室气体目标类型	部门涵盖范围	温室气体类型	目标承诺是否附加条件
俄罗斯联邦	绝对温室气体目标	无	全部	《京都议定书》第二承诺期7类气体	无条件目标
沙特阿拉伯	无	仅规定行动目标	一些能源分部门	未提及	有条件目标
南非	温室气体峰值目标	无	全部	《京都议定书》第二承诺期7类气体	无条件与有条件组合目标
土耳其	照常情境（BAU）目标	可再生能源目标	全部	《京都议定书》第二承诺期7类气体	无条件与有条件组合目标
美国	绝对温室气体目标	无	全部	《京都议定书》第二承诺期7类气体	无条件目标

资料来源：由作者根据 PIK 报告整理分析。

第五节　巴黎规则手册对国家自主贡献实施细则的完善

巴黎规则手册（Paris Rulebook）是学界对于《巴黎协定》正式生效后所达成的关于协定实施细则所形成的历次大会决议及其附件内容的统称。从 2018 年波兰卡托维茨气候大会暨《巴黎协定》第一次缔约方会议（CMA.1）开始，历经 2019 年西班牙马德里气候大会（《巴黎协定》第二次缔约方会议，CMA.2）和 2021 年的英国格拉斯哥气候大会（《巴黎协定》第三次缔约方会议，CMA.3），各个缔约方进行了艰苦卓绝的谈判，终于达成了关于《巴黎协定》主要条款的实施细则。其中，关于国家自主贡献（NDCs）的实施细则是巴黎规则手册最重要的组织部分，内容包括了各方国家自主贡献（NDCs）特征、信息和核算导则的安排。一方面，关于导则何时适用、可以包含哪些信息要素以及如何核算等问题，为各国提供了具体指导；另一方面，也对国家自主贡献（NDCs）导则的后续修订谈判工作作出了安排。

一、国家自主贡献（NDCs）导则的适用问题

（一）关于导则的适用时间指导

国家自主贡献（NDCs）信息导则与核算导则的适用时间将从各方通报第二轮自主贡献（NDCs）开始。根据《巴黎协定》第二次缔约方会议（CMA.2），两个导则均适用于每个缔约方第二轮提交的国家自主贡献（NDCs），并对第一轮提交的概念进行了明确的定义，即对于那些在 2015 年已经在国家自主贡献预案（INDCs）提出时间框架到 2030 年国家自主贡献（NDCs）的缔约方，其在 2020 年通报或更新的自主贡献，仍然属于第一轮国家自主贡献。对于中国而言，虽然在 2021 年 10 月提交了《中国落实国家自主贡献成效和新目标新举措》，作为对 2015 年所提交的国家自主贡献预案（INDCs）的更新，但其仍然属于第一轮的国家自主贡献（NDCs）范畴，后续 2025 年通报的国家自主贡献属于第二轮，届时需要适用关于国家自主贡献（NDCs）的信息导则和核算导则。当然，根据会议决定，"非常鼓励"（Strongly encourage）各个缔约方在 2020 年通报或更新其自主贡献（NDCs）时也适用信息导则。

（二）关于导则的后续谈判与更新指引

波兰卡托维兹会议达成了国家自主贡献（NDCs）的实施细则，同时对后续谈判和《巴黎协定》履约工作做出了进一步安排。一方面是关于国家自主贡献（NDCs）内容所涉特征、信息和核算导则的审评或更新。该问题将继续聚焦于"事前"提交的信息而非"事后"评价，讨论通报国家自主贡献（NDCs）阶段所包含的信息要素和核算的要求。根据会议授权，国家自主贡献（NDCs）的特征导则将在 2024 年的《巴黎协定》缔约方第六次会议（CMA.6）上考虑其进一步特征，而信息与核算导则将在 2027 年《巴黎协定》缔约方第九次会议（CMA.9）上启动审评或更新，并考虑在 2028 年《巴黎协定》缔约方第十次会议（CMA.10）上通过相关决议。另一方面是关于国家自主贡献（NDCs）共同时间框架的制定。目前，各个缔约方仍就国家自主贡献（NDCs）"5 年为期"或"10 年为期"持不同看法，对此将继续在后续附属履行机构（SBI）下讨论该问题供后续缔约方大会考虑并通过。此外，国家自主贡献（NDCs）核算导则指出，应在透明度双年报（BTRs）中通过"结构化摘要"（Structured Summary）的方式追踪国家自主贡献（NDCs）进展。该问题在国家自主贡献（NDCs）核算导则和透明度议题成果中均有提及，将在

后续透明度报告相关议题中开展针对该问题的谈判。

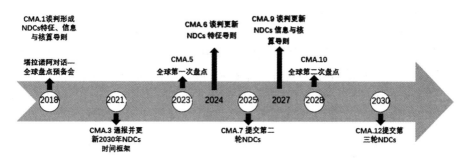

图 3-3 国家自主贡献（NDCs）导则发布与更新时间安排

二、国家自主贡献（NDCs）导则的信息要求

国家自主贡献（NDCs）所报告信息的最早要求，是由巴黎大会第 1/CP.21 号决定第 27 段和第 31 段提出的。导则以其所列内容为标题，分别拓展出了信息要素列表和核算要素列表，作为导则的两个附件为各缔约方提供参考。信息导则的附件内容主要包括七方面的内容：①参考点（基准年与基准量等）的量化信息；②共同时间框架；③信息范围；④规划过程；⑤假设和方法学；⑥依据国情对国家自主贡献（NDCs）公平和力度的评估；⑦国家自主贡献（NDCs）对于实现《公约》第 2 条目标的作用。[1]根据卡托维茨气候大会达成的第 4/CMA.1 号关于"与第 1/CP.21 号决定减缓一节有关的进一步指导意见"，[2]信息导则附件所列要素并非要求各方必须提供，而是根据各国所提交国家自主贡献（NDCs）的实际情况提供相关信息，在信息不适用于国家自主贡献（NDCs）的情况下则不必提供。针对减缓以外的要素如何报告信息做出安排，国家自主贡献（NDCs）导则决定的第 8 段明确了该导则不仅聚焦于减缓，还明确指出《巴黎协定》第 7 条第 10 款和第 11 款所涉及的适应信息通报的信息，将作为国家自主贡献（NDCs）的一部分提交。

---

〔1〕 CMA.1：《第 1/CP.21 号决定第 28 段所述促进国家自主贡献清晰、透明和可理解的信息》，载 https://unfccc.int/sites/default/files/resource/cma2018_03a01C.pdf，2022 年 9 月 28 日访问。

〔2〕 CMA.1：《与第 1/CP.21 号决定减缓一节有关的进一步指导意见》，载 https://unfccc.int/sites/default/files/resource/cma2018_03a01C.pdf，2022 年 9 月 28 日访问。

（一）参考点的量化信息

国家自主贡献（NDCs）信息导则采用了参考点、参考线、参考水平等不同表述。信息导则对于基准年量化信息提出了六个信息要素。分别为：①参考年、基准年、参考期或其他起始点；②参考指标的可量化信息，参考指标在参考年、基准年、参考期或其他起始点的数值，及其在目标年份的数值；③关于《巴黎公约》第 4 条第 6 款所述的战略、计划和行动，对于最不发达国家（LDCs）和小岛屿发展中国家（SIDS），可提供编制和通报反映其特殊情况的关于温室气体低排放战略（LEDS）、计划和行动的信息；④以数字表示贡献目标的数值，例如减排量数值或下降百分数等；⑤在量化参考点过程中使用的数据来源的有关信息；⑥在何种情况下其基准年的参考值可能发生的变化。在我国所提交的国家自主贡献预案（INDCs）与更新国家自主贡献（NDCs）中，参考点是指以 2005 年作为基准年我国的碳排放强度目标，但我国并没有在文件中提出 2005 年排放强度参考值。对比发达国家所提交的国家自主贡献（NDCs），其所选择的参考点，以 1990 年排放量作为参考的国家居多，典型国家包括欧盟及其成员国、俄罗斯、乌克兰、白俄罗斯等，也有美国、加拿大、日本等部分伞形集团国家选择以 2005 年作为参考基准年，澳大利亚则以 2000 年作为参考年。[1]

（二）共同时间框架

根据巴黎大会决定以及卡托维茨大会达成的关于"与第 1/CP.21 号决定减缓一节有关的进一步指导意见"，各方在提供时间框架或实施时间信息时，根据文件的适用性需要确认两方面的信息：一是要确认各个缔约方的国家自主贡献（NDCs）时间框架信息，包括其自主贡献实施的起始年和终止年；二是明确其国家自主贡献（NDCs）目标是单年目标还是多年目标。根据 2018 年波兰卡托维茨大会所形成的第 6/CMA.1 号关于"《巴黎协定》第 4 条第 10 款所述国家自主贡献的共同时间框架"决定，缔约方应自 2031 年起对其国家自主贡献（NDCs）适用共同时间框架。并由附属履行机构（SBI）在第 50 届会议上继续审议国家自主贡献（NDCs）的共同时间框架，以期就此提出一项建议。[2]2021 年的格拉斯哥气候大会进一步回应了国家自主贡献（NDCs）

---

[1] 樊星等：《发达国家 2020 年前减排承诺进展评估及相关建议》，载《环境保护》2022 年第 3 期，第 84~90 页。

[2] CMA.1：《〈巴黎协定〉第 4 条第 10 款所述国家自主贡献的共同时间框架》，载 https://unfccc.int/sites/default/files/resource/cma2018_03a01C.pdf，2022 年 9 月 28 日访问。

共同时间框架的问题，根据会议形成的第 6/CMA.3 号关于"《巴黎协定》第 4 条第 10 款所述国家自主贡献的共同时间框架"决定，关于共同时间框架，应当坚持国家自主贡献（NDCs）的国家自主特性，同时鼓励缔约方于 2025 年通报一次到 2035 年的国家自主贡献（NDCs），于 2030 年通报一次到 2040 年的国家自主贡献，以此类推每 5 年通报一次。[1]

（三）信息范围

根据卡托维茨气候大会第 4/CMA.1 号关于"与第 1/CP.21 号决定减缓一节有关的进一步指导意见"，国家自主贡献（NDCs）信息导则列出了四部分关于信息范围的内容：①关于范围的概要性描述；②碳排放源和碳吸收汇所涉的部门和气体信息；③如何考虑巴黎大会 1 号决定中第 31 段内容，即如何考虑反映"缔约方努力在其国家自主贡献（NDCs）中将人为排放或清除的所有类别包括在内，一旦已纳入一个碳排放源或碳吸收汇就继续将其纳入，并对未纳入的碳排放源或碳吸收汇做出解释"的信息；④适应行动形成的减缓协同效应。

（四）规划过程

信息导则附件的第四节内容是各国规划过程的信息要求，主要包括四方面的内容：其一，在准备国家自主贡献（NDCs）时的规划过程信息，其中列举了各国国内的机构体制安排、形势背景、国情、公众参与、与编制国家自主贡献有关的最佳做法和经验、加入《巴黎协定》时得到承认的其他当地愿望和优先事项等信息。其二，围绕《巴黎协定》第 4 条第 2 款（一般性减缓义务）和第 4 条第 16~18 款（区域经济一体化组织与各成员国）达成共识成员所适用的信息，如欧盟等围绕联合履约问题达成共识的缔约方，提供相关联合履约的信息。其三，如何从全球盘点的成果获取信息。其四，关于减缓协同效应的信息，包括适应行动与经济多样化计划等。具体内容涵盖：①在编制国家自主贡献（NDCs）时如何考虑了应对措施的经济和社会影响；②为协助创造减缓协同效益而实施的具体项目、措施和活动，包括产生了减缓协同效益的适应计划的有关信息，可包括但不限于能源、资源、水资源、沿海资源、人类住区和城市规划、农业和林业等主要部门，还可包括经济多样化行动，可

---

〔1〕　CMA.3：《〈巴黎协定〉第 4 条第 10 款所述国家自主贡献的共同时间框架》，载 https://unfccc.int/sites/default/files/resource/CMA2021_10_Add3_C.pdf，2022 年 9 月 28 日访问。

包括但不限于制造业和工业、能源和矿业、交通和通信、建筑、旅游、房地产、农业和渔业等部门。

（五）假设和方法学

信息导则附件的第五节列出了关于假设与方法学的七个方面内容：其一，与国家自主贡献（NDCs）相一致的人为排放与清除所使用的假设和方法学；其二，量化政策措施或战略实施效果所使用的假设和方法学；其三，视情况提供如何考虑已有的《公约》核算方法，与《巴黎协定》第4条第14款一致，即在国家自主贡献（NDCs）方面，缔约方在承认和执行人为排放和清除方面的减缓行动时，应当按照《巴黎协定》第4条第13款的规定，酌情考虑《公约》下的现有方法和指导；其四，估算温室气体排放和清除的IPCC方法学和度量衡；其五，部门类型某活动的假设和方法学；其六，其他方面所涉及的假设和方法学；其七，如何考虑将碳市场机制纳入的问题。

（六）公平和力度问题

信息导则附件的第六节针对国家自主贡献（NDCs）的公平性和力度问题列出了五个部分的信息要求：其一，依据各自国情对公平和力度评估的信息；其二，对于公平问题的考虑；其三，如何体现《巴黎协定》第4条第3款，即"各缔约方的连续国家自主贡献（NDCs）将比当前自主贡献内容有所进步，并反映其尽可能大的力度，同时体现其共同但有区别责任和各自能力原则（CBDR-RC），考虑不同国情"；其三，如何体现《巴黎协定》第4条第4款，即"发达国家缔约方应当继续带头，努力实现全经济范围绝对减排目标。发展中国家缔约方应当继续加强其减缓努力，鼓励根据不同的国情，逐渐转向全经济范围减排或限排目标"；其四，如何体现《巴黎协定》第4条第6款，即"最不发达国家（LDCs）和小岛屿发展中国家（SIDS）可编制和通报反映其特殊情况的关于温室气体低排放的战略、计划和行动"。

（七）"对于实现《公约》第2条目标的作用"的信息要求

信息导则附件的第七节内容列出了两个方面的内容：其一，国家自主贡献（NDCs）对于实现《公约》第2条目标作用的信息，即将大气中的温室气体浓度控制在防止气候系统受到危险的人为干扰水平之内，这一水平应当在满足使生态系统能够自然适应气候变化、确保粮食生产免受威胁并使经济发展能够可持续地进行的时间范围内实现；其二，国家自主贡献（NDCs）对于实现《巴黎协定》第2条第1款前部分和第4条第1款的作用，即"把全球平均气温升幅控制在较工业化前水平低于 2 摄氏度，并努力将气温升幅限制在工业化前水平以上 1.5 摄氏度之内"的目标，以及"在本世纪下半叶实现温室气体源的人为排放与汇的清除之间的平衡"。[1]

三、国家自主贡献（NDCs）导则的核算要求

根据卡托维茨气候大会达成的第 4/CMA.1 号关于"与第 1/CP.21 号决定减缓一节有关的进一步指导意见"，国家自主贡献（NDCs）核算导则在巴黎大会第/CP.21 号决定第 31 段的基础上进行了小幅扩充并在附件中列出了核算原则。核算导则的附件要素主要包括以下几方面内容，即通用标准的采用、温室气体核算、方法学的一致性问题、缔约方如何努力纳入所有部门和行业的问题，以及解释为何未能纳入的某些部门和行业。

（一）通用核算标准的采用

根据政府间气候变化专门委员会（IPCC）评估并得到《巴黎协定》缔约方会议（CMA）通过的方法学和通用指标，对人为排放量和清除量进行核算，其中具体要求包括了几个方面：其一，缔约方根据 IPCC 方法学和通用指标并按照第 18/CMA.1 号决定核算人为排放量和清除量；其二，针对国家自主贡献（NDCs）无法用 IPCC 指南涵盖的方法学进行核算的缔约方，就其自身使用的方法学提供信息，包括根据《巴黎协定》第 4 条第 6 款围绕国家自主贡献（NDCs）使用的方法学提供信息；其三，如果缔约方借鉴了《公约》及其相关法律文书确立的现有方法和指导意见，应由缔约方提供信息并说明借鉴的方式；其四，缔约方酌情提供信息说明使用何种方法跟踪政策和措施的实施所产生的进展；其五，当缔约方决定处理管理土地上的自然扰动所产生的排放及随后的清除问题时，需要由此缔约方提供信息，说明使用了何种方法，并酌情说明这种方法如何符合 IPCC 指南，或说明自然温室气体清单报告中的哪个相关章节载有上述信息；其六，核算木制品的排放量和清除量的缔约方提供详细信息，说明估计排放量和清除量时使用了 IPCC 何种方法；其七，处理森林年龄组结构效应的缔约方提供详细信息，说明使用了何种方法，并酌情说明这种方法如何符合 IPCC 指南。

---

〔1〕 柴麒敏等：《〈巴黎协定〉实施细则评估与全球气候治理展望》，载《气候变化研究进展》2020 年第 2 期，第 11 页。

（二）核算与方法学的一致性要求

缔约方应确保方法学的一致性，包括国家自主贡献（NDCs）的通报和实施之间在基线方面保持方法学上的一致性。具体内容包括：①各缔约方在范围和覆盖面、定义、数据来源、指标、假设和方法学方针等方面保持一致性；②用于核算的任何温室气体数据和估计方法学，都应符合该缔约方依照《巴黎协定》第13条第7款第（a）项编写的温室气体清单；③缔约方力争避免高估或低估用于核算的预计排放量和清除量；④对使用技术调整更新参考点、参考水平或预计数量的缔约方而言，调整应反映清单的变化，或准确性方面的提升，且这种提升应保持方法学上的一致性；⑤缔约方透明地报告在实施国家自主贡献（NDCs）的过程中所做的任何方法学上的调整和技术更新。

（三）部门与行业的纳入问题

缔约方应努力在其国家自主贡献（NDCs）中将人为排放或清除的所有类别包括在内，一旦纳入一个排放源或吸收汇或相关减排活动，就应当继续将其纳入。这里，缔约方应当核算相当于其国家自主贡献（NDCs）的人为排放和清除的所有类别，缔约方还应努力在其国家自主贡献（NDCs）中将人为排放或清除的所有类别包括在内，一旦纳入一个源、汇或活动，就应继续将其纳入。对不被纳入的任何类别的人为排放或清除作出解释。

值得注意的是，巴黎大会第1/CP.21号决定第31段第（a）款和第（b）款所涉的核算方法一致性和度量衡信息，将通过信息导则中的"假设和方法学"部分反映，第31段第（c）款和第（d）款所涉及的纳入气体种类，以及未能纳入的原因说明，将在信息导则的"范围"部分体现。此外，核算导则规定了国家自主贡献（NDCs）进展追踪的部分，将按照透明度框架相关要求提交报告。巴黎大会决定第/CP.21号决定第17段指出，各方应对其透明度双年报中的国家自主贡献（NDCs）内容负责，包括通过"结构化摘要"（Structured Summary）的方式追踪进展，确保与《巴黎协定》第13条第7b款的规定相一致。

四、国家自主贡献（NDCs）导则的其他内容

（一）公共登记簿运作和使用的模式和程序

根据巴黎大会第1/CP.21号决定第30段以及卡托维茨气候大会达成的第5/CMA.1号关于"《巴黎协定》第4条第12款所述公共登记册运作和使用的

模式和程序"的决定,由《公约》秘书处建立公共登记簿,并和《巴黎协定》第 7 条第 12 款所述公共登记簿共同构成登记门户网站,分为两个部分分别收录国家自主贡献与适应信息通报。[1]大会决定附件包括了公共登记簿的运作模式、使用程序以及《公约》秘书处管理公共登记册的职责等内容。2021 年格拉斯哥气候大会由缔约方会议完成对公共登记簿原型的审议工作,并在达成的第 20/CMA.3 号关于"《巴黎协定》第 4 条第 12 款所述公共登记册运作和使用的模式和程序"的决定中,要求使登记册在 2022 年 6 月 1 日前被投入使用。[2]

(二) 实施应对措施的影响问题论坛的启动

根据巴黎大会第 1/CP21 决定第 33 段,在《公约》附属机构之下建立"实施应对措施的影响问题论坛"。成立论坛的功能目标在于最大限度地减少实施应对措施的不利影响,并最大限度地利用此种措施的有利影响采取行动。论坛应被作为缔约方互动分享信息、经验、案例研究、最佳做法和观点的平台,并便利围绕实施应对措施的影响进行的评估和分析,向受影响的缔约方提出具体的行动解决方案。作为《巴黎协定》第 4 条第 15 款针对发展中国家实施反馈机制的实施细则,卡托维茨气候大会达成的第 7/CMA.1 号关于"实施应对措施的影响问题论坛在《巴黎协定》之下的模式、工作方案和职能"的决定,对于该论坛在《巴黎协定》下的运行模式、工作方案和组织机构职能进行了明确。[3]

论坛建立的背景是缔约方不仅可能受到气候变化的影响,而且还可能受到为应对气候变化而采取的措施的二次影响,且应对措施可能包含了积极影响与消极影响两个方面。为此,各个缔约方应开展合作促进建立支持性和包容性的国际经济体系,以实现所有缔约方的可持续发展。论坛反馈建议应回应所有缔约方,特别是发展中国家缔约方的关切。包括:①经济多样化和转型问题;②劳动力的公正转型以及创造体面工作和高质量就业机会;③实施

---

〔1〕 CMA.1:《〈巴黎协定〉第 4 条第 12 款所述公共登记册运作和使用的模式和程序》,载 https://unfccc.int/sites/default/files/resource/cma2018_03a01C.pdf,2022 年 9 月 28 日访问。

〔2〕 CMA.3:《〈巴黎协定〉第 4 条第 12 款所述公共登记册运作和使用的模式和程序》,载 https://unfccc.int/sites/default/files/resource/CMA2021_10_Add3_C.pdf,2022 年 9 月 28 日访问。

〔3〕 CMA.1:《实施应对措施的影响问题论坛在〈巴黎协定〉之下的模式、工作方案和职能》,https://unfccc.int/sites/default/files/resource/cma2018_03a01C.pdf,2022 年 9 月 28 日访问。

应对措施的影响评估和分析；④促进开发用以评估实施应对措施的影响的工具和方法学。论坛应每年举行两次会议，与《公约》附属机构的届会同时举行，并成立"实施应对措施的影响问题卡托维兹专家委员会"作为论坛的咨询支持机构。该委员会将由14名成员组成，联合国5个区域集团各派2名成员，最不发达国家和小岛屿发展中国家各派1名成员，相关政府间组织派出2名成员。成员应以专家身份任职，应在与论坛工作方案各方面有关的技术和社会经济领域具备相关资历和专门知识。

第六节　国家自主贡献通报或更新的情况进展评析

卡托维茨气候大会国家自主贡献（NDCs）导则的达成，进一步促进了各国提交文件的规范性与指引效果。根据2019年达成的《巴黎协定》第二次会议决定，"非常鼓励"各个缔约方在2020年通报或更新其自主贡献（NDCs）时适用信息导则来规范文件内容。2020年，由于新冠疫情的暴发，格拉斯哥气候大会延期举办，各国提交首轮更新国家自主贡献的（NDCs）截止时间也被延迟到2021年11月的格拉斯哥气候大会。在大会召开之前，《公约》秘书处发布了官方的《〈巴黎协定〉之下国家自主贡献的2022年综合报告》。该报告鲜明指出，如果所有已提交的国家自主贡献都得以执行，2030年温室气体排放总量预计将比2010年的水平高出13.7%。[1]格拉斯哥气候大会最终达成的政治性文件《格拉斯哥气候变化协议》在开篇重申了对这一结论的严重关切。随着《巴黎协定》第4条确立了每5年提交国家自主贡献（NDCs）并从2023年按照每5年开展全球盘点的"棘轮机制"，各国应当在新提交的国家自主贡献（NDCs）文件中提升减缓力度，这也在2021年底之前的首轮更新提交中形成了压倒性声势，国际社会逐渐形成了一股偏颇的力度观来评价各国提交的更新贡献力度，在舆论上形成了道德压力，引导了各国更新文件的方向。[2]截至2021年10月31日，《公约》临时登记簿中共有186个缔约方通报了国家自主贡献（NDCs），包括中国在内的90多个缔约方通报更新

---

〔1〕　UNFCCC：《〈巴黎协定〉之下国家自主贡献的2022年综合报告》，载 https://unfccc. int/sites/default/files/resource/message_to_parties_and_observers_on_ndc_numbers.pdf，2022年9月28日访问。

〔2〕　樊星、高翔：《国家自主贡献更新进展，特征及其对全球气候治理的影响》，载《气候变化研究进展》2022年第2期，第10页。

了自己的贡献信息。梳理这些国家的首轮更新国家自主贡献（NDCs）文件，其表现出了提升减缓目标或变更参考点、调整覆盖部门范围或气体类型、增加适应气候变化目标与配套措施、主动适用国家自主贡献（NDCs）信息导则、通报早先国家自主贡献（NDCs）目标进展、提出 2050 年愿景等不同模式。

一、各国更新国家自主贡献（NDCs）的主要方式

（一）多数国家提高了减缓目标的量化水平

自 2018 年达成卡托维兹实施细则后，在联合国、《公约》秘书处和欧盟成员国等部分发达国家缔约方的大力推下，"提高国家自主贡献（NDCs）目标力度"成了气候多边进程的主题。在 2019 年西班牙马德里气候大会期间，智利主席国还试图通过为提高目标的国家亮灯的方式，向未提高目标的国家施加压力。"提高 NDC 目标力度"也成了目前气候多边进程中对于 2021 年国家自主贡献（NDCs）更新模式呼声最高的方式之一。发达国家和发展中国家缔约方在其更新文件中加大了承诺力度。例如，挪威作为重要的欧洲经济区国家（非欧盟），承诺其全经济领域温室气体减排达到 50%，并努力实现 55% 的减排量，这比该国 2015 年在国家自主贡献预案（INDCs）中的承诺目标提升了 10%，挪威进一步将 2021—2030 年的区间目标更新为 2030 年的单年目标。[1] 马绍尔群岛作为小岛屿国家（SIDS）的代表，在其曾经提交的更新国家自主贡献（NDCs）承诺中提出，到 2030 年温室气体相比 2010 年水平减少 45%。[2] 牙买加提出 2030 年无条件减缓目标由原来的相比照常情境（BAU）减排 7.8% 直接提高到减排 25.4%，有条件减缓目标由原来的相比照常情境（BAU）减排 10% 提高到 28.5%。[3]

（二）部分国家扩大覆盖范围与气体类型

在各国首轮更新的国家自主贡献（NDCs）中，发达国家主要以全经济范

---

〔1〕 UNFCCC, "Update of Nationally Determined Contribution（NDC）of Norway", https://unfccc. int/sites/default/files/NDC/2022-06/Norway_ updatedNDC_ 2020%20%28Updated%20submission%29. pdf.

〔2〕 UNFCCC, "The Republic of the Marshall Islands Nationally Determined Contribution", https://pacificndc. org/sites/default/files/2021-01/Republic%20of%20Marshall%20Islands%20 NDC. pdf.

〔3〕 UNFCCC, "Update of Nationally Determined Contribution（NDC）of Jamaica", https://unfccc. int/sites/default/files/NDC/2022-06/Updated%20NDC%20Jamaica%20-%20ICTU%20Guidance. pdf.

围的量化减排目标作为国家自主贡献（NDCs）减排目标，瑞士和新西兰还提出了碳预算目标，覆盖了所有产业部门。一些国家选择通过进一步减排涉及的产业部门、行业类型与温室气体种类等，或通过增加碳排放强度目标、可再生能源比例目标以及非二氧化碳目标等来增加组合目标的内容，中国提交的更新文件也增加了对可再生能源装机容量的量化承诺。在 2021 年底之前通报或更新的国家自主贡献（NDCs）中，新加坡、智利、新西兰和牙买加等国家采取了改变目标类型或拓展目标范围的方式。新加坡将上次提交的碳达峰目标修改为与发达国家类似的全经济范围量化限排目标，并扩大了温室气体覆盖范围，参照京都第二承诺期的 7 类温室气体标准，将三氟化氮（NF3）纳入了减缓目标。[1]南美国家智利将上次提交的目标类型，由森林和碳强度目标更改为了全经济范围量化减排目标和黑炭减排目标。

（三）多数国家增加了适应目标和措施

中国、欧盟、新西兰、智利、韩国等七十多个缔约方在各自的更新国家自主贡献（NDCs）中增加了适应气候变化的目标和政策。例如，智利原来的适应目标为两个方面，而此次更新则在原来的基础上扩展为四方面。[2]具体包括：以 2021 年为时间节点，构建长期气候适应成分战略，并确定目标、范围、目标和要素；以国家适应计划的方式强化国家适应气候行动；明确表示到 2025 年将加强地方层面的适应气候变化能力和机构建设；在国家自主贡献（NDCs）的执行阶段，将方法学中的性别问题纳入考虑范畴，并对智利本国气候脆弱性和风险的现有研究和分析进行更新和扩大。

（四）多数国家主动适用国家自主贡献（NDCs）信息导则

2018 年的卡托维兹大会达成了国家自主贡献（NDCs）实施细则，在第 4/CMA.1 号关于"与第 1/CP.21 号决定减缓一节有关的进一步指导意见"的两个附件中，分别纳入了信息和核算导则，为后续国家自主贡献（NDCs）的提交提供了参考。在信息导则中，各方在其首轮国家自主贡献（NDCs）中适用信息导则要求的意愿十分强烈。而从本次更新通报或更新的国家自主贡献

---

〔1〕 UNFCCC, "Singapore's Update of Its First Nationally Determined Contribution（NDC）and Accompanying Information", https://unfccc.int/sites/default/files/NDC/2022 - 06/Singapore% 27s% 20Update% 20of%201st% 20NDC. pdf.

〔2〕 UNFCCC, "The Chile's Nationally Determined Contribution", https://unfccc.int/sites/default/files/NDC/2022-06/Chile%27s_ NDC_ 2020_ english. pdf.

（NDCs）中可以看出，包括欧盟、巴西、墨西哥等七十多个缔约方均已参考信息导则，通报了7方面信息内容来呈现其国家自主贡献（NDCs）目标内容。

（五）部分国家提出2050年前后的减排愿景

全球气候多边进程在发达国家的引导下，各国对于力度的提高有了更高的追求和期待。主要聚焦于两个方面：一方面是各国对于目标数字抱有更高的期待；另一方面则是将目光投射到2050年的减排愿景中。已有部分缔约方在国家自主贡献（NDCs）中对于2050年前后实现碳中和作出了承诺，但关于碳中和的具体表述则存在细微差异。包括：美国、英国、新西兰、马绍尔群岛所提出的全经济范围领域内的净零排放目标（Net-Zero Emission），[1][2]欧盟及其27个成员国、巴西承诺的气候中和目标（Climate Neutrality），[3][4]安道尔和智利承诺的温室气体中和目标（GHG Neutrality），[5]瑞士、韩国和阿根廷等国提出的碳中和目标（Carbon Neutrality）。[6][7][8]日本提出了更具特色的愿景，即通过人工光合作用和其他碳捕集利用与封存（CCUS）技术，实现氢能社会等

〔1〕 UNFCCC, "Communication and Update of United States of America's Nationally Determined Contribution", https://unfccc. int/sites/default/files/NDC/2022－06/United%20States%20NDC%20April%2021%202021%20Final. pdf.

〔2〕 UNFCCC, "Communication and Update of United Kingdom of Great Britain and Northern Ireland 2030 Nationally Determined Contribution", https://unfccc. int/sites/default/files/NDC/2022－09/UK%20NDC%20ICTU%202022. pdf.

〔3〕 UNFCCC, "Communication and Update of Europe Union Nationally Determined Contribution", https://unfccc. int/sites/default/files/NDC/2022－06/EU_NDC_Submission_December%202020. pdf.

〔4〕 UNFCCC, "Communication and Update of Brazilian Nationally Determined Contribution", https://unfccc. int/sites/default/files/NDC/2022－06/Updated%20－%20First%20NDC%20－%20%20FINAL%20－%20PDF. pdf.

〔5〕 UNFCCC, "Communication and Update of Andorra's Nationally Determined Contribution", https://unfccc. int/sites/default/files/NDC/2022－06/20200514－%20Actualitzaci C3%B3%20NDC. pdf.

〔6〕 UNFCCC, "Communication and Update of Republic of Korea's Nationally Determined Contribution", https://unfccc. int/sites/default/files/NDC/2022－06/211223_The%20Republic%20of%20Korea%27s%20Enhanced%20Update%20of%20its%20First%20Nationally%20Determined%20Contribution_211227_editorial%20change. pdf.

〔7〕 UNFCCC, "Communication and Update of Switzerland's Nationally Determined Contribution", https://unfccc. int/sites/default/files/NDC/2022－06/Swiss%20NDC%202021－2030%20incl%20ICTU_December%202021. pdf.

〔8〕 UNFCCC, "Communication and Update of Argentina's Nationally Determined Contribution", https://unfccc. int/sites/default/files/NDC/2022－05/Actualizacio%CC%81n%20meta%20de%20emisiones%202030. pdf.

颠覆性创新，力争在 2050 年前实现"脱碳社会"（Decarbonized Society）。[1]

（六）报告实施进展与落实目标的政策措施

自《巴黎协定》实施后，全球气候治理的多边进程重心逐渐以落实国家自主贡献（NDCs）目标为主。在更新的国家自主贡献（NDCs）中通报更多透明、清楚的信息可以推动《巴黎协定》得到更好的履行，也呈现各个缔约方积极开展行动的意愿，并展示出在《巴黎协定》下已经取得的行动成果。在实施进展通报方面，日本在其更新的文件中报告了首轮提交后的 2017 财年和 2018 财年分别减少 8% 和 12% 的情况。[2]南美国家苏里南在此次文件提交中提供了其关于森林和可再生能源的立法进展，以及农业和交通部门的规划执行成效。在通报落实目标的政策措施中，日本、新西兰、韩国等五十多个缔约方都补充了拟采取政策措施的相关内容。例如，新西兰指出，其国家建立了碳排放预算框架，并制定了实现长期计划和政策，并在 2019 年 12 月成立了新的独立气候变化委员会，将提供专家咨询和监测服务，旨在协助历届政府实现气候长期目标。[3]

二、首轮更新国家自主贡献整体存在的问题

（一）量化数字调高与实际力度倒退之间的矛盾

在现任联合国秘书长古特雷斯、《公约》秘书处以及部分发达国家的引导和呼吁下，国际社会对力度提升的主要关注点，集中于减排数字本身的增长。但目标数字的增长本身和力度增大之间并不能完全画等号，极有可能出现有的国家的目标数字看起来涨势良好，但是实现的真正排放水平却出现倒退的情况。[4]从此次更新收集到的数据来看：东欧国家摩尔多瓦将 2030 年相对 1990 年水平的无条件减排目标从 64%~67% 提高至 70%，有条件减排目标从

---

〔1〕 UNFCCC, "Communication and Update of Japan's Nationally Determined Contribution ", https://unfccc. int/sites/default/files/NDC/2022-06/JAPAN_ FIRST%20NDC%20%28UPDATED%20SUBMISSION%29. pdf.

〔2〕 L. Hermwille et al. , "Catalyzing Mitigation Ambition under the Paris Agreement: Elements for an Effective Global Stocktake", *Climate Policy*, 2019 (8), pp. 988~1001.

〔3〕 UNFCCC, "Communication and update of New Zealand's Nationally Determined Contribution ", https://www4. unfccc. int/sites/ndcstaging/PublishedDocuments/New%20Zealand%20First/NEW%20ZEALAND%20NDC%20update%2022%2004%202020. pdf.

〔4〕 W. Pieter & R. Klein, "Beyond Dmbition: Increasing the Transparency, Coherence and Implement-ability of Nationally Determined Contributions", *Climate Policy*, 2020 (4), pp. 405~414.

78%提高88%。[1]但实际上，摩尔多瓦通过调高1990年基准年的排放数据，即将含土地利用和土地利用变化（LULUCF）温室气体排放总量从3750万吨调高至4340万吨的方式将基准年排放水平调高，使得更新后2030年减排70%的排放量与更新前减排67%的排放量相比，实现目标后的排放水平反而更高，减排力度不但没有提升，反而有所倒退。[2]

（二）目标类型更换后力度难以比较

缔约方在更新的国家自主贡献（NDCs）中一旦将目标类型进行更换，就会出现外界无法对前后两次的目标进行相应比较的现实难题。以智利为例，智利开始声称的目标类型是碳排放强度下降目标和森林目标，本次将其改为绝对量化的限排目标和黑炭减排目标。[3]由于其更换了目标类型，因此导致外界无法对其进行比较。智利曾承诺以2007年作为比较年份，称到2030年将其单位GDP二氧化碳排放量减少到2007年水平的30%，在获得国际资金支持的情况下，将其单位GDP二氧化碳排放量减少到2007年水平的35%至45%。但由于未提供2007年可以计算的数据，因此也无法计算出2030年的绝对排放量。由此可见，缔约方一旦更换目标类型，便会为后续更新的国家自主贡献（NDCs）计算比较带来较大困难，无法督促和监督各国是否真正完成了减排目标。

（三）聚焦远期目标忽视近期目标的实现

在2019年的联合国气候行动峰会上，联合国秘书长古特雷斯呼吁各缔约方提高国家自主贡献（NDCs）目标力度并制定2050年碳中和战略。此后，越来越多的国家逐渐忽视眼前的目标，而将目光集中于2050年的远期目标。但是，聚焦落实问题始终是气候多边进程中的重点，各方都不应回避盘点既有承诺的实施进展。2023年作为盘点2020年前气候行动的关键一年，其意义不仅是回顾以往承诺的履行情况，更是各国实施国家自主贡献（NDCs）和实现2025年或2030年气候目标的重要时间节点。[4]部分国家以积极的意愿和

〔1〕 UNFCCC, "The Republic of Moldova's Nationally Determined Contribution", https://unfccc. int/ sites/default/files/NDC/2022-06/MD_ Updated_ NDC_ final_ version_ EN. pdf.

〔2〕 C. Voigt & X. Gao, "Accountability in the Paris Agreement: the Interplay Between Transparency and Compliance", *Nordic Environmental Law Journal*, 2020 (1), pp. 31~57.

〔3〕 M. Winning et al., "Nationally Determined Contributions under the Paris Agreement and the Costs of Delayed Action", *Climate Policy*, 2019 (8), pp. 947~958.

〔4〕 F. Röser et al., "Ambition in the Making: Analyzing the Preparation and Implementation Process of the Nationally Determined Contributions under the Paris Agreement", *Climate Policy*, 2020 (4), pp. 415~429.

雄心提出了"2050 年实现碳中和"的战略，但是其近期目标的实现效果却不理想。瑞士 2018 年仅完成了 2020 年目标的 65.3%，并且其在 2019 年提供的第四次双年报中预测 2030 年目标"无法完成"，[1] 在此次更新国家自主贡献（NDCs）时，瑞士没有提高其 2030 年的国家自主贡献（NDCs）目标，但却表示将制定 2050 年碳中和战略。忽视当下目标仅仅展望未来，是无法有效实现《巴黎协定》总体目标的。况且，大厦并不是一日建成，没有地基的高楼大厦只能是空中楼阁。试想没有眼前的目标完成作为基础，2050 年的目标只能是更加遥不可及。因而，当务之急是回归当下，务实聚焦眼下，持续有效地为《巴黎协定》实施奠定基础。

（四）发展中国家国家自主贡献（NDCs）资金需求难以平衡

对于发展中国家来说，开展气候行动的基本前提是获得充足的资金、技术和能力建设支持，否则便只能是纸上谈兵，因此这是很多国家制定"有条件"国家自主贡献（NDCs）的重要原因。诸多发展中国家不仅要应对气候变化，国家内部本身还或多或少地存在着经济建设、粮食安全、教育普及等多项国内发展优先事项，因而国内财政很难保证在资金技术上的充足支持。此外，必须客观承认发达国家和发展中国家在国家建设、经济发展上存在的现实差距，需要获得与行动相匹配的支持与援助，以确保其国家自主贡献（NDCs）目标的实施。各国在 2015 年提交的数据显示，约 80% 是有条件的国家自主贡献（NDCs），无条件的国家自主贡献（NDCs）以发达国家为主。各国提出资金需求的数量级从百万美元到万亿美元不等，体现出了发展中国家开展气候行动对于资金、技术转移和能力建设支持的迫切需求。[2] 有相当一部分发展中国家在气候变化方面所面临的资金缺口较大，然而发达国家可以给出的资助有限，仅以目前发达国家"提供 1000 亿美元"承诺的履行情况来看，发展中国家获得的支持不足，其国家自主贡献（NDCs）缺乏有效实施的资金保障。

---

〔1〕 UNFCCC，"Switzerland. Biennial report（BR）"，https：//unfccc. int/sites/default/files/resource/CHE_ BR4_ 2020. pdf.

〔2〕 W. P. Pauw et al.，"Conditional Nationally Determined Contributions in the Paris Agreement：Foothold for Equity or Achilles Heel?"，*Climate Policy*，2020（4），pp. 468~484.

表 3-4 代表性发展中国家 NDCs 所需资金数据统计比较

国家	所需资金（单位：美元）
南非〔1〕	8000 亿
印度〔2〕	2.5 万亿
巴基斯坦〔3〕	1450 亿
赞比亚〔4〕	500 亿
肯尼亚〔5〕	400 亿
埃塞俄比亚〔6〕	1500 亿
摩洛哥〔7〕	1275 亿
津巴布韦〔8〕	980 亿
坦桑尼亚〔9〕	748 亿

---

〔1〕 UNFCCC, "Communication and Update of South Africa's Nationally Determined Contribution", https://unfccc. int/sites/default/files/NDC/2022 - 06/South%20Africa%20updated%20first%20NDC%20September%202021. pdf.

〔2〕 UNFCCC, "Communication and Update of India's Nationally Determined Contribution", https://unfccc. int/sites/default/files/NDC/2022 - 08/India%20Updated%20First%20 Nationally%20Determined%20Contrib. pdf.

〔3〕 UNFCCC, "Communication and Update of Pakistan's Nationally Determined Contribution", https://unfccc. int/sites/default/files/NDC/2022-06/Pakistan%20Updated%20NDC%202021. pdf.

〔4〕 UNFCCC, "Communication and Update of Zambia's Nationally Determined Contribution", https://unfccc. int/sites/default/files/NDC/2022-06/Final%20Zambia_Revised%20and%20Updated_NDC_2021_ . pdf.

〔5〕 UNFCCC, "Communication and Update of Kenya's Nationally Determined Contribution", https://unfccc. int/sites/default/files/NDC/2022-06/Kenya%27s%20First%20%20NDC%20%28updated%20version%29. pdf.

〔6〕 UNFCCC, "Communication and Update of Ethiopia's Nationally Determined Contribution", https://unfccc. int/sites/default/files/NDC/2022-06/Ethiopia%27s%20updated%20NDC%20JULY%202021%20Submission. pdf.

〔7〕 UNFCCC, "Communication and Update of Moroccan Nationally Determined Contribution", https://unfccc. int/sites/default/files/NDC/2022-06/Moroccan%20updated%20NDC%202021%20_Fr. pdf.

〔8〕 UNFCCC, "Communication and Update of United Republic of Tanzania's Nationally Determined Contribution", https://unfccc. int/sites/default/files/NDC/2022 - 06/TANZANIA_NDC_ SUBMISSION_30%20JULY%202021. pdf.

〔9〕 UNFCCC, "Communication and Update of Zimbabwe's Nationally Determined Contribution", https://unfccc. int/sites/default/files/NDC/2022 - 06/Zimbabwe%20Revised%20Nationally%20Determined%20Contribution%202021%20Final. pdfhttps://unfccc. int/sites/default/files/NDC/2022-06/TANZANIA_NDC_ SUBMISSION_30%20JULY%202021. pdf.

续表

国家	所需资金（单位：美元）
孟加拉国[1]	670 亿

资料来源：根据典型国家提交的国家自主贡献报告整理分析。

小　结

国家自主贡献（NDCs）是《巴黎协定》的核心制度，其产生有着深刻的历史背景。随着京都履约机制的失灵，在"巴厘路线图"双轨机制的推进下，发展中国家逐渐被纳入与发达国家相同的履约轨道，即发达国家在京都模式下强制减排，发展中国家在国家适当减缓行动框架下自愿参与减排。国家自主贡献模式最大限度地弥合了两类国家关于减缓气候变化义务的分歧，打开了2020年之后国际气候治理的新局面。在《巴黎协定》的法律条文中，关于减缓问题的第4条19个条款系统规定了国家自主贡献的运行模式，并与第13条透明度、第14条全球盘点和第15条便利履行与促进遵守制度相互协同，共同保障《巴黎协定》目标的实现。围绕《巴黎协定》第4条自身实施，卡托维茨大会出台的国家自主贡献特征、信息与核算导则进一步明确了实施问题的解决，并指导各国更好地履行国家自主贡献义务。本章通过国家自主贡献机制的历史发展、条款结构、实施进展、存在问题几个角度进行了针对性研究，重点包括对已经提交的国家自主贡献更新报告的研究，对其所展现出的特征进行了分析与总结，以及《巴黎协定》及其实施细则对国家自主贡献的安排和要求，国家自主贡献通报或更新的情况进展，分析在更新的国家自主贡献中所展现出来的问题，为后面章节针对性提出《巴黎协定》国家自主贡献（NDCs）的遵约评估与国家义务履行建议奠定了基础。

---

　　[1]　UNFCCC, "Communication and Update of Bangladesh's Nationally Determined Contribution", https://unfccc. int/sites/default/files/NDC/2022-06/NDC_submission_20210826revised. pdf.

第四章

《巴黎协定》国家自主贡献遵约及其相关制度分析

第一节 《巴黎协定》遵约制度现状及其问题

遵约是指缔约方所实施的行为要与缔约方之间签订的协议当中涉及的条款保持一致，即缔约方之间实施的行为不能超过缔约时双方之间的约定范围与权限。[1]由于各个缔约方之间存在经济社会发展差异，如何协调各缔约方之间对于条约的遵守，构建一个良好的国际遵约环境，是遵约制度存在的必要性。因此，国际气候法背景下的遵约制度可以被概括为，缔结国际环境条约的各个缔约方之间，在签订条约时遵循其规定的条款，辅之以相应的程序来强化缔约国之间的履约能力，以及后续可能出现的不遵约情况处置规范体系。

一、国际应对气候变化条约遵约制度的特征表现

国际气候法背景下的遵约制度体现了四个基本特征：其一，遵约制度表现形式的碎片化特征。其主要以国家的核心利益为导向，机制本身并没有呈现出专门的系统性理论。[2]其二，遵约功能发挥的预测性特征。风险预防原则作为国际环境法的基本原则，也是国际环境法遵约制度遵循的目标之一。为了维持国际社会的稳定运行，当各缔约方之间出现不遵约的情况时，遵约制度会发挥矫正作用。因此，在制定遵约制度的时候，要预设各个缔约方之间可能出现的违反条约规定的情况。其三，遵约具有与国际环境条约制度紧密相连的整体性特征。从各个国际条约来看，遵约在制定专门的监督程序的

---

〔1〕 王晓丽：《国际环境条约遵约机制研究》，中国政法大学 2007 年博士学位论文，第 14 页。
〔2〕 宋冬：《论〈巴黎协定〉遵约机制的构建》，外交学院 2018 年博士学位论文，第 29~31 页。

基础上，更加强调通过条约本身的机制紧密相连进行强化监督。在《京都议定书》中，遵约制度主要涉及灵活履约机制的问题，该议定书本身对机制的运作进行了明确的界定。[1]《巴黎协定》除了第15条规定了遵约相关制度之外，第13条透明度制度也对遵约起到了一定的促进作用，从而达成《巴黎协定》国家自主贡献（NDCs）非强制减排方式与遵约"软约束"理念的集成。其四，尊重主权国家的意志。从遵约的特点来看，尽管在不同的国际气候法中严格程度有所不同，但是整体上都是以尊重主权国家的自主意志为根本性原则的。从本质上讲，遵约本身就是主权国家的妥协和让步，因此条款内容是以满足主权国家的自主意愿为根本出发点的，这样不仅可以有效促进条约的实施，对缔约方的内在履约动力也会有显著提升。

二、《巴黎协定》便利履行与促进遵守机制的形成与发展

（一）《巴黎协定》第15条的功能定位

在多边环境条约缔结之后，如何保障缔约方切实履行与遵守条约的规定，是国际环境法能够真正发挥效能的关键。作为2020年之后正式付诸实施的国际气候条约，《巴黎协定》在如何保障缔约方遵约的问题上设立了一个由专家委员会组成的遵约运行模式，并以便利履行与促进遵守（Facilitate Implementation and Promote Compliance）作为遵约委员会的名称。《巴黎协定》第15条明确规定了该委员会应以透明性、促进性、非对抗性与非惩戒的方式运作，虽然遵约制度适用于包括发展中国家在内的所有缔约方，但条约特别明确该委员会要负责"特别注意缔约方各自的国家能力和情况"。该遵约制度应在促进缔约国履行《巴黎协定》义务方面发挥关键作用，促进有效遵约并通过积极处理问题和能力限制，促进各方之间开展更大合作和增进信任。鉴于《巴黎协定》"自下而上"由缔约方自主提交国家自主贡献（NDCs）并自主履行承诺的运行模式，设置用于保障遵约的委员会评估机制，通过让其参与并用更有重点和更持久的方式处理遵约问题，可以起到补充《巴黎协定》第13条规定的行动和支助措施透明度框架的作用，并为探讨若干缔约方所面临的贯穿各领域的系统性履行问题提供机会，将其纳入《巴黎协定》第14条之下的全球盘点，从而检验《巴黎协定》的整体实施效果，即各国提交的努力情况

---

〔1〕 宋冬：《论〈巴黎协定〉遵约机制的构建》，外交学院2018年博士学位论文，第31~32页。

是否有助于《巴黎协定》温控目标的实现。

（二）关于《巴黎协定》第 15 条的争议焦点

便利履行与促进遵守全文体现在《巴黎协定》第 15 条中。在该条被制定颁布之前，2011 年德班世界气候大会上缔约国会议已就该条内容进行了专门讨论，并且为使该机制能够有效运作，《巴黎协定》特设工作组（APA）就运作的模式和程序方面先后出台了 4 份案文草案，但直到实施细则达成，《巴黎协定》特设工作组（APA）、缔约国、各国学者仍然对该机制的运作模式和程序存在许多争议。其中，争议最激烈的是如何界定便利履行与促进遵守机制的法律属性。该争议主要由三个具体问题组成，即便利履行职能和促进遵守职能的差别，委员会在便利履行与促进遵守机制中的自身定位，便利履行与促进遵守机制对缔约国的效力。

第一，就便利履行职能和促进遵守职能的差别而言，争议的焦点在于如何解释"便利履行与促进遵守"的文本含义，便利履行与促进遵守是应当分离作出解释，还是应当合并进行表达。围绕"分离"解释来说，是指机构的分离还是功能的分离？即使是支持功能分离的论述，也仍存在对功能分离两种不同的理解：一种理解认为功能分离是指法律义务性承诺与非义务性承诺的分离；另一种则认为是发达国家遵守协定与发展中国家便利履行的分离。[1] 而围绕"合并"表达来说，便利履行和遵守履行的功能和效果是否没有任何区别，这个问题也是不能明确的。

第二，就委员会在便利履行与促进遵守机制中的自身定位来说，最主要的争议集于委员会与缔约国之间的关系上，委员会作为处理缔约国遵守和履行问题的机构，其是否有独立的判断资格，其所作出的决定有多大程度受到缔约国意见的影响。此外，委员会在该机制中是作为"政治协商机构"存在，还是作为"争端解决机构"存在，在该机制运作过程中如发生政治博弈和规则制度之间的冲突，委员会将如何平衡，这些问题仍然是争议的焦点。

第三，就便利履行与促进遵守机制对缔约国的法律效力而言，该机制是否应当具有约束缔约国的法律效力，效力的程度如何也是争议的主要焦点。有学者认为，《巴黎协定》以牺牲条约履行效果为代价，让多数缔约国接受协

---

〔1〕　Meinhard Doelle，"Compliance in Transition：Facilitative Compliance Finding its Place in the Paris Climate Regime？"，*Carbon&Climate Law Review*，2018，p. 231.

定中内容，因此有必要加强便利履行与促进遵守机制的"强义务性规范"，即增强该机制对缔约国的法律效力，以实现协定所设定的目标。[1]与此持相反观点的学者认为，促进遵守和便利履行机制应当是作为协助缔约国遵约和履行的平台，若对缔约国施加强制性实体义务，将会使该机制成为具有强制力的争端解决机构。还有学者认为，对缔约国施加强制性义务可以限定在与程序有关的事宜上，在实体规则上则并不对缔约国施加强制性义务。[2]

以上三个问题的解决直接关系到便利履行与促进遵守机制法律属性的界定，而法律属性的界定则直接关系到机制的构建，以及《巴黎协定》能否得到缔约方的积极遵守和履行。在全球气候变化问题的治理上，便利履行与促进遵守机制能否解开治理全球化、治理效率及国家主权三者构成的"不可能的三角"？[3]本书在后文中拟对上述问题予以解决。

（三）《巴黎协定》第15条的谈判历程

便利履行与促进遵守机制作为《巴黎协定》第15条的主要内容，在制定过程中，各缔约方对于是否应将其纳入《巴黎协定》以及如何理解这一制度存在明显的分歧。在2011年的德班世界气候大会上，缔约方会议围绕"一项议定书或法律文书讨论的范围"进行了授权，遵约问题并未在授权范围内。遵约问题被纳入讨论进程是在2013年华沙气候大会。该会议通过了决定第一部分"关于进一步推进德班平台建设"的文件，文件要求德班加强行动平台特设工作组（ADP）除了讨论授权范围内的事项，还应当讨论"除此以外的其他有关事项"。基于此项要求，有缔约国提出讨论条约促进遵守和履约机制的必要性，但有许多缔约国持反对意见，因此对遵约问题的讨论未被正式纳入联合国气候变化大会讨论。2014年秘鲁利马气候大会通过的1/CP.20号决定附件L正式将遵约问题纳入了缔约国会议讨论进程，并将该遵约议题命名为"便利履行与促进遵守机制"。附件L对该机制给出了四种可能的构架：①由缔约国自行决定便利履行与促进遵守机制的程序和方式；②建立一个委员

---

〔1〕 Peter Lawrence & Daryl Wong, "Soft Law in the Paris Climate Agreement: Strength or Weakness?", *Review of European Comparative & International*, 2017, p. 277.

〔2〕 Sandrine Malijean-Dubois, "Thomas Spencer; Matthieu Wemaere, The Legal Form of the Paris", CCLR. 2014, p. 70.

〔3〕 朱松丽：《从巴黎到卡托维兹：全球气候治理中的统一和分裂》，载《气候变化研究进展》2019年第2期，第5页。

会，或履行委员会，或便利履行与促进遵守的组织；③便利履行与促进遵守问题在《公约》第 13 条下的多边协商程序中加以解决；④不必建立促进遵约和便利履行机制。[1] 由于附件 L 所给出的四种不同的构架表现出了明显的差异，对于便利履行与促进遵守机制的基本构架，缔约国之间对此各自持有不同的意见。

缔约国对遵约问题的不同意见持续到了 2015 年的日内瓦气候会谈，《日内瓦协商案文》对遵约制度也列举了三种不同的选项：①构建一个不区分遵守及履行的组织，包括成立"国际环境法庭"的可能性；②构建一个区分遵守及履行的组织，具体为发达国家适用强制性的遵守机制，发展中国家适用一个自愿、便利的平台供发展中国家增强缓解、适应能力及透明度；③一个统一的委员会，下设不同的分局，两个分局分别负责发达国家承诺的实施和发展中国家承诺的实施。[2] 2015 年 7 月，德班加强行动平台特设工作组（ADP）发布的《第二届会议第十部分的情况说明》K 部分对遵约问题作出了详尽的归纳，并对《日内瓦协商案文》关于遵约问题的内容作出了细化，在每一项选择中添加了子选项。[3] 在之后的 2021 年 12 月巴黎气候大会上，经过德班加强行动平台特设工作组（ADP）的协调和多次非正式部长级会议的磋商，各缔约国最终一致同意将便利履行与促进遵守机制纳入《巴黎协定》。但《巴黎协定》中的便利履行与促进遵守机制仅是一个概括性的规定，大量争议被悬置，关于该机制的具体模式和程序由《巴黎协定》特设工作组（APA）继续进行研究和讨论。

三、便利履行与促进遵守案文草案对有关争议的回应

尽管《巴黎协定》第 15 条建立了便利履行与促进遵守机制，但该机制的模式和程序仍然需要进一步的补充和说明。对此，德班加强行动平台（ADP）

---

[1] UNFCCC, "Decision 1/CP. 20, Lima Call for Climate Action（UN Doc. FCCC/CP/2014/10/ADD. 1, 2February 2015）, at paragraph 88", https://documents-dds-ny. un. org/doc/UNDOC/GEN/G15/018/21/PDF/G1501821. pdf.

[2] UNFCCC, "Geneva Negotiating Text, at paragraph 88", https://unfccc. int/files/bodies/awg/application/pdf/negotiating_ text_ 12022014@ 2200. pdf.

[3] UNFCCC, "Scenario Note on the Tenth Part of the Second Session of the Ad Hoc Working Group on the Durban Platform for Enhanced Action. Note by the Co-Chairs, at Paragraph 97", https://unfccc. int/sites/default/files/resource/docs/2015/adp2/eng/4infont. pdf.

第1/CP. 21号决定规定"由特设工作组制定促进遵守和便利履行机制的模式和程序，以促进《巴黎协定》第15条第2款所述委员会的有效运作"。[1] 2016年到2017年，特设工作组围绕便利履行与促进遵守机制的模式和程序，向各缔约国征求意见后，于2017年11月到2018年12月间，先后通过了《在APA1.4议程项目7之下编写题为"〈巴黎协定〉第15条第2款所述便利履行与促进遵守委员会有效运作的模式和程序"的案文草案》（以下简称《APA1.4案文草案》）《在APA1.5议程项目7之下编写题为"〈巴黎协定〉第15条所述便利履行与促进遵守委员会有效运作的模式和程序"的案文草案》（以下简称《APA1.5案文草案》）《在APA1.6议程项目7之下修正的附加工具题为"〈巴黎协定〉第15条第2款所述便利履行与促进遵守委员会有效运作的模式和程序"的案文草案》（以下简称《APA1.6案文草案》）以及《在APA1.7议程项目7之下编写题为"〈巴黎协定〉第15条第2款所述便利履行与促进遵守委员会有效运作模式和程序"的案文草案》（以下简称《APA1.7案文草案》）。上述4份文件对《巴黎协定》便利履行与促进遵守机制的基本模式、程序和规则做了较为详细和全面的探讨和修改，也分别对便利履行与促进遵守机制法律属性做了界定，以表明当前《巴黎协定》特设工作组（APA）对三项争议的基本态度。

（一）案文草案对便利履行与促进遵守之间差别的讨论

4份案文草案并未对促进遵守与便利履行之间是否需要区别进行规定，但特设工作组有意区分了缔约国自行启动程序和委员会针对有关缔约国启动程序两种类型，并对两种程序的规则设置作出了区分，但对于这两种程序是否意味着委员会具有两项不同性质和职能，案文草案并未给出明确的表示。缔约国自行启动程序，是指有关缔约国针对本国事务自行提起。对于有关缔约国提交的关于其遵守或履行《巴黎协定》有关问题的书面意见，委员会应当对缔约国提交的材料进行初步审查，在核实缔约国递交的材料是否包含充足的资料证明缔约国的相关意见后，结合实际情况决定是否针对该缔约国的有关事项发起便利履行与促进遵守程序。委员会针对有关缔约国启动程序，是指委员会在缔约国不履行或不遵守行为时主动提起。关于该程序有两种不同

---

[1] UNFCCC, Adoption Of the Paris Agreement（UN Doc. FCCC/CP/2015/L. 9/Rev. 1, at paragraph 104, https://documents-dds-ny. un. org/doc/UNDOC/LTD/G15/283/19/PDF/G1528319. pdf.

的意见：第一种意见认为，委员会自行启动的条件是满足缔约国违反《巴黎协定》"强制性条款"，在规则制定中不对"强制性条款"进行具体的列举；第二种意见认为，委员会启动条件需要在规则制定中加以明确并具体到《巴黎协定》中的特定条款。

第二种意见具体到条款中表现为：①违反《巴黎协定》第4条，缔约国未提供国家自主贡献信息；②违反《巴黎协定》第6款，缔约国未提供相应强制性规定要求提供的信息；③违反《巴黎协定》第9条第5款，缔约国未履行发达国家定量定质信息通报义务；④缔约国未根据秘书处提供的信息参与促进进展的多边审议；⑤违反《巴黎协定》第9条第7款，缔约国未履行发达国家向发展中国家提供支助每2年提供一次信息的义务；⑥违反《巴黎协定》第13条第7款至第9款，缔约国未提供温室气体源人为排放量的国家清单报告以及未提供发达国家向发展中国家提供资金、技术转让和能力建设支助情况的信息；⑦违反《巴黎协定》第13条第7款至9款，缔约国提供的信息产生重大且（或）长期不一致。只有满足以上条件，委员会才有权向有关缔约国发起便利履行与促进遵守程序。

从上述关于两种启动方式的介绍可以看出，尽管特设工作组未直接区分便利履行与促进遵守机制的"便利履行"与"促进遵守"职能，但缔约国自行启动程序和委员会针对有关缔约国启动程序在启动程序的标准上存在显著差异，所以可以肯定的是，《巴黎协定》特设工作组（APA）认为，便利履行与促进遵守机制具有两套标准不同的程序。

（二）案文草案对便利履行与促进遵守机制自身定位的讨论

从委员会在案文草案中对基本原则和一般程序两个方面的规定可以看出，《巴黎协定》特设工作组（APA）将便利履行与促进遵守机制自身定位为不具强制执行力的政治协商机构，即以"自下而上"方式为缔约国相关争议提供协商平台。

第一，在便利履行与促进遵守机制基本原则方面，根据案文草案的以下表述"委员会应当是以专家为主构成，并且是便利性、透明的、非敌对、非惩罚性，委员会应当特别关注缔约国的国家能力和情况"；"委员会应当努力避免冲突，委员会既不作为强制执行的争端解决机构，也不作出惩罚性、禁止性措施，委员会应当尊重各国的国家主权"可以知道，《巴黎协定》特设工作组（APA）确定了便利履行与促进遵守机制友好协商的政治机构，而非强制执行的争端解决机构。

第二，在便利履行与促进遵守机制的一般程序方面，分析 4 份案文草案。《APA1.4 案文草案》为便利履行与促进遵守机制的一般流程提供了思考方向：机制流程、缔约国的同意、缔约国的参与、缔约国的国家能力和情况、委员会可以提供灵活性处理的领域和种类。其中，机制流程可以思考的方向有，确定受理的程序、要求有关缔约方提交书面报告的可能、从相关途径获取信息等。[1]《APA1.6 案文草案》在《APA1.5 案文草案》的基础上围绕一般流程给出了各种不同的选项，其中最重要的两项程序分别为启动与初步审查（Initiation and preliminary examination），以及有关缔约国的参与（Participation of the Party concerned）。[2]围绕缔约国参与问题，《APA1.7 案文草案》确定了 5 条规则：①缔约方有参与委员会讨论的权利，但委员会作出决定的会议，缔约方无权在场；②如果缔约方提交了参与协商的书面申请，委员会应当组织与缔约国协商；③在审查过程中，缔约方可以邀请其他主体或组织代表参与会议；④委员会应当把事实发现草案、建议草案、措施草案的复印件交给缔约方，并在最终事实、措施、建议中考虑缔约方的意见；⑤程序中委员会对发展中国家的各项时间可以做灵活处理，以满足《巴黎协定》第 15 条对国家能力的考虑。[3]

总体来说，围绕便利履行与促进遵守机制自身定位的问题，《巴黎协定》特设工作组（APA）仅将友好协商机构的定位纳入了考虑范围，对争端解决机构的意义和作用并未做进一步的考虑和讨论。

（三）案文草案对便利履行与促进遵守机制对缔约国法律效力的讨论

案文草案对便利履行与促进遵守机制就缔约国法律效力的规定主要集中于委员会可以采取措施类型这一内容上。具体如下：其一，关于措施与机制

---

〔1〕 UNFCCC, "Draft Elements for APA1, 4 Agenda item 7 Modalities and Procedures for the Effective Operation of the Committee to Facilitate Implementation and Promote Compliance Referred to in Article 15. 2 of the Paris Agreement", https://unfccc. int/files/na/application_ 7_ information_ final_ version. pdf.

〔2〕 UNFCCC, "Revised Additional Tool Under Item 7 of AP1. 6 Agenda Modalities and Procedures for the Effective Operation of the Committee to Facilitate Implementation and Promote Compliance Referred to in Article 15, Paragraph 2, of the Paris Agreement", https://unfccc. int/sites/default/resource/Final%20iteration_ APAitem7Tool_ 2018. 09. 08. pdf.

〔3〕 UNFCCC, "Draft Text on APA1. 7 Agenda Item 7 Modalities and Procedures for the Effective Operation of the Committee to Facilitate Implementation and Promote Compliance Referred to in Article 15, Paragraph 2, of the Paris Agreement", https://unfccc. int/sites/default/files/resource/APA1-7. DT_ . i7v3. pdf.

功能之间的关系，《APA1.7 案文草案》并未根据机制功能区分相对应的措施。其二，关于采取措施前需要考虑的因素，《APA1.7 案文草案》列举了《巴黎协定》相关条款的法律属性、有关缔约方的意见、国家能力和情况、小岛屿发展中国家（SIDS）与最不发达国家（LDCs）的特殊情况、不可抗力（有争议）五项因素。其三，关于缔约方可以主动采取的行动，《APA1.7 案文草案》规定"缔约方可向委员会提供关于特定能力限制、所需或所获得支持的充分性的资料、供委员会在确定适当措施、调查结果或建议时审查""鼓励缔约方在行动计划的执行中向委员会提供相关信息"。其四，关于委员会可以采取措施的类型，《APA1.7 案文草案》共规定了五种措施类型分别是：①与缔约方就确定面临的调整、分享援助信息等方面进行沟通。②促进和安排缔约方与《巴黎协定》框架下具有资金、技术、能力建设的主体或组织之间的对话。③向缔约方提出建议。④发起行动计划，经缔约方申请，委员会将与缔约国一起实施行动计划。⑤当缔约方提供的信息重大且长期不一致时，作为最后措施，委员会可以采取如下行动。（a）向缔约方发送关切声明；（b）向缔约方会议进行报告；（c）发布特定缔约方不遵守或不履行《巴黎协定》相关的事实。[1]从以上措施的规定中可以看出，委员会并未对缔约方施加明显的强制力，该机制仍是以缔约方自觉履行为基础，而委员会法律效力的弱化在一定程度上可能会影响缔约方自觉履行《巴黎协定》，乃至影响《巴黎协定》整体目标的实现。

综上所述，从便利履行与促进遵守机制构建以及 4 份案文草案的规定中可以看出，该机制的法律性质是具有争议的。案文草案规定的促进遵守职能与便利履行职能的合一、委员会"政治协商机构"的自身定位、委员会法律效率的弱化等性质，引发了《巴黎协定》特设工作组（APA）、缔约国、国际智库学者的激烈讨论。委员会对便利履行与促进遵守机制法律性质的确定所具有的相对保守的态度是否有其意义，案文草案规定的便利履行与促进遵守机制的法律性质能否做出部分修改，如何实现缔约国自愿履行与委员会推动缔约方履行的平衡，对上述这些问题的研究，有助于厘清《巴黎协定》第 15

---

〔1〕 The Kingdom of Saudi Arabia on Behalf of The Arab Group. Submission by The Kingdom of Saudi Arabia on Behalf of The Arab Group to the Ad Hoc Working Group on the Paris Agreement（APA）on Agenda item 7：Modalities and Procedures for the Effective Operation of the Committee to Facilitate Implementation and Promote Compliance Referred to in Article 15, Paragraph 2, of the Paris Agreement. , 2017.

条便利履行与促进遵守机制的法律性质。

四、《巴黎协定》便利履行与促进遵守机制的实施细则

（一）《巴黎协定》第 15 条实施细则的主要内容

2018 年卡托维茨气候大会，对《巴黎协定》的各个主要制度的实施细则进行了明确，其中就包括了《巴黎协定》第 15 条的实施细则问题。从 2018 年波兰卡托维茨气候大会，历经 2019 年的西班牙马德里气候大会，并最终在 2021 年召开的英国格拉斯哥气候大会完成了巴黎规则手册的最后拼图，对《巴黎协定》主要制度的实施问题进行了完善。在卡托维茨气候大会之后，形成了《巴黎协定》缔约方会议第 20/CMA.1 号决定，形成了对委员会运作的模式与程序的指导意见，即《〈巴黎协定〉第 15 条第 2 款所述便利履行与促进遵守委员会有效运作的模式和程序》，[1]对委员会的整体运作进行了制度安排，包括了委员会成立的宗旨目标、运作的原则、委员会的性质、委员会的职能、程序适用范围、程序的启动和进程、裁判与措施、审议系统性问题等。2021 年 11 月格拉斯哥气候大会决定进一步明确了《巴黎协定》第 15 条实施细则的补充性内容，在《巴黎协定》缔约方会议第三次会议上达成了《〈巴黎协定〉第 15 条第 2 款便利履行于促进遵守委员会议事规则》。[2]

在委员会组成、性质、职能与范围方面，巴黎气候大会第 1/CP21 号决定确定，委员会应由在相关科学、技术、社会经济或法律领域具有公认能力的 12 名成员组成，由《巴黎协定》缔约方会议（CMA）选举产生。在公平地域分配的基础上达成协议，同时考虑到性别平衡的目标，联合国 5 个区域集团各派 2 名成员，小岛屿国家（SIDS）和最不发达国家（LDCs）各派 1 名成员。《巴黎协定》特设工作组（APA）的任务是为委员会的有效运作拟定方式和程序。在 2018 年达成的委员会模式和程序文件中，第 1 段回应了《巴黎协定》第 15 条第 2 款的指引，强调虽然便利履行与促进遵守委员会继承了之前

---

〔1〕 CMA.1, Decision 20/CMA.1: Modalities and Procedures for the Effective Operation of the Committee to Facilitate Implementation and Promote Compliance Referred to in Article 15, Paragraph 2, of the Paris Agreement, https://newsroom.unfccc.int/sites/default/files/resource/CMA2018_ 03a02E.pdf.

〔2〕 CMA.3, Rules of Procedure of the Committee to Facilitate Implementation and Promote Compliance Referred to in Article 15, Paragraph 2, of the Paris Agreement, https://newsroom.unfccc.int/sites/default/files/resource/cma2021_ L01E.pdf.

京都机制下的遵约委员会模式,但是委员会应以技术性专家为主,且工作开展必须基于促进性功能,在行使职能时要保障机制的透明性、非对抗性与非惩戒性,不得将其转换为执法和争端解决措施,也不能实施对特定缔约方的处罚或制裁,应尊重缔约方的国家主权。文件第 3 段还将委员会的审议对象界定为包括发展中国家和发达国家所有类型缔约方提交相关信息的完成情况与可信度。

在委员会介入遵约程序的启动与进程方面,文件第 3 段提出了便利履行与促进遵守机制启动的适用范围。第一种情况是根据《巴黎协定》第 4 条第12 款所述公共登记册的最新状态,缔约方未能通报或未持续通报其国家自主贡献(NDCs)信息;第二种情况是缔约方未能提交《巴黎协定》第 13 条第 7款与第 9 款或第 9 条第 7 款规定的强制性透明度报告或适应信息通报;第三种情况是根据《公约》秘书处提供的信息,缔约方未能参与强化透明度框架下要求的有关进展情况的促进性多边审议;第四种情况是缔约方未能提交《巴黎协定》第 9 条第 5 款规定的关于资金问题的强制性信息通报。该文件对委员会遵约程序进程作出了特别明确的要求,委员会不得改变《巴黎协定》的法律性质,并努力在进程的所有阶段(包括程序启动、调查、评估、裁断等过程中)与有关缔约方保持建设性接触和磋商。而且,委员会在进行相关审议时,不得讨论实体性内容。所涉及缔约方可参与委员会的讨论,但不能参加由委员会负责拟定和通过决定的讨论。在有关缔约方提出书面请求的情况下,委员会可以与其进行协商,并酌情邀请相关机构代表参加。

在产出结果与措施方面,文件第 3 段明确要求委员会向有关涉及未遵守问题的缔约方发送裁判结果、后续措施与建议草案的副本,并在作出最后决定时积极考虑到缔约方的意见。针对发展中国家缔约方,委员会还应根据请求在资金允许的情况下向其提供援助。文件第 4 段则针对委员会可以采取的措施进行了限定。其一,委员会应与有关缔约方进行对话,帮助缔约方确定所面临的遵约问题、提出建议并分享信息;其二,协助有关缔约方与《巴黎协定》其他机制下的资金、技术与能力建设机构进行接触;其二,围绕缔约方所面临的潜在挑战和解决办法向该缔约方提出建议,并经其同意后酌情在缔约方会议进行通报;其四,由委员会建议缔约方制定一项行动计划,并应请求协助其完成行动计划制定;其五,发布与履行和遵守《巴黎协定》义务有关的事实性结论。

(二) 对于《巴黎协定》第 15 条实施细则的评价

第一，从《巴黎协定》第 15 条实施细则的规范性条款上来看，其完全侧重于促进遵守，而淡化了对于非遵守情况的处理。《巴黎协定》第 15 条揭示了委员会的工作性质应当基于促进性、透明度、非对抗性和非惩罚性。2018年至 2021 年历经多年谈判形成的巴黎规则手册关于遵约机制的实施问题，只是强调了委员会作为便利履行与促进遵守的实施主体，不得演变为条约执法或争端解决机制，也不得对特定缔约方实施处罚或制裁。2018 年形成的《〈巴黎协定〉第 15 条第 2 款所述便利履行与促进遵守委员会有效运作的模式和程序》决议文件通篇也集中于"促进遵守"而无"处理非遵守"的用词。即使是文件第 3 段和第 4 段关于程序启动与应对措施的规定，也局限于程序启动的审议不会讨论实体内容，且委员会裁定后采取的措施须以协助未遵约缔约方继续履行条约为主。从某种意义上来讲，形成的《巴黎协定》第 15 条实施细则官方版本，过于贯彻《巴黎协定》"促进性"目标，通过对抗性、非惩罚性安排来调动各方的减排积极性，但却忽略了《巴黎协定》第 15 条的可执行性，在促进缔约方回归遵约轨道方面动力不足。

第二，从《巴黎协定》第 15 条实施细则关于实施主体的设置来看，不存在像京都机制那样的强制执行事务组或类似机构，也未涉及缔约方的成员资格或上诉等问题，实施机构仅有这一个由专家所构成的便利履行与促进遵守委员会。从委员会可以采取的措施来看，包括与有关缔约方对话、指导其制定一项行动计划，或者发布与遵约有关的事实性结论等软约束措施，并无外部强制力促使缔约方回归到履约状态，缔约方的履行条约驱动力将完全取决于其对本国国家利益的考量。这与国家自主贡献（NDCs）模式下的国家自主性相得益彰，但却把问题留给了其他环节，因而很可能会减损《巴黎协定》实施的整体效果。

第三，从《巴黎协定》第 15 条实施细则与其他制度的关系来看，"自下而上"的国家自主贡献（NDCs）模式并非完全任由缔约方自主减排而不加任何干预，第 14 条全球盘点与第 13 条透明度制度作为对遵约手段的补充，又具有"自上而下"的模式特色。这里，在《巴黎协定》第 15 条的实施中，委员会在判断缔约方是否遵约时处于核心位置，其虽然需考虑缔约方的国家能力和各自情况，但并不受缔约方干扰。但程序启动之后，缔约方的加入打破了委员会垄断的局面，文件第 3 段要求委员会在进程所有阶段都要与相关未遵守缔约方进行建设性接触和磋商，并请后者提交书面材料和发表意见。这种操作之下，具有未遵守情况的缔约方在遵约与否的裁定中的地位被提高，委员会的支配性与缔约方的参与性共存体现了"自上而下"与"自下而上"相结合的特点。在委员会判定遵约与采取措施的支配地位被削弱的背景下，《巴黎协定》的实施效果能否维持，与全球盘点和透明度机制之实施效果密切相关。

值得注意的是，现有的《巴黎协定》第 15 条实施细则并非固定不变，2018年形成的《〈巴黎协定〉第 15 条第 2 款所述便利履行与促进遵守委员会有效运作的模式和程序》决议文件就要求在 2024 年之后的缔约方会议中根据实施经验，在考虑委员会建议的基础上，对《巴黎协定》第 15 条项下的委员会模式与程序导则的实施效果开展第一次审查，并考虑定期开展审查和规则完善。

五、《巴黎协定》便利履行与促进遵守机制的问题分析

（一）《巴黎协定》与《京都议定书》遵约制度的比较

作为应对全球气候变化问题的另一重要国际条约，《京都议定书》同样也建立了遵约制度，在 2005 年蒙特利尔举行的《公约》缔约方会议第一届会议上，缔约方会议通过了第 27/CMP. 1 号决定"与《京都议定书》之下的遵守有关的程序和机制"，确立了《京都议定书》遵约制度。其一，《京都议定书》遵约制度明确区分了促进执行组与强制执行组。委员会共有 20 名成员，促进执行组与强制执行组各 10 名成员。促进执行组按照共同但有区别责任和各自能力原则，向缔约国提供咨询和便利。强制执行组负责确定附件一所列的缔约方是否按照《京都议定书》的内容履行了其所做的承诺。[1]其二，《京都议定书》遵约制度有明确的自身定位，促进执行组为政治协商机构，强制执行组则为争端解决机构。其三，《京都议定书》遵约制度的强制性根据促进执行组和强制执行组的不同划分了双重标准。促进执行组不具有强制性，其可以采取的措施有：提供咨询意见，提供协助、资金和技术援助等。强制执行组则具有明显的强制性，可以采取的措施有：宣布不遵守情况、拟定恢复遵守计划、终止缔约方资格、扣减 1.3 倍排放指标等。[2]尽管《京都议定书》

---

〔1〕　M. Doelle, "Experience with the Facilitative and Enforcement Branches of the Kyoto Compliance System", In *Promoting Compliance in an Evolving Climate Regime*, edited by J. Brunnée, M. Doelle & L. Rajamani, Cambridge, UK: Cambridge University Press, 2012: pp. 102~121.

〔2〕　黄婧：《〈京都议定书〉遵约机制探析》，载《西部法学评论》2012 年第 1 期，第 13 页。

的遵约制度对各缔约国遵守条约作出了完善规定，但因其规定得过于严厉，打击了缔约国遵守和履行的意愿，没能实现缔约国履行《京都议定书》履行的预期效果。

对此，为避免《巴黎协定》便利履行与促进遵守机制流于形式，特设工作组（APA）规定了区别于《京都议定书》遵约制度的《巴黎协定》便利履行与促进遵守机制，以"自下而上"的形式通过缔约国以自觉遵守和履行的方式达成《巴黎协定》条约的目的，并且并未赋予便利履行与促进遵守机制以强制执行的效力，仅将其定义为政治协商机构。但不具强制执行效力的便利履行与促进遵守机制是否能够促使缔约国遵守和履行《巴黎协定》，是否会因此导致缔约国遵守和履行《巴黎协定》的积极性丧失是当前需要考虑的问题。同时，如何平衡好不具备强制性的政治协商机构定位与具有一定强制性的争端解决机构两者之间的关系，是便利履行与促进遵守机构在制度设计过程中亟须解决的问题。[1]

表 4-1 《巴黎协定》与《京都议定书》遵约制度比较

	《京都议定书》	《巴黎协定》
法律依据	《京都议定书》第 18 条和第 27/CMP.1 号决定《与〈京都议定书〉下的遵约有关的程序和机制》（简称《京都遵约程序》）	《巴黎协定》第 15 条和第 20/CMA.1 号决定《〈巴黎协定〉第 15 条第 2 款所述促进履行和遵守之委员会有效运作的模式和程序》（简称《巴黎遵约程序》）
主体规则	确立首个遵约委员会，并通过委员会全体会议、主席团、促进事务组和强制执行事务组来开展工作。特别强调了"缔约方"的履约问题。"缔约方"仅仅针对发达国家。	继承了《京都遵约程序》的委员会配置方案。强调委员会应以专家为主，且是促进性的，在行使职能时保证透明性、非对抗性和非惩罚性，不得作为执法和争端解决机制，也不能实施处罚或制裁，且应尊重国家主权。此时的缔约方包括发达国家和发展中国家。

---

[1] 冯帅：《多边气候条约中遵约机制的转型——基于"京都–巴黎"进程的分析》，载《太平洋学报》2022 年第 4 期，第 27~41 页。

	《京都议定书》	《巴黎协定》
行为规则	明确遵约机制启动四种方式：专家审评组根据《京都议定书》第8条提交报告；任何缔约方就与本方有关事宜提交的履行问题；任何缔约方针对另一缔约方而提交的有佐证信息支持的履行问题；作为报告的主体方提出的任何书面意见。	遵约机制启动的四种情形：根据《巴黎协定》第4条第12款所述公共登记册的最新状态，缔约方未通报或未持续通报NDC；缔约方未提交《巴黎协定》第13条规定的强制性报告或信息通报；根据秘书处提供信息，缔约方未参与有关进展情况的促进性多边审议；缔约方未提交《巴黎协定》第9条规定的强制性信息通报。
结果规则	促进事务组和强制执行事务组的决定应附结论和理由，并说明在第各自审议了哪些信息；赋予所涉缔约方规定时间内的上诉权；进一步就促进事务组和强制执行事务组作出决定的范围予以解释。	委员会应向有关缔约方发送结果、措施和建议草案之副本，并在作出最后决定时考虑缔约方的意见（接触与磋商）。在资金允许下，委员会还应根据发展中国家请求向其提供援助；并进一步指明了委员会可采取的五项措施。

资料来源：由作者整理分析。

（二）《巴黎协定》便利履行与促进遵守之间的差别化界定问题

尽管《巴黎协定》在便利履行与促进遵守机制的机构设置上仅建立了便利履行与促进遵守委员会这一单一机构，但委员会在行使"促进遵守"和"便利履行"两项职能时应当考虑两者之间的差别。从语义层面来说，"遵守"（Compliance）和"履行"（Implementation）具有两种不同的含义。"遵守"在《巴黎协定》中的含义可以被理解为国家对某项国际法规则具有法律上的"义务"，即在国家未能实现该项国际法规则所规定的义务时应当承担的责任；"履行"则可以被理解为国家出于自身意志自愿承担国际法规则项下的责任，但并不意味着国家对此负有法律上的义务。当国家基于自身意志不愿继续履行该项规则时，国家并不对其行为承担责任。总体来说，具有"遵守"含义的国际法规则相较于具有"履行"含义的国际法规则在一定程度上具有更高的义务性与更强的执行力。根据上述对语义的分析，《巴黎协定》第15条规定便利履行与促进遵守委员会具有促进性、非对抗性及非惩罚性，因此可以知道该机制中具有"履行"含义的规则是多于具有"遵守"含义的规则的，委员会"便利履行"的职能占据主导作用，但这并不意味着"促进遵守"职能就失去了其独立存在的意义与价值。

委员会"便利履行"职能通过最大限度地尊重国家主权的方式换取缔约国自觉履行国家自主贡献（NDCs）；委员会"促进遵守"职能通过程序监督取代指标监测的方式间接推动缔约国遵守《巴黎协定》规定的义务。《巴黎协定》第15条中仅有的"强制性条款"来源于缔约国负有提供信息及保障提供信息准确的义务。委员会在尽可能不干涉缔约国主权的前提下赋予缔约国最低限度的国际法义务，在此意义上，越是将缔约国的义务缩减为程序性义务，缔约国对程序性义务的遵守也就越重要。[1]委员会以"便利履行"职能为主要职能，以"促进遵守"为辅助职能，既实现了对缔约国国家主权的尊重，又可以使缔约国在一定程度上感受到程序监督的压力，从而使《巴黎协定》的规定能够更好地得到遵守，由此"便利履行"和"促进遵守"构成了遵约体系中的连续统一体。

（三）委员会在便利履行与促进遵守机制中的自身定位问题

委员会的自身定位问题是该机制不可避免的重要问题。若委员会以"政治协商机构"为其定位，一方面委员会可以通过政治协商、政治斡旋的方式对争议进行协调和调解，实现效率与利益的交换，但另一方面委员会会因实体性问题的妥协与协商而难以具备公正性与自我决策能力，这两个问题限制了该机制的理性判断，[2]会使该机制的国际法属性大大减弱。若委员会以"争端解决机构"为其定位，一方面委员会以事实为依据，严格按照程序对争议进行公正处理，事实证据等程序性因素会成为委员会主要考虑的因素。但另一方面，公平正义的裁判机构尽管很完美，可是这一理想能否得到缔约国的遵守却是未知的。就像全球气候变化等问题背后存在博弈论意义上的"囚徒困境"，[3]《京都议定书》"自上而下"的裁判模式已证明，在全球气候变化问题具有公地属性的情况下，缔约国基于国家利益是很难接受委员会的

---

[1] Sandrine Malijean-Dubois, Thomas Spencer & Matthieu Wemaere, *The Legal Form of the Paris Climate Agreement: A Comprehensive Assessment of Options*, Social Science Electronic Publishing, 2015, p. 83.

[2] Laura Pineschi, "Non-Compliance Mechanisms and the Proposed Center for the Prevention and Management of Environment Disputes", *Anuario de Derecho Internacional*, 2004, p. 278.

[3] Laurence R. Helfer, "Nonconsensual International Lawmaking", U. Ⅲ. L. Rev. 71. 2008, p. 112.

"裁判中立"的。

因此，对于委员会自身定位问题来说，首先应当放弃非此即彼的二元论定位模式，可以将二者统一于委员会的"促进遵守"和"便利履行"双重职能中，以不具有强制力的"政治协商机构"作为首要地位，当遭遇有关缔约国不遵守事宜时，委员会再以具有法律效力的"争端解决机构"的姿态出现。一方面，将"政治协商机构"作为委员会的首要地位，既符合实证主义国际法遵守理论的观点，又符合《巴黎协定》"自下而上"治理方式的特点，意味着委员会的主要功能是尊重缔约国国家主权、与缔约国展开合作促进缔约国主动履行国家自主贡献（NDCs）。另一方面，将"争端解决机构"作为委员会的补充地位意味着，委员会在遵守领域会对缔约国施加一定程度的压力。程序性义务作为缔约国遵守领域的核心，程序性义务得到良好的遵守能够使《巴黎协定》缔约方会议（CMA）、委员会、缔约国获得更高水平的信息来源，并有效降低《巴黎协定》整个制度的交易成本。[1]因此，程序义务的遵守对于委员会乃至《巴黎协定》的实施而言至关重要，有必要赋予委员会一定的权利对不遵守行为进行事实和法律调查。

（四）便利履行与促进遵守机制对缔约国的法律效力问题

在明确区分委员会"促进遵守"和"便利履行"不同职能内容后，便利履行与促进遵守机制对缔约国的法律效力应当是指当委员会行使"促进遵守"职能，将其自身定位为"争端解决机构"时，委员会对缔约国采取法律措施的情况。但国家对国际法的遵守无论出于何种原因最终都会以国家主权的意志呈现，因此直接对缔约国国家主权追究国家责任或采取惩罚性措施往往无法实现其效果。所以，委员会对缔约国采取的措施不能直接以"委员会与缔约国"对抗模式进行，而应当以"先协助后施压"的递进模式进行。

具体可以分为初步措施与追加措施。初步措施的目的是查清缔约国不遵守行为的原因，通过主动帮助和友好协商这样一种不向缔约国追究责任的非义务性的法律措施促使缔约国恢复遵守。追加职能的目的是以集体压力、国家声誉等非对抗的方式促使缔约国主动纠正不遵守行为。具体有向缔约国发送关切声明、发布缔约国不履行和遵守《巴黎协定》相关实施等法律措施，

---

〔1〕　梁晓菲：《论〈巴黎协定〉遵约机制：透明度框架与全球盘点》，载《西安交通大学学报（社会科学版）》2018年第2期，第111页。

尽管这些措施并未对缔约国追究实体性责任，但在重要国际关系中不遵守行为带来的声誉后果远比在不重要国际关系中不遵守行为带来的声誉后果严重得多，[1]因此可以给缔约国带来巨大压力。《巴黎协定》虽然采取了"自下而上"的软法模式，但相对中性的硬法机制也同样值得重视，在实现"自下而上"自治的同时，软法的执行力也有待加强。[2]"遵守职能"的追加措施作为一种相对中性的硬法，在至关重要的程序问题上可以加强便利履行与促进遵守机制的执行力。

（五）便利履行与促进遵守机制的法律性质问题

《巴黎协定》以"自下而上"模式避免重蹈《京都议定书》"自上而下"遵守失效的覆辙，尽管使缔约国对该机制更加容易接受，但当前规定下的便利履行与促进遵守机制不区分遵守与履行职能、不承担争议解决功能，几乎不具备强制力，会使《巴黎协定》在具体适用过程中有许多争议不能得到切实解决。在没有强制力保证的情况下，《巴黎协定》主要依靠缔约国的自觉履行，是否会遇到"自下而上"机制特有的困境，这是值得思考的问题。因此，如何实现《巴黎协定》便利履行与促进遵守机制的良好实行，其核心问题在于如何平衡缔约国自主履行与委员会的法律效力。

明确便利履行与促进遵守机制的法律性质，对实现《巴黎协定》遵约制度的良好运行而言至关重要。对该机制进行完善可以从两方面入手：其一，在实体问题上充分遵守缔约国自主履行意愿；其二，在法律效力的表现形式上内化为缔约国压力。主要表现为，委员会拥有两项不同的职能，即"促进遵守"职能和"便利履行"职能，根据这两种职能预先划分委员会的法律效力范围、性质定位以及委员会能够采取的措施种类。就"便利履行"职能来说，其主要以友好协商为主旨、以尊重国家主权为目标，作为委员会的主要职能。当委员会行使该职能时，委员会是一个不具备强制执行力的"政治协商机构"。就"促进遵守"职能来说，其主要以通过程序监督的方式对缔约国施加一定程度的压力，属于委员会的辅助职能。当委员会行使该职能时，是一个具有法律效力的"争端解决机构"，以集体压力、国家声誉等方式间接影

---

[1] George W. Downs & Micheal A. Jones, "Reputation, Compliance, and International Law", 31J. Legal Stud, S95. 2002. p. 110.

[2] 李慧明：《〈巴黎协定〉与全球气候治理体系的转型》，载《国际展望》2016年第2期，第17页。

响缔约国的主权决策。

综上所述，完善便利履行与促进遵守机制可以采取一种"胡萝卜与大棒"的遵守机制设置。一方面，尊重国家主权，以友好协商的方式帮助各缔约国达成国家资助贡献的目标。另一方面，通过压力内化和程序监督的方式对缔约国进行持续、间接的施压，实现缔约国有效履行《巴黎协定》的目标。

第二节 《巴黎协定》透明度制度现状及其问题

当透明度广泛出现在社会活动中时，其主要表示信息的公开性和可获得性，公众可借此来评价和预测活动。将透明度引入法学领域，应该被定义为人们对法律规则的制定过程或者实施效果的"看透程度"。而在国际环境保护的视野下，透明度则应该被解释为对环境信息的公开与披露程度。[1]因而，透明度制度应该在此基础之上被定义为：通过缔约方的主动信息披露和反馈活动，保证后续履约情况的公开，促进气候治理高效完成的制度类型。

一、国际应对气候变化条约透明度制度的特征表现

透明度制度本身是根植于《公约》内容体系的，《公约》的规范具有概括性和框架性，缺乏实质上的实体性规范。因此，《公约》规范试图通过履约信息的公开与评议，保证缔约方在其既定的轨道上履约。总体的《公约》信息公开设计包括两大类信息的公开，形成了以国家履约信息通报为主、国家应对气候变化支助信息公开为辅的规范格局。如果说《公约》属于气候治理从无到有的过程，《京都议定书》则属于在此基础上的接续发展。其一定程度上弥补了《公约》实际操作情况不理想、问题得不到及时解决的缺陷。《京都议定书》的主要特点是规制内容的指向性明确、具有可操作性，其内容涉及透明度主要体现在附件一缔约方的信息报告和审查以及温室气体清单的系统和方法上。相比较于《公约》，《京都议定书》的进步在于将抽象的履约信息供给具象化了，进一步建立了信息编制指南，通过规范的信息公开内容格式，促进制度运作的高效有序。2009 年达成的《哥本哈根协议》则为未来的国际

---

〔1〕 梁晓菲：《论〈巴黎协定〉遵约机制：透明度框架与全球盘点》，载《西安交通大学学报（社会科学版）》2018 年第 2 期，第 109~116 页。

气候政策提供了蓝图。一方面，其为发达国家和发展中国家引入了自愿气候承诺；另一方面，其为《公约》之下的透明度安排指明了新的方向。2010 年的《坎昆协议》建立了"对称二分"体系，并且与原"严格二分"体系简单叠加，给缔约方造成了较大负担。[1]《巴黎协定》作为 2020 年后全球气候治理的国际条约，具有里程碑的意义。透明度作为其中重要的制度对整个协定的有效施行也发挥着重要作用。随着 2018 年卡托维茨气候大会强化透明度框架（Enhanced Transparency Framework，ETF）的达成，随之而来出现了一些新的问题需要全球气候治理进程加以应对。

通过梳理从《公约》《京都议定书》到《巴黎协定》的相关国际条约，国际应对气候变化法背景下的透明度制度表现为以下几个特征。其一，灵活性特征。灵活机制最早见于《公约》并一脉相承延续到《巴黎协定》。《公约》中的灵活机制体现在赋予附件一缔约方中经济转型国家的一系列特殊权利上，之后的《坎昆协议》对这一范围进行了进一步扩大。[2]《巴黎协定》下透明度的最主要特点之一也是对灵活性机制的运用，其将所有的缔约方都纳入了减排义务，也是相较之前较大的创新。尽管《巴黎协定》所涉及的对象涵盖所有缔约方，但发展中国家和发达国家在经济发展、技术和资金水平以及应对气候变化能力上存在的差距仍然客观存在。为了保证发展中国家中最不发达国家（LDCs）以及小岛屿国家（SIDS）的利益，尊重维护其国家主权，需要引入一个灵活性机制来帮助这类国家应对气候变化，实现温室气体减排目标。因此，《巴黎协定》为各个国家设定的同等义务不等同于相同的义务，在共同但有区别责任原则（CBDR）的指导下，灵活性贯穿于透明度义务的全过程，避免过重的履行负担对最不发达国家（LDCs）以及小岛屿国家（SIDS）产生不利的影响。其二，对能力建设的依赖性特征。从《公约》到《巴黎协定》，透明度制度无论是以强制性或者非强制性的方式促进履约，本质上都依赖于各个缔约国自身的能力建设。发展中国家和发达国家在能力、资金、技术上的差距客观存在，使得各国遵约与否实际上取决于能力的匹配程度。因此，履约能力成了缔约国能否遵守透明度下的信息通报和参与评审的关键。也正是由于这一特点，后发工业化国家尤其是不发达国家和小岛屿

---

〔1〕 王田、董亮、高翔：《〈巴黎协定〉强化透明度体系的建立与实施展望》，载《气候变化研究进展》2019 年第 6 期，第 684～692 页。

〔2〕 张昊：《〈巴黎协定〉实施细则中透明度规则探究》，外交学院 2021 年硕士学位论文。

国家需要寻求国际社会的帮助，发达国家也应该积极履行向发展中国家援助的义务，尤其是强化能力建设。其三，接纳性特征。从透明度制度的历史沿革中可以看出，《巴黎协定》下透明度制度并非首创，其在一定程度上映射了以往制度的影子。从最开始的原则性规定发展到后来的实施性规则，透明度以一种兼收并蓄，取其精华、去其糟粕的方式出现在《巴黎协定》的规则体系当中。从《巴黎协定》第 13 条可以看出，其在《公约》的基础之上进行经验的总结并加以完善，形成了更加契合当下全球环境治理的、有针对性的条款。

二、《巴黎协定》第 13 条关于透明度制度的规范体系

透明度框架主要分为实体内容和程序内容。透明度框架的实体内容主要分为行动意义上和支助范围内的透明度框架体系。一方面，行动意义上的透明度框架可被进一步细分为缔约方共同的报告义务与行动内容报告的灵活制度。缔约方共同的报告内容包括温室气体人为排放量和汇清除量的国家清单报告、跟踪执行《巴黎协定》第 4 条规定的国家自主贡献（NDCs）及其实现的进展所必需的信息，以及与《巴黎协定》第 7 条规定的气候变化适应有关的信息。行动内容报告的灵活制度本质上要求发达国家提供更多信息，且对信息质量的要求也更为严格。另一方面，支助范围内的透明度框架安排主要包括国际气候资金、技术开发与转让、能力建设以及灵活性制度安排。其一，国际气候资金是指通过法律机制调动的用于气候变化治理中的减缓与适应行动的公益性资金，主要包括国内与国际两部分，而《巴黎协定》所规定的是国际气候资金，其特殊性在于单向性，也即只能由发达国家向发展中国家单向流动。[1] 提供主体包括发达国家和其他自愿的缔约方。双方都应该进行输出和接受进行信息公开。其二，在技术开发与转让方面，气候变化技术机制的进展并不顺利，解决途径之一就是督促发达国家积极地履行义务。[2] 而对于技术开发则是赋予双方合作的自由选择权。其三，能力建设定位于加强发展中国家和经济转型国家的个人、组织和机构的能力，用以识别、规划和实施各种途径减缓和适应气候变化。其四，支助透明度的灵活性安排基于两类国家的划分，主要表现为对于支助内容的调动、供给与需求的差异性，这项制度安排是对于发展中国

---

〔1〕　龚微：《论〈巴黎协定〉下气候资金提供的透明度》，载《法学评论》2017 年第 4 期，第 7 页。
〔2〕　陈贻健：《气候变化技术机制专门化的困境及其克服》，载《当代法学》2018 年第 1 期，第 123~131 页。

家缔约方的相关信息义务有针对性地进行调整或予以放宽。

在透明度框架的程序内容上，透明度的审评程序与顺次步骤主要包括以下几个项：首先，程序发起端是各缔约方应当提交有关行动与支助的透明度信息，为后续程序步骤提供材料基础。之后，由专家组根据相关决议对减缓和支助信息进行审评。卡托维茨气候大会决议明确了技术专家审评的职能、工作存续的初始时间以及相应的工作方案。而《巴黎协定》缔约方会议（CMA）决议同时确认监测、报告与核查（MRV）技术报告应当被作为 2 年期透明度报告的附件提交，同时一起进行技术分析。而技术专家审评（TERs）包括国家自主贡献（NDCs）与支助信息，也应当查明各缔约方需要改进的领域，以及其相关信息是否符合透明度框架下的模式、程序与指南（MPGs）的一致性要求，并考虑到机制下的灵活性要求，特别注意发展中国家缔约方的国际能力与国情，并应当查明有能力建设需求的发展中国家的援助需要。在缔约方的技术专家审评报告被发表之后，将尽快对进展进行促进性、多边的审议，各缔约方也应当积极参与对国家自主贡献（NDCs）和支助活动的履约与进展情况的促进性多方审议。

三、《巴黎协定》第 13 条透明度制度的实施细则

（一）模式、程序和指南

模式、程序和指南（MPGs）与《巴黎协定》透明度框架共同构成了透明度制度体系的完整规范。框架所提供的是在国际法层面引入透明度的合法性和原则规范，而模式、程序和指南则为各缔约方提供了履行透明度义务的具体约束和规范，即为"自下而上"的松散协定注入了更多规则绑定的强制性色彩。[1]透明度制度的模式、程序、指南存在的意义在于赋予透明度在实操上的可能性。[2]主要包括：体现制度实体内容的模式、反映制度程序性规制的流程要求以及对于适用与各缔约方具体执行的指南。以上集合实体与程序、内部与外部之间的关系，共同构建出了透明度框架的实施细则。可以说，模式、程序与指南（MPGs）才是真正可以实操的透明度规则，因而其具体规范

---

〔1〕 朱松丽：《从巴黎到卡托维兹：全球气候治理中的统一和分裂》，载《气候变化研究进展》2019 年第 2 期，第 207 页。

〔2〕 Yamide Dagnet，Cynthia Elliott & Nathan Cogswell，"INSIDER：Designing the Paris Agreement's Transparency Framework"，2019.

决定了透明度规则以及《巴黎协定》核心义务将如何具体实施，关系到各缔约方的切身利益。从模式、程序和指南谈判的过程中可以归纳出其具有强调共同参与和驱动、重点问题的确定与推进、谈判工具的积极使用等特点。其注重透明度信息的可使用、可评价的合理性，透明度框架从实体和程序两方面使得其后信息具备公开可见的合法性，二者互为表里、相互补充，共同构成透明度制度体系。

（二）强化透明度框架的具体内容

2018 年 12 月在波兰卡托维兹闭幕的《公约》第 24 次缔约方大会（COP24）按计划通过了《巴黎协定》强化透明度框架（ETF）实施细则，形成了《巴黎协定》第 13 条行动与支持透明度的模式、程序和指南（MPGs），即新指南体系的内容，并围绕《公约》体系下现行的透明度履约工作如何与新指南相协调作出了安排。至此，2020 年后气候变化透明度体系正式建立，对各国相关信息报告、审评和多边审议提出了新的要求。[1]

在具体内容上，强化透明度框架（ETF）的清单报告频率较以往有所加强。主要规定所有缔约方提供连续的年度国家温室气体清单报告。发达国家从 1990 年开始的时间序列完成报告，发展中国家至少报告国家自主贡献（NDCs）基准年和从 2020 年起始的时间序列。为了体现灵活性，发展中国家可以每 2 年进行依次提交，但是需要进行连续 2 年的数据汇报。在主体制度方面，强化透明度框架（ETF）的适用对象涵盖所有缔约方，并没有为发达国家和发展中国家规定不同的程序。主要是根据灵活性条款提供针对缔约方之间能力差异性的"内在灵活性"。但是，在灵活性的具体适用上，也局限于报告和审查的范围，以及频率和详细程度的具体规定。此外，针对最不发达国家（LDCs）和小岛屿国家（SIDS），模式、程序和指南还在其履约义务方面赋予一定的酌处权。[2] 各缔约方在强化透明度框架（ETF）下的义务从报告角度上讲，主要包括各缔约方应该提供一份国家清单报告，各缔约方应该提供必要的信息来跟踪其国家自主贡献（NDCs）的实施和进展情况。各缔约方还

---

〔1〕 董亮：《透明度原则的制度化及其影响：以全球气候治理为例》，载《外交评论：外交学院学报》2018 年第 4 期，第 26 页。

〔2〕 Weikmans Romain, Asselt Harro van & Roberts J. Timmons, "Transparency Requirements under the Paris Agreement and Their (un) Likely Impact on Strengthening the Ambition of Nationally Determined Contributions (NDCs)", *Climate Policy*, 2020, 20 (4).

应该提供有关气候影响和适应的信息，发达国家缔约方和其他缔约方应该提供支持信息。在审查方面，各缔约方都应该围绕自身温室气体清单和国家自主贡献（NDCs）进展情况接受技术专家评审，每个发展中国家缔约方都应该提供所需要和收到的支助情况相关信息。各缔约方应围绕其国家自主贡献（NDCs）实施和进展的情况进行促进性多边审议，各缔约方还应该围绕其提供的支助相关信息完成促进性多边审议。此外，对于最不发达国家（LDCs）和小岛屿国家（SIDS）以及其他发展中国家，可以根据其能力适用具体的政策框架。

强化透明度框架最大的特点在于灵活性设置。由于发达国家和发展中国家客观存在的经济发展差异，一味地追求统一标准只会是强人所难。为了尊重发展中国家与发达国家相比能力存在差距的客观事实，灵活性条款的设计十分必要。而为了遵守《巴黎协定》透明度制度贯彻的非侵入性原则，灵活性条款在使用上不接受多边审评。但是，新的透明度规则也强调了"不倒退"原则，并针对所有缔约方，对此项原则的遵守一方面为发展中国家提供了制度可行性的起点，另一方面也为报告质量的不断提高夯实了制度保障。

四、强化透明度框架存在的问题及影响因素

（一）强化透明度框架存在的问题

第一，能力建设不足带来的报告障碍。从发展中国家提交报告的情况来看，只有不足50%的国家提交了第一次报告。尽管在提交报告上对发展中国家的限制并没有发达国家那样严格，但这也一定程度上反映了发展中国家在报告方面遇到的障碍。根据《巴黎协定》以及新的透明度能力建设要求，为了解决这种问题，国际社会通过增加国际支助来提高国家报告能力的呼声越来越高。但实际上，目前对于透明度能力建设呼吁的支持需求在一定程度上已经超过了可以获得的资源水平。因此，透明度的能力建设成了一项持久战，对短期内取得成效不应抱有过多期待。

第二，技术审查效率低下带来审查负担。由于财政和人力资源的缺失，技术审查给缔约方、专家评审人员和《公约》秘书处带来了较重的负担。在国内审查方面，由于来自发展中国家的技术专家的数量有限，每执行一个缔约方审查以及集中审查都需要花费少则3个月多则半年的时间，由此导致审查的效率低下。这也对审查的深度和范围提出了挑战。此外，在强化透明度

框架的审查过程中，一些缔约方可能面临与《坎昆协议》相似的阻碍，即资源的限制导致国家的参与度降低，以及详细冗长的报告给小国家带来的参与困境。以上问题表明，强化透明度框架可能无法发挥预期的作用，并且还可能反过来成为制约《巴黎协定》有效履行的障碍。

第三，强化透明度"非政治倾向"导致履约意愿的弱化。强化透明度框架（ETF）的设计类似于避免对个别缔约方在气候行动方面的意愿作出任何政治判断。其设计是"以便利性、非侵入性、非惩罚性的方式实施，尊重国家主权"。鉴于这一规定似乎不太可能导致任何正式的"点名和羞辱"，这就消除了一些声誉激励因素，而这些因素恰恰可以增加强烈的履约意愿。此外，非政府组织几乎不被允许参与正式的审查程序，这主要是基于对政治问题的担忧。[1]因此，强化透明度框架（ETF）并没有解决政治上不愿意参与的潜在问题。这也与《公约》下透明度安排的回避政治判断的本质相似。[2]技术专家审查的评价标准也说明了强化透明度框架（ETF）的非政治倾向。在现有和强化的技术专家审查范围内，缔约方只根据程序性标准而非实质性标准进行评价。技术专家审查小组使用的这些标准与缔约方实施气候行动的目标可能并不相关。这意味着，一个缔约方可以在违反程序标准的情况下履约表现极其出色，同时又没有采取有意义的气候行动。技术专家审查小组不得作出政治判断，也不得审查缔约方国家自主贡献（NDCs）或国内行动的充分性。虽然技术专家审查可以确认缔约方是否实现了自主贡献承诺，但这并不会导致任何进一步的后果，[3]而这种结果最终会导致国家意愿的弱化。

（二）强化透明度框架的影响因素分析

第一，其他国家之间的横向施压。为了维护本国在国际社会的声誉，通过更加细致的报告和审查，可以让一个国家更加全面地了解其他国家在实现国家自主贡献（NDCs）方面的情况。通过国家间横向比较，可以督促本国采

---

〔1〕 H. van Asselt, "The Role of Non-state Actors in Reviewing Ambition, Implementation, and Compliance under the Paris Agreement", *Climate Law*, 2016, 6 (1-2), pp. 91~108.

〔2〕 A. Gupta & H. van Asselt, "Transparency in Multilateral Climate Politics: Furthering (or Distracting from) Accountability", *Regulation & Governance*, 2019, 13 (1), pp. 18~34.

〔3〕 Z. Gu, C. Voigt, & J. Werksman, "Facilitating Implementation and Promoting Compliance with the Paris Agreement under Article15: Conceptual Challenges and Pragmatic Choices", *Climate Law*, 2019, 9 (1), pp. 65~100.

取更多的行动来积极履约，避免国际声誉损失。[1]

第二，全球盘点的引入可以激发对更加完整透明信息的强烈意愿。在强化透明度的体系下，我们将会获得更加完整、细致和透明的信息，而这些信息将成为 5 年一次全球盘点的重要来源。当温度控制目标偏离的信息被人们所知悉，国际社会中注重碳排放问题的国家会自主带头进行温室气体排放控制，并尽力实现减排目标。从这一层面上来说，该影响因素将成为呼吁缔约国积极履约的有效动力。

第三，国际支助措施的透明度。强化国际支助信息的透明度在一定程度上可以增强发展中国家在后续履约方面的信心。在资金支助上，时效性和数额的确定性应该得到保证。当发展中国家有关国家自主贡献（NDCs）的承诺得到满足时，其在后续的减排目标制定中就将具有更大的灵活性、自主性和更加强烈的意愿。

第四，监测和报告温室气体的排放以及减排目标的实现进展，也将成为强化国家意愿的重要因素。[2]对温室气体的排放情况和对国家减排目标实现程度的监测，可以成为最直接的督促国家采取行动的有效手段。当一国知悉理论与实际、承诺与实践之间的差距时，就会激发其更加强烈的意愿。同时，通过此种方式也可以让缔约国明确，为未来的行动层面应更加加强哪一部分重点工作来尽快实现承诺目标，并维护本国的核心利益。

第三节　《巴黎协定》全球盘点制度现状及其问题

盘点是重要的事后总结与评估手段，定期总结某一特定国际公约的执行情况，以此作为评估各缔约方完成国际公约宗旨及其长期目标的进展情况。在全球应对气候变化的背景下，这类评估工作应以全面和促进性的方式开展，同时考虑减缓、适应问题以及执行和支助的方式问题，并顾及公平和利用现有的最佳科学。2023 年开始启动《巴黎协定》实施情况的首次全球盘点，此

---

〔1〕　D. Ciplet et al., "The Transformative Capability of Transparency in Global Environmental Governance", *Global Environmental Politics*, 2018.

〔2〕　Weikmans Romain, Asselt Harro van & Roberts J. Timmons, "Transparency Requirements under the Paris Agreement and Their (un) Likely Impact on Strengthening the Ambition of Nationally Determined Contributions (NDCs)", *Climate Policy*, 2020, 20 (4).

后每 5 年进行一次盘点，全球盘点的结果应为缔约方提供参考，以国家自主的方式根据协定的有关规定更新和加强其行动和支助水平，加强气候行动的国际合作。

一、国际应对气候变化法盘点制度的形成与特征表现

全球盘点并非由《巴黎协定》首次引入，这一概念在 2009 年哥本哈根气候大会上被首次提出，随后在坎昆会议正式确定并得到加强的国际气候行动担保与审查制度基础上发展而来。由于《京都议定书》"自上而下"全球履行监管方式无法得到缔约方的普遍认可，德班加强行动平台特设工作组（ADP）在谈判初期达成了共识，需要引入一种"混合机制"（Hybrid Mechanism），包括"自上而下"的国际监管与"自下而上"缔约国自我约束相结合。在全球盘点谈判进程中，有四个争议问题在不同集团之间进行了博弈。

（一）全球盘点制度的形成

第一，关于盘点制度属于事前审议还是事后审查的争议，在 2013 年的华沙气候大会上，许多缔约方包括小岛屿国家联盟（AOSIS）、拉丁美洲和加勒比独立联盟（AILAC）和欧盟，提倡对全球应对气候变化所取得的进展进行某种形式的审查，并对各国提交的贡献内容进行事前评估，以避免承诺水平和减排抱负不足，以盘点的实施创造一种向上的动力。2014 年，在利马气候大会上，确认的谈判案文草案要点包含了两种意见，即事前考虑拟议中的贡献，以及事后的总体雄心评估，从而审查缔约方在实现《公约》目标方面取得的进展。但是，事前程序的最初构想是由缔约方拟定一个"两步走"程序，在提交最后的国家自主贡献（NDCs）之前，由所有缔约方加以审查。但是，大多数缔约方不同意这样一个进程，因为缔约方未来提交的国家自主贡献（NDCs）一旦在国内确定，再在国际评估的基础上被要求改变将会带来很大的困难。

第二，关于全球盘点应当属于集体评估还是个别评估，在利马气候大会上，缔约方一致认为，评估将只着眼于集体执行情况，不应当包括对个别国家执行情况的任何评估，这一制度的实施应避免针对某一特定国家，立场相近的发展中国家集团（LMDC）明确反对欧盟和小岛屿国家联盟（AOSIS）提出的个性化评估。因此，《巴黎协定》第 14 条第 1 款最后明确列入了"集体进展"一词。不过，个别审查仍在透明度框架下进行，并成了全球盘点的一

项重要内容。

第三，全球盘点的范围也是争议点之一，围绕盘点制度应当适用于减缓措施，还是也适用于适应和支助措施，发达国家与发展中国家利益集团展开了激烈争论。基于《巴黎协定》主要内容之间应该存在政治平等的观点，最终达成的第 14 条第 1 款强调全球盘点应以"全面"的方式考虑"减缓、适应以及实施和支助的手段"。但是，鉴于每个盘点领域的时间框架一样，许多缔约方认为，由于基本义务的性质不同，应当针对每个盘点要素制定独立的评估过程。

第四，关于盘点谈判最具争议的问题是全球盘点和未来行动之间的关系。许多缔约方认为，其国内规划进程应完全由国家自主决定，不应受到国际层面任何"自上而下"的影响。《巴黎协定》第 14 条第 3 款就全球盘点结果应"以国家确定的方式通知缔约方更新和加强行动"的措词达成了一致。这是一种折中方案，即那些希望在行动中尽可能实现最高自决权的国家与那些希望使用更具规范性语言的国家都强调全球盘点属于一种雄心水平的激励工具而非约束制度。在全球盘点的时间安排方面，缔约方围绕全球盘点的频率达成共识，一些缔约方主张 5 年的时间框架，因为一些国家已经通过了国家自主贡献预案（INDCs）的提交以及各自 5 年~10 年时限的立法。缔约方大会最终决定了国家自主贡献（NDCs）的提交频率为 5 年，允许 5 年~10 年的时间框架在首轮国家自主贡献（NDCs）中共存，并考虑在未来达成进一步的共同时间框架。

（二）全球盘点制度的特征

全球盘点的首要特征是综合性。综合性要求全球盘点的范围，涵盖了《巴黎协定》的所有主要内容提及的"缓解、适应和实施及支助手段"，进一步明确了这些要素的含义。但综合性特征并不意味着全球盘点不可能以考虑到每个领域具体情况的方式单独评估每个方面。区分不同的评估领域是必要的，因为全球盘点的目的是评估在实现各种不同的减缓、适应和支助目标方面取得的进展。评估实现温控目标的进展情况显然与评估资金流动是否符合低排放途径和气候适应性发展是不同的。区分不同领域的全球盘点也符合《巴黎协定》第 7 条第 14 款的规定。该条规定了全球盘点中适应气候变化的一些具体方式，类似的方式也被应用于减缓和资金支助措施方面。《巴黎协定》第 14 条的规定并不排除这种可能性，这将使全球盘点更加有效，各缔约方也都应当知道其措施是否充分。此外，全球盘点还考虑到了发达国家和发展中国家缔约方提供的所有资金支持的信息，以及关于在技术发展和转让、能力建设方面向发展中缔约国提供支助的资料。关于技术转让，《巴黎协定》第10条第6款强调了这一点，尽管《巴黎协定》没有关于能力建设的类似规定，但其也必须包括在支持能力建设方面取得的进展，没有关于支助能力建设的资料的全球盘点很难被认为是全面的。《巴黎协定》第14条第1款具体提到了这些问题。

全球盘点的第二个特征是促进性。促进性是指"使事务变得更容易或有助于实现特定的结果"，根据《维也纳条约法公约》（VCLT）对促进性的一般意义解释，全球盘点必须能够协助缔约方并将他们纳入更容易实现条约目标的过程。全球盘点只有在各方完全清楚他们在哪里，以及他们应该在哪里实现其目标的情况下，才能帮助缔约方履约。第二个层面，全球盘点应当有利于协助方更新和加强其行动和支持。如何更好地提高国家和国际行动，如何更好地互相帮助和配合，以及各项措施如何设计才能具有最大的和预期的影响。

全球盘点的第三个特征是公平性。公平是《公约》和《巴黎协定》的一项核心原则。在应对气候变化大背景下，公平一般是指责任、利益、风险和不确定性在代际和代际之间的公平分配。由于政治原因，这一被广泛接受的概念和共同但有区别责任和各自能力（CBDR-RC）等相关原则，从未被分解为如何分配责任的实际标准，包括人均碳预算或类似的评估标准。《巴黎协定》的解决办法是在一定限度内对减缓和适应采取自我区别的做法，同时保持督促发达国家履行支助义务作为首要责任。全球盘点必须在集体评估中考虑到公平要素，而非对个别方面发表意见。盘点可以根据不同的情况讨论应被视为公平分配责任的标准，这一解读符合《巴黎协定》第14条第3款规定的全球盘点的前瞻性功能。然后，缔约方可以进行讨论，以回答根据《巴黎协定》第4条第8款和巴黎大会第1/CP.21号决定第27段的要求，如何根据各自的情况认为其国家自主贡献（NDCs）是公平且具有雄心的问题。换言之，每一缔约方都可以评估自己对解决方案的贡献是否公平，或者公平是否要求他们变得更加雄心勃勃。

全球盘点的第四个特征是科学技术性。《巴黎协定》第14条第1款第2项提到"最好的现有科学"是全球盘点实现其目标的必要条件。如果不是以现有的最佳科学为基础，就不可能认真对实现《巴黎协定》宗旨及其长期目标的进展情况进行评估和审查。在可能的来源中，政府间气候变化专门委员会（IPCC）显然已经被定位为最好的科学技术知识提供者。IPCC 报告将是全球评估从减缓、适应到支助所有方面的最重要资料来源之一。IPCC 必须将其报告的时间安排与全球盘点保持一致，以便盘点能够考虑 IPCC 的最新科学进展。2021—2022 年 IPCC 已经发布的第一至第三工作组报告（AR6），将能够为 2023 年的第一次全球盘点提供及时的资料和数据来源，但 IPCC 与全球盘点进展之间需要在以后的评估周期中进一步协调。附属科技咨询机构（SBSTA）在 2016 年 11 月马拉喀什会议上还建议，IPCC 专家与缔约方之间的对话、附属科技咨询机构（SBSTA）与 IPCC 特别活动，以及二者通过 SBSTA-IPCC 联合工作组进行协调，可以成为 IPCC 评估如何为全球盘点提供信息的途径。无论选择何种形式，IPCC 作为正式资料与数据来源的权威，均不应因各缔约方试图对 IPCC 研究结果施加政治影响而受到损害。此外，根据《巴黎协定》第 14 条第 1 款第 2 项的要求，如果符合最好的科学标准，应当开展足够广泛的研究作为进一步的科学投入。

二、《巴黎协定》第 14 条关于全球盘点的规范体系

为评估《巴黎协定》的实施情况与总体进展情况，向缔约方通报如何提升行动力度，设立的全球盘点制度应当成为促进《巴黎协定》实施的重要因素。因此，《巴黎协定》的有效实施还取决于全球盘点制度各项机制的有效运行。

（一）科学技术评估问题

技术评估和政治评估的分离有助于全球盘点，没有政治干预的技术分析，将不仅满足全球盘点所依据的现有最佳科学技术要求，而且这也是一种考虑到大量的技术材料必须包括在"全面性"全球盘点中并加以评估的实际需要。此外，技术分析也十分必要，其可以保障在全球盘点中为缔约方提供一个明确和可靠的评估结论，告知每个缔约方所采取措施的现状如何，应该是怎样的进展情况，以及他们必须采取哪些选择来加强行动。由于《巴黎协定》在减缓、适应和支助措施方面的目的不同，这些领域可能需要进行不同的技术和科学分析与评估，这些内容可以同时进行。

在减缓行动方面，为了提供强有力的技术和科学信息投入，以便评估在实现《巴黎协定》减缓目标和温控目标方面取得的进展，建立专家审查小组

或专家对话机制是有益的，这一措施避免了将技术评估工作留给不专业的政治机构来进行。这种专家对话机制，在制度设计上，可以类似于 2013 年—2015 年建立的结构化专家对话评审机制。来自非政府组织（NGO）和研究机构具有证明技术和科学专门知识的专家应当参与其中。这些参与者基本不会受到不同利益集团缔约方国家政府的干扰。IPCC 第三工作组报告中关于可能的政策选择报告、秘书处综合报告以及其他技术资料，可以构成这类技术水平评估的基础。通过分析可以让缔约方获知，是否正在朝着实现温控目标的方向前进，确定是否需要弥补减缓努力的差距，并就如何加强集体行动提出技术建议。

在适应问题上，《巴黎协定》的立法目的是提高各成员方的适应能力，促进气候韧性与低碳经济转型发展，通过技术分析可以为这方面的评估进展提供数据。这项工作不仅可以包括对气候恢复总体状况的评估，而且还可以包括根据巴黎大会第 1/CP. 21 号决定第 99 节第二段提供的资料而得出的经验教训。后者符合《巴黎协定》第 7 条第 14 款第 3 项所传达的观点，即全球评估应审查适应和支助措施的充分性和有效性。全球评估的结果可以包括提供关于良好做法、经验教训等方面的建议，类似的评估模式也有利于减缓和资金支持领域。在这些领域采用评估方法，也将使全球盘点进程成为学习摸索并向缔约方提供改进措施选项的平台。根据《巴黎协定》第 14 条第 3 款的要求，提供改进选项可能是向缔约方通报如何更新行动方向，并提高措施力度的有效路径之一，IPCC 历次报告的第二与第三工作组报告及其关于政策选择的章节可以作为相关内容的参照。

专家评估在针对气候资金流向是否有利于低碳发展与适应气候变化的评估方面是有益和必要的。针对技术转让和能力建设支持措施的评估同样适用。同样，这项艰巨工作可以将 IPCC 第三工作组报告（AR6-WG-Ⅲ）作为基础，报告中也载有这方面的评估分析。除了 IPCC 报告和专家小组之外，在《公约》之下现有的专家机构也可以参与其中。值得注意的是，战略气候基金（Strategic Climate Fund，SCF）的任务是编制双年报和气候资金流动概括报告，其完全有能力为全球盘点编制评估报告服务。在技术转让方面，则可以根据《巴黎协定》第 10 条第 3 款的规定，建立技术转让合作机制。技术转让执行委员会（Technical Executive Commission，TEC）已经获得授权建议促进技术发展和转让的行动，但还需要扩大其任务授权范围，以便参与现有气候资金流动的评估。

（二）政治性结论与盘点建议

除了技术工作外，全球盘点还将受益于政治层面的评估和结论出台。在2016年的第22届缔约方大会（COP22）上，缔约方认为由国家元首或政府首脑、部长和大使出席的高级别活动都可以成为一种适当的形式，随后可能举行一次联合国秘书长主持的各国首脑会议。作为全球盘点进程一部分，此类高级别政治活动是充分应对气候变化所必需的。由于缔约国都需要走出舒适区，实现各自社会的转型，他们可能需要更多的国际层面的政治驱动力。通过全球盘点推动的高级别政治磋商能够建立足够的政治驱动力，这使得缔约国在进行国家发展规划之时，不仅仅要立足于本国，而且还要结合全球需求进行通盘考量。实施全球盘点的政治进程可以进一步在缔约国之间建立信任，相信其他缔约国也会提高各自应对气候变化的雄心。同时，这一进程也可以促进非国家行为体参与气候行动，并在这些积极行动者的帮助下，更好地将国际与国家层面的公共利益进行衔接。根据《巴黎协定》第7条第14款的要求，政治层面的推动也给发展中国家缔约方适应气候变化努力留下了适当的回旋空间。最后，政治层面的参与将为审议减缓、适应和支助问题之间的交叉联系提供机会。例如，减缓领域的雄心可以与支助措施的雄心联系起来，尽管这种联系可能成为障碍，但也可能成为促进更有力措施的催化剂。

（三）全球盘点的成果产出

全球盘点的产出必须包含相关的技术信息，以便缔约方确切知道他们在何处，以及他们在长期目标方面应当前往何处。作为一种可能性，可以通过发布履行现状与承诺差距的事实资料文件来做到这一点。这些文件还可以阐明政策选择、最佳做法，以及协助缔约方在国家和国际上抓住加强行动的机会。政治层面的行动可以最终形成一份政治文件，文件可将众多地方权力机构和公民社会的观点及作用纳入国家一级的进程。这项行动可以经由《巴黎协定》缔约方会议（CMA）决议的形式，向缔约方提出建议。再加上更加具体的技术评估结果，这样一份文件就可以成为国内行动者制定国家气候政策的参考。这一成果可以包括最佳做法和实施经验，确定气候行动的收益与成本，并提供有关国际合作机会的信息，促进国内气候行动和国际合作。

三、《巴黎协定》全球盘点的总体评价

通过将《巴黎协定》履约进展与其宗旨和长期目标联系起来，全球盘点制度为全球实现更具雄心的应对气候变化行动提供驱动力。因此，全球盘点有利于协助缔约方超越纯粹的国家利益，调整国家行动使之符合实现共同目标所需的行动要求。在试图解决气候变化等国际集体行动问题时，国内或个人与集体观点的联系至关重要。全球盘点要发挥其巨大潜力，就必须以有利于其职能的方式进行设计。其目标应该是设计一个全球盘点运行机制，不仅要让各方清楚地知道自己在哪里，也应该知道要到哪里去。只有通过盘点过程定期将决策者和公众的注意力集中在加强行动的必要性上，才能产生足够的说服力和政治驱动力，推动各个国家朝着增强雄心的方向发展，并为缔约方提供解决办法和政策选项。

全球盘点制度实施细则的出台对于实现达成有效协议所需的雄心至关重要。鉴于全球盘点的核心作用，全球盘点模式是《巴黎协定》特设工作组（APA）最重要的谈判议题之一。这些谈判具有挑战性，既因为利害关系重大，也因为其谈判涉及在巴黎气候大会上尚未完全解决的政治问题。其中一个问题是如何在"自上而下"和"自下而上"路径之间，在国家与国际层面的确定行动之间找到最佳平衡点。围绕全球盘点结果进行谈判，将在于如何保持总体评估的性质，在个别缔约方实施应对气候变化行动以及采取支助措施时，盘点也应为缔约方提供相关指导。总之，在盘点过程中，专家层面的盘点评估可能更好提供所需的事实分析以及基于科学的评估与建议，而政治层面的盘点评估，将有利于定期创造额外的政治驱动力，将国际关注点吸引到国家层面的努力进程中。

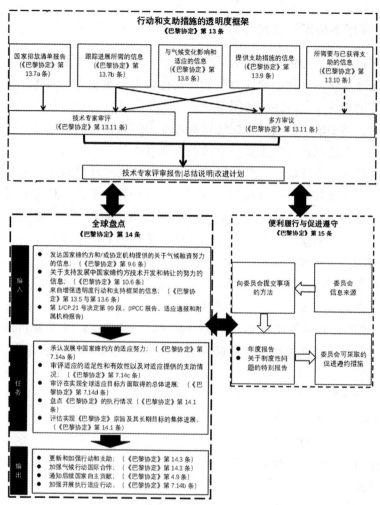

图 4-1 《巴黎协定》遵约相关便利履行与遵守、透明度、全球盘点制度运行关系图

第四节 《巴黎协定》灵活履约制度现状及其问题

《巴黎协定》确立了 2020 年后的国际气候治理新机制。在气候行动市场方法的支持者和反对者之间持续数年的拉锯战结束时，于《巴黎协定》中加入了第 6 条的内容。第 6 条规定了各国可能希望在执行其国家自主贡献（NDCs）方面进行合作的若干途径，包括促进自愿合作的市场方法和非市场

方法。为协助缔约方实现其国家自主贡献（NDCs）目标并不断提高减排行动力度，《巴黎协定》第6条为缔约方提供了两种碳市场机制，分别是第6条第2款和第3款下的合作方法（CA）和第6条第4款至第7款下的可持续发展机制（SDM）。碳市场等灵活履约手段为缔约方实现其国家自主贡献（NDCs）目标提供了灵活性，并且降低了减缓成本。随着国际气候变化谈判的推进，有超过半数的缔约方在所通报的国家自主贡献（NDCs）中支持建立国际碳市场。[1]

一、国际应对气候变化法灵活履约制度的形成

气候变化问题是对可持续经济发展以及与贫困作斗争的根本威胁。碳市场已经成为以最灵活、最具成本效益的方式推动减排的重要政策工具，同时又实现了其他重要的发展目标。自从1997年就《京都议定书》达成协议以来，可以说，减缓努力最具体和最明显的方面是通过碳市场来实现低成本减排。通过国内市场和国际碳定价工具，如清洁发展机制（CDM）和联合履约机制（JI），对碳排放进行定价，促进了全球、国家和地区更具雄心的减缓行动。《京都议定书》为全球碳市场和市场工具提供了一个框架。它采用集中化的方法，这意味着所有参与交易的排放单位均由《京都议定书》缔约方会议（CMP）定义和发布，并且《京都议定书》缔约方会议还围绕什么有利于遵守京都义务作出决定。[2]这一点，再加上出现的国内市场数量非常有限，以及其与《公约》制度框架的密切关系，确保了市场框架的建立与尝试通过链接碳定价机制来建立全球碳市场之间的努力并没有矛盾。

《巴黎协定》生效后，碳定价机制将以多种形式和结构出现，这无疑将形成一个更加全球化的市场。《巴黎协定》与《京都议定书》的最大区别在于前者采用了所有缔约国（发达国家与发展中国家）提交国家自主贡献（NDCs）的履约模式，取代了专门为发达国家设定独立量化减排目标的京都履约模式。在京都模式之下，为了帮助发达国家更好地完成强制减排目标，降低部分国家完成减排任务的履约成本，《京都议定书》创设了三大灵活履约

---

〔1〕 陶玉洁、李梦宇、段茂盛：《〈巴黎协定〉下市场机制建设中的风险与对策》，载《气候变化研究进展》2020年第1期，第117~125页。

〔2〕 S. Gao et al.，"International Carbon Markets under the Paris Agreement: Basic form and Development Prospects"，*Advances in Cimate Change Research*，2019，10（1），p. 9.

机制，[1]其核心思路就是促进承担强制减排义务的发达国家之间，以及发达国家与发展中国家之间，通过国际合作促进减排成本较高的发达国家完成减排义务，同时使得另一参与方获得经济收益。[2]在《京都议定书》灵活履约机制的影响下，基于配额交易和核证减排量交易的国际碳市场迅速发展起来。

《巴黎协定》案文最终产生的第 6 条，其谈判出发点是《京都议定书》之下的灵活履约机制，许多《京都议定书》缔约方希望在议定书有效期之外继续沿用这些机制。然而，《公约》之下针对长期行动的早期讨论，部分发展中国家缔约方也提出了对利用市场方法的不同意见。早在 2007 年召开的第十三届缔约方会议（COP13）所通过的"巴厘路线图"中，市场机制就没有被单独列出，并被表述为"各种方针，包括利用市场的机会，以提高减缓行动的成本效益和促进减缓行动"。[3]在 2011 年南非德班召开的第十七届缔约方大会（COP17）上，当新市场机制（New Market Mechanism，NMM）被定义时，"市场"这个词才被逐渐接受。同时，会议提出的多种方法框架（Framework for Various Approaches，FVA）得到了认可，并在第二年的第十八届缔约方会议（COP18）上得到了更大的发展。FVA 框架被设想为一种为国家主导的合作减缓措施提供框架的方法，以确保方法的应用符合环境完整性标准，避免双重核算，并实现排放量的净减少。[4]FVA 框架成了国际减缓成果转让（IT-MOs）机制诞生之前的最早雏形，而与机制实施关系密切的环境完整性和稳健核算问题也被明确提出。[5]

在德班加强行动平台特设工作组（ADP）下针对《巴黎协定》应当包括

---

[1] 包括《京都议定书》第 6 条"联合履约机制"（Joint Implementation，JI）、第 12 条"清洁发展机制"（Clean Development Mechnism，CDM）和第 17 条"国际排放交易机制"（International Emission Trading，IET）。

[2] 何建坤：《全球气候治理形势与我国低碳发展对策》，载《中国地质大学学报（社会科学版）》2017 年第 5 期，第 1~9 页。

[3] 第 1/CP.13 号决定的第 1 条 b 款第 5 项原文：各种方针，包括利用市场的机会，提高缓解行动的成本效力，同时牢记发达国家和发展中国家的不同情况。See UNFCCC. Bali Action Plan（FCCC/CP/2007/6/Add.1 Decision 1/CP.13），http://unfccc.int/resource/docs/2007/cop13/eng/06a01.pdf#page=3.

[4] A. Marcu，*A Framework for Various Approaches under the UNFCCC：Necessity or Luxury?*，Social Science Electronic Publishing，2012.

[5] United Nations Framework Convention on Climate Change（UNFCCC），"Various Approaches, Including Opportunities for Using Markets, to Enhance the Cost-Effectiveness Of, and to Promote, Mitigation Actions, Bearing in Mind Different Circumstances of Developed and Developing Countries"，*Technical Paper*，FCCC/TP/2012/4.

怎样的灵活履约条款，在几年间的谈判中一直没有取得进展。随着时间进入
2015 年，也就是《巴黎协定》谈判进程即将结束的那一年，《京都议定书》
已得到充分实施，市场机制正成为各国在国内层面越来越多使用的减缓气候
变化工具。随着市场机制终于开始在德班加强行动平台特设工作组（ADP）
下进行谈判，市场机制的突出问题也成了各国谈判的焦点。其一，越来越多
的缔约方认为，碳市场可以在国家或相关国家集团（如欧盟）之间得到更有
效的监管，而不是在《公约》之下。其二，各国提交的国家自主贡献预案
（INDCs）表明，这些国家普遍希望利用市场手段，但很少有国家表示计划要
求获得国际减缓成果。其三，稳健核算和环境完整性涉及双重核算的可能性、
超额盈余单位的交易等问题，要求对市场机制进行更加严格的核算，并施加
高标准的环境完整性要求。尽管被纳入了附属科学技术咨询机构（SBSTA）
的正式工作方案，多种方法框架（FVA）与新市场机制（NMM）以及非市场
方法（NMA）仍然存在争议，并且最初的谈判也由于各方存在分歧而进展缓
慢。[1]在 2015 年《巴黎协定》案文正式通过之时，这部分谈判内容构成了
协定第 6 条的主要内容，其中 FVA 框架演变为了《巴黎协定》第 6 条第 2～3
款 "合作方法"（Cooperative Approaches, CA）的框架性内容，而 NMM 机制
最终也演变为了《巴黎协定》第 6 条第 4～7 款的 "可持续发展" 机制（Sus-
tainable Development Mechanism, SDM）。

　　鉴于《巴黎协定》针对国际合作框架的管理更加分散，并且已经开始出
现更多种类的国内市场，重要的是要研究所有可能导致建立全球碳市场的方
法是否能够与新的《巴黎协定》国际气候变化机制共存，这包括本书后文所
讨论的碳市场网络（NCM），其详细程度远远低于更 "经典" 的链接方法。

二、《巴黎协定》灵活履约制度的基本规范体系

　　《巴黎协定》建立了合作方法下国际可转让减缓成果（ITMOs）和可持续
发展机制（SDM）的基本框架，但碳市场机制的实施细则一直处于悬而未决
的状态。尽管 2018 年的波兰卡托维兹气候大会通过了《巴黎协定》的实施细
则，但缔约方未能就第 6 条碳市场机制的实施细则达成一致，并决定在 2019

---

〔1〕 M. Rocha, "Reporting Tables-Potential Areas of Work under SBSTA and Options-Part I: GHG In-
ventories and Tracking Progress Towards NDCs", OECD/IEA Climate Change Expert Group Papers, 2019.

年的《巴黎协定》第二次缔约方大会上完成该谈判。经过十数次的推迟，由智利主办的《公约》第 25 次缔约方大会（COP25）在西班牙马德里正式闭幕，然而关于碳市场机制的问题仍没有解决。在新冠疫情之后，第 26 次缔约方大会（COP26）于 2021 年底在英国格拉斯哥召开，会议围绕《巴黎协定》第 6 条的实施细则进行了讨论并形成了初步方案。

（一）合作方法下的减缓成果国际转让

《巴黎协定》第 6 条提出了减缓成果国际转让，但并未对其进一步进行界定，国内外学者大多从其关键要素入手进行研究。围绕着 ITMOs 的度量指标单位，目前尚无定论。主要集中存在两种观点：一种观点主张，统一用温室气体指标来表示 ITMOs，并用吨二氧化碳当量（tCO2e）作为计量单位，从而降低核算方面的复杂性。但采用统一指标和计量单位可能会限制其他类型减缓成果的国际转让，阻碍以非温室气体指标表示国家自主贡献（NDCs）减缓目标的缔约方参与国际碳市场。另一种观点认为，ITMOs 可以是与国家自主贡献（NDCs）减缓目标相符的任何类型减排指标，如温室气体指标、能效指标和可再生能源指标等，并采用相对应的计量单位。但计量单位的不一致可能会导致核算困难，使得实际总体排放高于核算结果，破坏环境完整性。部分学者认为，狭义上 ITMOs 的度量指标是确定和单一的，广义上只要遵守《巴黎协定》第 6 条第 2 款关于环境完整性的原则，减缓成果国际转让可以是多种类型单位的总称。[1]另有学者认为，其交易指标就是减缓成果，而具体类型取决于其所产生的减排合作活动类型。[2]其他学者则提议通过农业创建一个志愿型市场，囊括多个参与主体和要素，包括了农产品供应商——农民，农产品买家——跨国公司和中小型企业，农产品来源的国家或次国家管辖区，气候变化与可持续发展国际组织。在为全民教育设计一个多边合作框架时，所有利益攸关方都是受益者，这些利益攸关方可以共同努力，逐渐与《巴黎协定》内的正式机制挂钩。[3]本书认为，单一指标与多种指标各有利弊，采

---

〔1〕 高帅等：《〈巴黎协定〉下的国际碳市场机制：基本形式和前景展望》，载《气候变化研究进展》2019 年第 3 期，第 222~231 页。

〔2〕 A. Majid，"Development of UN Framework Convention on Climate Change Negotiations under COP25：Article 6 of the Paris Agreement Perspective"，*Open Political Science*，2019，2（1），pp. 113~119.

〔3〕 E. Todd & M. Russell，"Earth Friendly Agriculture for Soil, Water, and Climate：A Multi-jurisdictional cooperative approach"，*Drake Journal of Agricultural Law*，2016，21（1），pp. 325~360.

用单一指标有利于核算以及环境完整性，采用多种度量指标有利于非温室气体减排目标的缔约方参与市场机制并实现其国家自主贡献（NDCs）目标，激发更多参与国家的积极性。

针对ITMOs的"相应调整"规定在巴黎大会第1/CP. 21号决定第36段。[1]部分学者认为，相应调整可以被理解为一方对其记录和跟踪登记、日志等所作的调整，表示对其减缓成果的相应行动，例如获取或取消一个单位。[2]如果减缓成果在被用于实现减排目标时被使用了不只一次，就会发生双重核算，需要通过相应调整来保证环境完整性。相应调整是减缓成果国际转让核算的一个关键要素，因为这些调整可以确保交易双方都准确反映出减缓成果的转让，借鉴了《京都议定书》已经采用的复式记账法。[3]相应调整可以通过各种方式进行，有学者给出了两种调整方式，即基于排放预算的调整和基于国家自主贡献（NDCs）目标水平的调整。[4]另外一些学者等表示由于来自国家自主贡献（NDCs）外部的减缓成果国际转让不应导致国家自主贡献（NDCs）目标或卖方记录的调整，因此需要设立一个交易登记处，以便相应地借记卖方账户。[5]除了基于指标的调整，还包括基于时间或年份的调整。部分学者表示相应调整的时间由《公约》秘书处规定。[6]大部分通报的国家自主贡献（NDCs）都是单一目标年份的减缓目标，而市场机制下的减缓成果可能产生于其他非国家自主贡献（NDCs）目标年份，引发相应调整方面的争议。[7]一种观点认为，缔约方应采用与其国家自主贡献（NDCs）相同年份的ITMOs进

〔1〕 第1/CP. 21号决定第36段：请附属科学技术咨询机构拟订并作为建议提出《巴黎协定》第6条第2款提及的指南，供作为《巴黎协定》缔约方会议的《公约》缔约方会议第一届会议审议和通过，包括旨在确保以缔约方对其在《巴黎协定》下的国家自主贡献（NDCs）所涵盖的源的人为排放和汇的清除做出的相应调整为基础避免双重计算的指南。

〔2〕 B. Kavya ，"Market-based Approaches of the Paris Agreement：Where are We Now？"，*New Delhi*：*The Energy and Resources Institute*，2018.

〔3〕 M. Michael ，"Governing Cooperative Approaches under the Paris Agreement"，*Ecology Law Quarterly*，2019，46（3），pp. 817~819.

〔4〕 M. Michael，G. Metcalf &. R. Stavins ，"Linking Heterogeneous Climate Policies Consistent With the Paris Agreement"，*Environmental Law*，2019（8），pp. 647~698.

〔5〕 M. Benito & A. Michaelowa ，"How to Operationalize Accounting under Article 6 Market Mechanisms of the Paris Agreement"，*Climate Policy*，2019，19（7），pp. 812~819.

〔6〕 L. Chen ，"Are Emissions Trading Schemes A Pathway to Enhancing Transparency under the Paris Agreement？"，*Vermont Journal of Environmental Law* 2018，3（1），pp. 306~337.

〔7〕 M. Lazarus，A. Kollmuss & L. Schneider ，"Single-year Mitigation Targets：Uncharted Territory for Emissions Trading and Unit Transfers"，Stockholm：SEI，2014.

行调整。还有一种观点认为，缔约方应计算国家自主贡献（NDCs）执行期间所有年份的国际转让的减缓成果的平均值，以便对目标年份或所有年份进行相应调整。此外，也有观点坚持应计算国家自主贡献（NDCs）执行期间的排放路径，并在排放路径的基础上根据 ITMOs 对所有年份进行相应调整。[1]

（二）可持续发展机制

2015 年，在《巴黎协定》缔约方会议的授权和指导下，根据《巴黎协定》第 6 条第 4 款至第 6 款设立了 SDM 机制，其目的类似于《京都议定书》所确立的清洁发展机制（Clean Development Mechanism，CDM）追求的双重目标。[2]即既能实现成本效益高的温室气体减排，又可以协助发展中国家实现其可持续发展目标。自 2015 年《巴黎协定》和《2030 年联合国可持续发展议程》（Sustainable Development Goals，SDGs）达成一致以来，全球碳市场架构发生了重大变化，部分学者利用 CDM 可持续发展工具分析了截至 2017 年 1 月已进入 CDM 的 2098 项组成部分方案活动，并建议在定性数据分析的基础上，对气候行动的可持续发展效益进行分级和标记。其认为，这比采用定量方法的成本更低。[3]另有学者认为，SDM 机制与 CDM 有异曲同工之处。其一，SDM 机制是以东道国受益的减缓活动开展。其二，减缓活动产生的减排量经额外性核查与认证后，可用以抵消本国的自主承诺，也可用以向他国转让获利，并可以抵消他国承诺。其三，SDM 核证机制鼓励公私实体参与，但应获得缔约方授权。其四，SDM 机制应受《公约》缔约方大会指定机构监督。[4]然而，有学者认为，虽然 SDM 经常被提到是 CDM 的继承者，但《京都议定书》之下的方法与《巴黎协定》之下的方法之间并没有一对一的匹配。[5]本书认为，目前无法完全摒弃京都模式下的 CDM 机制，在 SDM 机制还存在很多不确定的情况下，若没有更好的办法，将 CDM 作为 SDM 机制的

---

〔1〕 H. Andrew & S. Hoch, "Features and Implications of NDCs for Carbon Markets", Washington DC: Climate Focus, 2017.

〔2〕 O. Karen, C. Arensb, & F. Mersmannc, "Learning from CDM SD Tool Experience for Article 6.4 in the Paris Agreement", *Climate Policy*, 2018, 18（4）, pp. 384~386.

〔3〕 O. Holm et al., "Sustainability Labelling as a Tool for Reporting the Sustainable Development Impacts of Climate Actions Relevant to Article 6 of the Paris Agreement", *Int Environ Agreements*, 2019, 19（2）, pp. 225~251.

〔4〕 党庶枫、曾文革：《〈巴黎协定〉碳交易机制新趋向对中国的挑战与因应》，载《中国科技论坛》2019 年第 1 期，第 181~188 页。

〔5〕 M. Andrei, *Decoding article 6 of the Paris Agreement*, Manila: ADB, 2018.

基础并借鉴其框架，不失为一种明智的选择。在一定程度上可以借鉴现有CDM 机制的基础设施和程序以为其运作服务。如根据巴黎大会第 1/CP. 21 号决定第 37 段（f）项所述，该机制应基于"从《公约》及其相关法律文书下通过的现有机制和方法中获得的经验和学到的教训"。换句话说，《京都议定书》的灵活履约机制将成为 SDM 机制的基础，CDM 的治理框架也可以作为SDM 机制的架构。

（三）两个碳市场机制之间的关系

《巴黎协定》下两个碳市场机制的主要区别在于减缓成果的产生方式。前者的减缓成果是由缔约方或非政府组织运作的机制产生的，而后者的减缓成果是在《公约》的监督下产生的。而 ITMOs 与 SDM 之间的关系是需要在后续气候变化谈判中进一步澄清的问题之一，这两个市场机制之间的关系问题实际上涉及 SDM 信用的转让。SDM 信用是否在其首次发放后的某个时间（即在随后的转让中）成为国际转让的减缓成果，取决于 SDM 信用与 ITMOs 机制下减缓成果的可替代性。一些缔约方将《巴黎协定》第 6 条第 2 款至第 3 款视为任何减缓成果的转让窗口，包括 SDM 机制下产生的减排信用。在其看来，SDM 信用一经转让，即会成为一种类型的减缓成果国际转让，并将在为ITMOs 机制制定的核算规则基础上进行相应调整。在这种观点下，同样的核算规则同时适用于 ITMOs 和 SDM 机制中减排成果的转让。而另一些缔约方则认为，这两个条款是不同的，应为 SDM 机制下的减排信用制定专门的转让规则。由于国际转让的减缓成果的质量存在不确定性，因此有些缔约方宁愿将SDM 减排信用与 ITMOs 机制下的转让单位分开保存，以便不破坏碳市场实施背景下的环境完整性。根据这种观点，必须为这些 SDM 机制下的减排信用转让设立一个单独的窗口，并且 SDM 信用永远不会成为 ITMOs 机制下的国际转让单位。总之，根据 SDM 机制产生的减排量与 ITMOs 机制之间存在多种可能选项，至少包括以下四种：其一，如果根据 SDM 机制产生的减排是国际转让的，并且被购买国用来实现其国家自主贡献（NDCs），则被视为国际转让的减缓成果；其二，根据 SDM 机制产生的减排量，如果是国际转让的，被购买国用来实现其国家自主贡献（NDCs）目标，且被转让国国家自主贡献（NDCs）的范围所涵盖，则被视为国际转让的减缓成果；其三，根据 SDM 机制产生的减排量始终被视为国际转让的减缓成果；其四，从不将根据 SDM 机制产生的减排量视为国际转让的减缓成果。

三、《巴黎协定》灵活履约实施中的环境完整性风险问题

（一）环境完整性的提出

《巴黎协定》以及《公约》和《京都议定书》下的气候变化大会决定多次使用了"环境完整性"一词，但并未作出明确定义，在缔约方根据《巴黎协定》第 6 条提交的材料中，也没有提出针对环境完整性的定义。环境完整性是《巴黎协定》第 4 条和第 6 条规定的一项关键原则。《巴黎协定》和巴黎大会第 1/CP. 21 号决定共有 5 次提到环境完整性。其一，《巴黎协定》第 4 条第 13 款要求缔约方在核算其国家自主贡献（NDCs）目标时促进环境完整性；其二，《巴黎协定》第 6 条第 1 款要求缔约方在实施国家自主贡献（NDCs）目标的自愿合作中促进环境完整性；其三，《巴黎协定》第 6 条第 2 款规定缔约方在采取合作方式时应确保环境完整性；其四，巴黎大会第 1/CP. 21 号决定第 92 段第（g）项规定请《巴黎协定》特设工作组（APA）在制定有关行动和支持透明度的模式、程序和指南（MPG）的建议时，考虑到确保环境完整性的需要；其五，巴黎大会第 1/CP. 21 号决定第 107 段要求转让国和购买国以透明方式报告国际转让的减缓成果，以期促进环境完整性。最后值得一提的是，尽管《巴黎协定》第 6 条第 4 款没有明确提到环境完整性，但巴黎大会第 1/CP. 21 号决定确立了旨在维护环境完整性的若干规定，例如大会决定第 37 段关于"实际的、可衡量的和长期的"减缓效益和"对于反之也会产生的任何减排量而言是额外的排放减少"的规定。

目前在《巴黎协定》碳市场机制方面界定环境完整性有以下三种可能的方法。第一种方法是，如果实现了减缓目标，则可以确保环境完整性。例如，有学者将环境完整性定义为实现某一总排放目标，即条约规定的国家目标之和。[1]在这种方法下，如果国际转让不会导致实际排放总量超过总目标水平的情况，则可以确保环境完整性。第二种方法是，如果国际转让不会导致全球温室气体排放量增加，则可以确保环境完整性。政府间气候变化专门委员会（IPCC）将某些减缓政策的"环境完整性"定义为"在多大程度上实现其减少气候变化原因和影响的目标"。此外，IPCC 对《京都议定书》灵活履约工

---

[1] W. Edwin, "Hot Air trading under the Kyoto Protocol: An Environmental Problem or Not?", *European Environmental Law Review*, 2005, 14 (3), pp. 71~77.

具的环境完整性评估表明，其是从对全球温室气体排放总量的影响而不是从《京都议定书》目标实现的角度来解释碳市场的环境完整性的。在这种方法下，如果将国际转让与未进行国际转让的情况进行对比，全球温室气体总排放量相同或更低，则可以确保环境完整性。第三种方法是，如果国际转让导致全球温室气体排放水平降低，则可以确保环境完整性。这种方法可以建立在《巴黎协定》第 6 条第 1 款提高力度的目标或协定第 6 条第 4 款"实现全球排放的全面减缓"机制的目标之上。根据这一定义，如果国际转让导致全球温室气体排放量全面减少，将确保环境完整性。该方法可以按照不同的方式实施。一种方式是如果国际转让与某一长期目标的实现，或某一努力的分配相一致（例如保持在特定温度目标范围内的排放路径），则可以视为促进环境完整性。另一种方式可以是确保转让的特定减排量既不被转让国使用，也不被购买国用于实现其国家自主贡献（NDCs）目标。

第一种方法意味着，只要排放量不超过总目标水平，全球温室气体排放量就可能因参与国际转让而增加。这种做法似乎不符合《巴黎协定》的一般原则，也可能损害第 6 条第 1 款下的合作应"提高力度"的原则。第三种方法将提高力度的目标纳入了环境完整性的定义。在《巴黎协定》中，提高力度和确保环境完整性是两个不同的概念，将这些概念结合起来可能会更加复杂，并且可能稀释其中的每一个概念。评估各国的减缓目标是否与《巴黎协定》的长期目标相一致，也会引发有关排放路径规范性与公平性的政治争议问题。在《巴黎协定》第 6 条的范围内，普遍认同的是第二种界定方法，本书也采用该定义，即环境完整性是指使用国际转让不会导致全球温室气体排放量高于仅通过国内减缓行动而不进行国际转让实现国家自主贡献（NDCs）减缓目标的情况。换言之，如果国际转让导致相同或更低的全球温室气体排放总量，则环境完整性得到了保证。

（二）环境完整性的影响因素分析

如果环境完整性意味着，进行国际转让与不进行国际转让情形相比，不应导致更高的排放量，则对于参与国际转让的缔约方来说，转让国每转让一单位减排成果，就必须实现一吨二氧化碳当量的减排量，同时购买国多排放了一吨二氧化碳当量的温室气体。在这种情况下，全球温室气体排放量将保持不变，并且温室气体减排成本会降低。但实际上，国际转让对全球温室气体排放的影响是比较复杂的，全球温室气体排放量既可能保持不变，也可能会有所增加，还可能在某些情况下减少，这取决于转让单位的额外性、国家自主贡献（NDCs）目标的多样性和力度，以及国际转让的稳健核算三个方面的因素。

第一，国际转让单位的额外性问题。如果潜在的碳市场机制确保一个单位的签发或转让，与转让国至少一吨二氧化碳当量的减排量直接相关，即一个转让单位大于或等于一吨二氧化碳当量，则与没有该机制的情况相比，此转让单位具有很好的额外性。确保转让单位的额外性在很大程度上取决于国际碳市场机制实施细则的设计。一方面，在基线信用交易机制（B&C）下，如果减缓行动是额外的，即证明在没有该基线信用交易机制的激励的情况下不会发生，减排量没有被高估，并且减排具有永久性特征，或可以找到解决非永久性问题的规定，那么基线信用交易机制的环境完整性就能得到保证。确保减排量不被高估涉及该减排活动是实际的、可衡量的且可归因等几个方面，并适当考虑到了间接排放影响。然而，基线信用交易机制在评估额外性与排放基线方面面临着特殊的挑战和限制，特别是由于减排活动的项目开发商与监管机构之间的信息不对称，以及对未来发展预期的不确定性。另一方面，在总量控制与交易（C&T）机制下，配额的环境完整性主要取决于两个因素，即碳市场配额总量上限是否低于在没有交易系统的情况下可能出现的排放水平，以及是否对排放活动进行了完善的碳监测。总量上限宽松会使得一些碳市场出现配额盈余的情况，如果一个上限规定严格的碳市场与一个配额盈余的市场进行链接，则可能会破坏这两个碳市场的总体环境完整性。评估碳市场总量上限的水平可能很困难，特别是在必须考虑不同时间范围的情况下。然而，在迄今为止建立的几乎所有总量控制与交易模式国家或区域碳市场中，配额的过度分配似乎是一个普遍存在的问题。[1] 在《巴黎协定》第6条的范围内，还可以允许其他类型的转让，而无需使用基线信用交易机制或将两个总量控制模式的碳市场链接起来，这主要涉及缔约国政府之间双边层面的直接转让，其模式非常类似于《京都议定书》灵活履约机制下的分配数量单位（Allocated Allowance Units，AAUs）转让。在不实施任何减缓行动而直接进行双边转让的情况下，所转让的单位将不能够确保环境完整性。

---

[1] L. Stephanie et al., *International Transfers under Article 6 in the Context of Diverse Ambition of NDC*, Stockholm: SEI, 2017.

　　第二，各国所提交的国家自主贡献目标的多样性问题。根据《巴黎协定》，缔约方应每5年通报一次国家自主贡献（NDCs）目标。自主性是国家自主贡献（NDCs）目标的重要特征，并导致了缔约方提出各类应对气候变化目标的多样性问题，包括减缓目标的类型、范围、度量指标和力度等方面存在的差异性。[1]在第一批通报的国家自主贡献（NDCs）中，各国通报了多种减缓目标。一些目标涉及整个经济领域，而另一些则仅涉及特定部门。有些表示为温室气体排放目标，有些表示为非温室气体指标。一些国家仅通报了一个国家自主贡献（NDCs）目标，而许多国家则通报了不同类型的目标，包括采用其他类型的目标，例如非化石燃料能源份额的目标，来补充温室气体排放目标。一些国家不仅提供了单一的目标值，而且提供了一个目标范围，还有一些发展中国家通报了有条件（得到发达国家资金技术援助的情形）以及无条件的国家自主贡献（NDCs）目标。这导致单个国家可能达到几个目标水平，而且并不清楚国家打算在哪种条件下实现哪些目标或目标水平。在国家自主贡献（NDCs）目标的覆盖范围上，《巴黎协定》第4条仅规定了发达国家需提交涵盖全经济领域的应对气候变化目标，在具体覆盖的产业部门或温室气体方面，不同国家所提交国家自主贡献（NDCs）目标中的记载更加复杂。许多国家还旨在说明土地利用、土地利用变化与林业（LULUCF）的排放量和清除量，但尚未明确说明如何核算这一部门。随着卡托维茨气候大会对于《巴黎协定》实施细则大部分规则的达成，尤其是对《巴黎协定》第4条关于各国未来提交国家自主贡献（NDCs）目标的特征、信息和核算导则进行明确，并在NDCs第二轮提交过程中适用，也特别鼓励在2020年通报和NDCs目标更新中适用该信息导则。这意味着国家自主贡献（NDCs）目标的明确将显著降低减缓成果国际转让的难度，减少碳市场实施对环境完整性的影响。

　　第三，各国所提交的国家自主贡献目标的力度问题。国家自主贡献（NDCs）目标力度对环境完整性的影响，主要体现在减缓成果的转让国所制定的应对气候变化目标的水平上。转让国国家自主贡献（NDCs）目标可以间接影响转让活动，从而给全球温室气体排放带来影响。这种影响可以分为正负两方面：一方面，某些国家在其国家自主贡献（NDCs）目标中提出具有较

---

[1] G. Jakob & S. Lambert, *Categorization of INDCs in the light of Art. 6 of the Paris Agreement*, Berlin: DEHSt, 2016.

大力度的全经济领域目标，这些国家就会有动力确保所转让单位的环境完整性。如果转让国的全经济领域国家自主贡献（NDCs）目标比照常情境减排目标更严格，而转让国把不具备额外性的减缓成果转让给另一个国家，那么转让国为了确保其环境目标的实现，就必须通过进一步减少排放来补偿转让活动对本国减排目标实现力度的影响。另一方面，如果一国的国家自主贡献（NDCs）目标不如照常情境减排目标严格，或者该国某些排放源并不包括在国家自主贡献（NDCs）目标范围内，那么该国如果可以将质量不高的减缓成果转让给其他国家，自然不会影响其实现国家自主贡献（NDCs）目标的能力，该国就没有直接动力来确保所转让单位的环境完整性。但这种情况也会导致有些国家降低国家自主贡献（NDCs）目标的承诺力度，同时寄希望于把更多国家自主贡献（NDCs）目标承诺范围之外的减缓成果用于国际碳市场交易获利。

第四，国际转让单位的稳健核算问题。国际转让的稳健核算是确保减缓成果国际转让的环境完整性的关键性先决条件。即使这些机制所产生的减缓成果具有可证明的额外性，转让国的国家自主贡献（NDCs）目标是全经济领域范围，而且比照常情境减排目标更严格，核算不当也会增加全球温室气体排放量。稳健核算风险体现在以下三个方面：其一，转让单位的双重签发问题。如果为相同的排放量或减排量发放了不止一个碳单位，则会导致双重发放问题。在一个分散的碳市场体系中，存在着国际、双边、国家层面，甚至地方政府主导治理下的多种机制，两种机制可以为同一排放量或减排量签发碳单位。其二，转让单位在不同国家间的双重认领问题。如果同一减缓成果在实现减排目标时被计算两次，则会发生双重认领。一次由转让国（即产生减缓成果的国家或实体）通过报告其温室气体减排量计算，一次由为实现其减缓目标而使用减排单位的购买国计算。其三，转让单位的双重使用问题。如果两次使用相同的减缓成果来实现国家自主贡献（NDCs）目标，则会引发双重使用问题。例如，如果某个碳单位在登记管理机构中被重复使用，或者一个国家在两个不同年份中使用同一单位来实现其国家自主贡献（NDCs）目标，都可能会引发双重使用问题。

小　结

本章内容围绕《巴黎协定》下的遵约制度及其密切相关的透明度框架、

全球盘点和灵活履约制度现状及其存在的问题展开分析。首先,《巴黎协定》试图建立起一套系统性的围绕国家自主贡献的制度保障体系,通过设置信息公开功能的强化透明度框架,来确保各缔约国能够保质保量地完成相关信息义务,以此作为评估各国提交与完成国家自主贡献的基础。其次,《巴黎协定》通过建立便利履行与促进遵守程序督促缔约方履行《巴黎协定》义务,并敦促缔约方通过全球盘点在个体层面和总体层面增强雄心壮志,通过三个制度和合力功能,该制度体系可以合乎逻辑地为《巴黎协定》所设定的温控与全球减缓与适应气候变化目标提供评价基础。最后,《巴黎协定》仍然试图建立起类似京都灵活履约那样的包括碳排放交易的跨国家、跨区域国际合作机制,帮助不同需求的缔约国更好地履行国家自主贡献义务。通过分析可以发现,该制度体系仍然面临着多层面问题,如便利履行与促进遵守的非强制性、透明度机制中缺乏信息的及时性、全球盘点中基于假设而非基于解决方案的决策,以及缺乏对灵活履约制度实施保障等问题,这些都需要通过有效遵守评估与实施性制度设计来加以完善。

第五章

《巴黎协定》国家自主贡献实施可信度评估

《巴黎协定》实施成功与否取决于各国实现国家自主贡献（NDCs）的可信度和雄心。195 个国家签署的这项全球气候协议依赖于强有力的透明度和核算制度，以及定期全球盘点，以推动国际社会气候变化方面的努力。各国将通过国家自主贡献（NDCs）实现《巴黎协定》的既定目标，包括承诺限制或减少每年的温室气体排放。截至 2021 年底，多数缔约方均提交了首轮更新的国家自主贡献（NDCs）承诺文件。联合国官方机构和国际知名非政府组织研究分析表明，首轮提交的各国国家自主贡献（NDCs）的雄心力度，不足以使《巴黎协定》所追求的将 21 世纪末的平均气温上升限制在 2 摄氏度以内，更不用说努力将气温上升幅度限制在工业化前水平 1.5 摄氏度以下的强化目标了。各国认识到目前所提交的国家自主贡献（NDCs）并不能有效阻止全球温度的上升，并同意随着时间的推移不断增加各自减排或限制排放的雄心。但值得注意的是，各国在国家自主贡献（NDCs）承诺的雄心壮志并不是唯一的决定性因素，更需要看到的是各国所提交的国家自主贡献（NDCs）是否能够真正履行并被国际社会普遍信赖，即可信度对于《巴黎协定》的成功履行同样非常重要。这是因为，与《京都议定书》等其他国际条约不同，《巴黎协定》并没有建立起强有力的遵约制度，不会对缔约方的不遵守行为进行处罚或制裁，更多地依靠政治协商和能力支持等方式促进缔约方真正履行国家自主贡献（NDCs）承诺。因此，如果没有可靠的评估机制辅助执行，就无法建立支持《巴黎协定》报告和审查制度所需的集体信任。具体而言，各国国家自主贡献（NDCs）承诺的可信度将因两个关键因素而至关重要：一方面，它将为未来的国际气候谈判带来正向激励，可靠且可实现的国家自主贡献（NDCs）将促进各国之间产生更大的信任，并刺激集体雄心水平的提升。国家自主贡献（NDCs）未来是否能够成功履行将是至关重要的，因为所有国家都愿意进一步收紧各自根据《巴黎协定》的要求每5年必须提交的国家自主贡献（NDCs）承诺目标。这反过来将影响国际社会在今后的审查周期中继续谈判更大程度的集体雄心的能力。另一方面，只有具有较高可信度的国家自主贡献（NDCs）才更有可能吸引国际公共机构和私人领域的低碳转型投资，尤其是在更加雄心勃勃的承诺以资金援助为条件的情况下更是如此。本书将聚焦于各国所提交的国家自主贡献（NDCs）的可信度问题，借鉴伦敦政经学院格林汉姆研究所（The Grantham Research Institute on Climate Change and the Environment, GRI）所建立的国家自主贡献（NDCs）可信度评估模型进行分析，[1]围绕主要国家在提交国家自主贡献（NDCs）的国内层面实施可信度问题进行研究，[2]尤其是美国、欧盟、中国等具有代表性的温室气体排放大国进行各自承诺的可信度分析，[3]以期为决策者提供实施国家自主贡献（NDCs）的完善建议。

第一节 国家自主贡献实施可信度评估的概念

一、关于可信度的一般性解释

可信度（Incredibility），是指对人或事物可以信赖的程度，是根据经验对一个事物或一件事情信以为真的相信程度。作为一个公共管理学概念，可信度代表着社会公众对政府将履行其宣布政策的相信程度。当公众不能立即完全相信政府的公告时，就会认为政策制定者可能缺乏充分的可信度，当政策制定者的公告为社会公众所信任时，政策制定者才有信誉。政策制定者通常必须通过长时期始终如一的行动来赢得信誉，使公众的预期给政策的实施带来积极的影响。获得可信度的代价可能是高昂的，或者具有不高的可行性。

---

〔1〕 Alina Averchenkova & Samuela Bassi, "Beyond the Targets: Assessing the Political Credibility of Pledges for the Paris Agreement", *Grantham Research Institute on Climate Change and the Environment*, Centre for Climate Change Economics and Policy, 2016.

〔2〕 Alina Averchenkova & Sini Matikainen, "Assessing the Consistency of National Mitigation Actions in the G20 with the Paris Agreement", *Grantham Research Institute on Climate Change and the Environment*, Centre for Climate Change Economics and Policy, 2016.

〔3〕 Alina Averchenkova et al., "Climate Policy in China, the European Union and the United States: Main Drivers and Prospects for the Future In-depth Country Analyses", *Grantham Research Institute on Climate Change and the Environment*, Centre for Climate Change Economics and Policy, 2016.

以美国联邦储备委员会政策为例，如果美联储宣布其将保持低通货膨胀而不被公众相信，预期通货膨胀率就会高于实际通货膨胀水平，经济衰退也会随之而来。[1] 只有经过一段时间，当新的政策被社会公众理解时才会赢得信誉。可信度的提升对于公权力机构博得公众信任并取得实施效果至关重要。

二、关于国家自主贡献实施可信度的概念界定

在《巴黎协定》遵守与缔约方履行的背景下，可信度反映了国际社会对各国是否能够履行其国家自主贡献（NDCs）承诺的期望，国际社会借以评判各国是否可以言行一致的程度，国家自主贡献（NDCs）的承诺内容是否能够被特定缔约方在其国内加以有效实施。国家自主贡献（NDCs）实施的可信度可以被分为几个概念要素加以界定：首先，一个国家为了信守承诺，需要履行其国家自主贡献（NDCs）并在国内开展实施工作，例如通过制定政策和立法框架及其他制度安排；其次，一个国家需要确保有效执行这些政策、法律或其他制度性安排，这是保障国家自主贡献（NDCs）实施可行性上发挥关键作用的地方；最后，可信度还应包括评估该国在充分履行承诺之前会不会废除承诺的可能性，例如美国曾经两次退出国际气候条约，最近的一次发生在2017年特朗普总统执政时期。

国家自主贡献（NDCs）国际承诺的可信度、国内实施的可行性与贡献承诺的雄心水平之间的关系是复杂的、多方向的。具体而言，雄心壮志越低，技术上实施的可行性就越大，因此实现目标的可能性就越大，因此，抱负最低的承诺可能被认为是最可信的。这表明，对各国为《巴黎协定》所作努力的分析应考虑到三个方面的因素，即法律层面国家自主贡献（NDCs）的实施可信度、政治上承诺的雄心水平、国内实施的技术可行性。当然，就满足履行承诺的能力以及成功实施所需的能力和技能、技术和资金的可用性而言，国内实施的技术可行性与政治上的雄心壮志密切相关。事实上，技术可行性决定了在给定成本下减缓气候变化工作的最高水平。此外，还与实施所需的资金是否可能筹集，以及是否能够获得低碳技术和能力建设有关。技术可行性也会影响可信度，因为它反映了一个国家实现其目标的技术能力。

---

[1] 马勇、姚驰：《通胀目标调整、政策可信度与宏观调控效应》，载《金融研究》2022年第7期，第1~19页。

国内外文献中没有对各国在国际谈判中所作的政策或承诺的可信度专门进行单一定义，但与其他理论分析有相似之处。大多数定义往往侧重于宣布的承诺与实际执行之间的一致性。有学者认为，所谓可信度是指国家和政府"如果其他人相信他们会做他们承诺的事，那么他们就有信誉"。[1]可信度也被描述为"关于当前和未来政策进程的信念与政策制定者最初宣布的计划相一致的程度"。[2]或者，更简单地说，可信度是"对宣布的政策将得到执行的期望"。[3]在其国家自主贡献（NDCs）实施的背景下，承诺的可信度反映在期望将制定可信和有效的国家政策，将承诺转化为国内政策上。鉴于《巴黎协定》国家自主贡献（NDCs）模式仍处于实施过程的早期阶段，大多数国家正在或尚未转化为新的减缓、适应或其他实施性政策，国家自主贡献（NDCs）的可信度将主要取决于当前国家在国内正在实施的与减缓、适应和相关与气候变化相关措施的可信度，以及各国过去在气候行动方面的表现。

三、关于国家自主贡献实施可信度的理论依据

诺贝尔经济学奖获得者挪威经济学家芬恩·基德兰德教授（Prof. Finn Kydland）和美国经济学家爱德华·普雷斯科特教授（Prof. Edward Prescott），在20世纪70年代提出了"政策可信度理论"。该理论强调：①可信的政策依赖于有效的制度安排；②特别是对于一个选择社会福利最大化的理性政府而言，政府的政策必须是可信的，如果对未来政策没有一个承诺机制，一系列预期发展的经济后果将是不能实现的。[4]这引发了关于以建立政府承诺可信度为目的的制度设计讨论。在该理论框架下，与政策可信度相关的一个关键概念是"最优政策的时间不一致性"问题，这是由两位经济学家在1977年讨论货币政策的背景下首次描述的。其强调决策者往往受自身利益驱动，寻求

〔1〕　S. Brunner, C. Flachsland & R. Marschinski, "Credible Commitment in Carbon Policy", *Climate Policy*, 2012, 12（2）, pp. 255~271.

〔2〕　A. Dixit, *The Making of Economic Policy: A Transaction-Cost Politics Perspective*, Cambridge, MA: The MIT Press, 1996, pp. 33~35.

〔3〕　H. Compston & I. Bailey, "Climate Policy Strength Compared: China, the US, the EU, India, Russia, and Japan", *Climate Policy*, 2014, 3（2）, pp. 1~20.

〔4〕　张燕晖：《经济政策的时间—一致性和商业周期背后的驱动力量——基德兰德和普雷斯科特对动态宏观经济学的贡献》，载《国外社会科学》2005年第1期，第42~47页。

短期利益，这导致他们背弃了以前宣布的政策。[1]因此，当政策制定者偏离先前宣布的政策的能力和动机较低时，政策承诺的可信度较高。从遵从某一承诺中获得的收益越多，从偏离中获得的收益就越少，这种说法的可信度就越高。政府可以通过一贯遵守承诺的历史来建立令人信服的声誉，这种正面的声誉本身可能会刺激避免发生任何可能的政策逆转。[2]

应对气候变化是一个自 20 世纪 90 年代的新兴领域，因此大多数国家都缺乏强有力的激励措施来维持过去在气候变化政策方面的声誉。出于这个原因，承诺手段，即"将政治交易成本置于政策变化的路径中，以减轻机会主义的风险"和"创造或支持对政策的延续感兴趣的支持者"尤为重要。[3]这种承诺手段可能包括进行立法或制定行政法规，建立负责执行政策的独立机构，以及借助于私有产权的划分与排放配额的分配。基于基德兰德与普雷斯科特共同提出的"政策可信度"理论，国家自主贡献（NDCs）的实施与国家政策可信度问题被更加紧密地联系起来。法的生命在于实施，《公约》及其《巴黎协定》目标的实现，同样在于有效付诸实施。但是，我们看到的一个事实是《巴黎协定》所构建的"自下而上"国家自主贡献（NDCs）模式更多地依赖于缔约方的自主行动，而非基于法律强制力的约束。因此，实施国家自主贡献（NDCs）落实《巴黎协定》所追求的温控目标，并在各国贡献承诺下限制或减少温室气体年排放量、推动气候变化的努力等诸多国际法律制度与政策的实施过程中，各个缔约方政府仍是关键的参与主体。这样以提交国家自主贡献（NDCs）国家行为主体为核心，便构成了作为对国家自主贡献（NDCs）可信度评估工具设计的重要基础。

〔1〕 M. Christensen & S. Durlauf, "Monetary Policy and Policy Credibility: Theories and Evidence", *Working Paper*, 1989.

〔2〕 T. Bernauer & R. Gampfer, "Effects of Civil Society Involvement on Popular Legitimacy of Global Environmental Governance", *Global Environmental Change*, 2013. 23（2）, pp. 439~449.

〔3〕 S . Brunner, "Policy Strategies to Foster the Resilience of Mountain Social-ecological Systems under Uncertain Global Change", *Environmental Science & Policy*, 2016.

第二节 国家自主贡献可信度评估的框架设计

一、可信度评估的整体设计思路

政策承诺的可信度通常被定义为政策制定者信守承诺、实施承诺或政策的可能性。针对某一领域的政策可信度评估是多方面的，可以由多种因素驱动，这里可以包括符合承诺方向的国家立法的出台、成立或重组合适的政府职能机构，或是允许或鼓励有影响力的民间或商业非政府组织的存在。这些因素经常相互作用、相互加强。以德国贯彻应对气候变化和增加可再生能源份额承诺为例，这一政策的可信度得到了多种因素的支持，包括了社会公众环境保护意识的提高，引入稳定的特定技术价格支持可再生能源的公共政策实施，包括政府环境部门、环境友好的绿党以及地方当局在内成立的广泛联盟对可再生能源的支持。[1]因此，在设定国家自主贡献可信度的评估框架时，可以首先引入影响政策可信度的四个决定性因素，包括：①规则及其制定程序；②参与主体与相关组织基础；③习惯与公众参与；④国家针对此领域的过往表现。当然，影响因素还需要进行进一步分解，每个决定因素又被细分为不同子特征，通过进行评估信息比较分析进行对应指标的设置。第二个步骤是，在确定了一套简化的定性和定量信息和指标之后，可用于替代对每个决定因素的评估，检验其在多大程度上支持该国家在特定领域的政策可信度。在评估尺度选择上，设定"不支持""轻度支持""中度支持""很支持""完全支持"共5个打分区间，设置从0~4的四个打分值。分别对每个决定因素的子项目指标进行赋值。同时，还要针对四个决定因素分别赋予权重值，根据其对整体可信度评估的影响程度进行设定。第三个步骤则是选择对象国家的政策可信度进行评估，比较流行的目标对象包括选择G20国家进行比较研究，其涵盖了包括发达国家、新兴发展中国家等主要经济体，其排放量占据了全球排放量的70%以上，另外也有学者选择中国、欧盟和美国或者中美欧印度等典型排放量显著国家或国家集团进行打分评估。所依据的评估素材来自联合国官方机构的统计研究、各国权威机构的政府公开信息以及国际权

---

[1] M. Lockwood, "The Political Dynamics of Green Transformations", *The Politics of Green Transformations*, London and New York：Routledge, 2015.

威非政府组织的信息搜集等。[1]鉴于联合国官方机构并无针对各国履行国家自主贡献（NDCs）的权威评估方案，而学者在各类组合研究中也无意对特定国家履行《巴黎协定》国家自主贡献（NDCs）义务的可信度进行详细评估和排名。事实上，对可信度这样的概念进行量化评估是不可能一步到位的，而且可能会产生误导。所以，可信度评估的目标是提供一个简化的框架，以确定《巴黎协定》国家自主贡献（NDCs）实施层面的关键趋势、优势和劣势领域，并为各国逐步提高其国际气候变化承诺的政治可信度提供借鉴机会。

二、可信度评估的指标设置

借鉴政策可信度理论以及伦敦政经学院格林汉姆研究所（GRI）所建立的国家自主贡献（NDCs）可信度评估模型，选取了四个影响缔约方政府实施国家自主贡献（NDCs）承诺的决定性因素。特别需要注意的是，政府本身只能直接影响和改善其中的一些决定因素，包括立法、政策出台以及其他决策过程和公共机构，可以直接辅助实施。但是，其他决定因素更多基于社会层面的表现和行为，反映在私人机构，包括商业机构、非政府组织、应对气候变化游说团体的行动、公众舆论，以及政府与社会各类机构对国际参与的总体态度和过去的表现。这两个方面，无论是受到一国政府直接控制的法律与政策的制定和实施影响，还是不受政府直接控制但却存在间接影响的其他各类组织的表现，对决定一个国家所提交国家自主贡献（NDCs）的可信度都很重要。在不同决定因素的衡量背景下，一国政府可以也应该优先考虑前者，以便在短期内提高承诺的可信度。从长远来看，改善政府控制下的决定因素也可以对社会的反应产生积极影响，并改善各国在实现全球应对气候变化法律和政策领域曾经的失信或倒退记录。这里，私人机构和公众舆论是可以受到国家决策者间接影响的，特别是一国政府努力提高对气候变化问题的认识并表现出强健领导力的背景下更是如此。

（一）应对气候变化的法律和政策及其制定程序

基于规则而非基于决策者自由裁量权的决策，最大限度地减少了政策制

---

〔1〕 M. Nachmany et al., *The 2015 Global Climate Legislation Study – A Review of Climate Change Legislation in 99 Countries*, London: Grantham Research Institute on Climate Change and the Environment, Globe and Inter Parliamentary Union (IPU) Research Paper, 2015.

定者违背先前承诺的机会和动机。正如基德兰德和普雷斯科特教授在其政策可信度理论中所强调的那样，可信的政策依赖于制度安排，这使得"除紧急情况外，在所有情况下改变政策规则都是一个困难和耗时的过程"。[1]在规则及其制定程序这一决定性因素中，坚实的立法和政策基础，以及透明、包容和有效的法律与政策制定程序，将对国家自主贡献（NDCs）实施的可信度产生广泛影响。

1. 整体气候变化立法和政策基础

立法可以成为防止决策者背弃政策承诺的有力工具。[2]将一个国家应对气候变化的总体愿景正式写入该国的总体框架法律和政策，对于推动该国真正实施雄心勃勃的应对气候变化措施尤为关键。[3]因此，一个国家框架立法的存在通常表明政府对气候变化行动的高度认同，并加强了一个国家对未来行动承诺的可信度。此外，在气候变化的背景下，包含量化减排目标的立法或政策表明了承诺与前瞻性规划。温室气体减排或限排目标在地理范围上有所不同，既可以是基于全经济范围的，也可以是某一特定产业部门的。同时，受不同时间限制的约束，例如到2030年的短期目标或到2050年的长期战略目标，并具有不同程度的法律约束力。这里既包括写入法律的正式目标，也有采取政策形式纳入到的国家在某一国际场合的宣言，在国内出台的某一减排战略、规划或行动方案等政治文件。经济合作与发展组织（OECD）指出，与通过政策等非正式设定的气候目标相比，通过法律形式设定的目标在程序和政治上更加具有稳定性与可预见性。根据《巴黎协定》第4条的要求，大多数发达国家都是根据某一年过去的排放水平来设定的全经济领域减排目标，发展中国家在其国家自主贡献（NDCs）设定的目标形式比较灵活，其中包括了相对于未来国内生产总值（GDP）或照常情景（BAU）的减排目标。各国在其国家自主贡献（NDCs）所设定目标的时间跨度因国家而异，但根据《巴黎协定》第4条的要求，各国既需要提交每5年一次的国家自主贡献

〔1〕 F. Kydland & E. C. Prescott, "Rules Rather than Discretion: the Inconsistency of Optimal Plans", *Journal of Political Economy*, 1977. 85（3）, pp. 473~491.

〔2〕 T. Egebo & A. S. Englander, "Institutional Commitments And Policy Credibility: A Critical Survey And Empirical Evidence From The ERM. OECD Economic Studies", http://www.oecd.org/eu/34250714.pdf.

〔3〕 S. Fankhauser, C. Gennaioli & Collins, "The Political Economy of Passing Climate change Legislation: Evidence from a Survey", *Global Environmental Change*, 35, 2015, pp. 52~61.

（NDCs）承诺，还需要提交自己国家的长期温室气体低排放战略（LEDS），即多个既有短期目标的相互交替，又有长期目标的整体指引，为缔约方既设定了监测进展的中期里程碑，也设定了减排的长期愿景。组合目标的制度设计，与一个国家只有短期或长期目标的情况相比，缔约方在实施过程中废除或淡化其应对气候变化的法律与政策会更加困难。当然，如果将短期或长期目标都正式载入由缔约方立法机构通过的法律或政府颁布的行政法规（行政令），其国家自主贡献（NDCs）承诺的可信度将更加提升。

表 5-1　主要国家和地区应对气候变化立法情况统计

地区	法律名称	时间
加拿大	加拿大净零排放问责法	2021 年 6 月生效
欧盟	欧洲气候变化法	2021 年 7 月生效
德国	德国联邦气候保护法	2019 年出台，2021 年 6 月修订
英国	英国气候变化法	2008 年出台，2021 年修订
美国加州	加利福尼亚州全球变暖解决方案法	2006 年出台，2020 年修订
美国纽约州	纽约州第 97 号法案	2019 年出台
丹麦	丹麦气候法案	2019 年 12 月出台
南非	南非碳税法	2019 年 6 月生效
南非	气候变化法（征求意见）	2018 年征求意见
法国	绿色增长和能源转型法	2015 年出台
芬兰	芬兰气候变化法	2015 年出台，2021 年提出修订案
墨西哥	墨西哥气候变化基本法	2012 年制定，2018 年修订
韩国	温室气体排放配额分配与交易法	2012 年生效，2020 年修订
韩国	低碳绿色增长基本法	2010 年制定，2016 年修订
菲律宾	2009 气候变化法	2009 年出台
新西兰	2002 年应对气候变化法	2002 年制定，2020 年修订
瑞士	联邦二氧化碳减排法	2021 年 6 月获得批准
日本	地球温暖化对策推进法	2021 年 7 月生效
爱尔兰	气候行动和低碳发展法	2019 年出台，2021 年 6 月修订

地区	法律名称	时间
斐济	气候变化法	2008 年制定，2021 年修订
乌干达	国家气候变化法	2006 年制定，2020 年修订
俄罗斯	限制温室气体排放法	2019 年制定
西班牙	气候变化和能源转型法	2019 年 12 月出台
匈牙利	气候保护法	2019 年 6 月生效
马耳他	气候行动法	2018 年征求意见
秘鲁	气候变化框架法	2018 年出台，2020 年修订

备注：由作者根据美国哥伦比亚大学法学院塞宾气候法中心数据库资料整理。

2. 基于部门、地方和减排工具类型的具体举措

当一个国家的框架立法与减排目标得到该国整个经济领域以及基于部门层面的低碳转型法律或政策补充时，包括该国出台了涵盖能源、工业、农业、交通部门的具体减排举措，那么其国家自主贡献（NDCs）国际承诺会更加可信。当然，低碳政策可能会因国家而异，严格程度和覆盖范围也不同。如果一个国家没有整体经济的减排或限排目标，或者没有出台整体的减排政策，那么如果存在具体部门政策将起码表明该国正在推进"自下而上"的努力，以确保一些重点部门率先减少其排放量。具体部门政策往往涵盖了传统的排放领域，包括能源转型与能源效率提高、工业排放规制、交通排放规制和农林业排放管理。

城市和其他地方实体在制定自己的减排目标立法和政策方面，也可以起到重要的"自下而上"的实施效果，可以在一定程度上支持国家承诺的可信度。[1]例如，尽管美国联邦层面应对气候变化立法进程滞后，其对参与全球减排进程态度反复，但是美国地方各州却起到了重要表率作用，美国纽约州设定的减排目标是在 2007 年至 2030 年期间将温室气体排放量削减 30%，美国城市洛杉矶计划在 1990 年至 2030 年间减排 35%。一些亚洲地区国际化大

---

〔1〕　N. Stern & D. Zenghelis, *City Solutions to Global Problems. In*：*Living in the Endless City*，Phaidon Press，2011，pp. 327~330.

城市的代表，如韩国首都首尔市计划在 1990 年至 2030 年间减排 40%，中国香港特别行政区曾计划在 2005 年至 2020 年期间削减 50%～60%，并完成了相应减排目标。作为独立国际法主体的缔约方所提交的国家自主贡献（NDCs）的实现与否在很大程度上依靠地方政府等次国家实体的参与和努力，包括一些次国家的省级政府/州政府实体启动了碳定价计划，具有代表性的包括中国启动的 7 个地方省市的碳市场试点，日本的东京都碳市场、美国涵盖地方 10 个州的区域温室气体减排行动（RGGI）等减排努力，都应被考虑进入地方政府的贡献之中。随着城市和地区气候变化行动的数据越来越多，这一领域的可信度逐渐提升。

国家自主贡献（NDCs）实施的可信度还取决于其所采用的工具类型。其中碳定价措施得到了国际社会的广泛认可。碳税抑或能源税，以及碳排放交易制度对实施可信度的影响大于其他非碳排放定价的政策。碳定价工具有可能在所有经济部门适用并倾向于为碳排放确定统一的价格，这可能会普遍鼓励企业和消费者减少他们在高碳产品上的支出。[1]碳定价是减缓气候变化政策的一个基本要素。碳税和碳排放交易制度是专门为反映不同排放源的温室气体排放量而设计的，但是较低的碳配额价格或配额免费分配手段，以及较低的碳税税率，可能会限制减排效果，其对国家自主贡献（NDCs）实施的有效性会因国家而异。能源税通常是根据使用的能源数量征收的，这一比率会受到气候和非气候政策目标的影响，比如节能和空气污染。能源税进程被视为隐含碳定价的一种形式，然而其应用可能与气候政策的方向并不一致，一些碳密集度最高的燃料税率较低，或用于类似目的的燃料税率不同。在本框架评估研究中，碳税、碳排放交易与能源税相比，在支持国家自主贡献（NDCs）可信度方面具有重要的提升价值。此外，如果一国在其整个经济领域采取了碳定价政策工具，其实施效果肯定比地方一级的举措得分更高，因为前者确保了更广泛的覆盖面，也会显著提升对贡献效果的可信度。

然而，有些政策和法律可能与一个国家的气候变化目标相冲突，包括像化石燃料财政补贴那样的支持碳密集型活动的政策和法律，可能会阻碍对能

---

〔1〕 J. Meckling, *Carbon Coalitions：Business, Climate Politics, and The Rise of Emissions Trading*, MIT Press, 2011, pp. 260～269.

源效率、可再生能源和能源基础设施的投资。[1]因此，如果一国出台了相对
较高水平的化石燃料补贴法律或政策，将被认为不符合国内减排控排目标，
也对其国家自主贡献（NDCs）国际承诺的可信度造成了较大减损。

表 5-2　代表性国家应对气候变化立法目标和制度比较

法律名称	核心目标	配套制度
德国联邦气候保护法	与 1990 年相比，逐步减少温室气体排放量如下：到 2030 年至少减少 65%；到 2045 年实现气候中和	碳预算制度与碳交易制度
法国绿色增长和能源转型法	到 2030 年将温室气体排放降低到 1990 年水平的 40%；到 2050 年将能源最终消费降低到 2012 年水平的一半；化石能源消费到 2030 年降低到 2012 年水平的 30%；到 2020 年将可再生能源占一次能源的消费比重增长到 23%；到 2030 年增长到 32%；提高垃圾循环利用，填埋总量到 2025 年减至目前的一半；到 2025 年将核能的占比降低 50%	碳预算制度、碳税与碳交易制度
墨西哥气候变化基本法	将温室气体比照常情景到 2020 年减排 30%，到 2050 年减排 50%；到 2026 年达到排放峰值；到 2024 年之前清洁能源占能源消费比例达到 35%，到 2030 年达到 40% 以上；减少 51% 的黑炭排放；减少因毁林而增加的碳排放；提高国家适应气候变化的能力	碳税和碳交易制度（建设中）
美国加利福尼亚州全球变暖解决方案法	到 2020 年将温室气体排放总量降低到 1990 年水平，到 2050 年在 1990 年的基础上降低 80%	碳交易制度
英国气候变化法	到 2050 年，将英国的温室气体排放量在 1990 年的基础上减少 100%	碳预算制度、碳交易制度
斐济气候变化法 2021	到 2050 年实现温室气体净零排放	碳预算制度
加拿大净零排放问责法	到 2030 年，在 2005 年的基础上减排 30%，到 2050 年，实现温室气体净零排放	碳税制度进展评估报告

[1]　B. Kvaloy, H. Finseraas & O. Listhaug, "The Publics' Concern for Global Warming: A Cross-national Study of 47 Countries", *Journal of Peace Research*, 2012, 49（1）, pp. 11~22.

法律名称	核心目标	配套制度
欧洲气候变化法	到 2030 年，实现温室气体排放在 1990 年的基础上至少降低 55%，到 2050 年，实现欧盟净零排放和气候中和	碳预算制度、碳交易制度
西班牙气候变化和能源转型法	到 2030 年，实现温室气体排放在 1990 年的基础上至少降低 23%，到 2050 年，实现气候中和	碳预算制度、碳交易制度
丹麦气候法案	到 2030 年，实现温室气体排放在 1990 年的基础上至少降低 70%，到 2050 年，实现气候中和	进展评估报告
新西兰气候变化应对法	到 2050 年及以后，实现除生物甲烷外的温室气体净零排放	碳预算制度、碳交易制度

备注：由作者根据美国哥伦比亚大学法学院塞宾气候法中心数据库资料整理。

3. 透明、包容和有效的立法与政策制定流程

基于规则的决策需要以有效的流程和程序为基础，以确保有效性和可信度。在这种情况下，在评估过程中存在三个主要方面指标因素关联度较大，包括：①通过建立利益攸关方的认同机制确保政策合法性；②决策过程的总体稳定性与不可逆转性；③立法或政策的行政和执行机制的有效性和透明度。建立和维持利益攸关方的参与机制，决定了公共政策与推动公共政策政府的合法性。[1]为了这一分析的目的，假定公民参与决策过程的能力越强，一个国家的国家自主贡献（NDCs）承诺的可信度就越大，条件是在承诺之前已经征求了利益攸关方的意见。世界银行在 2014 年开发的"选择和问责"指标旨在发现一个国家的公民能够在多大程度上参与选择他们所在国家政府的意见。[2]在一些国家的政府更容易以"自上而下"的方式引入减排政策，但这种政策的长期稳定性取决于领导人或执政党是否继续执政，这可能会给国内政策的长期一致性增加不确定性。如果公众舆论强烈支持将应对气候变化的行动作为一项政治目标，或针对与居民生活息息相关的环境保护采取应对行动，

---

〔1〕 C. Park, J. Lee & C. Chung, "Is 'legitimized' Policy Always Successful? Policy Legitimacy and Cultural Policy in Korea", *Policy Sciences*, 2015, 48, pp. 319~338.

〔2〕 World Bank, "The Worldwide Governance Indicators", http://info. worldbank. org/ governance/ wgi/index. aspx#home.

这会将领导层换届带来的气候变化政策逆转风险降至最低。

此外，一个国家政府的结构和政治制度的特点，可以表明一个国家撤销或推翻一项已经通过的政策或立法的难易程度。一个鲜明的例证就是美国等伞形国家集团在气候政策上的反复，美国特朗普政府 2017 年选择退出《巴黎协定》，而拜登总统上台后 2021 年又重返《巴黎协定》，澳大利亚阿伯特总理也曾在 2016 年废止了前一届政府推行的碳污染减排机制（CPRS），转型为更加保守的应对气候变化态度。在选举政治制度的背景下，一国应对气候变化的政策导向将受到政党或领导层及其所代表的利益集团意志很大程度的影响。在研究层面，部分学者采用了使用"政治约束"指数来进行评估，[1]反映一国政策变化的可行性，评估手段基于拥有否决权的行政政府独立分支机构的数量数据，并假设否决点数越多，逆转现有政策的难度越大。考虑到政府各部门在政策变化上的一致程度，即执政党是否可以按照一个声音说话，或分裂成不同意见派别的程度。不同政府部门、执政党与在野党之间越能保持一致，气候政策变化的可能性越小。更高水平的政治约束可能意味着政策承诺更可信，假设国家自主贡献（NDCs）得到已经到位的一国政策和立法层面的支持，或者已经通过国家决策体系正式批准，那么其实施效果的可信度越好。然而，在尚未出台政策的情况下，对于政策变革的制度约束较少的国家，变换新政策的方法就更容易。[2]

总而言之，透明、一致和有效的立法实施与政策执行机制将会让一国提交的国家自主贡献（NDCs）目标在国内层面得到更好的落实，从而支持政策承诺的可信度。

（二）政府职能部门的作用与各类组织意愿

将政策制定和执行的权力授权给具有足够能力和专业知识的职能机构，将更加有利于应对气候变化目标的实现。[3]经验证据表明，政府授权是为了

---

〔1〕 W. J. Henisz, "The Institutional Environment for Infrastructure Investment", *Industrial and Corporate Change*, 2002. 11 (2), pp. 355~389.

〔2〕 D. J. Fiorino, "Explaining National Environmental Performance: Approaches, Evidence, and Implications", *Policy Sciences*, 2011, 44, pp. 367~389.

〔3〕 G. Majone, "Temporal Consistency and Policy Credibility: Why Democracies Need Non-majoritarian Institutions", Florence (IT): European University Institute 2006, http://www.eui.eu/Documents/ RSCAS/ Publications/WorkingPapers/9657. pdf.

提高其政策的可信度。[1]因此，专注于气候变化的专门公共机构以及独立咨询机构的存在，是影响国家自主贡献（NDCs）等政策承诺可信度的重要决定因素。与此同时，政府可能会受到产业组织、行业协会、企业等私营机构游说的影响。在这里，私人机构被定义为非公共组织，包括了非政府组织（NGO）、企业等商业组织以及慈善机构。环境保护非政府组织以及低碳产业和企业会支持政府出台强有力的应对气候变化法律和政策，而另一些人包括能源密集型企业或化石燃料开采和提炼企业可能会反对气候政策。利益对立的不同私人组织之间的权力平衡会影响政府信守国家自主贡献（NDCs）承诺和实施气候政策的意愿。因此，在此把致力于碳减排和应对气候变化事项的政府职能部门建设以及各类民间私人机构的意愿纳入可信度评估框架十分必要。

1. 政府职能部门的设置

从 20 世纪 70 年代开始，主要工业化国家都建立了专门负责环境保护工作的中央层面政府职能机构，如美国的联邦环保署（EPA）、欧盟环境局（EEA），欧盟成员国设立的环境保护机构、日本的环境省、中国生态环境部等。随着应对气候变化日趋重要，其涉及温室气体减排、气候灾害应对、能源开发利用等方方面面的工作，不同国家对待应对气候变化行动的态度和措施往往因不同国情而异，有的国家采取了专门的机构设置的方式，而另外一些国家则将应对气候变化工作纳入了环保部门体系。前者如欧盟委员会气候行动总司、英国的能源与气候变化部、德国的经济发展与气候变化部，成立了由中央政府直接领导的负责实施应对气候变化行动的公共职能机构。后者如中国、法国等，中国在生态环境部之中设置了应对气候变化司，同时涉及能源、工业等领域应对气候变化工作需要国家能源局、工信部等部门的参与，此外中国还在国务院层面设置了"双碳"工作领导小组，专门负责应对气候变化行动的决策和统筹协调工作，法国则设置了生态转型与团结部、能源转型部等政府部门共同负责气候变化应对工作。美国虽然没有设立专门的应对气候变化部门，但由总统委任了应对气候变化问题特使专门负责国际气候问题事务。

---

〔1〕 F. Gilardi, "Policy Credibility and Delegation to Independent Regulatory Agencies: a Comparative Empirical Analysis", *Journal of European Public Policy*, 2002.9（6），pp. 873~893.

由于气候变化法律与政策的制定和实施，往往超出单一环境部门的领导，因此需要更高级别的政府部门介入，以提高制定和实施气候政策的跨机构协调水平。其协调程度越高，获得关键部门机构支持的机会就越大。在一些跨政府职能机构协调薄弱的国家，环境部门提出的减排目标全面实施的可能性很低，特别是在该政策需要由财政、金融、能源等部委配合时更是如此。

同时，一些国家专门设立了应对气候变化的官方咨询机构，如英国所成立的气候变化委员会，中国成立的国际环境合作委员会、国家气候变化战略中心等，专门负责为政府决策者提供建议。值得注意的是，这类咨询机构往往独立于政府部门，既可以支持短期优先事项，也可以对气候变化行动持不同态度的政府气候变化政策产生影响。在理想情况下，一个国家既建立了专门的气候变化政府决策和实施机构，又成立了独立性较强的咨询机构，这将有助于确保采取适当行动履行一国的国家自主贡献（NDCs）国际承诺，从而加强该国承诺的可信度。

2. 私人机构的意愿

各类私人机构可以对政府应对气候变化决策产生强大的影响，无论是支持还是反对雄心勃勃的气候变化政策。一些环境保护非政府组织（NGO）对政策制定者施加的压力可以对气候承诺的可信度产生积极影响。[1]一些学者研究发现，在民间社会更多参与公共决策的地方，公众对国内和国际气候政策的支持可能会更强。[2]另一方面，碳排放密集型工业部门，以及化石燃料行业等商业组织可能会阻碍该国采取更加有力的气候行动，尤其是当这些行业在本国具有相当重要的战略经济地位时。在一国做出国家自主贡献（NDCs）承诺方面，来自其国内的高碳排放商业团体的游说压力，可能会削弱政府决策者签署或遵守全球应对气候变化目标的意愿。如果这些商业组织集体行动，通过资源集中和追求共同的战略，所形成的游说团体影响政府决策的力量就会得到加强。[3]学者通过研究发现，美国与澳大利亚决策者过去

---

〔1〕 E. Corell & M. Betsill, "A Comparative Look at NGO Influence in International Environmental Negotiations: Desertification and Climate Change", *Global Environmental Politics*, 2006, 1 (4), pp. 86~107.

〔2〕 T. Bernauer & R. Gampfer, "Effects of Civil Society Involvement on Popular Legitimacy of Global Environmental Governance", *Global Environmental Change*, 2013, 23 (2), pp. 439~449.

〔3〕 J. Meckling, *Carbon Coalitions: Business, Climate Politics, and the Rise of Emissions Trading*, MIT Press., 2011, pp. 118~120.

对气候变化承诺不冷不热的态度在很大程度上是受到其国内强大商业利益集团游说的结果。[1]

值得注意的是，尽管碳排放密集型行业可能倾向于反对应对气候变化政策，但其他行业却支持这方面的国家行动。例如，可再生能源领域制造商与新兴低碳产业往往将政府在气候变化方面的行动视为商机。因此，应对气候变化利益对立的商业部门和团体之间的冲突，有可能削弱化石燃料行业最初的阵营立场，并为国家、地方政府以及非政府组织（NGO）推动更严格的国际措施开辟政治空间。这里，一个鲜明的例证就是2021年荷兰皇家壳牌石油公司因其不利的应对气候变化措施，而被环境保护公益团体提起环境民事公益诉讼。本案中的被告，是典型的化石能源利益集团的一员，其认同要通过实现《巴黎协定》的目标和减少全球二氧化碳排放来应对气候变化，该公司承诺到2050年达到净零排放，到2035年将其业务的整体排放量减少30%，到2050年减少65%，但这一承诺仍然不能得到社会公众的认可，最终由7个环境保护非政府组织（NGO）和17 379个自然人提起诉讼，要求壳牌公司进行气候变化损害赔偿。荷兰地区法院没有认定荷兰皇家壳牌公司做了任何非法的事情，法庭通过调查发现以及原告举证，证明该公司在履行其防止和减少气候损害的责任方面做得不够。法庭认定，荷兰皇家壳牌公司与其他一些化石燃料公司不同的是，其制定了明确的减排计划，该计划被认为比该行业的许多企业更激进大胆。然而，荷兰地区法院批评该公司迄今为止采取的行动"无形且不具约束力"，并明确指出，该公司当前计划中"完全缺乏2030年减排目标"。法院的结论是，尽管荷兰皇家壳牌公司目前没有违反其削减义务，但其不采取行动表明了一种"违反"行为。荷兰地区法院的裁决表明，在未来的气候诉讼案件中，化石能源企业将更难掩饰产业链中的碳排放，而不得不想办法减少争讼。[2]截至2022年6月，世界各地法院约受理了1800起与气候变化有关的诉讼案件，其中部分新案件直接针对化石燃料行业和企业提起，这也表明通过司法机构的介入，环境保护非政府组织（NGO）也将对化石燃料等高排放行业形成越来越多的制衡作用。

---

〔1〕 H. Compston & I. Bailey, "Climate Policy Strength Compared: China, the US, the EU, India, Russia, and Japan", *Climate Policy*, 2014（5），pp. 1~20.

〔2〕 杜群：《〈巴黎协定〉对气候变化诉讼发展的实证意义》，载《政治与法律》2022年第7期，第48~64页。

因此，在评估私人机构意愿方面，一国环境保护非政府组织（NGO）的数量、影响力，以及包括司法手段在内的各种行动的数据，一国以传统高排放行业为代表的大型企业集团在减排行动中的承诺与行动的数量和效果都可以成为评估一国履行国家自主贡献（NDCs）国际承诺可信度的重要考虑因素。

（三）国际合作和公众舆论导向

针对气候变化问题的态度，可以对一国公民及其政府决策者的应对气候变化行动的选择产生间接影响，从一个国家对环境问题国际合作的态度，以及公众对气候变化的看法两个层面来看，国家参与国际合作的立场、态度与方式，以及支持政府行动的公众舆论也可以成为评估一国国家自主贡献（NDCs）国际承诺可信度的重要驱动因素。

1. 国家参与国际气候合作的立场

持续参与联合国气候变化谈判与其他环境问题的政府间国际进程，可以被视为一个国家对国际环境合作的总体立场及其对既定目标重视程度的考虑因素。在国际气候变化进程中，各国往往根据不同的立场集结成不同的国家集团参与谈判。比较突出的是欧盟国家集团、"伞形集团"、基础四国（BASIC）、小岛屿国家联盟（AOSIS）、最不发达国家集团（LDCs）、环境完整性集团（EIG）等。在全球气候变化谈判的早期阶段，基本形成了发达国家和发展中国家（77国+中国）两大对立的利益集团，在导致气候变化的历史责任、减排责任的分摊、减缓气候变化的能力建设、减缓和适应的资金援助与技术转让等一系列事关气候责任的划分事项上，两个集团的矛盾十分尖锐。

在发达国家与发展中国家集团内部，又可以分化为众多的特殊利益集团。在发达国家阵营中主要包括了欧盟和以美国、日本和俄罗斯等国组成的"伞形集团"。欧盟在国际气候治理中积极扮演领导者角色，但却经常受到"伞形集团"的掣肘。此外，在欧盟内部，东南欧国家与西北欧国家相比态度略显消极，"伞形集团"内部也出现了诸如日本这样立场摇摆的国家以及美国这样持抵制立场的国家。由于减排成本和减缓气候变化收益的不同，发达国家谈判方也经常出现立场分化。在发展中国家的阵营中，出现了小岛屿国家联盟（AOSIS）、石油输出国组织、雨林国家联盟、拉美及加勒比国家联盟、最不发达国家集团（LDGs）等。这些小集团在气候责任的划分中都有自己的特殊利益，并希望通过参与谈判表达立场来使得各自特殊利益得到保障。

在《巴黎协定》下，各国应对气候变化的立场体现在国家自主贡献（NDCs）中，同属一个阵营中的国家往往在相似背景、共同利益诉求下提出类似主张，这些主张最终将会反映在未来的气候谈判中，既影响谈判走向，也影响整个应对气候变化的措施。因此，分别考察不同国家所选择的谈判集团阵营对评估其提交国家自主贡献（NDCs）国际承诺可信度具有重要参考价值。

2. 应对气候变化的公众舆论支持度

一国国内的公众舆论是政府决策者出台法律和政策的社会政治环境的一个重要组成部分，可以迫使或限制政治、经济和社会行动。[1]因此，各国对气候变化风险认识的差异，以及公众参与政府国内应对气候变化行动的态度和实际参与，可能有助于解释各国对气候行动的不同政治支持水平，因此对国家自主贡献（NDCs）的可信度评估很重要。这里表现为具体几个方面，包括：①公众对气候变化成因的态度，即气候变化是否为人类活动造成的，并被视为未来环境领域严重的威胁因素；②公众对政府所承诺国家自主贡献（NDCs）的态度，即一国政府所提交的国际承诺，并在辅助国内法律和政策行动时，是否能够得到普遍支持，尤其是在涉及公众切身利益时，比如政府进行化石燃料管制或提高税负时，是否还能够得到民众的理解，而不会造成矛盾激化；③公众对于政府所推行气候友好政策、倡议等措施项目的参与度，例如公众对于政府、排放企业碳信息公开的要求，公众参与涉及碳排放项目环境评价的力度，公众对于高排放行业企业履行减排承诺的监督，公众参与到气候变化诉讼的积极性，公众对于碳市场、碳普惠项目等领域的参与程度，青年参与气候友好宣传和公益事业的积极性等。这些统计数据都可以反映一国公众对气候变化行动的意识，从而间接影响一国国家自主贡献（NDCs）国际承诺可信度的评估结果。

（四）缔约方的过往表现

各国过去在实现其国际减排目标方面的表现，对于确定其国家自主贡献

---

〔1〕 A. Leiserowitz, "International Public Opinion, Perception, and Understanding of Global Climate Change", Human Development Report 2007/2008, http://www. climateaccess. org/sites/default/files/ Leiserowitz_ International%20Public%20Opinion. pdf.

（NDCs）国际承诺的可信度而言非常重要。特别是，这种分析侧重于各国在实现过去的国际减缓目标，包括履行减排义务或排放报告方面的表现，以及对其国内气候变化政策的承诺。

1. 国际减缓气候变化目标的绩效

迄今为止，可以参考的国际减排承诺包括发达国家集团对于《京都议定书》强制减排义务的履行，以及发展中国家在 2009 年哥本哈根气候大会所作出的自愿减排承诺。显然，如果一国没有签署或退出了《京都议定书》，便会成为气候变化国际承诺可信度低的重要标志。对于那些签署《京都议定书》且没有退出的国家而言，则要根据是否承担强制减排义务来进行区分。纳入附件一的发达国家在京都第一承诺期（2008—2012 年）和第二承诺期（2012—2020 年）对其减排目标的实现将被视为良好业绩的指标，并为其在《巴黎协定》下的国家自主贡献（NDCs）承诺提供更大的可信度。非附件一国家通常以发展中国家为代表，其减排和控排绩效根据其提交的国家信息通报和 2 年期更新报告（BUR）进行评估。根据针对发展中国家的国家适当减缓行动（NAMAs）机制安排，2020 年需要发展中国家对其 2009 年哥本哈根气候大会的自愿减排承诺进行总结，以中国为代表的新兴发展中国家超额完成了自愿减排承诺，这也将对其应对气候变化的过往表现起到重要的提升作用，进一步巩固其国家自主贡献（NDCs）的可信度。

2. 一国应对气候变化法律与政策的倒退

如果一个国家曾经做出削弱、废止、逆转国内气候变化立法或政策的行为，那将极大地损害其国家自主贡献（NDCs）承诺的可信度。这里尤其以一些伞形集团国家为代表，其政策逆转风险是真实的，并且已经在实践中成为现实。追踪所有国家气候变化政策修改的完整历史将是复杂的。因此，这里仅关注最重要的法律和政策逆转案例。典型的案例包括：2009 年，美国参议院否决了《清洁能源与安全法案》，导致覆盖全美的碳排放交易计划流产；2017 年，美国特朗普总统废止了前任奥巴马总统的清洁电力行动计划；2016 年，澳大利亚阿伯特总理上台后，废止了在全澳洲实施的碳污染减排机制（CPRS）；2011 年，加拿大退出《京都议定书》时，废止了其国内的《京都议定书实施法案》；2022 年，俄乌冲突背景下，部分欧洲国家因为天然气供应中断的影响开始重启煤炭发电政策。

（五）影响可信度的其他决定因素

上述决定因素为根据特定国家的法律和体制特点、其社会背景及其过去的表现评估国家自主贡献（NDCs）承诺可信度提供了重要基础。这些决定因素具有一定的惯性，因此可以在集中收集可比数据的基础上进行评估。然而，还有一些与关键个人和政党的态度和影响力相关的其他重要因素，也可能对一个国家落实和坚持国家自主贡献（NDCs）承诺的能力产生重大影响。这些要素包含两个关键方面：①一国主要政党在气候变化问题上的政治共识，即不同党派之间在气候变化问题上是否达成一致，或者立场是否严重分化；②关键政治领导人在气候变化方面的态度。

1. 政党的立场

政治共识往往会随着时间的推移而发生变化，其基础是特定时刻的经济、社会和政治状况。主要政党之间在气候变化问题上缺乏政治共识，可能会危及维持国家自主贡献（NDCs）承诺的能力，并导致政策逆转，特别是当一个国家面临执政党或掌权领导人更迭的选举时。一个众所周知的例子是美国民主党与共和党在气候变化问题上的强烈对立。

2. 政治领导人的态度

一国主要领导人在气候变化问题上的强有力领导，可能有助于克服政治系统在气候政策上的不确定性，并积极、有力地推动国家气候政策。但是，如果一国对于气候变化问题政治共识低，或者出现反对气候变化政策的领导人，将会导致一国的国家自主贡献（NDCs）承诺发生根本性改变，例如美国共和党特朗普政府退出《巴黎协定》，而后在民主党拜登政府重新执政后又重返《巴黎协定》，这种一国政治选举和领导人更替所带来的参与全球减排的不确定性风险将会极大地影响一国的国家自主贡献（NDCs）承诺的可信度评估。

表 5-3 国家自主贡献实施可信度评估框架

评估要素	决定因素	评估指标	评估所需信息
应对气候变化法律与政策及其制定过程	法律与政策	法律/法规	有无专门应对气候变化法律的出台
			应对气候变化法律的层级
			减控排目标纳入应对气候变化立法的情形
			应对气候变化法律的可实施性（碳预算或跟踪报告）
		政策	应对气候变化政策的层级类型
			碳定价政策工具选择
			基于部门的减排控排政策
			不利于减排控排的补贴政策等
	立法程序与政策决策过程	制定法律的程序	利益相关方的参与
			立法程序的透明度
			应对气候变化立法的稳定性
		政策的决策过程	利益相关方的参与
			决策程序的透明度
			应对气候变化政策的连续性
政府和各类组织意愿	政府实现国家自主贡献承诺的意愿	政府机构的设立	有无有专门负责应对气候变化或相关机构
			对《巴黎协定》所持观点
			对国家自主贡献的态度
		地方政府机构的参与	有专门负责应对气候变化或与其相关的机构
			对《巴黎协定》所持观点
			对国家自主贡献的态度
	私人机构实现自主贡献承诺的意愿	企业意愿	对《巴黎协定》所持观点以及对自主贡献的态度
		NGO 意愿	对《巴黎协定》所持观点以及对自主贡献的态度

续表

评估要素	决定因素	评估指标	评估所需信息
国际合作和公众舆论	国家参与国际应对气候变化进程的表现	国家参与 UNFCCC 及其相关条约情况	签署 UNFCCC 框架下协议等的情况
			撤回 UNFCCC 框架下协议等的情况
			在应对气候变化谈判中的角色
		国家参与其他多边环境条约情况	签署其他多边环境条约（MEAs）情况
			撤回其他多边环境条约（MEAs）情况
	公众参与应对气候变化情况	参与渠道	国家是否提供相关参与途径
			地方是否提供相关参与途径
		公众认知	对气候变化成因等的认识
		公众态度	是否认为应当实施国家自主贡献
国家过往表现	曾不遵守《公约》相关情况	国际逆转历史	过往非遵守《公约》或《京都议定书》要求的减排或其他义务的情况
	曾废除法律政策	国内逆转历史	废除主要的应对气候变化法律或政策
其他相关因素	政治体制	国家政治制度	政党的完成意愿
	领导人	任期及意愿等	领导人对实施国家自主贡献的认识

三、可信度指标的评估赋值

在评估尺度选择上，设定"不支持""轻度支持""中度支持""非常支持""完全支持"共 5 个打分区间，设置从 0~4 的 4 个打分值。

表 5-4　关于应对气候变化法律和政策及其制定程序评估表

项目	指标设定		
是否有应对气候变化立法	是		否
	完全支持		不支持
关于全经济领域减排目标的设定	立法程度（法律纳入减排目标）		
	没有纳入正式目标	至少引入一个正式目标	纳入长期和短期正式目标

项目	指标设定		
国家没有设定目标	不支持		
国家仅设定部门目标	轻度支持		
国家设定总体目标	中度支持	非常支持	完全支持

是否采取碳定价政策	基于部门的减少控排政策	化石燃料补贴（百万美元/GDP）	
		不到 1.3%	1.3%或以上
碳定价（国家层面）	有	完全支持	非常支持
	无	非常支持	中度支持
碳定价（地方层面）	有	非常支持	中度支持
	无	中度支持	轻度支持
非碳定价政策	有	中度支持	轻度支持
	无	轻度支持	不支持
无应对政策	有	轻度支持	不支持
	无	不支持	不支持

注：1.3%是化石燃料补贴占国内生产总值的世界平均比率，基于国际货币基金组织（2015）报告

数量指标	0	1~3	4~7	8~12	13
国家信息通报和两年期更新报告（非附件一）以及 GHG 清单（附件一）的数量	不支持	轻度支持	中度支持	非常支持	完全支持

表 5-5 关于政府职能部门与各类组织评估表

项目	指标设定		
政府机构方面			
是否成立专门的气候变化政府机构	是否成立应对气候变化专业咨询机构		
	建立自主机构	建立政府附属咨询机构	没有设立专业咨询机构
建立专门政府机构	完全支持	非常支持	中度支持
没有专门政府机构	轻度支持	轻度支持	不支持
私人机构方面			
高排放企业及其组织（增加值/国内生产总值）	环境保护非政府组织（组织数量/1000 万居民）		
	超过 4 个		2~4
不到20%	完全支持		非常支持
20%~60%	非常支持		中度支持
超过60%	中度支持		轻度支持

表 5-6 关于国际合作和公众舆论导向评估表

项目	指标设定				
国家参与 UNFCCC 及其相关条约情况					
退出气候变化条约情况	签署或做出应对气候变化承诺情况				
	4	3	2	1	0
无此情况	完全支持	非常支持	中度支持	轻度支持	不支持
有此情况	轻度支持	轻度支持	不支持	不支持	✕
国家参与其他多边环境条约情况					
批准其他 MEAs 数量	退出其他 MEAs 数量				
	0~2		3~4		4+

续表

项目	指标设定		
100+	完全支持	非常支持	中度支持
60~100	非常支持	中度支持	轻度支持
0~60	中度支持	轻度支持	不支持
社会公众舆论情况			
国民认同气候变化的严重性与 NDCs 正当性	国民参与应对气候变化活动		
	60% 或以上	60% 到 35%	低于 35%
70% 或以上	完全支持	非常支持	中度支持
50%~70%	非常支持	中度支持	轻度支持
低于 50%	中度支持	轻度支持	不支持

表 5-7　关于缔约国的过往表现评估表

项目	指标设定			
国际气候条约参与逆转情况				
完成《公约》履约义务情况	批准《京都议定书》			未批准《京都议定书》、退约、未完成履行目标
	附件一国家：完成履行目标	其他国家：提交两年期报告	其他国家：未提交两年期报告	
	完全支持	完全支持	中度支持	不支持
国内法律与政策逆转情况				
废除国内气候变化立法或政策逆转	是		否	
	完全支持		不支持	

第三节 基于国家自主贡献可信度评估的结果比较

一、基于 G20 国家的可信度评估

借鉴伦敦政经学院格林汉姆研究所（GRI）所建立的国家自主贡献（NDCs）可信度评估框架，对 G20 国家履行首轮提交的国家自主贡献（NDCs）可信度进行了初步评估，这有助于确定各主要经济体实现其国家自主贡献（NDCs）的总体趋势与各国所能优先选择的国内行动领域，以提高各自国际承诺的政治可信度，并努力增强其执行的确定性。G20 国家不仅包括了世界主要经济体，占据了全球 70% 以上的经济总量，同时还占据了全球约 75% 的温室气体排放。另外，G20 国家中包括了主要发达国家的代表，以及全部新兴发展中国家，包括来自应对气候变化态度积极的欧盟国家代表、伞形集团国家代表、全部基础四国、产油国代表以及各个大洲的典型发展中国家。因此，对这 20 个国家和欧盟整体进行评估具有很强的代表性。研究者特别强调的是，这一分析的目的并不是对 G20 国家进行"可信度排名"。相反，评估框架针对各国的气候政策和减排承诺可信度的关键决定因素及其在各国之间的差异提供了一种初步的比较性见解，即强调了 G20 国家的国家自主贡献（NDCs）可信度的大趋势，根据影响可信度的关键决定因素分析各个国家的表现，并标明潜在的改进领域和实施的优先事项。

表 5-8 针对 G20 国家的 NDCs 可信度评估表

国家打分	决定因素				
	法律与政策及其程序	政府机构与私人组织	国际合作与公众舆论	参与公约等过往表现	总体
中国	中度支持	中度支持	中度支持	非常支持	中度支持
欧盟	完全支持	非常支持	完全支持	非常支持	非常支持
美国	中度支持	中度支持	中度支持	轻度支持	中度支持
阿根廷	轻度支持	中度支持	非常支持	中度支持	中度支持
澳大利亚	中度支持	完全支持	非常支持	轻度支持	中度支持

国家 打分	决定因素				
	法律与政策 及其程序	政府机构与 私人组织	国际合作与 公众舆论	参与公约等 过往表现	总体
巴西	中度支持	中度支持	完全支持	非常支持	中度支持
加拿大	中度支持	中度支持	非常支持	不支持	中度支持
印度	中度支持	中度支持	轻度支持	非常支持	中度支持
印度尼西亚	中度支持	轻度支持	轻度支持	非常支持	中度支持
日本	非常支持	非常支持	非常支持	中度支持	非常支持
韩国	非常支持	非常支持	非常支持	完全支持	非常支持
俄罗斯	中度支持	中度支持	非常支持	完全支持	中度支持
墨西哥	中度支持	中度支持	轻度支持	完全支持	中度支持
沙特阿拉伯	不支持	轻度支持	轻度支持	非常支持	轻度支持
南非	中度支持	非常支持	中度支持	完全支持	中度支持
土耳其	中度支持	中度支持	中度支持	非常支持	中度支持
法国	非常支持	非常支持	非常支持	完全支持	非常支持
德国	完全支持	非常支持	非常支持	完全支持	非常支持
意大利	非常支持	非常支持	非常支持	完全支持	非常支持
英国	完全支持	完全支持	非常支持	完全支持	非常支持

二、基于 G20 国家可信度评估结果的整体分析

G20 国家作为一个整体，在可信度的所有决定因素中得分整体处于"中度支持"及以上水平，所有决定因素都在一定程度上支持了其国家自主贡献（NDCs）的可信度水平，这在全球应对气候变化合作方面具有很好的引领和示范效果。例如，所有 G20 国家都建立了纳入气候变化应对的政府职能机构。在两大类国家的评估中，包括欧盟、美国、日本等附件一国家与以中国、印度为代表的非附件一国家在评估结果上存在一些明显的差异。前者作为一个工业化国家整体，在可信度的所有决定因素中都具有较高的平均分。发展中国家和新兴经济体在决定因素方面表现出了较大的差异。值得注意的是，就

曾经出现的法律与政策逆转现象而言，发展中国家往往比发达国家表现得更好，这里主要是由于美国、澳洲等伞形集团国家拖了后腿。另一方面，也是因为发展中国家的政策和立法主体仍处于逐步完善发展阶段。事实上，与发达国家相比，发展中国家普遍在"政策和立法"决定因素上得分偏低。此外，与发达国家相比，发展中国家和新兴经济体在支持性政府机构与私人部门参与、决策流程以及公众舆论方面得分也存在滞后性。这表明，有必要继续关注和给予发展中国家能力建设支持，以加强发展中国家应对气候变化的政府职能机构与私人组织的参与，并提高其社会公众整体对气候变化的认识水平。

三、基于 G20 国家可信度评估结果的国别分析

值得肯定的是，在所有 G20 国家中，没有一个国家的综合评估结果呈不支持其国家自主贡献（NDCs）承诺可信度的现象。包括欧盟及其成员国法国、德国、意大利，以及脱欧后的英国，这些国家普遍在国际上应对气候变化态度积极，大多数为欧盟成员国，部分国家还是环境完整性集团成员，在法律与政策、各类机构完善程度、参与国际合作以及国内实施层面都接近了最高评估水平。这些国家制定了框架立法和相对有力的低碳政策，包括实施了某种形式的碳税或碳排放交易，化石燃料补贴占国内生产总值的比例低于世界平均水平（1.3%）。此外，在国家自主贡献（NDCs）承诺可信度的决定因素中，没有一个表现出明显的弱点，即没有一个决定因素及其子类项的评分低于对可信度"中度支持"的水平。当然，这些领先的国家，特别是欧洲国家在公众舆论领域仍然可以有提升的空间。在政府职能机构实施效果和提交《公约》所要求的温室气体排放报告方面，欧盟整体、德国、英国等国家做得较好，韩国、法国和意大利等国家仍然可以继续完善，特别可以考虑引入独立的咨询机构，来增强政府气候政策制定与实施的公信力。

作为伞形国家集团中的发达经济体，包括美国、澳大利亚、日本等国由于建立了较好的法律政策体系、公共机构和私人参与比较完善，虽然在评估中整体评分不低，但由于其过往履行气候条约中出现的"劣迹"，影响了整体评估水平。值得注意的是，澳大利亚过去在碳排放交易政策上反转损害了其国家自主贡献（NDCs）承诺的可信度。类似的情况还包括，美国和日本国家自主贡献（NDCs）承诺的可信度因其过去遵守《公约》和《京都议定书》的表现而有所降低，美国没有批准《京都议定书》，并在《巴黎协定》的缔

约问题上出现反复，日本没有通过国内减排实现其《京都议定书》下承诺的减排目标。

一些依赖自然资源和能源出口的国家，包括加拿大、巴西、南非、俄罗斯和沙特阿拉伯等。这些国家在私营机构意愿评估中，国家自主贡献（NDCs）承诺的可信度处于比较低的水平，因为这些国家的碳排放密集型企业与主要矿业公司，在这些国家的经济中占有相当大的份额，而与此相对的环境保护非政府组织（NGO）的数量则相对较少。巴西在立法与政策制定程序子类项中只得到了"轻度支持"的可信度，主要是因为其政治体系对于气候政策实施的一些低效率表现。在南非，公众舆论对国家自主贡献（NDCs）承诺的可信度评分为"不支持"，主要原因是公众对气候变化的认识水平低，相关的气候变化宣传与环境保护非政府组织（NGO）支持明显不足。包括沙特、加拿大、阿根廷等国家，有一个或两个以上的决定因素，对可信度只有"轻度支持"或"不支持"，在大多数决定因素中，有增加支持可信度的余地。加拿大和沙特阿拉伯应当通过加强国内立法和政策来提高其国家自主贡献（NDCs）的可信度，目前这些国家在减缓气候变化方面的可信度仅得到了"轻度支持"，在私营部门中高排放产业部门以及环境保护非政府组织所反映的私营机构，以及国际参与、公众舆论几个子类项都表现为"不支持"可信度状态。其中，俄罗斯和沙特阿拉伯的化石燃料补贴占 GDP 的比例高于世界平均水平，这些国家可以通过减少化石燃料补贴来提高其努力的可信度，因为化石燃料补贴阻碍了有效气候政策的实施。

作为工业化进程较快的发展中国家代表，中国、印度、印度尼西亚、土耳其等国家分别是基础四国（BASIC）和薄荷四国（MINT）成员，这几个国家往往是各类自然资源和化石能源的进口国，以及工业制成品的出口国，并处于碳排放随着工业增长伴随增加的阶段。在四个决定性因素及其子类项中，中国和印度，在立法和政策的决定因素"在很大程度上支持"其国家自主贡献（NDCs）承诺的可信度。一方面中国和印度都承诺了碳排放强度下降目标，在引入碳定价措施方面，其中尤以中国启动的地方碳市场试点（2011 年规划 2013 年启动）与全国碳市场（2017 年规划 2021 年启动）为代表，印度在国内也开展了用于提高能效的"履行、实现与交易机制"（Perform Achieve and Trade Scheme, PATS）全国性市场机制。在政府职能机构设置方面也处于较高支持水平，但在私人机构尤其是环境保护公益组织的促进方面得分不高，在公共舆论与公众参与层面仍然有较大的提升空间。在参与全球气候变化法律进程中，这几个国家都没有出现逆转的情况，这也是在可信度加分的地方。

第四节　关于国家自主贡献可信度评估框架的扩展分析

评估框架奠定了对主要经济体国家自主贡献（NDCs）承诺可信度评估的基本框架。此后，部分中外学者进一步围绕承诺可信度评估进行了深度分析。伦敦政经学院格林汉姆研究所（GRI）研究团队的深度研究分为两个方向：一方面是进一步围绕中国、美国和欧盟三个主要经济体对已有应对气候变化政策的实施效果、政府机构的建立、立法与政策的制定程序、采取进一步应对气候变化政策的驱动因素的可信度评估进行了定性分析。[1]另一方面是仍然围绕 G20 国家集团 2020 年后国家自主贡献（NDCs）实施连续性进行了比较评估，并抓住此前评估框架中的应对气候变化立法与政策、实施上的既往表现等驱动因素，与各自提交的国家自主贡献（NDCs）进行了深层次的比较分析。[2]

一、关于国家自主贡献（NDCs）实施连续性的评估框架

这里设计的国家自主贡献（NDCs）实施连续性评估框架仍然延续了之前的可信度评估思路，通过设计一套评估指标来评估 G20 国家的过去和现在的国内减缓努力与《巴黎协定》下各自提交国家自主贡献（NDCs）的关键性承诺是否保持一致性。可信度评估并没有被纳入对国家自主贡献（NDCs）本身内容的评估，但连续性评估则弥补了这一评估漏洞。实施连续性评估主要包括三个关键性驱动因素：①国内减控排目标是否与国家自主贡献（NDCs）一致；②国家完成2020 年减排目标的情况；③国家既往表现与《巴黎协定》下减排承诺的雄心水平。根据这些指标仍然对 G20 国家进行类型的评分和比较，通过分析其历史和当前行动与《巴黎协定》关键要求的一致性程度，明确可能确定的政策

〔1〕　Alina Averchenkova et al. , "Climate Policy in China, the European Union and the United States: Main Drivers and Prospects for the Future In-depth Country Analyses", *Grantham Research Institute on Climate Change and the Environment*, *Centre for Climate Change Economics and Policy*, 2016.

〔2〕　Alina Averchenkova & Sini Matikainen, "Assessing the Consistency of National Mitigation Actions in the G20 with the Paris Agreement", *Grantham Research Institute on Climate Change and the Environment*, *Centre for Climate Change Economics and Policy*, 2016.

和立法差距，并为国家自主贡献（NDCs）实施连续性问题提供参考。

表 5-9　国家自主贡献与国内目标实施连续性评估框架

关键性指标	评估指标设定	评分结果
国内减控排目标设定与国家自主贡献的一致性	国内目标水平与范围的一致性。	不支持：目标范围不一致。
		中度支持：目标范围一致，但国内减控排水平需要更新。
		完全支持：范围和水平均一致。
	国内目标时间表一致性。	不支持：国家立法或政策文件中没有规定时间框架。
		中度支持：时间框架已确定，但需要延长。
		完全支持：目标时间框架完全一致。
实现 2020 年目标的情况	发达国家与发展中国家根据《京都议定书》国际法律义务或政治性承诺中对 2020 年减排或控排目标的完成情况。	不支持：没有做出 2020 年减排承诺。
		中度支持：国内声明完成与国际分析存在分歧。
		完全支持：国内完成与国际分析完全一致。
《巴黎协定》下国内减排控排目标提升的雄心	发达国家相对于京都第二承诺期（2012 年）目标，是否随着时间的推移而增加。发展中国家从哥本哈根大会承诺的 2020 年目标到《巴黎协定》首轮提交的 2030 年目标，是否随着时间推移而增加。	不支持：随着时间的推移，目标不一致或降低；
		中度支持：随着时间的推移，排放承诺保持在同一水平，或者无法评估；
		完全支持：承诺雄心随着时间的推移而增长。

　　（一）国内减排控排目标与国家自主贡献的一致性

　　所有 G20 集团国家都将 2030 年排放目标纳入了各自的国家发展计划立法和政策的国内减缓行动。但是，根据不同国家依据《巴黎协定》所提交的国家自主贡献（NDCs）的排放目标存在不同的表述方式。有些国家采取了量化的全经济领域绝对减排与控排目标，根据具体的基准年确定温室气体的减少量。其他国家则是采用了相对减控排目标，包括与没有减排的照常情景（BAU）相比较的减排目标，或基于单位 GDP 的排放强度目标。国内目标的类型差异并不被纳入指标框架进行评估，只有国家立法或政策中包含的国内目标是否与国家自主贡献（NDCs）中的目标一致被纳入了考虑。两个体系目标的一致性评估又被具体分为根据目标范围（是否为全经济领域或基于某个部门）与目标水平的评估，以及根据目标时间框架的评估。得到的评分结果分为几个主要类型，包括了各国被归类为：①国内目标与《巴黎协定》提出的国家自主贡献（NDCs）不一致；②国内目标对标国家自主贡献（NDCs）需要升级目标；③国内目标与国家自主贡献（NDCs）完全一致。根据三种不同结果，分为"不支持""中度支持"与"完全支持"三种情形，并被赋予 0~2 分作为最终加权统计的依据。

　　关于 G20 国家的国内目标水平与范围的一致性问题。通过评估，我们发现 G20 国家分为三类：其一，国家自主贡献（NDCs）表示为一个全经济领域目标在某些情况下也因部门目标而调整，但这些国家却没有通过国内立法或政策文件的具体规定来明确国内全经济领域目标，因此导致了目标范围不一致。其二，国家的国内立法或政策文件规定了全经济领域目标，但这一目标与国家自主贡献（NDCs）所表示的减排或控排水平不一致。例如，需要提高国内法定减排水平的情况，或者将国内设定的照常情景（BAU）排放基准修改为绝对基线。其三，一国的立法法案或政策文件中规定了明确的减排或控排目标水平，并且符合或高于国家自主贡献（NDCs）规定的水平。需要注意的是，这一连续性分析仅涉及国内立法或政策与国家自主贡献（NDCs）目标水平之间的一致性，但并没有评估国家法律或政策是否足以或如何才能实现国家自主贡献（NDCs）的要求。

　　关于 G20 国家的国内目标时间表的一致性问题。其主要针对的是一国国内立法或政策确立与实施行动的时间框架，是否与国家自主贡献（NDCs）规定的时间框架相一致。通过评估，我们发现 G20 国家分为三类：①国家目标设定或实施行动中没有具体规定目标时间框架。②目标需求的时间表要更新才能符合国家自主贡献（NDCs）目标的时间框架，例如《巴黎协定》第 4 条与巴黎大会 1/CP. 21 决定要求，国家首轮提交的国家自主贡献（NDCs）应当将其目标年设定为 2030 年，部分 G20 国家立法的早先目标却是 2025 年，按照《巴黎协定》履约要求需要改为 2030 年，以符合国家自主贡献（NDCs）规定的时间框架。③国家立法与政策的内容与国家自主贡献（NDCs）设定有完全一致的目标时间框架。

（二）实现 2020 年减排目标的进展

实现 2020 年减排目标的进展，是指各国在实现《京都议定书》履行义务、《哥本哈根协议》《坎昆协议》等法律或政治文件中下承诺的 2020 年目标方面的进展。G20 国家里面包括典型的京都义务强制履约国家，与发展中国家两个大类。因此，在这一指标下被分类为：①没有提交 2020 年温室气体减排承诺；②虽然提交了承诺，但根据联合国环境规划署（UNEP）排放差距报告以及权威学者的独立分析，[1][2]可能需要采取进一步行动来实现 2020 年目标的国家；③国家不仅作出了承诺，而且得到了国际认可。

（三）在提高目标承诺雄心方面的表现

尽管《巴黎协定》第 4 条关于在随后每一次国家自主贡献（NDCs）提交中提高目标的雄心水平对于缔约国之前的履行表现并不具有强制法律义务，但这却可以用来分析根据各国对《京都议定书》以及随后的《哥本哈根协议》和《坎昆协议》的反应，对各国在《公约》框架进程中日益增长的雄心目标进行了历史性评估。考虑到这一棘轮效应的要求，《巴黎协定》下关于国家自主贡献（NDCs）的雄心要求是具有前瞻性的，评估将着眼于 G20 国家过去的表现，以确定各国目前的行为趋势是否总体上符合《巴黎协定》设定的方向，以及哪里需要改变，而不是将过去的行为视为未来表现的预测因素。根据承诺雄心方面的表现，G20 国家可被分为以下几类：一类属于曾经降低了减排目标水平或在任何时候退出《京都议定书》《巴黎协定》的国家；一

---

〔1〕 Anne Olhoff et al.，"The Emissions Gap Report 2020：A UNEP Synthesis Report"，*United Nations Environment Programme*，2020.

〔2〕 L. Djikstra & S. Athanasoglou，"The Europe 2020 Index：The Progress of EU Countries，Regions，and Cities to the 2020 Targets"，2015，Brussels：European Commission，http://ec. europa. eu/regional_ pol-icy/sources/ docgener/focus/2015_ 01_ europe2020_ index. pdf.

类是承诺的减排水平在一段时间内保持在同一水平，或由于缺乏衡量进展的明确基线原因无法充分评估的国家；最后一类则是减排控排目标或相关排放指标水平随着时间的推移不断提高的国家。

（四）G20国家实施连续性评估成果分析

利用国家自主贡献（NDCs）与国内目标实施连续性评估框架，对G20国家在国内目标行动与《巴黎协定》的一致性进行分析，得出的结果显示出成员国之间的表现存在比较大的差异性。这些国家分为三个类型：其一是国内目标与行动与国际承诺高度一致的国家，这些国家在过去和现在的国内行动完全或大部分符合《巴黎协定》的关键要求。其二是国内行动与国际承诺适度一致的国家，这些国家在过去和现在的气候变化行动中在部分方面与《巴黎协定》的关键要求一致。其三是国内行动与国际承诺缺乏一致性的国家，这些国家在过去和现在的气候变化行动与《巴黎协定》的关键要求在较大程度上存在不一致。

在完全一致的国家中，包括欧盟整体及其成员法国、德国、意大利以及脱欧之后的英国展示了过去和现在基于法律层面设立减缓气候变化的目标以及辅助实施的行动，完全符合《巴黎协定》的关键要求。所有这些《巴黎协定》缔约方在域内或国内设定的减排目标，在力度水平、时间框架和范围上与其国家自主贡献（NDCs）相一致，或超过了国际承诺目标，例如欧盟在《欧洲气候法》之中，设定的目标（55%）比2015年所提交国家自主贡献（NDCs）的减排目标（40%）力度更高。此外，这些国家还通过一系列配套的政策性战略文件来辅助法律的实施。欧盟已经制定了2030年气候和能源政策框架规划，并确定了各成员减排目标的努力分担决定（ESD）。欧盟的下一个重大挑战是确保成员同意并有效实施各自成员方的排放目标，并在可能出现的能源危机背景下保持欧盟履行减排承诺的完整性。英国的政策与实现2030年设定的国内目标不一致，这是因为英国退出欧盟的决定可能影响了欧盟整体以及英国履行减排承诺的能力，但英国在2019年修改《气候变化法》（CCA）过程中，调整了其碳预算以便使其国内法目标与更新的国家自主贡献（NDCs）相一致。作为发展中国家的代表，中国和巴西的评估成绩值得瞩目。中国的国内气候变化政策涵盖了不同阶段的承诺期和履约期，包括十三五规划与2020年目标的衔接，以及碳达峰目标、十四五规划与2035年远景目标，与2030年国家自主贡献（NDCs）承诺期的衔接，以及2060年碳中和目标的战略规划。中国国内虽然暂时没有进行应对气候变化立法，但是出台了一系列以"双碳"目标为核心的政策文件，保障了国内全经济体系目标、部门目标与国家自主贡献（NDCs）的融合。

在基本一致的国家中，日本、印度、印度尼西亚、墨西哥、俄罗斯、南非和韩国需要在多个方面进行改进。这些国家中的大多数，除了印度、俄罗斯和日本之外，都落后于2020年的目标，包括日本、俄罗斯和南非在内的其他国家，过去一直未能提高其气候行动的目标。日本还特别将其最初的2020年承诺下调至不具有雄心的目标。南非和俄罗斯一直将目标保持在相似的水平，而不是随着时间的推移而提高目标。一些国家需要更新国内目标的时间表，以便与更新国家自主贡献（NDCs）保持一致。其他国家需要提高目标水平，例如韩国和墨西哥之前曾经采取过有条件目标，而印度需要调整其国内目标水平，并考虑将其范围从部门范围升级到全经济领域范围。一些国家可以提高其目标的立法力度，日本、俄罗斯、印度尼西亚和南非的国内排放目标是通过某种形式的行政命令来制定的。一个需要考虑的相关问题是，行政命令是否足够或者将这些目标纳入法律是否有利于加强执行，这仍然是几个国家可以加强的方向。

在不一致的国家中，阿根廷、澳大利亚、加拿大、沙特阿拉伯、土耳其和美国需要改进其国内应对气候变化行动与目标水平。这些国家缺乏提供国家自主贡献（NDCs）的立法基础，即缺乏关于气候变化和需求的总体框架立法或政策，从部门目标转向全经济领域目标，并调整目标的时间框架。沙特阿拉伯、土耳其和阿根廷已经制定了国内目标，美国需要将其目标范围从部门升级到整个经济体系。此外，美国面临清洁电力计划和能源领域低碳转型政策的政治不确定性，政策的反复对其实施《巴黎协定》的稳定性与可预见性影响很大。此外，澳大利亚、加拿大和美国在实现2020年目标方面并不能交出令人满意的成绩单。澳大利亚和加拿大在原则上有一个制定立法的坚实框架，但部分由于政治考虑，在实施方面没有取得足够的进展，这表现为它们在2020年进展指标上的得分较低。澳大利亚、加拿大和美国已经随着时间的推移，在提升他们的承诺雄心方面表现出不一致的进展。虽然过去的记录不能保持为作为未来表现的一个指标，但这些国家显然需要特别考虑提高未来的雄心水平。

表 5-10　G20 国家实施连续性评估比较分析

国家 打分	国内目标与 NDCs 的一致性		2020 年实施进展	新目标雄心水平	总体评价
	目标水平和范围	目标时间框架			
阿根廷	不支持	中度支持	不支持	中度支持	不支持
澳大利亚	不支持	中度支持	不支持	不支持	不支持
巴西	中度支持	中度支持	完全支持	完全支持	完全支持
加拿大	不支持	中度支持	不支持	不支持	不支持
中国	中度支持	中度支持	完全支持	完全支持	完全支持
欧盟	完全支持	完全支持	完全支持	完全支持	完全支持
法国	完全支持	完全支持	完全支持	完全支持	完全支持
德国	完全支持	完全支持	完全支持	完全支持	完全支持
意大利	中度支持	中度支持	完全支持	完全支持	完全支持
印度	不支持	中度支持	完全支持	完全支持	中度支持
印度尼西亚	中度支持	中度支持	中度支持	完全支持	中度支持
日本	完全支持	完全支持	完全支持	不支持	中度支持
墨西哥	完全支持	完全支持	不支持	完全支持	中度支持
俄罗斯	完全支持	中度支持	完全支持	完全支持	中度支持
沙特阿拉伯	不支持	中度支持	不支持	中度支持	不支持
南非	完全支持	完全支持	中度支持	中度支持	中度支持
韩国	中度支持	中度支持	不支持	完全支持	中度支持
土耳其	不支持	中度支持	不支持	中度支持	不支持
英国	完全支持	完全支持	完全支持	完全支持	完全支持
美国	不支持	完全支持	不支持	中度支持	不支持

二、关于国家自主贡献（NDCs）可信度评估的典型国家分析

本部分内容是基于国家自主贡献（NDCs）可信度评估的深度国别分析，为了更好地理解上文关于国家气候立法与政策以及推动其制定和执行的因素，本部分内容选取了中国、欧盟和美国这三个主要经济体关于制定和实施气候

立法和政策、国家政府机构与私人参与等关键因素进行进一步剖析，虽然没有建立相关定量的评估框架，但是相关定性分析内容可以被作为深度分析的重要事实依据。中国、欧盟和美国的温室气体排放量占全球总量的大部分，GDP 占全球总量的一半，同时也是全球应对气候变化主要集团的领导者。因此，选择三个主要经济体的气候和能源政策不仅对当前和未来的全球温室气体排放有很大影响，还会影响其他国家的整体态度。

（一）定性评估内容设计

这部分的应对气候变化法律与政策评估将围绕关键性驱动因素进行分析。所选择的分析框架指标包括：①经济因素；②机构设置与政治制度；③公众舆论、利益集团和政党政治的影响。一直以来，中国、欧盟和美国都在制定和实施气候法律或政策方面取得了进展。然而，这三个主要的全球气候行动参与者都面临着实现《巴黎协定》国家自主贡献（NDCs）并提高承诺目标的独特挑战。就中国而言，培育不断增长的绿色产业和减少空气污染具有共同利益，生态文明建设与绿色经济的发展战略，让中国坚定地走向低碳经济增长之路。为了在近 10 年至 30 年内实现这一转变，中国需要不断完善战略规划并改善激励手段，让商业企业与各个省市能够遵守和完成国家层面设定的减排和控排目标，同时不断创新分配足够的资源来指导地方政府和企业以完成遵守目标。就欧盟而言，其需要在持不同减排态度的成员之间达成协议，并将它们团结在欧洲能源市场的共同愿景之下。而对于美国来说，基于各个州或城市层面"自下而上"的行动将有助于提升美国联邦层面的减排雄心，一些积极主动的州应该支持更加雄心勃勃的联邦层面气候立法与政策。

对气候政策制定和实施趋势的分析表明，理解国家层面经济、体制和政治因素的多样性及其与公共和私人利益的相互作用十分重要。这些因素也将影响各国实施国家自主贡献（NDCs）的效果，以及提升未来雄心的能力。值得注意的是，不同影响因素的相对重要性在三个主要经济体的反应有所不同。在中国，排放量的上升和下降与经济发展和正在进行的经济转型密切相关。对于欧盟来说，能源安全和经济问题一直是欧洲在气候政策及其促进可再生能源产业方面发挥领导作用的关键驱动力。欧盟还有完善体制使欧盟委员会、欧洲议会和一些成员国能够支持应对气候变化行动。与有利的公众舆论、有影响力的绿色政党和活跃的非政府组织相匹配的机构领导使其能够围绕 2020 年至 2030 年的一系列雄心勃勃的气候和能源政策达成一致。在美国，政治制度使得经济利益、党派和意识形态能够分化政治辩论，并通过立法部门阻碍气候行动。然而，他们也为总统和联邦环保署的政策执行留下了空间。尽管主要影响因素不同，但三个实体也共享一些共同的驱动因素。在中国，碳排放密集型产业的转型程度决定了国家气候变化与能源政策在省一级的实际执行程度。与此相似，欧洲议会议员在气候政策上的投票行为往往与他们所代表的成员碳排放强度密切相关。而在美国也存在类似情况，来自拥有大量化石燃料资源或大量能源密集型产业的州立法者试图阻止联邦层面雄心勃勃的气候行动。此外，尽管中国、欧盟和美国的政府体制不同，但它们都以相当分散的方式运作，大部分气候政策的执行工作都需要在各个省、成员或各个州一级的参与执行。

（二）中国气候立法与政策的影响因素分析

在生态文明建设与人类命名共同体理念的影响下，中国高度重视国内应对气候变化工作，并聚焦于低碳发展的机遇和附带利益。党和国家的决策层从单纯强调经济增长转向更加关注空气质量和气候变化问题，并进一步带来了可再生能源投资增加，环境政策和法律得到了大幅度提升。然而，碳排放密集型经济的去碳化进程仍将是未来几十年的重大挑战。

在经济因素方面，经济增长率和构成的内生变化以及中央政府的新经济发展战略使中国能源需求的未来增长保持在常态化水平。这意味着中国更强有力的应对气候变化政策符合未来的经济增长和发展。随着绿色低碳转型成为国家十四五规划与 2035 年远景战略的重要内容，减缓气候变化和改善地方生态环境质量成了执政党和政府的优先事项，重点是扩大服务部门、发展非化石能源发电和电动汽车、增加排放水平监测，并大力发展绿色金融市场。我们可以期待在未来几年看到中国国内气候政策的扩大和进一步加强，以及通过在 G20 集团、亚洲基础设施投资银行（AIIB）和一带一路倡议（B&R）中的作用，更加关注绿色投资和发展。然而，要实现中国国家自主贡献（NDCs）设定的目标，最迟在 2030 年实现碳排放达到峰值，到 2030 年将二氧化碳排放强度比 2005 年水平降低至 65% 以上，仍然需要大幅降低排放水平，加快经济转型速度。

从政治层面来看，中国气候政策的制定是一个高度集中的过程，由中国共产党和中央政府高层通过"自上而下"的整体规划来实施。其执行和目标的整体实现需要地方政府负责在各自管辖范围内有效执行中央层面下发的能源、气候政策和减排任务。因此，成功的政策执行在很大程度上取决于确保地方政府与工商企业的合作，以及法律与政策设计有效的执行机制。

此外，公众舆论、政党政治和利益集团的影响力在中国的影响也不容忽视。一方面，气候治理的推进受到来自体制内外的特殊利益和精英阶层的各种影响，中国共产党作为执政党将生态文明建设纳入五大任务体系的坚定决心，党和国家领导层对于中国引领全球生态文明建设的重大指引，为中国应对气候挑战和保持国家气候变化政策的稳定性提供了强有力的政治基础，同时，先前关于空气污染的公众舆论以及中国民众对于参加环境保护理念的养成与提升，在推动国家气候政策方面又发挥了重要的间接影响力。

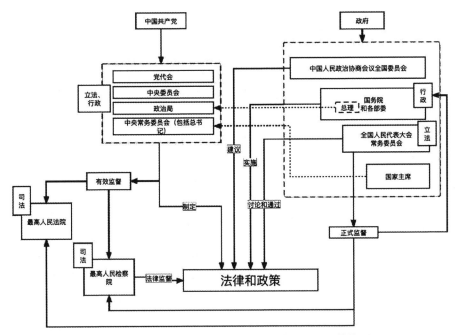

图 5-1 中国应对气候变化立法和政策形成的决策体制

未来中国气候政策发展的风险包括了几个方面：其一，持续放缓的增长和与结构转型的挑战，促使国家对建筑和重工业部门实施进一步的财政刺激，延长对国有企业金融、土地、能源等领域要素价格的补贴，从更具生产性的投资中分流资本并增加债务。其二，一些既得利益者（如部分大型国有企业），利用影响力阻止国家引入新的财政激励或碳排放领域监管工具，例如对化石燃料、能源和碳排放征收更高税负、电力市场改革、对煤炭消费的严格限制、更繁重的碳强度降低实施计划，以及对温室气体排放贯彻更系统的监测、报告和核查（MRV）制度。其三，在实施层面，最大的挑战之一是地方政府与企业的配合，如高排放企业的转型与职工下岗安置问题，地方政府的执行问题或激进减排实效不足都可能会给减排措施的落实造成风险。其四，全国碳定价体系的引入和制度功能的发挥仍然有待制度设计层面的完善与企业的有效参与。

（三）欧盟气候立法与政策的影响因素分析

欧盟一直被视为气候变化政策的领导者，其建立了世界上第一个跨国碳排放交易系统（EU-ETS），还制定了 2020 年和 2030 年的一系列减排、能效和可再生能源目标，以及 2050 年的愿景目标，通过出台《欧洲气候法》的方式将一些转化为了强制性的国家目标。[1]

在经济因素方面，尽管欧盟对能源安全采取了相对统一的方法，但经济表现和能源资源禀赋方面的巨大差异影响了成员达成气候目标的雄心。一般而言，欧洲北部和西部成员的化石燃料禀赋相对较低，往往是相对较大的净能源进口国。这些国家在服务业和先进制造业，包括可再生能源、核能发电技术以及节能产品和服务方面，也往往具有非常大的比较优势。相比之下，欧洲东南部成员往往拥有更丰富的煤炭资源，拥有大型化石燃料生产行业和能源密集型制造业。这些行业往往对国家的决策者有很大的影响力。因此，一般来说，欧洲西北欧成员支持欧盟整体实施更强有力的气候政策，而东南欧成员则常常主张降低目标雄心，担心碳排放密集型行业的经济和社会影响。

在政治因素方面，欧盟的制度体系是多层次的，因为决策是垂直分割的，涉及欧洲、成员和地方各级政府实体。制度体系也是多极的，包括欧洲委员会、欧洲议会和欧洲理事会等中央实体。因此，为了在不同机构和成员之间就新提案达成足够的共识，欧盟必须在气候政策目标上作出妥协。虽然政策制定很复杂，但也很难改变已经通过的立法，这反过来意味着气候和能源政策一直相对稳定。在执行方面，欧盟一级通过的欧盟中央机构出台的条例、指令和决定传达到成员以及各个地方政府层面辅助实施。至于法律的实施层面，欧盟委员会有权对违反欧盟气候变化法律的成员采取行政和法律行动。

---

[1] 兰莹、秦天宝：《〈欧洲气候法〉：以"气候中和"引领全球行动》，载《环境保护》2020年第9期，第7页。

此外，特殊利益集团，特别是商业公司、行业团体和环境保护非政府组织（NGO），也能够通过各种渠道对欧盟气候政策的制定施加影响，并在推进气候政策方面发挥强大作用。欧盟整体的公众舆论强烈支持更加雄心勃勃的气候政策，并为未来气候政策的制定和实施提供了重要杠杆。

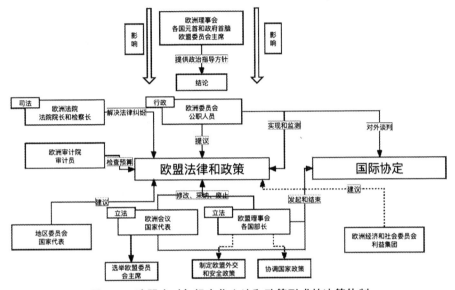

图 5-2 欧盟应对气候变化立法和政策形成的决策体制

长远来看，欧洲在国际气候变化政治中的未来领导地位及其实现国内脱碳目标的能力，将取决于欧盟如何在近期的危机面前保持团结。这些挑战包括 2022 年俄乌冲突带来的能源危机，自全球金融危机以来持续存在的经济萎靡、难民和移民危机带来的挑战，以及一些成员对联邦欧洲概念的日益不满。最后一点在英国脱欧中表现得很明显。欧盟还必须有效应对像波兰这样拥有大量化石燃料资源、大量污染密集型部门的成员对欧洲气候变化政策的抵制，同时推进能源联盟的实施和旨在实现现有气候目标的其他关键政策工具的改革。与此同时，欧盟需要提高内部雄心以实现 2030 年目标，需要从 2015 年起将年减排速度至少提高一倍。一方面，欧盟将有可能实现其可再生能源目标，通过燃料转换，将投资从煤炭转向低碳能源来实现电力部门的持续去碳化。另一方面，实现 2020 年和 2030 年的能效目标将更具挑战性。例如，降低交通排放需要克服电动汽车的高资本成本，并解决围绕生物燃料的可持续性问题。

（四）美国气候立法与政策的影响因素分析

尽管美国缺乏一致的气候变化框架立法，但自 20 世纪 70 年代以来，影响美国空气污染控制的联邦法律是《清洁空气法》。2011 年,《民用航空法》经过修订，纳入了对温室气体的监管。2009 年,《清洁能源与安全法案》在美国众议院的通过，也代表了当时的民主党政府所推动的碳定价机制在全美实施的意愿。2022 年美国通过的《通胀削减法案》也将清洁能源与产业投资纳入了重要的国家补贴和减税领域。

从经济因素来看，全美的能源密集型产业在国民经济体系中的相对重要性，不仅影响排放，还影响产业利益的强度，进而影响美国的气候政策制定。然而，能源密集型产业的经济重要性在各州之间差异很大，这意味着在气候政策方面有领先者和落后者。然而，事实仍然是来自高度集中的能源密集型产业的立法者积极试图在国会和通过司法裁决阻止更雄心勃勃的气候行动。这方面与欧盟类似，在欧盟层面，欧洲议会议员对气候政策的投票行为往往与他们所代表的成员的碳强度密切相关。

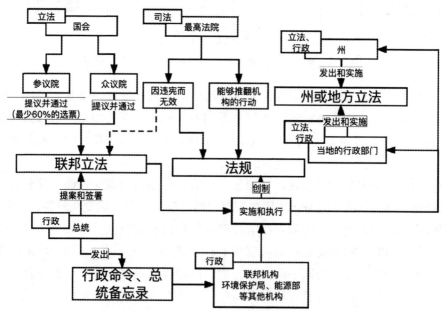

图 5-3　美国应对气候变化立法和政策形成的决策体制

在政治层面，尽管美国立法机构和行政部门之间高度分权的体制，使得这两个部门之间的不同优先事项难以协调，但也赋予了行政部门独立于国会制定政策的权力。国家行政机构在制定和实施气候政策方面也发挥着关键作用。此外，各州也有权根据自己的权限制定气候法律与政策，只要这些法律与政策不侵犯联邦政府的权力或与联邦法律相冲突。这里的领跑者是美国加利福尼亚州，在实施应对气候变化的政策方面一直处于非常积极的地位。虽然这些举措只覆盖了美国的部分地区但意义重大。这意味着，即使联邦一级的减缓气候变化行动努力滞后，人们也可以看到州和地方一级的减排。此外，两个主要政党（共和党和民主党）的立场，及其在特定时间点的相对权力之间的相互作用，是美国制定和实施气候变化政策的关键因素。主要政党在气候科学和气候政策方面的强烈分化，是美国气候政治的一个重要特征。美国的选举制度也让各种经济利益集团，包括商业企业、特殊利益集团（如贸易协会和商业智库）能够对联邦政治进程施加相当大的影响。虽然公众对气候变化的总体认识似乎相当高，但并没有转化为采取行动的强烈要求。

长远来看，美国的气候政策仍然具有极大的不确定性。在共和党总统特朗普执政后，美国的气候政策推进大打折扣，表现为通过行政权力废除前任的清洁能源计划，通过取消国内和国际气候方案削减所有联邦气候支出，退出《巴黎协定》并撤回国家自主贡献（NDCs）承诺，鼓励国内使用化石燃料资源，任命气候怀疑论者担任美国联邦环保署（EPA）负责人。在民主党重新执政后，拜登总统让美国重返《巴黎协定》，并加大了一系列法律和政策对于联邦气候变化行动的支持力度，在国际层面任命应对气候变化特使开展与气候问题有关的外交。美国的气候政策在很大程度上被政党政治所左右，但随着经济层面美国加大国内页岩气产业的发展，并成为主要的化石燃料出口国，美国联邦层面的气候政策的发展方向仍然具备很大的逆转可能性。

第五节 关于国家自主贡献可信度评估框架的总体评价

国家自主贡献（NDCs）作为《巴黎协定》和核心制度，其实施上的可信性与预期效果关系到全球应对气候变化整体努力的成效。但在当下，无论是《巴黎协定》内的法律条款，还是业已达成的巴黎规则手册关于《巴黎协定》第4条国家自主贡献（NDCs）的实施细则，都在关注此制度的程序性要求，并为各国设定了强制性程序义务。而对国家所提交国家自主贡献（NDCs）的实施预期效果与否，缺乏足够的法律机制予以调节。在多数国际智库的研究着眼于各国所提交的国家自主贡献（NDCs）减排目标的力度争论之时，关于承诺的国内实施层面的可信度问题讨论弥补了国家自主贡献（NDCs）制度的一个重要环节漏洞，即如果各国对其提交的国家自主贡献（NDCs）实施效果都无法保障的话，全球盘点、强化透明度框架（ETF）以及便利履行与促进遵守等《巴黎协定》配套制度都将形同虚设。为此，建立一套系统化的国家自主贡献（NDCs）的国内实施可信度评估框架十分必要。此外，可信度对于参与国际气候谈判的各方之间建立信任至关重要，因为这将有助于促进每个缔约方随着时间的推移提高承诺的力度。

学术界所讨论的国家自主贡献（NDCs）实施可信度评估框架，涉及一项承诺文件所能达成的目标的可能性，即通过事先研判一国所提交国家自主贡献（NDCs）的实施可信度，来督促各国能够通过加强国内实施环节，真正完成各自的减排和限排任务。可信度评估框架的决定性因素包括：贯彻全面的立法和政策基础，透明、包容和有效的决策过程，建立有能力的公共机构并引入支持性私人机构参与，有效国际参与和公众舆论，以及兑现过去气候变化承诺的记录，有无政策逆转的历史等几个方面。通过量化打分和分级来评判一国的国家自主贡献（NDCs）实施可信度等级，帮助特定国家通过强化国内气候变化多领域、多层次的有效治理，尤其是完善一国的应对气候变化法律与政策，来保障承诺目标的实现。建立精确预测且国际认可度高的国家自主贡献（NDCs）可信度评估框架仍然是学术界未来的研究方向。我国也有必要开展此方面的研究，结合我国自身"双碳"目标的国内实施进程和特点，在全球气候变化谈判中提交符合我国和广大参与方利益的国家自主贡献（NDCs）可信度评估方案，贡献中国智慧与力量。

第六章

《巴黎协定》便利履行与促进遵守有效实施评估

　　《巴黎协定》明确规定了以便利履行与促进遵守委员会为核心的遵约评估主体，该机构是以透明性、促进性、非对抗性与非惩戒作为运作方式的。历经多次实施细则的草案版本谈判，巴黎规则手册关于便利履行与促进遵守的实施性导则首个版本在多方的妥协中达成，关于委员会的功能定位（政治协商而非争端解决）、便利履行职能与促进遵守的职能差别（程序启动并未体现出不同国家的差异性），以及委员会所能采取的措施对缔约国的效力（侧重促进遵守而淡化非遵守情况的处理）等问题依然存在争议。便利履行与促进遵守机制实施性规则的不足也导致了《巴黎协定》整体效果的缺失，部分国际智库也建议借鉴国际环境条约中较成熟的非遵守情势程序来强化《巴黎协定》履行，这也代表了未来机制实施规则发展的可行方向。

　　《巴黎协定》第15条实施细则的达成是多方利益妥协的结果，其内容也并非一成不变，2024年之后的《巴黎协定》缔约方会议（CMA）将根据实施经验，在考虑委员会建议的基础上，对《巴黎协定》第15条项下的便利履行与促进遵守模式与程序导则的实施效果开展第一次审查，并考虑进一步的规则完善。对于已经达成的巴黎规则手册，其便利履行与促进遵守机制的实施性规则并不能令各方满意，一些国际智库如瑞典斯德哥尔摩环境研究所（Stockholm Environment Institute，SEI）、世界资源研究所（World Resources Institute，WRI）及其旗下的增强气候变化透明度项目（The Project for Advancing Climate Transparency，PACT）等智库就联合多家国际机构发布了关于《巴黎协定》便利履行与促进遵守机制的评估报告，[1][2] 它们提出的观点也代表了针对《巴黎协定》第 15 条实施规则的未来进一步完善方向的代表性立场，如是否可以把《蒙特利尔议定书》的非遵守情势程序（NCP）移植于《巴黎协定》第 15 条的实施规则，也有机构指出了借鉴其他非环境领域国际组织和条约机构的非遵守应对程序。通过比较国外智库的研究观点，我们有必要探讨制定《巴黎协定》遵约模式和程序的关键决策点，并确定确保便利履行与促进遵守委员会有效运作的备选方案。这些决策点的确定和备选方案的综合是基于对现有文献的回顾。迄今为止，《巴黎协定》特设工作组（APA）谈判确定的要素，缔约方的立场汇总以及与技术专家的访谈，具体内容主要围绕委员会职能、程序启动适用范围、启动方式、委员会可能的成果产出与应对措施展开。

第一节　关于委员会职能的评估

《巴黎协定》第 15 条第 1 款确定该机制是便利不同类型国家履行条约义务并促进整体遵守《巴黎协定》的义务性要求。这种表述反映出了一种妥协倾向，确保委员会的任务授权包括管理、协助和便利缔约方的执行，协调任何出现的履行问题，并解决可能不遵守《巴黎协定》规定的情况。[3] 在就《巴黎协定》第 15 条进行的谈判中，各缔约方提出了不同的建议，以澄清条约遵约制度的两个方面内容。有些人建议妥协措词意味着该委员会具有两个独特但互补的职能，以"便利履行"和"促进遵守"代表着不同类型的职能要求和相应措施。而另一些人则主张，两者仅代表着委员会一个职能，是在一个连续性功能运转上保障遵约，应对的委员会措施类型没有差异。因此，这就产生了一个问题，便利履行与促进遵守模式和程序导则必须要阐明委员会的职能，在委员会要履行两项不同职能的情况下，这似乎尤为必要。正式引入两种职能的区别是不必要的，与其他多边环境协定（MEAs）一样，《巴黎

〔1〕　H. Van Asselt et al., *Maximizing the Potential of the Paris Agreement：Effective Review in a Hybrid Regime*, SEI Report, 2016.

〔2〕　S. Oberthür (eds.), "The Mechanism to Facilitate Implementation and Promote Compliance with the Paris Agreement Design Options", *WRI Technical Report*, 2018 (5), pp. 11~12.

〔3〕　Joseph E. Aldy, "Evaluating Mitigation Effort：Tools and Institutions for Assessing Nationally Determined Contributions", *World Bank Group's Networked Carbon Markets Initiative*, 2015-11.

协定》的某些规定明确规定了法律义务，另一些则显得有些模棱两可。建立两项不同职能的提议似乎旨在区分与履行法律义务有关的情形。[1]但是，这不仅不能解决《巴黎协定》若干规定含糊不清的问题，而且还可能试图将实际上紧密联系和交织在一起的内容分开。[2]尽管可以通过明确允许对不具约束力的条款采取行动而将"便利履行"的概念界定得比"促进遵守"的意义更广泛，但两种概念在实践中明显有功能重叠，因为"促进遵守"的行动也可以"便利履行"《巴黎协定》，反之亦然。[3]现有多边环境协定的经验将倾向于支持更加综合和整体的方法。类似的机制通常不会根据国际法或其他方面规定的法律性质进行严格区分，例如像《关于汞的水俣公约》(2013 年)第 15 条所规定的那样，即使明确涵盖了履行和国际法的遵约特征，但也没有明确的功能划分或使条约的履行相分离。相反，委员会可以针对手头的实施问题量身定制应对措施，而无需明确区分不同职能。[4]除了澄清委员会的职能之外，还可以通过其他方式解决所涉及的其他问题。澄清这些问题主要是因为缔约方可能会发现自己因未遵守《巴黎协定》没有确立明确法律义务的规定而被转交给委员会处理，导致的结果是委员会采取了并不适合的强力措施。这些担忧可以通过明确提起争端解决程序的规定或定义委员会可采取的措施，以及委员会对其适用的保障指导方式来解决。如果在委员会导则规定的模式和程序中围绕这些问题为缔约方提供一定的解决方案，那么可能没有必要进一步明确委员会的职能。

第二节　关于遵约程序适用范围的评估

一、《巴黎协定》关于遵约程序的启动范围限定

《巴黎协定》的各个条款涵盖了针对各个缔约方不同类型法律义务的设

---

[1] S. Oberthür & R. Bodle. , "Legal Form and Nature of the Paris Outcome", *Climate Law*, 6 (1-2), 2017, pp. 40-57.

[2] C. Voigt, "The Compliance and Implementation Mechanism of the Paris Agreement", *Review of European*, *Comparative & International Environmental Law* 25 (2), 2016, pp. 161~172.

[3] A. Abeysinghe & S. Barakat, "The Paris Agreement: An Effective Compliance and Implementation Mechanism", *London: International Institute for Environment and Development*, 2016.

[4] D. Bodansky, "The Legal Character of the Paris Agreement", *Review of European*, *Comparative and International Environmental Law*, 25 (2), 2016, pp. 142~150.

定，这里既包括了强制性法律义务，例如《巴黎协定》透明度条款中规定的报告义务（《巴黎协定》第 13 条第 7 款），还包括了建议性质或鼓励缔约方采取集体行动的非义务性规定，例如《巴黎协定》适应气候变化条款中所规定的缔约方应加强合作强化适应行动（《巴黎协定》第 7 条第 7 款）。在这两种类型的条款之间，还包括对所有或特定缔约方集团采取特定行动的建议。例如，《巴黎协定》减缓条款针对国家自主贡献（NDCs）的提交要求各缔约方的努力随着时间的推移而发展（《巴黎协定》第 4 条第 3 款）。在此方面，不同学者对此问题存在争议。部分学者认为，不可能评估单个缔约方遵守集体义务，或非约束性条款的情况，并且基于国家自主贡献（NDCs）的性质，不适合处理缔约方通过其国家自主贡献（NDCs）采取的国内行动和做出的贡献。[1]然而，如果这种豁免符合《巴黎协定》的内容，就没有必要进一步具体说明。如果没有，谈判此类豁免可能会有重新触及《巴黎协定》的风险。[2]《巴黎协定》第 15 条并未明确将委员会的职能运作范围限制在某种类型的规定中。虽然起初在德班平台（ADP）的气候谈判中已经有缔约方提出了将委员会的任务授权集中在具有法律约束力的义务上，但《巴黎协定》第 15 条第 1 款的最后措词仍然是"本协定的条款"。尽管第 15 条第 1 款并未禁止进一步规定委员会的职责，但其本身并不限制其范围。取而代之的是，使用与"义务"相对的"规定"一词和"该"一词，都支持对《巴黎协定》所有条款进行广泛解释。[3]其他多边环境协定下的类似机制通常不会进一步限制未遵守程序的启动范围，例如《关于汞的水俣公约》第 15 条第 2 款甚至明确提出遵约制度适用于该条约中的所有条款。关于范围问题，巴黎规则手册中达成的实施细则已经可以用来补充。

二、缔约方会议（CMA）决定对遵约程序启动范围的限定

《巴黎协定》正式生效后，缔约方大会明确要求在《巴黎协定》缔约方

---

〔1〕 S. Oberthür, "Options for a Compliance Mechanism in a 2015 Climate Agreement", *Climate Law*, 4, 2014, pp. 30~49.

〔2〕 L. Rajamani, "Ambition and Differentiation in the 2015 Paris Agreement: Interpretative Possibilities and Underlying Politics", *International and Comparative Law Quarterly*, 65, 2016, pp. 493~514.

〔3〕 D. Klein et al. (eds.), *The Paris Agreement on Climate Change: Analysis and Commentary*, Oxford, UK: Oxford University Press, 2017, pp. 320~329.

会议（CMA）上为便利履行与促进遵守机制所设置的条约条款适用范围达成明确的实施细则。如果《巴黎协定》有关规定本身属于委员会监督遵约的职责范围，那么《巴黎协定》缔约方会议（CMA）所做出的任何大会决定便也属于遵约程序启动范围。[1][2]但《巴黎协定》遵约制度的实施细则，即巴黎实施手册针对遵约所规定的委员会方式、程序和准则并未明确提出缔约方遵循的情况，其法律效果并不清晰。[3]与此相似的是，针对《巴黎协定》透明度制度的第13条第7款规定的报告义务和第13条第13款规定的相关指导，也采用了这种模糊法律效力的方式。但是，需要说明，是否严格要求缔约方遵循大会决议中达成的实施性规定以及其中任何明确义务的规定性条款，委员会是否可对不遵守约束性义务的情况采取措施，仍然处于一种不清晰状态。

根据《巴黎协定》缔约方会议（CMA）作出的澄清，委员会可能必须评估是否以及在什么情况下可以实现这种约束力。《巴黎协定》第13条第13款可以通过将模式、程序和指南（MPGs）的特征描述为"阐述本条的规定"来支持决定文件具有法律约束力的假设。此外，《巴黎协定》第13条第7款b项要求提供跟踪实施和实现国家自主贡献（NDCs）进展所需的必要信息，表面上明确的义务在没有配套决定的情况下可能仍然是毫无实施价值的，而《巴黎协定》第13条12款要求技术专家评审（TERs）"包括审查资料是否符合第13条13款所述的模式、程序和准则"，这一条款规定让我们有充分理由相信大会决议所形成的透明度模式、程序和准则对各个缔约方具有明确的义务指向性。

三、系统性问题与个别遵约问题的划分

与个别缔约方遵守或执行《巴黎协定》某些条款的讨论不同，系统性问

〔1〕　J. Brunnée, "Promoting Compliance with Multilateral Environmental Agreements", *Promoting Compliance in an Evolving Climate Regime*", edited by J. Brunnée, M. Doelle & L. Rajamani, Cambridge, UK：Cambridge University Press, 2012, pp. 38~54.

〔2〕　R. R. Churchill, "Ulfstein Autonomous Institutional Arrangements in Multilateral Agreements：A Little Noticed Phenomenon in International Law", *American Journal of International Law*, 94, 2000, pp. 623~659.

〔3〕　同样，缔约方会议第1/CP. 21号决定的相关规定在《巴黎协定》相应提及时将被视为强制性的；见《巴黎协定》第4条第8款、第4条第9款和第13条第11款。See S. Oberthür, (eds.), *The Mechanism to Facilitate Implementation and Promote Compliance with the Paris Agreement Design Options*, WRI Technical Report, 2018-5, pp. 11~12.

题涉及多数缔约方遵守和履行《巴黎协定》规定的一般性问题。一些缔约方建议在委员会职能范围的系统性问题概念下纳入个别缔约方经常发生的履行或遵约问题，但这可能会使系统性问题与个别非遵约案例的区别界限变得模糊。对于个别缔约方反复遭遇的条约履行或遵守问题，有待赋予相关缔约正当程序权利，并在特定程序中由委员会酌情采取措施作出最终决定。但是，在解决潜在的跨领域问题之时，特别是向缔约方或《巴黎协定》缔约方会议（CMA）提出集体建议时，针对委员会的任务授权将有助于促进协定被实施与遵守，让委员会在《巴黎协定》制度体系下具有超越个别情况的独特作用。此类具有交叉性质的系统性问题可以采用另一种方式解决，而无需任何有关缔约方的参与，但需要审查所查明的交叉问题的发生率及其原因。[1]以此方式处理系统性问题将以其他多边环境协定下的类似机制为例，现有成熟机制已为委员会提供了处理系统性问题的手段。[2]

与遵约相关的系统性问题，原则上可能涵盖《巴黎协定》具有明确法律义务规定的条款以及不具约束力的鼓励性、建议性规定。具体制度涵盖了第9条关于提供和筹集资金的义务，以及第13条关于排放量和国家自主贡献（NDCs）的执行以及发达国家提供支助措施的报告义务，根据第9条、第10条、第11条加强对资金、技术转让和能力建设的支助措施，根据第7条提交适应信息通报，或根据第5条第1款采取的保护和增强森林碳汇的行动。《巴黎协定》第15条没有任何内容暗示不能授权该委员会处理导致不能遵约的系统性问题。

第三节 关于未遵守程序的启动环节评估

欧美国家智库所达成的共识是，由委员会启动未遵守《巴黎协定》程序是第15条成功发挥效能的重中之重。启动委员会的工作需要系统性区分两种情形：一类是针对个别缔约方未遵守的程序启动；另一类是围绕委员会职能针对条约运行中系统性问题的未遵守情况的应对。

---

〔1〕 A. Zahar, "A Bottom-Up Compliance Mechanism for the Paris Agreement", *Chinese Journal of Environmental Law*, 1 (1), 2017, pp. 69~98.

〔2〕 T. Gehring, "Treaty-Making and Treaty Evolution", *Oxford Hand Book of International Law*, edited by D. Bodansky, J. Brunnée & E. Hey, New York: Oxford University Press, 2007, pp. 469~497.

一、未遵守程序启动的不同类型比较

对于多边环境条约遵约制度模式和程序谈判中的关键问题，根据《巴黎协定》第 15 条向委员会提交未遵约情况的规定，必须平衡各个缔约方普遍存在的两个主要关切：[1]一方面，缔约方可能担心该程序被错误地用于政治目的，或导致一种试图改变《巴黎协定》条款的法律性质倾向，例如在实施中加入缔约方必须执行不具约束力的条款；另一方面，如果没有适当的提交手段，就有可能无法向委员会提出严重的协定履行或遵守问题，这将严重妨碍委员会在《巴黎协定》制度内发挥有益作用，从而可能降低履行的有效性。因此，加入这样一类未遵守程序所面临的挑战，是确保委员会实际上能够采取行动，支持缔约方履行《巴黎协定》项下提交的承诺，解决潜在不遵守《巴黎协定》强制性法律义务的严重问题，同时保持《巴黎协定》制度实施之间的平衡，并制定适当的保障措施，防止提交问题政治化，也包括限制委员会职能自身可能出现的问题。

现有多边环境条约下可以参考的遵约制度使用了三种主要的非遵守案例的提交类型：其一，缔约方可以向委员会求助，由后者帮助解决遵守问题，从而表明这个缔约方在履行中的面临问题，实质上是向条约结构发出求助信号；其二，缔约方在单独或可能集体联合的情况下，向委员会提交其认为可能处于不遵守状态的另一个缔约方；其三，这种提交构成了通过缔约方以外的其他方式，提出了履行和遵守的一揽子问题可能性。这可以采取行政移交的形式，涉及《公约》秘书处根据其在收集、分析和综合从缔约方收到的相关信息方面的共同作用、委员会主动根据收到的信息进行判断是否启动。其或由审查缔约方提交的信息的专家来提出，或由条约其他具体制度安排来启动，甚至可能由涉及的非政府组织（NGO）来参与启动这项程序。在其他多边环境条约的实践中，非缔约方提交已成为最重要的提交类型，缔约方对另一缔约方非遵守情况的个案提交方式甚至根本不被使用，因为这是导致不同

---

〔1〕 Romanin Jacur, "Triggering Non-compliance Procedures", *Non-compliance Procedures and Mechanisms and the Effectiveness of International Environmental Agreements*, edited by T. Treves et al., The Hague：T. M. C. Asser Press, 2009, p. 373.

缔约方之间强烈对抗的重要原因。[1]相比之下，缔约方自我提交的使用频率更高，特别缔约方可能会迫于非缔约方提交的情况抢先向委员会求助，从而避免陷入被非缔约方发起程序的尴尬局面。[2]

值得注意的是，在之前《京都议定书》的遵约制度下，就遵约委员会而言，专家审查小组的报告一直是主要的未遵守情况提交途径，而《蒙特利尔议定书》执行委员会则经常依赖秘书处提供的信息来启动非遵守情势程序。[3]《长程越界空气污染公约》（LRATP）与《控制危险废物越境转移及其处置的巴塞尔公约》下的许多非遵守案件也都是通过秘书处到达负责启动遵守程序的委员会的，而在《在环境问题上获得信息公众参与决策和诉诸法律的奥胡斯公约》中，负责遵守问题的委员会收到的大部分缔约方非遵守的意见主要来自公众。众多多边环境条约的实践表明，在确保问题真正到达委员会的情况下，在程序上设置非缔约方的提交流程尤为重要，该程序的加入也有助于增强每个缔约方自我提交的可能性。以下，笔者将分别围绕不同途径的非遵守程序的启动进行分类讨论。

二、由缔约方针对自身未遵守问题自主发起程序

自主提交选项的纳入已获得了缔约方的广泛支持，因此原则上可能遇到的阻力也最少。缔约方表示关切的是，这可能会产生不正当的激励导向，促使越来越多的缔约方向委员会求助，以获得后者额外和优先的支持，从而干扰现有便利履行与促进遵守机制的正常和独立运作。为了有效抑制缔约方这种不正当的动机，巴黎规则手册针对委员会的模式与程序，在具体说明委员会可以采取的措施时专门进行了澄清，委员会本身无法向缔约方提供任何财政援助，但可以促进其他机构进行援助。此外，可以确定涉及援助请求的自

---

〔1〕 Romanin Jacur, "Triggering Non-compliance Procedures", *On-compliance Procedures and Mechanisms and the Effectiveness of International Environmental Agreements*, edited by T. Treves et al., The Hague: T. M. C. Asser Press, 2009, p. 375

〔2〕 E. Milano, "Procedures and Mechanisms for Review of Compliance under the 1979 Long-Range Transboundary Air Pollution Convention and Its Protocols", *Non-compliance Procedures and Mechanisms and the Effectiveness of International Environmental Agreements*, edited by T. Treves et al., The Hague: T. M. C. Asser Press, 2009, pp. 169~180.

〔3〕 S. Oberthür & R. Lefeber, "Holding Countries to Account: The Kyoto Protocol's Compliance System Revisited after Four Years of Experience", *Climate Law*, 2010 1（1）, pp. 133~158.

我提交非遵守情况的某些信息要求，例如提交关于该缔约方为获得支持所做努力的完整信息，包括由缔约方来解释为什么本国的现有努力被证明是不够的。[1]同时，提供信息不应被视为缔约方的负担，因为委员会无论如何都需要凭借这些信息以可行的方式来解决未遵约问题。尽早要求提供信息实际上会有助于加快相关未遵守应对程序。

三、某一缔约方针对其他缔约方发起未遵守程序

根据其他多边环境协定的既定惯例，在《巴黎协定》遵约制度的实施细则中没有包括某一缔约方对另一缔约方提交未遵守的触发因素也是很不寻常的。为了减少程序滥用风险，并提高缔约方互相提交选项的可接受性，可以为此建立程序启动的过滤措施。例如，《京都议定书》遵约委员会在其议事规则中要求，任何当事方提交的针对其他缔约方未遵守条约的意见书都要包含确凿的未遵守信息，且这些信息必须得到权威机构的背书。此外，遵约委员会还需要考虑是否继续通过过滤机制，筛选提交给它的任何个案，以过滤掉被认为可忽略的缔约方未遵约情况，或者是那些明显无根据或没有足够证据支持的提案。

缔约方互相提交模式涉及的另一个问题是，是否允许一组缔约方而非单个缔约方进行针对某一缔约方的非遵守情况进行提交，即"多对一"的问题。[2]如果任何提案都必须由权威机构背书，那么单个缔约方启动程序与多个缔约方集团集体启动的差异将变得微不足道，因为持同一立场的若干个程序发起缔约方都必须同时提供正式的权威机构背书，那将会严重影响集团提交的效率。反过来，是否允许某一缔约方针对某一个集团的多个缔约方发起非遵守程序，是另一个值得探讨的"一对多"问题。这种模式可能会被气候脆弱国家和最不发达国家（LDCs）认为是让发达国家作为一个群体对其"集体义务"负责的渠道。然而，值得注意的是，多数发达国家缔约方需要承担的义务是个体义务，特别是根据《巴黎协定》第9条第5款、第9条第7款和第13条第9款提供或通报信息的义务。事实上，要求每个发达国家缔约方

---

〔1〕 T. Treves et al., *Non-compliance Procedures and Mechanisms and the Effectiveness of International Environmental Agreements*, The Hague: T. M. C. Asser Press, 2009.

〔2〕 J. Brunnée, "Coping with Consent: Law-Making under Multilateral Environmental Agreements", *Leiden Journal of International Law*, 15, 2002, pp. 1~52.

采取具体行动，从而能够有针对性地转交这些特定缔约方更加重要。发达国家缔约方根据《巴黎协定》第9条第1款提供资金援助发展中国家缔约方的"集体义务"很难建立一个可用于核查遵守情况的明确基准。很难看出委员会将如何促进一组缔约方来履行条约义务。在这种情况下，在其他进程中讨论发达国家集团这一集体义务的履行可能更为有益，比如融资问题常设委员会编写气候资金流2年期评估和概览的背景下，将之作为一个独特的系统性问题进行讨论，会比由单独国家发起针对发达国家集团未遵守条约的程序会更加具有可行性和针对性。[1]

四、由非缔约方发起未遵守程序

纳入适当的非缔约方提交程序对于委员会的有效运作而言尤为重要，《公约》和《巴黎协定》体制下两个密切相关的行政移交选项值得进一步探讨：

其一，有关信息可能来自《巴黎协定》第13条第12款下的技术专家审评或第13条第11款下的促进性多边审议进展情况。[2]这将需要确定某些指标，以从增强的透明度框架中得出的相关报告中进行评估，指出与确定性条款要求有关的严重实施问题，包括关于完整性和一致性等重复出现的实施问题。全面确定这些指标将需要根据《巴黎协定》第13条第13款，在技术专家审查（TERs）的方式和程序中制定相关规范。这里一个重要的限制因素是，根据强化透明度框架的模式和程序的最终形式，提交方法可能无法正确体现《巴黎协定》规定的一些关键义务，例如其第4条第9款要求每个缔约方履行关于提交国家自主贡献（NDCs）的要求，还需要特别注意缔约方存在未根据第13条提交报告的情况。

其二，由委员会决定是否根据两种主要的信息流启动程序的问题。第一组信息来自《巴黎协定》第13条第12款之下的技术专家审评（TERs）报告，并可能会由《巴黎协定》第13条第11款之下的促进性多边进展审议的结果加以补充。第二组信息来自包括秘书处提供的或从秘书处收到的相关可核实信息。这些信息主要来自根据《巴黎协定》第4条提交国家自主贡献

---

〔1〕 UNFCCC, "Biennial Assessment and Overview of Climate Finance Flows - 2016", http://unfcc. int/cooperation_ and_ support/financial_ mechanism/standing_ committee/items/10028. php.

〔2〕 H. Van Asselt et al. , "Maximizing the Potential of the Paris Agreement: Effective Review of Action and Support in a Bottom-Up Regime", *Social Science Research Network*, 2016.

（NDCs）以及根据第 13 条提交相应透明度报告的信息。鉴于《公约》体制下存在的政治分歧，秘书处如果主动将未遵守案件提交给委员会，一般认为是有问题的，但秘书处向委员会提供可核实的信息则问题不大，因为这需要委员会决定是否需要，以及如何根据这一信息采取行动。重要的是，委员会需要根据其收到的信息来作出决定，而不是将技术专家评审（TERs）信息作为自动提交的一种形式。从某种意义上说，这种做法将有助于使技术专家审查过程和秘书处免受不同国家集团之间政治分歧的干扰。

五、由委员会对缔约方未遵守情况进行初步评估

从前文对不同提交模式的讨论中可以看出，在《巴黎协定》第 15 条下的程序中纳入对所收到信息的初步评估具有很充分的理由。考虑到《巴黎协定》适用条款的法律性质，委员会是否能够并有义务考虑如何处理提交给它的问题或信息取决于收到提案或信息的具体途径。初步评估程序也构成了其他多边环境条约若干现有遵约或执行委员会的一部分，并可能向缔约方提供额外的保证。具体而言，初步评估程序需要建立在不同的提交途径基础之上。其一，在缔约方自我提交的情形下，委员会将特别评估提案中的信息充分性要求；其二，在某一缔约方针对其他缔约方发起未遵守程序的背景下，委员会将具体评估信息和程序要求是否得到满足，以及提交的问题是否毫无根据、明显缺乏根据或没有足够的证据支持。其三，在由非缔约方发起未遵约程序的情形下，委员会将对可用信息进行总体评估，以确定是否存在足够的证据表明存在重大的潜在履行或未遵守问题。在这种情况下，委员会也可能已经与有关各方进行了交流。作为初步评估的结果，委员会将决定是否进行以及如何进行后面的程序：如果是缔约方自我发起程序，则通常在满足信息要求的情况下由委员会参与后续完整的程序；对于其他两个提交模式，委员会可以考虑到《巴黎协定》适用条款的法律性质，决定是否启动全部程序，或者根本不开展进一步程序，或仅向提起方提供相关咨询意见。在最后一种情况下，启动程序将取决于相关各方的知情同意。

六、未遵守程序启动的系统性问题

委员会针对系统性问题启动相关程序可以遵循三种主要方式：其一，在相关实施规则中，包括遵约制度的模式和程序中可授权定期评估具体条款的

总体执行和遵守情况（如报告义务）来规范其履行。其二，《巴黎协定》缔约方会议（CMA）可以临时委托委员会调查具体的交叉问题，可能的话根据委员会本身的建议来进行处置。其三，相关的遵约模式和程序可以完全由委员会自己主动确定和审查系统性的履行与遵守问题。这些方式可以合并采用。

《巴黎协定》缔约方会议（CMA）可以考虑两个备选方案，以启动委员会围绕系统性问题所开展的工作。其一，巴黎规则手册中所设定的遵约模式与程序可以要求委员会定期审查某些类型的系统性问题。这种具体任务只应包括委员会定期评估将明显增加价值的项目，显然不会重复《巴黎协定》其他机构或机制的活动。在可能相当长的候选项目列表中，报告要求可能是主要的候选对象。对于大多数其他可能的系统性问题，在决定委员会进行任何审查之前，可能需要进一步考虑其他机构和机制的活动发展。其二，在遵约模式与程序中可以设定委员会将被授权临时审查系统性问题。根据从《巴黎协定》第 13 条第 11 款促进性多边进展审议中吸取的经验教训，这种特别审查可以由《巴黎协定》缔约方会议（CMA）授权发起，也可以由委员会本身发起。如果委员会无权自行启动系统性问题的审查，便可以向《巴黎协定》缔约方会议（CMA）建议应对相关的系统性问题。在这种情况下，缔约方不妨考虑是否通过规定委员会有权着手审查拟议的系统性问题来促进《巴黎协定》缔约方会议（CMA）的决策。该任务的完成基于巴黎规则手册针对遵约制度的导则，审查系统性问题应避免与其他相关进程、机构和机制的工作重复，并加强协同作用。在任何情况下，委员会参与系统性问题的审查都应适时并协调进行，以便为《巴黎协定》下的其他相关进程提供有益的意见，并需要与第 13 条第 13 款下的透明度模式、程序和指南审查，以及第 14 条下的全球盘点进行有效衔接。

第四节　委员会的成果产出与处理措施评估

一、委员会的成果产出问题

无论采用缔约方提交启动程序还是委员会主动启动，都可能会面临着三种类型的裁判结果：第一类情形是，委员会可以发布两种类型的针对特定案例的决策报告，用于解决所涉及的个别缔约方的履行或遵守问题。委员会的第一个决定将由初始评估得出，并确定是否以及如何进行后续程序。第二项决定将在非遵守情势程序结束时作出，包括委员会可以采取的任何处理措施。第二类情形是，委员会可以就任何系统性问题发布特别报告，这些特别报告可能包括对已发现的重要实施挑战及其根本原因的调查结果，以及对缔约方或非缔约方建议的考虑和采纳情况。这些特别报告可以为《巴黎协定》缔约方会议（CMA）下的其他相关程序提供重要依据，包括酌情根据《巴黎协定》第14条进行全球盘点，或根据巴黎能力建设委员会（PCCB）的建议提供进一步措施。第三类情形是，由委员会向《巴黎协定》缔约方会议（CMA）编写并提交年度报告，以提供有关过去一年活动的信息，包括任何针对具体案例的决策和有关系统性问题的特别报告。

二、委员会的处理措施组合模式问题

委员会可以选择的最终处理措施决定了《巴黎协定》便利履行与促进遵守机制的运行效果。由于《巴黎协定》第15条第2款限定委员会应以非惩罚性的方式运作，因此排除了针对任何非遵守缔约方（包括经济、贸易制裁等）严厉的制裁方式。而可以采取的一些非对抗性措施，保障便利履行援助或提供回归遵守轨道的建议，显然是符合《巴黎协定》第15条第2款规定的。通过制定行动计划的方式来解决未遵守问题已确定的便利履行或遵约问题，也被认为是不可行的，并得到了缔约方的广泛支持。需要指出的是，惩罚性与非惩罚性措施之间的界限是模糊的，特别是缔约方对委员会宣布特定缔约方未不遵守、发出警告或暂停条约赋予的权利等措施是否应被列入非惩罚性措施存在争议性。

根据其他多边环境条约已经采用的建议行动计划、发出警告、中止特殊权利等应对措施和做法，《巴黎协定》第15条在实施细则中的委员会模式和程序，也可以进一步包括一系列可用于促进遵守和便利执行的措施。[1]其中可以采取的单一或组合措施包括：①由委员会提供信息或建议，这里可以用来确定有关缔约方可以采取的措施或有关缔约方可以联系的援助来源。②由委员会提出针对特定行动方案的建议，这里同样可以建议有关缔约方采取某

---

〔1〕　M. Doelle，"The Paris Agreement：Historic Breakthrough or High Stakes Experiment？"，*Climate Law* 6，2016，pp. 1~20.

些措施或解决具体的援助来源问题。③由委员会提供便利非遵守缔约方获得援助的途径，例如可以将有关缔约方转到《巴黎协定》第9、10、11条下的有关支助措施之下，并促进缔约方之间的交流。[1]④要求未遵守缔约方在规定时间内提交和执行一项行动计划。该计划需要写明相关内容要素，包括未遵约的原因分析、应在执行时间表上采取的行动、定期的进度报告等内容，供委员会审查和评估，委员会在拟定行动计划时可以视缔约方情况提供适当协助。⑤由委员会向缔约方发出警告，或正式给予未遵守声明。⑥由委员会中止未遵守缔约方的权利和特权，例如可以采取类似京都机制那样的，暂时禁止缔约方根据《巴黎协定》第6条使用国际转让的减缓结果（ITMOs）。这份清单包括了可供委员会选择的各类措施，其最终目的是协助而非逼迫各国开展条约履行工作并使他们承担相应的国际法律责任。虽然清单的重点在于划定委员会针对个别案件的裁判结果而可采取的措施，但委员会在启动程序之后可采取的重要促进行动，有助于缔约方回归到遵守轨道。委员会可以与有关缔约方进行口头或书面对话，或者促进缔约方围绕《巴黎协定》下可以采用的援助措施进行交流，这一类措施可以帮助该缔约方真正解决履行上的问题。可以借鉴的是，《生物多样性公约卡塔赫纳生物安全议定书》下的委员会可以直接与对应的缔约方国家联络点联系，对迟交的报告采取后续行动，并协助未遵守缔约方来制定行动计划。

三、导则对委员会处理措施的实施细化问题

由于并非所有的委员会措施都适用于便利履行或促进遵守问题，委员会将不得不根据手头的情况调整具体的措施内容和选项。举例来讲，在缔约方履行报告义务方面如果存在问题，将需要给予该缔约方与未按期提交国家自主贡献（NDCs）不同的答复。在缔约方未能编制和提交适应信息通报的情况下，委员会将再次要求采取不同的措施，措施的内容也将明显区别于缔约方未能根据《巴黎协定》第6条采用稳健核算的未遵守情况。《巴黎协定》第

---

[1] 其类似于《蒙特利尔议定书》不遵守情事程序下设履行委员会和执行《蒙特利尔议定书》多边基金之间的关系。See F. Romanin， "The Non-compliance Procedure of the 1987 Montreal Protocol to the 1985 Vienna Convention on Substances That Deplete the Ozone Layer"， *Non-compliance Procedures and Mechanisms and the Effectiveness of International Environmental Agreements*，edited by T. Treves et al.，The Hague：T. M. C. Asser Press，2009，pp. 11~32.

15条第2款的指示委员会应特别关注各缔约方各自的国家能力和情况，以及《巴黎协定》所体现的总体灵活性，表明委员会在采取具体措施时具有高度的酌处权。但是，这就有必要为委员会可采取措施的自由裁量制定实施性导则，以帮助确保委员会的自由裁量权不会演变为权力滥用。[1]除了《京都议定书》关于遵约程序的实施细则之外，其他多边环境条约中的遵约机制也通常确定了一系列实施细则，其遵约制度下委员会可在缔约方会议的参与下进行选择。这些应对措施的导则要素包括考虑违规的原因、类型、程度和频率，有关缔约方的履约能力，以及某些发展中国家和特定的发展中国家群体的特殊需求。[2]

在委员会处理措施的实施性导则完善中，除《巴黎协定》第15条第2款要求的一般国家能力和情况外，还应考虑特定国家集团，例如最不发达国家（LDCs）和小岛屿国家（SIDS）的具体能力和情况。同时强化委员会要尊重任务授权并加强辅助工作，避免工作重复，并与《巴黎协定》及以后的其他相关机制和程序中加强协同作用。[3]在促进履行的援助方面，应当考虑特定缔约方根据其提供的信息在接受支持方面的现有努力和其他选择。还需要委员会考虑到《巴黎协定》适用条款的法律性质。在委员会决定采取发出警告、声明不遵守以及中止权利和特权的情形下，应将其适用范围限于不遵守《巴黎协定》规定的特定约束力的情况，仅在万不得已时才应用。此外，委员会可能针对特定问题定义了某些有针对性的措施或结果，尤其是根据《巴黎协定》第6条暂停使用可转让减缓成果（ITMOs）的情况，可能因为缺乏执行和遵守相关稳健的会计核算标准而未达到遵守标准，这方面取决于巴黎规则手册中关于灵活履约机制所达成的实施细则，具体情况具体分析。

四、《巴黎协定》缔约方会议（CMA）与委员会的权力分配问题

委员会所能采取的处理措施的自由裁量权限度取决于《巴黎协定》缔约

---

〔1〕 C. Voigt & F. Ferreira, "Differentiation in the Paris Agreement", *Climate Law 6 (1-2)*, 2016, pp. 58~74.

〔2〕 J. Bulmer, "Compliance Regimes in Multilateral Environmental Agreements", *Promoting Compliance in an Evolving Climate Regime*, edited by et al., Cambridge, UK: Cambridge University Press, 2012.

〔3〕 A. Zahar, "A Bottom-Up Compliance Mechanism for the Paris Agreement", *Chinese Journal of Environmental Law*, 2017, 1 (1), pp. 82~94.

方会议（CMA）的授权程度。鉴于对委员会的有效运作具有不确定性，以及委员会可能会作出影响《公约》和《巴黎协定》其他机构的决定的担忧，部分学者认为，应当限制委员会独立采取措施的权力，其决定权应当交给巴黎协定缔约方会议（CMA），委员会仅应具有建议权。[1]而另外一些学者则认为，授权委员会采取独立于《巴黎协定》缔约方会议（CMA）的处理措施具有明显的优势。[2]其一，这将避免《巴黎协定》缔约方会议（CMA）的政治化介入干扰基于技术专家的决策和判断。其二，赋予委员会独立于缔约方会议的权力将会让委员会对特定非遵守个案采取迅速行动，避免由仅每年召开一次的缔约方会议造成的延误以及由缔约方会议共识决策带来的复杂性。《巴黎协定》缔约方会议（CMA）应适当发挥作用，比如对委员会措施的应用进行一般性审查，确保委员会措施能够正确遵守针对非遵守处理措施的导则，《巴黎协定》缔约方会议（CMA）可以作为平台供各方对导则进行补充和更新。如果缔约方认为保留缔约方会议针对某些委员会措施的决定权至关重要，包括资金、技术和能力建设支助措施的决定，则可以通过《巴黎协定》缔约方会议（CMA）参与的规定来促进快速决策。鉴于《公约》的政治特殊性考虑，应考虑缔约方会议是否应遵循委员会的建议，也应考虑缔约方会议是否仅出于某些特定原因而能够偏离委员会的建议。[3]

总体而言，考虑到《巴黎协定》"自下而上"便利履行与促进遵守的特殊性质，在非遵守情势程序中采取灵活的处理措施实施细则更加合适。委员会决定的自由裁量权应当在缔约方会议所达成的未遵守程序机制导则所确定的范围内逐案采取措施，这也将使委员会的运作更加灵活，并能迅速地应对不同未遵守案例的特殊情况，同时为缔约方提供有关委员会行动可预测性的重要保证。[4]

---

〔1〕 D. Bodansky, "The Paris Climate Change Agreement：A New Hope?", *The American Journal of International Law*, 110（2）, 2017, pp. 288~319.

〔2〕 L. Rajamani, "The 2015 Paris Agreement：Interplay between Hard, Soft and Non-obligations", *Journal of Environmental Law*, 28（2）, 2016, pp. 337~58.

〔3〕 Y. Dagnet et al., "Mapping the Linkages between the Transparency Framework and Other Provisions of the Paris Agreement", Working Paper, Washington, DC：Project for Advancing Climate Transparency (PACT), 2017.

〔4〕 A. Zahar, "A Bottom-Up Compliance Mechanism for the Paris Agreement", *Chinese Journal of Environmental Law*, 1（1）, 2017, pp. 69~98.

第五节 基于便利履行与促进遵守评估方案的总体评价

根据《巴黎协定》第 15 条建立的便利履行与促进遵守机制是条约总体架构的关键组成部分。缔约方在拟订业务方式和程序时，可以借鉴其他多边环境协定中的许多经验教训。但是，要想发挥作用，就必须仔细根据《巴黎协定》的特点来调整其实施方式和程序。瑞典斯德哥尔摩环境研究所（Stockholm Environment Institute，SEI）、世界资源研究所（World Resources Institute，WRI）及其旗下的增强气候变化透明度项目（The Project for Advancing Climate Transparency，PACT）等国际研究机构提出的智库方案，为未来可能的第 15 条便利履行与促进遵守导则的更新提供了一种思考角度。其核心观点涵盖了三个核心要素，即在缔约方达成共识之间取得必要平衡并确保建立有一个健全而有效的《巴黎协定》便利履行与促进遵守委员会，如何将各个缔约方未遵守情况提交给委员会，委员会可采取的措施以及对委员会的适当总体指导以限制其裁量权，从而为缔约方提供履行保证。[1]确保在这三个关键要素之间保持适当的平衡，应该有助于解决《巴黎协定》强制义务遵守与非强制义务履行的核心问题，从而推动提议进一步指定委员会的职能和范围，并且通常应该促进就其他要素达成共识。

《巴黎协定》旨在推进雄心勃勃的全球应对气候变化行动，并随着时间的推移增加个体国家和国际社会集体的努力。委员会可以而且应该发挥关键作用，通过便利履行和促进遵守，单独和集体地支持和协助缔约方实现这一目标。在这方面，缔约方在制定和更新实施导则时所作的选择至关重要。与此同时，委员会可以而且应该被理解和设计为一个灵活的机制，在《巴黎协定》的灵活和动态背景下，能够进一步发展和修改。

---

[1] S. Biniaz, "Elaborating Article 15 of the Paris Agreement: Facilitating Implementation and Promoting Compliance", IDDRI Policy Brief No. 10/17, October 2017.

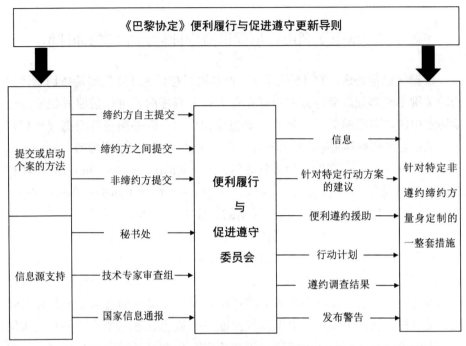

图6-1　《巴黎协定》便利履行与促进遵守机制下的委员会模式与程序流程构想

第七章

碳市场网络与《巴黎协定》的兼容性评估

　　《巴黎协定》履行背景下，碳市场发展正在经历重大转变。碳市场的深度发展由多种国内碳定价方法组成，因为各国根据本国国情和政治上可行的情况选择了不同的方法。全球碳市场仍然是一个关键目标，但可能要花费一些时间才能成为现实。可以通过多种方式来实现全球碳市场，包括通过典型国际链接的路径，并协调不同碳市场之间的差异。这意味着已经在国家或地区之间协商达成了国际或区际链接协议，从而可以在两个或多个区域之间进行交易。世界银行集团所提出的碳市场网络（Networked Carbon Market，NCM）提供了一种可供选择的方法，该方法可以识别差异并旨在为来自不同系统的碳单位提供相对价值界定。碳市场网络并不寻求监管，而是寻求确保参与碳市场的国家拥有所需的信息，以便自行决定与其他碳市场的链接和交易。本书借鉴权威机构相关研究设定，假设一个碳单位可以有三个价值，即减缓价值（Mitigation Value，MV）、遵约价值（Compliance Value，CV）和财务价值（Financial Value，FV）。在格拉斯哥气候大会关于《巴黎协定》灵活履约机制的实施细则逐步成型的大背景下，协定框架并非基于完全的集中管理模式，因此与碳市场网络（NCM）之间不太可能发生重叠和冲突。

第一节　国际碳市场网络（NCM）的功能定位

　　碳市场网络（NCM）作为创建未来全球碳市场的可能模式之一，是否以及如何与 2020 年之后的《公约》应对气候变化机制共存是值得探讨的问题。这一概念最早由美国哈佛大学肯尼迪学院提出，并被世界银行集团（WBG）所采用。该方案的核心在于，创设减缓价值（MV）和碳市场网络（NCM）

的概念，代表了一种需要被接受和自愿加入的方法，[1]不能也不应该以任何方式被强迫。更重要的是，碳市场网络（NCM）并不寻求通过"监管"进行干预，而是寻求确保各管辖区拥有所需的信息，以便自行决定与其他碳市场的链接和交易。[2]促进各国的碳市场链接是可取的，即使这样的结果未必迫在眉睫。[3]要在目前正在兴起的各种各样的碳市场中实现全球市场将特别具有挑战性。这一点可以通过正在运行或正在开发的许多不同类型的碳定价机制来说明。碳市场网络（NCM）与《巴黎协定》第6条提出的新兴灵活履约机制之间存在相互作用，但认识到许多国家和地区不打算在中短期内利用国际碳市场，这并不意味着本书所确定的碳市场网络概念不寻求与国际体系链接的国内体系无关。[4]相反，这些概念可以帮助各国评估任何一个国家的政策工具，包括可再生能源投资、能效政策、碳定价等制度的减缓价值。碳市场网络（NCM）评估框架将围绕以下问题进行具体分析：其一，评估方法中使用的基本问题和定义，包括碳市场网络（NCM）的概念以及决定其与《公约》及《巴黎协定》的框架相互作用的特征。其二，市场机制在《公约》及《巴黎协定》减缓及其配套机制发挥作用的可能情景。其三，在国际气候变化法体系之下，碳市场网络（NCM）如何运作，需要采取什么措施使其与现有的国际气候法体系进行兼容。

第二节　碳市场网络与国际气候机制兼容性评估的基市架构

许多概念和定义需要加以研究和充分理解，涉及的重要概念包括：①碳市场网络交易碳单位的三个价值维度，包括了财务价值（Financial Value，FV）、减缓价值（Mitigation Value，MV）、遵约价值（Compliance Value，CV）。②关于碳市场划分的三个维度的两对概念，包括放任型和监管型市场，国际协定

---

〔1〕　W. B. Group，"Networked Carbon Markets：Mitigation Action Assessment Protocol"，Word Bank Group Report，2016.

〔2〕　J. D. Macinante，"Networked Carbon Markets：Key Elements of the Mitigation Value Assessment Process"，Word Bank Group Report，2016.

〔3〕　A. Jackson et al.，*Networked Carbon Markets：Permission Less Innovation with Distributed Ledgers?*，Social Science Electronic Publishing，2018，pp. 349~355.

〔4〕　J. D. Macinante，"Networking Carbon Markets：Key Elements of the Process"，Word Bank Group Report，2016.

覆盖范围内与国际协定范围之外，链接型碳市场抑或网络化碳市场。最终形成的是国际气候法背景下的碳市场网络（NCM）。

一、关于碳单位的多价值维度界定

本评估方案的前提是，碳市场中交易的单位可以有多种价值：财务价值（FV）、减缓价值（MV）和遵约价值（CV）。其中，减缓价值（MV）的概念是讨论碳市场网络（NCM）的基础，减缓价值（MV）与遵约价值（CV）的关系也是如此。

（一）减缓价值（MV）

减缓价值是指所交易碳单位相对于定义的标准单位减少的相对值。必须强调的是，这一概念指的是碳市场中的交易单位，而非吨二氧化碳当量（CO2e）衡量标准。减缓价值的概念可以被描述为一个相对值，其有助于促进不同国家和地区碳市场之间单位的可替代性，在这些市场中很难比较不同单位的减缓价值。减缓价值作为一个相对值，由两个组成部分。第一个组成部分是相对于一个标准或另一个国家和地区碳市场减少一个单位的努力价值。减缓价值的这一组成部分也可以被描述为利益相关者在其认为辖区应该做些什么来应对气候变化方面附加到减少一个单位的努力上。从这个角度来看，减缓价值随着许多因素的变化而改变，这些因素可能包括：①国家承诺和开展行动的努力程度；②经济特征或减排成本；③为减少温室气体而开展的计划或活动的特点，即方案的质量和减排交付的确定性；④可用于减缓努力的资源；⑤承担减缓努力的能力。在全球范围内，减缓价值（MV）也可以被解释为评估某一国家或地区对减缓气候变化的相对贡献，以及评估其减缓气候变化目标是否被视为对限制全球变暖努力的充分贡献。这种做法的目的是激励各个国家提高减缓气候变化的努力程度。减缓价值（MV）的第二个组成部分是基于概率分布或者风险背景的，其是指一个减排单位代表其面值的概率。

从这个角度出发，定义减缓价值的风险要素包括两个方面的具体内容：其一，基于项目层面的碳减排环境完整性风险。这种风险与特定的低碳计划或活动（如监管工具、价格工具和数量工具）实现其预期结果的程度有关。面临的挑战是要建立一种方法，能够适应国际、国家和地区正在出现的各种不同的低碳行动计划。然而，这限制了区分满足最低要求的项目，或者相对于阈值评估项目执行程度的能力。因此，有许多低碳项目和活动的总体效益与风险，并没有通过这种方法得到体现。这一点在某些具有最高可持续发展潜力或那些对变革贡献最大的部门、地区和活动领域都很明显。其二，基于国家和地区层面的政策与监管风险。政策与监管风险与所在地区的集体低碳政策将在多大程度上实现预期结果有关，其涉及技术方面的考虑，例如在现有政策背景下为实现减缓目标而设计的一套政策在多大程度上有可能实现预期结果。其还涉及政治考虑，例如一国政府在多大程度上具有政治意愿、历史记录和体制力量来维持或调整政策，以实现适当减缓目标。在利用来自不同国家和地区碳市场所交易碳单位建立国际碳市场时，风险或不确定性的一个重要因素与对每个系统的监测、报告与核查（MRV）制度的信心有关。被分配为不同单位的相互识别和减缓价值将高度依赖于相应制度系统的监测、报告与核查（MRV）制度。

需要注意的是，上述减缓价值的两个组成部分都代表一个充分条件，而非必要条件。前者认为，在不同国家和地区减少 1 吨二氧化碳当量的努力是相对的；后者认为，辖区内碳单位减少量代表 1 吨二氧化碳当量的概率是相对的。它们有一些共同点并取决于碳单位所属的碳市场体系类型，但两者都将出现在确定减缓价值（MV）中。其一，就具有绝对目标的总量控制型碳排放交易制度（Cap & Trade，C&T）而言，减排是相对于与一个国家或地区的减排目标上限相关的基准年而言的。虽然未来的温室气体排放量可能是已知的，但实现目标所需的实际温室气体减排努力是不确定的，因为未来的排放水平是未知的。其二，在设定强度目标的总量控制型碳市场的情况下，减排目标与对未来经济产出的预测有关。在这种情况下，实现目标的努力程度更为确定，但是每个单位代表 1 吨减排量的概率还不确定，因为未来的经济产出是未知的。其三，在基于基线与信用（Baseline & Credit，B&C）碳排放交易体系的情况下，减排是相对于照常预测而预期的未来排放水平。因此，风险更多地与碳单位代表实际减排量的概率相关。一些风险要素也将与监测、报告与核查（MRV）制度以及基线定义相关，但附加减排的风险将具有很大的权重。这两个概念还有一个共同点，那就是分配价值的主观性程度，无论是基于相对努力还是对交付的可能性，在成果分配概率方面发展起来的知识和经验都更容易被理解。碳单位的减缓价值（MV）可以由监管机构或任何利益相关者确定和分配，那些希望将减缓价值（MV）分配给温室气体减排单位的人可以使用多种算法和因子。

为了方便理解，以《京都议定书》创设碳单位作为例证，分配数量单位（AAUs）由监管机构——《公约》缔约方大会——在"MV（减缓价值）=1"时分配。但是，随着情况的变化和"热空气"问题的出现，来自前欧洲东部地区的分配数量单位（AAUs）的减缓价值（MV）被视为小于1，并且小于日本或新西兰分配数量单位（AAUs）的减缓价值（MV）。这是一个相对判定值，但出现了明显的分化。一个国家的分配数量单位（AAUs）被视为代表一定程度的努力并且代表1吨减排量的概率较大，而其他国家和地区的分配数量单位（AAUs），被视为代表1吨减排量的概率较小。这反映了那些购买分配数量单位（AAUs）的主体的愿望，即其代表1吨的减排的实际努力，而不是附带发生的减排活动。清洁发展机制（CDM）产生的核证减排量（CERs）的减缓价值提供了另一个示例。基于黄金标准的核证减排量和常规标准核证减排量尽管经历了相同的清洁发展机制（CDM）监管周期，但从利益相关者处获得了更高的减缓价值认同。增加的黄金标准认证再次向那些核证减排量买方保证，其实际代表1吨二氧化碳当量减排量的概率很大并且具有显著的共同利益。

（二）遵约价值（CV）

所谓遵约价值（CV），是监管机构决定分配给特定国家和地区内用于履约目的的排放单位值。一个单位可以有多个遵约价值（CV），包括：①一国签发用于国内履约；②一国签发用于他国进口后在他国履约；③基于国际制度体系用于国际履约。与任何利益相关者都可以分配的排放单位的减缓价值（MV）不同，只有监管机构可以在给定管辖区域内确定遵约价值（CV）。当然，某一国的政府监管机构可以自愿决定将其委托给另一个实体。举例说明，氢氟碳化物（HFCs）系列项目产生的核证减排量（CERs）具有不同的遵约价值（CV）。根据《公约》的规定，一个核证减排量（CERs）相当于1吨，而根据欧盟排放交易制度（EU-ETS），其遵约价值为零。因此，碳单位的签发机构与控制合规流程的监管机构可能会为同一单位分配不同的价值。

（三）减缓价值（MV）与遵约价值（CV）的关系

在不同碳市场中创造可替代性的一个重要重要因素是减缓价值（MV）与遵约价值（CV）之间的对应关系。如上所述，监管机构或任何利益相关者都可以设置减缓价值（MV），这是一个重要的参考值，因为其提供了碳市场的公信力。该市场是纯监管性质的，因此需要获得国家和地方公权力部门许可才能运行。监管机构的运作模式是设定"CV（遵约价值）= MV（减缓价值）= 1"。只要这个等式成立，碳市场就将保持可信度和稳定性，并将获得社会公众的认可。一旦设定的遵约价值（CV）开始偏离普遍接受的减缓价值（MV），那么市场就将失去可信度。下面有几个例子可以说明这种情况。

在签署《京都议定书》时，作为监管机构的《公约》缔约方大会（COP）认为分配数量单位（AAUs）的"MV（减缓价值）= CV（遵约价值）= 1"。利益相关者最初接受了这个减缓价值（MV）。然而，一旦大量的"热空气"开始出现在俄罗斯、乌克兰等地，[1] 对于 AAUs 的减缓价值（MV）小于 1 的认识就会开始盛行。但是，对于遵守《京都议定书》的 AAUs 的遵约价值（CV）保持为 1，这导致市场上可买到的是来自前东欧国家的 AAUs 单位，作为履约上缴单位的交易信誉完全丧失，仅保持了其核算功能。这种情况最终导致了对过剩 AAUs 采取行动的压力。这一压力在 2012 年多哈气候大会中得到了充分体现，各国围绕在《京都议定书》第二个承诺期采取措施消除剩余的 AAUs 爆发了激烈争论，并导致一些国家退出了第二阶段的京都履约期。

欧盟排放交易体系（EU-ETS）也曾经处于类似的情况。由于经济衰退，欧盟排放配额（EUAs）出现了巨额盈余，某种意义上可以被视为欧盟排放交易体系（EU-ETS）的"热空气"。这导致欧盟排放配额（EUA）的减缓价值（MV）被视为低于其所分配的遵约价值（CV），自欧盟碳市场第三交易期（2012—2020 年）和第四交易期（2021—2030 年）通过折量拍卖措施（back-loading）和市场稳定储备机制（MSR），以特定方式解决这种情况。需要强调的一个事实是，碳市场分配碳单位的减缓价值（MV）和遵约价值（CV）可以是二元的，也可以是基于风险调整的。以清洁发展机制（CDM）项目的运行为例，如果监管机构（清洁发展机制理事会）认定项目具有减排的额外性，则会签发核证减排量（CERs），如果不能符合条件则不会签发。事实上基于一个反事实的论点，一个减排项目永远不可能完全确保具有额外性。因此，应对手段为其分配一个风险调整值（介于 0 和 100% 之间），这将是一种更符

---

〔1〕 这里"热空气"是指俄罗斯、乌克兰等东欧经济转型国家，因为经济衰退而导致排放量快速下降，其被分配的 AAU 数量明显高于其履行京都义务的实际需求，因此可以向其他国家出售获益。See Brandt U S, Svendsen G. T. Hot air in Kyoto, "Cold Air in The Hague", *Energy Policy*, 2002, 30 (13), pp. 1191~1199.

合减排单位创设方式和单位减排量的减缓价值（MV）现实方法。

（四）财务价值（FV）

所谓财务价值，是指市场分配给符合遵约要求碳单位的货币价值，这取决于许多方面的因素，包括市场需求与供应平衡，以及碳单位的市场流动性等。值得注意的是，碳单位的财务价值（FV）也可能取决于减缓价值（MV），以及减缓价值（MV）与遵约价值（CV）之间的关系。财务价值（FV）在两种方式上随减缓价值（MV）的变化而变化。首先，如果"CV（遵约价值）= MV（减缓价值）"，则市场将相应完成支付。或者，如果确定的减缓价值（MV）与分配的遵约价值（CV）之间存在差异，则将导致需要对国家和地区相关主体进行监管干预的预期，并对其财务价值（FV）产生减损影响。尽管市场参与者将财务价值（FV）设置于市场之中，但某国或地区的监管措施或立法干预碳单位财务价值（FV）的情况也非常普遍。

二、碳市场的类型划分及其国际合作模式

（一）放任型市场与监管型市场

大多数市场都是放任型市场，交易商品是实物商品，或者在没有监管机构设置约束或决定在该市场中的遵约情况下进行交易。碳市场从创设之日起，则属于纯监管性质的市场工具，并被视为解决应对气候变化"市场失灵"的主要手段。在碳市场中，政府监管机构还需要决定怎样的过程对遵约义务的履行有利，只有政府监管机构才能签发具有遵约价值的碳单位，才能决定什么情况可以被用于交易与履约。因此，从这一点上说，碳市场不太可能成为完全放任自流的市场，不同国家和地区的碳市场只是监管程度不同而已。

（二）国际协定内与国际协定外市场

某些市场的运作纯粹是为了满足国内或区域减排目标的实现，类似于美国区域温室气体减排行动（RGGI）或韩国碳市场（K-ETS），这些国家和地区没有履行条约义务的压力，因此不需要对接相关的国际监管机构。这类碳市场中的参与者，可以选择任何值得接受或者超出管辖范围的碳单位，因为其不需要使用这些碳单位履行国际法律义务。另一种类型是负有国际遵约义务的国家和区域碳市场。在这种情况下，国内监管机构必须确保用于遵约的任何国内或国际碳单位，用来遵守国家所承担的国际减排承诺，或用于国内碳市场履约，其国内遵约价值（CV）等于国际监管机构设定的该单位遵约价

值（CV）。如果不符合这些条件，则使用这些外部碳单位的国内参与者将只能履行国内碳市场履约义务，但一国或地区碳市场本身可能不能履行其对外部监管机构的义务。

《京都议定书》灵活履约机制是一个很好的例子。某些国家的碳市场在《京都议定书》之下运作，这意味着除了国家监管机构之外，还有更高级别的《公约》缔约方大会（COP）作为监管机构。欧盟排放交易体系（EU-ETS）是在《京都议定书》框架下启动运作的碳市场，在该框架下根据欧盟排放交易（EU-ETS）接受履约的所有国际碳单位，也需要被用于《京都议定书》的国际法遵约用途，并协助欧盟履行其《京都议定书》减排义务。如果不是这样，欧盟排放交易体系（EU-ETS）涵盖的排放设施将使用外部碳单位来遵守欧盟排放交易体系（EU-ETS）之内的履约要求，但是欧盟可能不会使用这些设施来履行其《京都议定书》下的国际义务。这也解释了为什么《京都议定书》项下任何一方的碳市场都只能链接另一个《京都议定书》缔约方的碳市场，而碳单位的流动不能是双向的。

（三）碳市场的国际链接与网络化建设

碳市场的链接与网络化建设旨在达到相同的结果，但这两种方法之间存在根本性差异。在全球分散的碳定价机制下，国家之间的制度设计会有明显不同。简而言之，通过协商认同碳市场制度之间的差异，并且仅当两个或多个碳市场之间达到制度兼容时才可以进行链接，当两个或多个国家在《巴黎协定》国家自主贡献（NDCs）下的"努力水平"，即代表某种程度上的减缓价值（MV）相同时，其碳定价系统的衔接才能更加顺畅。当然，碳市场网络（NCM）提供了另一种解决途径，其允许通过达成碳单位减缓价值（MV）的共同接受协议来避免陷入复杂的政治谈判来消除分歧。

作为合作路径之一，链接的碳市场意味着已经在不同国家管辖区域之间围绕碳市场的链接协议进行了谈判，随后在两个辖区各自签发的碳单位之间创造了某种可替代性功能。由于碳单位在目标市场之间是可替换的，因此两个国家的碳市场监管机构都接受两国辖区内所签发的碳单位具有相等的减缓价值（MV），并设置相同的遵约价值（CV）。因此，对于链接的两个国内碳市场，可以采用等式表示为："$MV1 = MV2 = CV1 = CV2$"。在这种情况下，达成链接协议的双方制定了共同的碳市场标准。如果其中一个或两个的减缓价值（MV）发生变化，为了维持等式平衡，监管机构需要对遵约价值（CV）

进行调整。在双边碳市场链接协议中，这可能是简单且可行的，但在涉及大量国家参与的碳市场合作情况下，这可能会变得非常复杂。因为这是一种在国际气候条约之外建立链接碳市场的情况，某些国家的地方政府之间的合作，例如基于北美西部气候倡议（WCI）之下建立的美国加利福尼亚州与加拿大魁北克省的碳市场链接方式就是一个例子。其实，如果要建立《巴黎协定》之下的国际碳市场衔接体系，情况并没有什么不同，只是需要国际监管机构介入制定标准，且该标准一旦明确就不能更改，因为其代表了一种体现遵约价值的国际合规单位。在之前的京都机制中，如果一个碳市场达到"MV1 = CV1 = AAUs = 1"，但另一个市场"MV2 = CV2 ≠ 1"，则两个缔约方需要创建MV2 与 MV1 之间的比率关系。

　　作为合作路径之二，就是建设覆盖面更加广泛的碳市场网络（NCM）。我们处于一个多元化的世界中，可能会使用到许多类型的市场工具并签发不同的碳单位。每减少 1 吨温室气体对气候变化的影响在不同国家之间是不同的，但对大气环境容量的影响是相同的，并且将保持不变。然而，不同类型碳单位的减缓价值（MV），因各个国家的减排成本和减排努力而异。尽管市场参与者可以随时决定某个单位的减缓价值（MV），但碳市场网络（NCM）的特征是使用减缓价值（MV）和遵约价值（CV）来表征的。那些实际上同意成为碳市场网络（NCM）参与者的国家碳市场，实际上接受了这样一个前提条件，即碳市场网络将为每个国家的碳单位分配相对价值。类似于货币市场中，市场在国际上设定货币单位的价值，碳市场网络（NCM）方案允许市场来决定碳单位的减缓价值（MV），一国监管机构可以将其用作遵约价值（CV）决策的参考项。当然，监管机构还可以指定设定减缓价值（MV）的机构。在碳市场网络（NCM）中，对于《巴黎协定》等国际气候条约覆盖范围以外的碳市场，监管机构不能设定遵约价值（CV），并接受确定的减缓价值（MV），或者从长远来看需要将遵约价值（CV）设置为等于确定的减缓价值（MV）。作为动态过程的一部分，碳市场网络（NCM）在两个或多个国家碳市场之间创建一种可替代方案，这是由市场力量决定并由利益相关者设定的。在碳市场网络（NCM）方案中，各国的国内碳定价体系可以受益于一个总体性协调框架，该框架将明确确立通用概念和一般原则，并组织数据收集和解释的方法，帮助指导市场参与者掌握接收信息的工具手段。

三、碳市场网络（NCM）的制度结构

碳市场网络（NCM）的基本要素是减缓价值（MV）的设定，这意味着某个监管机构需要接受一个或多个机构设定其所签发碳单位的减缓价值（MV），然后他们可能会选择将其作为遵约价值（CV）参考项。监管机构可以共同指定机构集体设定减缓价值（MV），或者接受对碳单位减缓价值（MVs）评级感兴趣的机构（如世界银行等权威机构或国际知名评级机构）参与其中。如果某国碳市场决定进入碳市场网络（NCM）模式，则为其减缓价值（MV）进行国际评级是基本工作，各个国家碳单位的签发部门都将对此活动感兴趣，需要在共同的协调框架下来达成协议，共同指定获得认可的权威部门。

国际机构也可以在碳市场网络（NCM）中发挥作用，这项工作由世界银行集团（WBG）的碳市场网络（NCM）倡议委托进行。然而，重要的是，要参考已经讨论过的碳市场网络（NCM）的其他组成部分。一种可能的结构是碳资产集合储备，由权威国际机构建立"国际碳资产储备"机制（International Carbon Allowance Reserve，ICAR）。[1]国际碳资产储备（ICAR）的理念是，通过在国际层面上增强链接度和风险减缓措施的汇集，可以使碳市场及其内在风险应对更加有效。尽管仍在探索国际碳资产储备（ICAR）机制的形式、范围和功能，但这种国际制度不会取代各国协调达成的共同框架，而是旨在补充和支持各个国家碳市场层面共同获得一类市场稳定工具。国际碳资产储备（ICAR）机制可以为参与的各国碳市场监管机构提供买方和卖方服务，协助其管理碳市场网络化风险。通过这样一种运作模式，国际碳资产储备（ICAR）机制可以通过为参与碳市场网络（NCM）的各国提供一个交易机制出售其国内碳单位（如果国内市场过度供过于求）和购买单位（如果国内市场过度供不应求）来应对特定碳市场供需失衡问题。支持碳市场网络（NCM）的另一个重要环节是建立国际结算平台，用于追踪跨境交易并可能提供清算所功能。

---

[1] J. Fuessler & M. Herren, "Networked Carbon Markets：Design Options for an International Carbon Asset Reserve for the World", World Bank Group Report, 2015.

第三节　不同类型碳市场的减缓与遵约价值评估

本节内容将采用已有的减缓价值（MV）、遵约价值（CV）和财务价值（FV）框架分析方法，对基于国际层级的京都碳市场、基于区域层级的欧盟排放交易体系（EU-ETS）、基于国家层面的韩国碳市场（K-ETS）和基于地方层面的美国加州碳市场（CA-ETS）进行比较分析，并尝试确定分析以下四个方面的问题：减缓价值（MV）的作用，在国内和国际上设定国内碳单位遵约价值（CV）的主体，碳单位在国内和国际遵约价值（CV）的关系，以及碳单位减缓价值（MV）的衡量标准及其制定主体。

一、京都碳市场的框架分析

《公约》允许使用国际合作方式，在《京都议定书》下创造了一个框架，并在国际和国内两个层面上促进碳市场的建立。[1]其一，《京都议定书》第3条第10款至第3条第12款承认缔约方可以对来自其他管辖区减排单位的合规性进行说明，这为《京都议定书》范围内的碳市场建设创造了可能性。一方面，《京都议定书》第17条促成了分配数量单位（AAUs）市场的建立，[2]这也为在《京都议定书》缔约方范围内建立碳市场链接提供了重要的便利，澳大利亚和欧盟曾经谈判的碳市场链接计划就是基于这项法律基础。另一方面，《京都议定书》采取了基于基线信用模式（B&C）的清洁发展机制（CDM）和联合履约机制（JI），分别允许没有承担国际减排义务的发展中国家进入市场，以及为没有正式链接总量控制与交易型碳市场的附件一经济转型国家提供合作渠道。

在京都框架下，国际监管机构将所有单位的遵约价值（CV）设定为：AAU（分配数量单位）＝CER（核证减排量）＝ERU（减排单位）＝1。由于这些只是有利于遵守《京都议定书》的碳单位，因此情况相对简单。希望相互链接并处于《京都议定书》管辖范围内的国内层面碳市场，也希望使用

---

〔1〕　J. E. Aldy & R. N. Stavins, "The Promise And Problems of Pricing Carbon: Theory and Experience", *The Journal of Environment & Development*, 2012, 21 (2), pp. 152~180.

〔2〕　A. Michaelowa et al., "Additionality Revisited: Guarding the Integrity of Market Mechanisms Under The Paris Agreement", *Climate Policy*, 2019, 19 (10), pp. 1211~1224.

AAU（分配数量单位）=1 作为其国内单位减缓价值（MV）的标准，并且都设定为"CV 国内单位=AAU=1"。关于利用碳市场网络（NCM）建立全球碳市场，及其与《巴黎协定》第 6 条所建立的国际合作机制的关系讨论，必须基于了解在国内和国际如何确定碳单位的遵约价值（CV）和减缓价值（MV）。

二、欧盟排放交易体系的框架分析

创建欧盟排放交易体系（EU-ETS）是欧盟气候变化政策的核心，也是帮助其实现《京都议定书》第一和第二承诺期的重要工具。欧盟排放交易体系属于超国家层级的碳市场，并且出台了欧盟排放交易指令（第 2003/87/EC）作为市场的法律基础。[1]同时，欧盟排放交易体系（EU ETS）也是国际碳市场的一部分，因为其具有接受国际单位并与其他市场体系进行链接的规定。[2]欧盟排放交易体系（EU-ETS）的监管机构负责整个欧盟 28 国范围内的碳市场监管，市场交易单位是欧盟排放配额（EUA），但也接受京都灵活履约机制下的核证减排量（CER）、减排单位（ERU），用于履行欧盟排放交易体系（EU-ETS）规定的义务。[3]

欧盟管理机构可以设定其碳市场的排放配额（EUA）的遵约价值（CV）。对于欧盟成员国之间排放配额（EUA）的转移，京都机制下的分配数量单位（AAUs）的清算，需要以欧盟排放配额（EUA）的转移为依据。因此，作为国内监管机构的欧盟委员会隐含地将欧盟排放配额（EUA）指定为"CV（遵约价值）=AAU（分配数量单位）=1=MV（减缓价值）"。欧盟排放交易体系（EU-ETS）还规定了与全球其他国家碳市场建立链接的条款。作为《京都议定书》缔约方，欧盟在与其他国家碳市场链接时，必须确保其进口的任何他国国内碳单位都得到了国家间京都碳市场履约工具分配数量单位（AAUs）的支持，这个要求限制了欧盟与其他国家碳市场的链接可行性范围。因为，

---

〔1〕 史学瀛、李树成、潘晓滨：《碳排放交易市场与制度设计》，南开大学出版社 2014 年版，第 65~68 页。

〔2〕 马亮：《欧盟〈减排分担条例〉：NDCs 背景下气候目标主义立法规制》，载《太原理工大学学报（社会科学版）》2021 年第 2 期，第 8 页。

〔3〕 William M. Shobe et al. , "Price and Quantity Collars for Stabilizing Emission Allowance Prices：Laboratory Experiments on the EUETS Market Stability Reserve（2016）", *Journal of Environmental Economics and Management*, 2016, Vol. 76, p. 32.

另外一个开启碳市场的国家也必须是承担京都减排或控排遵约义务的国家。这也意味着，虽然欧盟排放配额（EUA）拥有一个公认的减缓价值（MV），可以在欧盟碳市场体系中为其指定其认为合适的遵约价值（CV），但在京都国际体系下没有遵约价值（CV）。欧盟曾经计划将其排放交易体系（EU-ETS）与《京都议定书》的另一缔约国澳大利亚进行国际链接，欧盟排放配额（EUA）和澳大利亚碳单位之间的交换将因分配数量单位（AAUs）的转移而被抵消。这意味着欧盟和澳大利亚都将接受其各自国内单位的遵约价值（CV）和减缓价值（MV）为1，并等于分配数量单位（AAUs），但最终这项链接计划因为澳大利亚政府换届并在2016年底停止全国碳市场建设而作罢。

作为更加一般性的规则，只要国际应对气候条约的缔约方有具体数量的减排或控排承诺，如《京都议定书》下附件一国家，则该缔约方的碳市场国内监管机构就可以与其碳市场链接伙伴一起将其希望的任何国际遵约价值（CV）分配给国内碳单位，但前提是在国际条约遵约期结束时，两个缔约方之间的净额结算应考虑相同的国际遵约价值（CV）。协商链接协议时，这种情况是可以预料的，谈判方试图在其碳单位的减缓价值（MV）相等且碳单位可互换的情况下达成协议。在欧盟排放交易体系的第一和第二交易期，欧盟监管部门将核证减排量（CER）和减排单位（ERU）指定为"CV（遵约价值）＝1＝MV（减缓价值）"。然而，在第二交易期结束时，由于欧盟利益相关方认为京都碳市场下的核证减排量（CER）的减缓价值（MV）小于1，因此仅接受了最不发达国家（LDCs）的核证减排量（CER），并继续指定其"CV（遵约价值）＝1"。其余的则被欧盟排放交易体系（EU-ETS）禁止，这些京都单位的"有效CV（遵约价值）＝0"。

三、韩国碳市场的框架分析

韩国碳排放交易制度（K-ETS）是一个纯国内层面监管的碳市场，以韩国碳配额（KAUs）作为分配单位。韩国碳排放交易制度（K-ETS）没有链接到其他碳市场的规定，但其法律文件中有接受国内信用的条款，包括来自韩国项目的核证减排量（CER），作为国内信用进行签发。[1]韩国在2020年之

---

〔1〕 张忠利：《韩国碳排放交易法律及其对我国的启示》，载《东北亚论坛》2016年第5期，第13页。

前，没有接受国际抵消信用的规定，自 2021 年至 2025 年的第三阶段，韩国监管部门允许 11% 的信用额度来自境外核证减排量（CER）或境内的减排单位。允许的唯一国际核证减排量（CER）是来自最不发达国家（LDCs）的减排项目。从碳单位的减缓价值（MV）和遵约价值（CV）角度看韩国碳市场规则，韩国碳排放交易制度（K-ETS）通过市场稳定措施来解决减缓价值（MV）和遵约价值（CV）之间的不平衡问题。在 2021 年之后，随着《巴黎协定》的生效，清洁发展机制所产生的核证减排量（CER）将被有条件地转入可持续发展机制（SDM）之下，其在国际碳市场的遵约价值将下降甚至归零，但由于韩国碳排放交易制度（K-ETS）已允许将来自最不发达国家的核证减排量（CER）纳入其市场进行履约，这意味着韩国监管机构认定最不发达国家核证减排量（CER）具有减缓价值（MV）和遵约价值（CV）。

四、美国加利福尼亚州碳市场的框架分析

美国加利福尼亚州碳市场（CA-ETS）自 2015 年开始已与加拿大魁北克省谈判达成协议并实施了市场链接。此外，加利福尼亚州还接受州外碳市场签发的碳信用额，并有条款允许接受国际信用单位。加利福尼亚州与魁北克省的非国际法主体地位使得这两个地方碳市场的链接在政治上和技术上切实可行，不涉及国际气候条约的遵约问题。[1] 同时，值得注意的是，加利福尼亚州碳市场是实现国内减排目标的工具，但同时也是国际碳市场的一部分，因为其接受加拿大魁北克省的碳单位用于本区域内的碳市场履约。在双方的链接协议中，围绕总量上限与碳单位质量进行的谈判自然会形成两个市场的碳单位减缓价值（MV）相等。监管机构在两个辖区将遵约价值（CV）设定为等于减缓价值（MV）。虽然两个地方碳市场在运行上对于碳单位的转移没有足够的追踪记录，但是在两个系统中都建立了市场稳定机制，可以在减缓价值（MV）和遵约价值（CV）不同步的情况下进行调整。

---

〔1〕 王慧、张宁宁：《美国加州碳排放交易机制及其启示》，载《环境与可持续发展》2015 年第 6 期，第 6 页。

第四节 《巴黎协定》与碳市场网络兼容的可行路径评估

一、《巴黎协定》下碳市场发展的制度基础

（一）国家自主贡献与减缓成果的国际转让

《巴黎协定》以各缔约国提交国家自主贡献（NDCs）模式作为主要的遵约方式。这一点已经从缔约方在提交的国家自主贡献预案（INDCs）与首轮更新国家自主贡献（NDCs）的文件中得到体现。[1]在文件中，有些缔约国的自主贡献要求提交全经济范围内的绝对上限，并可在预算中转换，有些国家的文件则采取了照常情景（BAU）下的减排承诺，有些国家包括了划分给地方层面的排放总量上限，或承诺了地理上或产业部门上的总量上限目标。[2]某些缔约方希望并需要在国际上转让碳单位和减缓成果。这里有一个重要问题需要作出澄清，根据国家自主贡献（NDCs）作出国际承诺的缔约方，不太可能愿意在其国内碳市场体系中接受不能用于国际遵约用途的外部签发碳单位。[3]然后，假设所有进口到国内碳市场中的碳单位都是符合遵约要求的，进口缔约方承担履约义务的国际遵约价值（CV）或者等于其指定的国内遵约价值（CV），或者是一个被接受为体现一定兑换比率的遵约价值（CV）。

（二）市场类型与碳单位划分

《巴黎协定》下的全球碳市场仍然可被分为多个层次类别。一方面，国际碳市场由《公约》缔约方会议（COP）创建，由《公约》缔约方会议（COP）根据《巴黎协定》的灵活履约机制条款进行运作。这些机制包括第 6 条第 2、3 款所规定开放性合作方法（CA），以及第 6 条第 4 款至第 6 款所规定的可持续发展机制（SDM）。根据 2021 年底格拉斯哥大会针对《巴黎协定》灵活履约机制所达成的实施性文件，部分符合要求的原京都碳单位［如清洁

〔1〕 A. Michaelowa, I. Shishlov & D. Brescia, "Evolution of International Carbon Markets: Lessons for the Paris Agreement", *Wiley Interdisciplinary Reviews: Climate Change*, 2019, 10（6）, p.61.

〔2〕 黄素梅：《气候变化"自下而上"治理模式的优势，实施困境与完善路径》，载《湘潭大学学报（哲学社会科学版）》2021 年第 5 期，第 5 页。

〔3〕 I. Shishlov, R. Morel & V. Bellassen, "Compliance of the Parties to the Kyoto Protocol in the First Commitment Period", *Climate Policy*, 2016, 16（6）, pp.768~782.

发展机制（CDM）］将与 SDM 机制进行衔接。[1]此外，还有一些基于基线与信用模式的其他履约工具类型，包括减少毁林和森林退化所致排放机制（REDD+），以及其他部门信用机制等。另一方面，在区域、国家和地方层面，大多数已经生效的碳市场普遍采用了总量控制与交易型模式，[2]包括欧盟 28 国、中国、韩国、哈萨克斯坦、瑞士、美国加利福尼亚州、加拿大魁北克省普遍建立和延续自己的碳市场体系，[3]同时，一些发达国家和大多数发展中国家也建立了较完善的基于基线信用模式的自愿减排碳市场体系，具有代表性的包括日本联合信用机制（JCM），[4]以及中国重新启动的国内核证减排量（CCER）交易制度等。[5]

在碳单位类型方面，则包括了国际碳市场机制下的法定碳单位以及各国碳市场所签发的碳单位类型。随着《巴黎协定》第 6 条实施规则的完善，第 6 条第 2~3 款合作方法（CA）与第 6 条第 4~6 款所规定的可持续发展机制（SDM）分别代表了两类不同监管程度的国际合作模式。[6]《巴黎协定》下的合作方法（CA）模式与之前《京都议定书》的国际排放交易并不相同。后者基于对附件一类型国家纳入强制减排义务后，为其在国际交易日志（ITL）中签发分配数量单位（AAUs），但不适用于非附件一缔约方，分配数量单位（AAUs）这类国际碳配额代表了《京都议定书》下定义强制遵约缔约方的碳预算，属于一类国际监管下的核算碳单位，允许缔约方之间直接转让。除了这些公认的功能外，分配数量单位（AAUs）还扮演着未阐明的角色，作为国内碳单位减缓价值（MV）的衡量标准。而在《巴黎协定》合作方法（CA）模式下，并没有建立起强有力的中央监管机构，具体的合作方式由缔约方自

〔1〕 Moritz v. Unger, Sandra Greiner, Nicole Krämer. , "The CDM Legal Context Post-2020", Altas, Discussion Paper, 2019.

〔2〕 M. A. Mehling, G. E. Metcalf & R. N. Stavins, "Linking Heterogeneous Climate Policies (Consistent With the Paris Agreement)", *Environmental Law*, 2018, 48 (4), pp. 647~698.

〔3〕 Emma Krause et al. , "International Carbon Action Partnership (icap) Status Report 2021", International Carbon Action Partnership (icap), 2021.

〔4〕 徐双庆、刘滨：《日本国内碳交易体系研究及启示》，载《清华大学学报（自然科学版）》2012 年第 8 期，第 9 页。

〔5〕 刘海燕、于胜民、李明珠：《中国国家温室气体自愿减排交易机制优化途径初探》，载《中国环境管理》2022 年第 5 期，第 22~27 页。

〔6〕 S. La Hoz Theuer, *Environmental Integrity in Post 2020 Carbon Markets: Options to Avoid Trading of Hot Air Under Article 6. 2 of the Paris Agreement*, University of Cambridge, Cambridge, UK, 2016.

主决策，这里可以包括基于碳市场的国际链接，也可以采取基于效果的其他非市场减缓模式。由于只有发达国家缔约方需要在国家自主贡献（NDCs）提交全经济领域减排目标，因此在国际监管层面并没有建立起类似于京都模式的碳预算，也就无法签发类似分配数量单位（AAUs）那样的国际配额。[1]世界银行碳市场网络研究机构曾建议，由缔约方大会决策创设国际标准碳单位（ISCU），以二氧化碳当量作为计量单位，作为《巴黎协定》下国际市场合作的国家碳单位标准，衡量各国国内碳单位的减缓价值（MV），同时由其决策给予国内碳单位怎样的遵约价值（CV）。

《巴黎协定》下的可持续发展机制（SDM）仍然将延续《京都议定书》清洁发展机制（CDM）的部分思路，虽然格拉斯哥大会围绕其实施规则已经达成共识，建立起了类似清洁发展机制理事会那样强有力的监管机构，推进政策、规划和项目进行，部分研究机构也将其签发单位称作"6.4ER"碳单位，以此代表《巴黎协定》第6条第4款下合作机制所签发的国际单位。该机制如何实施，6.4ER碳单位的减缓价值与遵约价值设定，将由缔约方大会以及监管机构来授予和监督。[2]在国家层面的碳市场，各国监管机构所签发的碳单位代表了其所设定的减缓与遵约价值，如欧盟所签发的欧盟排放配额（EUAs），中国国家碳市场履约签发的中国排放配额（CEAs），中国自愿减排市场交易的中国核证减排量（CCER）等。[3]除了实现跨国碳市场链接的欧盟和瑞士之外，多数国家和地区碳市场只能由各自监管机构自发设定其国内碳单位的减缓价值与遵约价值（即 $CV = MV = 1$）。在超越一国管辖范围之外，尤其是各国在自愿减排活动所产生的核证减排量方面，碳单位并非都具有"$MV = CV = 1$"的设定，减缓价值（MV）可能会变化，并可能会产生不同的遵约价值（CV）。

〔1〕　A. Michaelowa et al. , *Promoting Transparency In Article 6: Designing a Coherent and Robust Reporting and Review Cycle in the Context of Operationalising Articles 6 and 13 of the Paris Agreement*, Freiburg: Perspectives, 2020.

〔2〕　A. Siemons & L. Schneider, "Averaging or Multi-year Accounting? Environmental Integrity Implications for Using International Carbon Markets in the Context of Single-year Targets", *Climate Policy*, 2021 (3), pp. 1~14.

〔3〕　B. Zhang et al. , "Policy Interactions and Under-Performing Emission Trading Markets in China", *Environmental Science & Technology*, 2013, 47, pp. 7077~7084.

二、《巴黎协定》下构建碳市场网络（NCM）的可行性场景设定

通过谈判链接协议，碳市场可以在全球范围内迅速成长。链接协议的关键之处在于达到一个普遍接受的减缓价值（MV）与遵约价值（CV）均衡状态。随着时间的推移，减缓价值（MV）可能会偏离链接各国碳市场接受的所在国的国内碳单位质量，可以使用不同的工具重新调整并确保所有遵约价值（CV）和减缓价值（MV）对齐。但是，随着参与国际链接的碳市场数量的增加，在所有市场体系中保持减缓价值（MV）和遵约价值（CV）对齐的工作可能会变得越来越复杂。当体系中的减缓价值（MV）和遵约价值（CV）之间存在差异时，或者减缓价值（MV）在市场体系之间不相等时，则需要创设有效的国际标准或监管制度加以应对。碳市场网络（NCM）为《巴黎协定》下创建全球碳市场的路径提供了一种可行性思路。

碳市场网络（NCM）建设与《巴黎协定》市场框架之间的关系是问题的核心。如何集中化管理碳市场体系，允许符合《巴黎协定》遵约要求的国内碳单位进行交易非常重要，[1]因为这本质上表明了由谁来设定国内碳单位的国际遵约价值（CV），通过哪种程序以及在什么层面上进行。这里值得探讨的问题有：①《巴黎协定》是否应有程序确定国内单位有利于国际层面遵约，以及遵约价值（CV）应如何赋予。②这种针对各国碳市场合作的国际集中监管应如何设置。③国际监管机构是应该批准各国可以用于国际交易的碳单位，还是仅仅公开提供的减缓价值指导来保证所交易碳单位的质量。④监管的重点是应放在碳单位层面，还是放在产生碳单位的国内碳交易制度以及碳市场链接的协议层面。⑤事前的遵约审核与事后检查应当如何平衡。根据《巴黎协定》下未来针对各国碳市场治理以及形成碳市场网络（NCM）的集中管理程度则可以归结为四种重要情形：分散管理的碳市场网络、基于减缓价值建议的分散碳市场网络、基于减缓价值标准的碳市场网络、基于国际中央监管的碳市场网络。

（一）分散管理的碳市场网络

每个国家都可以使用其选择的国际或他国碳单位来完成《巴黎协定》的

---

〔1〕 Axel Michaelowa et al. , "Promoting Article 6 Readiness in Ndcs and Ndc Implementation Plans", Final Report，2021.

遵约义务，而无需任何全球标准。这一模式是契合《巴黎协定》第6条第2~3款所设定的"自下而上"的合作方法（CA）模式。各国都可以采用自己的减缓成果用于国际转让，国内碳单位是用于国际转让的重要载体。[1]这意味着，国内监管机构可以设定任何进口碳单位的国际遵约价值（CV），即认可与其进行国际链接的他国碳市场所签发的碳单位符合本国的国内环境完整性标准，由合作双方主体共同在双边协议中对彼此交易的碳单位来进行标准设定和认可。双方仅需要确保签发和使用的碳单位没有重复计算。实施这一办法的方式可以是在国家一级避免在签发时重复计算，在全球层面遵守《巴黎协定》对合作方式的总体指导，这样可以确保将责任分配给可获得信息的合作方，而不会造成不必要的行政程序。同时，双方需要确保提供用于履约的核算信息，例如在每个遵约期结束时，需要对缔约方之间的转让碳单位进行净额结算。各国对自己的国家登记簿和国家自主贡献信息负主要责任，国际层面没有能力和资源甚至意愿来提供这项监管职能。在这种情况下，谁来设定所转让碳单位的减缓价值（MV）成了主要问题。一种可能性是，市场参与者和利益相关者将确定减缓价值（MV），当然这也可能会产生不只一个减缓价值（MV）。每一缔约方均可自由使用其选择的减缓价值（MV）为其碳市场履约设定遵约价值（CV）。或者，可以成立一个区域性集团，确定集团内的国家碳市场参与者将使用的减缓价值（MV）。如果在国家一级设定的遵约价值（CV）与国际市场普遍接受的减缓价值（MV）有显著差异，那么市场的可信度就会受到影响。财务价值（FV）将保持一段时间的稳定，但其将向减缓价值（MV）的方向移动，这就需要国内监管机构采取措施将遵约价值（CV）调整到减缓价值（MV）的水平。

（二）基于减缓价值建议的分散碳市场网络

该模式意味着各国碳市场的国内监管机构可以设定任何进口单位的国际遵约价值（CV）。各缔约方用于遵守《巴黎协定》国家自主贡献（NDCs）承诺的碳单位将以遵守最低环境完整性标准为准则，碳单位的签发和转让不需要国际监管机构批准。由于在碳市场网络（NCM）中，各国各种各样的机构将签发各类碳单位，《公约》缔约方大会将需要在全球范围内界定一些最低的

---

[1]　M. Ranson & R. N. Stavins, "Linkage of Greenhouse Gas Emissions Trading Systems: Learning from Experience", *Climate Policy*, 2016, 16（3）, pp. 284~300.

环境完整性标准，用于指导各国参考所要引进的各类碳单位的减缓价值（MV），并将其与本国认可的遵约价值（CV）进行设定，本国认可的国内遵约价值将被自动赋予国际遵约价值（CV）。这种推荐标准制度的实施是建议性的，鼓励每个参与碳市场网络的国家碳市场参照缔约方大会（COP）所认可的碳单位评级机构出台的国际标准进行碳单位的签发和转让。

（三）基于减缓价值标准的碳市场网络

缔约方大会需要在《公约》或《巴黎协定》体制下建立一个用于监管碳市场网络的全球性机构，设定或采取权威评级机构出台的用于认定各国碳单位减缓价值（MV）的环境完整性标准，评审每个缔约国碳市场用于遵守环境完整性标准的碳单位，但无权批准或拒绝碳单位的遵约价值（CV）。参与碳市场网络（NCM）的各国碳市场国内监管机构可以设定任何进口单位的国际遵约价值（CV）。这一模式的好处是进一步增加了参与碳市场网络的各国碳单位质量的透明度，由国际机构参与影响各国所交易碳单位的减缓价值，并在条约遵约期评价各国的国家自主贡献（NDCs）完成情况时，凭借现有减缓价值（MV）评价遵约情况，对各国碳单位的国际遵约价值（CV）形成重要影响。但是，碳市场链接后的具体合作进程，仍然留给了每个缔约国决定权。需要强调的是，这属于《巴黎协定》灵活履约模式下的国内碳市场情形。因此，其将需要确保用于国内遵约的所有国际碳单位具有相同的国内和国际遵约价值（CV），否则该缔约方将承担风险并可能需要弥补国际遵约时的差额。

（四）基于国际中央监管的碳市场网络

这需要全球应对气候变化体制上的创新，现行的《公约》《巴黎协定》体制在京都体制终结之后能够兼容全球碳市场网络（NCM）。由《公约》或《巴黎协定》缔约方会议批准成立独立监管机构，按照京都体系下的清洁发展机制（CDM）执行理事会的模式设立，其作用也类似于《巴黎协定》第6条第4~6条所要设定的可持续发展机制（SDM）中央监管机构。这一机构的职责有两个方面：其一，掌握碳市场网络（NCM）下参与各国碳单位减缓价值（MV）的决定权，由其为参与全球链接碳市场所交易的碳单位设定强制性环境完整性标准。其二，碳市场网络（NCM）下任何碳单位进入国际交易都必须经过这一机构的审查许可。国际监管机构事实上通过批准行为完全获得了用于遵守《公约》和《巴黎协定》所承诺的碳单位，或建立了国际碳单位体系的遵约价值（CV）。国际监管机构的批准可在事前或事后进行，即在参与国签发碳单位时，或在用于遵约目的之时，事后认证很可能会给碳市场网络（NCM）带来很多的不确定性。

表7-1 《巴黎协定》与碳市场网络兼容性评估的四类情境比较

项目 情境	国内 减缓价值	国际 减缓价值	国内 遵约价值	国际 遵约价值	《巴黎协定》 遵约效果
分散管理的碳市场网络	国内设定	国内设定 市场影响	国内设定	国内设定 市场影响	不确定性高
基于建议标准的分散碳市场网络	国内设定	国内设定 国际标准影响	国内设定	国内设定 国际标准影响	不确定性低
基于强制标准的碳市场网络	国内设定	国际设定	国内设定	国际设定	确定性高
基于国际中央监管的碳市场网络	国际设定	国际设定	国际设定	国际设定	确定性最高

第五节 基于碳市场网络评估方案的总体评价

《巴黎协定》的遵约效果一直是困扰全球应对气候变化进程的桎梏因素，作为协定的最后一块拼图，《巴黎协定》第6条就灵活履约机制的问题在格拉斯哥大会达成了初步的框架性方案，但其对全球碳定价机制的影响仍然有待评估。更重要的是，在全球气候治理进程"自下而上"的理念影响下，全球已经有越来越多的国家选择采用碳市场路径来为碳排放定价。碳市场发展正在经历重大转变，从所谓的碳排放交易1.0版本升级为可以被称为碳排放交易市场2.0版本的新状态。如何加强不同类型国家推进国家气候治理的合作，尤其是碳排放交易制度层面的合作是《巴黎协定》推进灵活履约增强遵守效果的重要思路。为此，世界银行集团所提出的碳市场网络（NCM）是一个可行路径，其提供了一种可供选择的方法，用以识别差异并为来自不同市场的碳单位提供相对价值参考，通过引入减缓价值（MV）、遵约价值（CV）和财务价值（FV）的概念作为基础性分析框架，来比较任何一种国际碳市场链接的合作模式，并与现有国际气候条约下灵活履约制度的兼容程度进行分析，提出了依靠市场框架渐进性加强全球气候治理的四种不同情境。

世界银行集团所提出的碳市场网络（NCM）方案，对我国参与《巴黎协定》遵约评估的完善以及更深层次的全球气候治理的借鉴意义重大。一方面，我国高度重视采用市场机制来推进全国的"双碳"目标实现工作，国家层面基于火力发电行业的碳市场已经在 2021 年 7 月正式启动，7 个省市的碳排放试点经历了将近十年的实验期和准备期，未来随着国家碳市场的成熟，我国有必要迈入全球碳市场"俱乐部"，实现与其他国家碳市场的链接来共同利用市场手段降低减排成本。目前一些值得研究的链接方案，例如东亚区域碳市场建设、"一带一路"碳市场建设等思路，值得我们进一步论证思考。通过国家向区域层面的碳市场整合，形成更好的引领效果，这也是我国积极践行《巴黎协定》灵活履约机制的亮点工作。另一方面，我国也是全球气候治理进程的积极参与者，需要不断为全球气候治理贡献中国智慧和力量。由世界银行集团发起的碳市场网络（NCM）倡议，代表了一种由联合国层面所主导的全球减排主流方案，《巴黎协定》整体及其灵活履约制度的国际谈判难题，也需要从另外一种方向来开启新的思路，中国完全可以凭借自身碳市场制度发展的阶段性效果，来促进碳市场网络（NCM）成为《巴黎协定》灵活履约机制缓步不前的重要突破点，在国际气候谈判的场合，提出符合自身和广大发展中国家利益的遵约评估模式，并积极主导国际规则的升级完善。

第八章

《巴黎协定》目标相兼容的部门基准评估

　　《巴黎协定》下国家自主贡献（NDCs）实施层面的一个重要方面是各国所提交的贡献承诺是否足以实现协定所追求的温控目标，即在21世纪末实现2摄氏度并努力实现1.5摄氏度。这就涉及各国所提交国家自主贡献（NDCs）的充分性评估问题了。关于充分性评估一直以来存在两种主要路径：一类充分性评估是依据"自上而下"方法采取综合评估模型（Integrated Assessment Models，IAMs）通过拟合不同环境目标路径下全球整体或各国经济体系所要达到的努力程度，来对未来减排路径进行预测。另一类充分性评估思路则是根据"自下而上"的方式，通过分解评估全球主要国家或一国经济体系内主要排放部门的减排努力在特定温控目标下的分析结果，得出全球或特定国家对于每个排放部门所能达到的减排路径的预测。此方法对于形成与《巴黎协定》温控目标相兼容的部门基准而言十分必要，对于各国更新国家自主贡献（NDCs）目标，并根据巴黎规则手册关于贡献信息的导则要求，逐步纳入全球性指导意义的部门减缓目标具有重要参考价值。

　　2022年4月，IPCC第六次评估第三工作组报告（IPCC‑AR6‑WGⅢ）《气候变化2022：减缓气候变化》与决策者摘要正式发布，报告共17个章节，全面评估了2010年以来减缓气候变化领域的最新科学进展，为国际社会认识和理解全球排放情况、不同温控目标下的减排路径，以及可持续发展背景下的气候变化减缓和适应行动等问题提供了重要的科学依据。[1]报告不仅依据成熟的综合评估模型（IAMs）评估了现有各国提交的国家自主贡献（NDCs）

---

　　[1] IPCC, "International Panel for Climate Change, Working Group Ⅲ contribution to the Sixth Assessment Report of the Intergovernmental Panel on Climate Change, Mitigation of Climate Change", https://www.ipcc.ch/report/ar6/wg3/downloads/report/IPCC_ AR6_ WGIII_ Full_ Report.pdf.

对于实现《巴黎协定》温控目标的效果，同时也针对产生温室气体排放的能源部门（化石燃料与电力）、交通部门（陆路运输、海上运输、航空运输）、工业部门（钢铁、水泥与化工）、建筑部门（商业与民用）、技术发展（碳捕获与封存、碳捕获与利用、生物质能源捕获与封存）的低碳转型进行了全球视角下的分析，并给出了一些针对性建议。基于将全球适用的部门基准纳入国家自主贡献（NDCs）的问题研究，长期以来一直游离于贡献承诺的充分性评估之外，以欧盟气候行动追踪项目（Climate Action Tracker，CAT）为主的研究，[1]针对与《巴黎协定》目标相兼容的部门基准评估工具进行了初步探索，形成了对能源、交通、工业和建筑四个主要部门的基准定义的分析和结果。在每个部门内，定义了独立切互补的指标基准。在目标国选取了全球层面以及 G20 国家中的代表——巴西、中国、欧盟、印度、印度尼西亚、南非和美国七个主要国家和地区的部门基准进行分析，并在国家层面的基准引入中考虑到了每个国家当前的技术和基础设施情况，在《巴黎协定》所规定的 2 摄氏度以及 1.5 摄氏度温控目标下，提出了基于部门低碳转型的中期减排目标（2030 年）与远期减排目标（2050 年）。

第一节　建立与《巴黎协定》相兼容部门基准的必要性与可行性

一、"自上而下"全球排放路径预测的成熟

根据 IPCC 第六次评估报告第三工作组报告（IPCC-AR6-WGⅢ）的预

---

〔1〕　气候行动跟踪项目（CAT）是三个欧盟研究组织自 2009 年以来对气候行动进行跟踪的独立科学分析项目，该项目致力于追踪政府的气候行动，根据《巴黎协定》目标进行衡量，该目标是将变暖控制在 2℃以下，并努力将变暖限制在 1.5℃以下。自 2009 年以来，CAT 一直在向联合国官方机构与各国决策者提供独立分析。此外，CAT 围绕量化和评估气候变化缓解目标、政策和行动开展研究工作，其将国家行动汇总到全球一级，利用 MAGICC 气候模型确定 21 世纪可能出现的气温上升。CAT 进一步发展部门分析，以说明实现全球温度目标所需的途径。在合作机构中，新气候研究所（NewClimate Institute）是一个非营利机构。其在全球范围内支持应对气候变化行动的研究和实施，涵盖国际气候谈判、跟踪气候行动、气候与发展、气候融资和碳市场机制等主题。气候分析（Climate Analysis）是另一个非营利的气候科学和政策研究所，总部设在德国柏林，在美国纽约、多哥洛美和澳大利亚珀斯设有办事处，汇集了气候变化科学和政策方面的跨学科专业知识。气候分析旨在综合和推进气候领域的科学知识，并通过将科学和政策分析联系起来，为全球和国家气候变化政策挑战提供最先进的解决方案。此外，还包括设在德国的波兹坦气候影响研究院。See https://climateactiontracker.org/about，2022-10-25.

测，实现《巴黎协定》下2摄氏度的长期目标要求，全球温室气体排放量在2025年前达峰，到2030年须减排27%，而在1.5摄氏度目标下，2025年达峰后到2030年须减排43%。要将全球温升控制在2摄氏度以内，到2050年全球煤炭、石油和天然气消费量需在2019年基础上分别下降85%、30%和15%，而1.5摄氏度以内的话，则需要分别下降95%、60%和45%。[1]第六次评估报告第三工作组报告对未来进行了情景分析，最核心的是评估了四类主要排放轨迹。第一类是基于2021年10月11日之前政策的情景，也可以被理解是当前使用的政策，其可能不含诸多净零排放政策，包括国家自主贡献（NDCs）。如果按照该政策执行，未来全球的升温幅度总体上可能增加，同时排放量将大幅增加。第二类是考虑2030年后加速实现减排的情景。若2030年之后开始加速实现减排，2/3以上的概率能够实现2摄氏度目标。第三类是考虑从现在开始减排与碳达峰的情景，以实现2摄氏度目标，这一路径显然是不可能的，很多发展中国家提出的目标是在2030年之前实现达峰，因此这种快速的减排难以实施。第四类是考虑以低过冲的方式实现1.5摄氏度的情景。在《巴黎协定》2摄氏度温控目标下，需要全球温室气体在2060年实现净零排放，中国碳中和的目标与此路径是基本吻合的。

IPCC第六次评估报告第三工作组报告（IPCC-AR6-WGⅢ）中包含大量模型情景分析，从C1到C8总共8组情景，特定概率下的典型说明性减缓路径（IMP）如下：其一，C1a/C1b情景。未来能够实现1.5摄氏度目标，没有或者低过冲，此概率超过50%，过冲即起初超过1.5摄氏度后，最终再回到1.5摄氏度。这个情境包括了重度依赖可再生能源的"IMP-Ren"路径，在更广泛的可持续发展背景下减缓的"IMP-SP"路径，强调减少能源需求的"IMP-LD"路径。其二，C2情景。未来能够实现1.5摄氏度目标，存在高过冲，此概率超过50%。包括了在能源领域广泛使用二氧化碳移除和工业部门实现净负排放的"IMP-Neg"路径。其三，C3a/C3b情景。未来能够实现2摄氏度以内目标，此概率超过67%，包括了非迅速但逐步加强近期减缓行动的"IMP-GS"路径。其四，C4情景。未来能够实现2摄氏度以内目标，此概率超过50%。其五，C5/C6/C7/C8情景。这些情景都是考虑高于2摄氏度

---

〔1〕 王卓妮等：《IPCC AR6 WGIII报告减缓主要结论、亮点和启示》，载《气候变化研究进展》2022年第5期，第531~537页。

目标的情况，其并不在《巴黎协定》的温控目标范围之内，主要供比照参考，包括了基于当前政策（Cur-Pol）和适度行动（Mod-Act），分别对应到 21 世纪末将温度控制在 3 摄氏度以内和 4 摄氏度以内的路径选择。

此外，IPCC 第六次评估报告第三工作组报告（IPCC-AR6-WGⅢ）还使用了一组源自共享社会经济路径（SSP）的新情景评估，用于综合跨物理科学、影响以及适应和减缓气候变化研究。SSP 包含数种情景叙述以及基于不同情景下的社会与经济发展。SSP 情景既要反映全球和区域发展现状和未来可能的发展变化，又要反映未来社会面临的气候变化适应和减缓挑战。每一个 SSP 情景均需要涵盖人口和人力资源、经济发展、生活方式、人类发展、环境与自然资源、政策和体制、技术发展等 7 个方面内容。SSPs 情景设计了可持续发展路径（SSP1）、中间路径（SSP2）、区域竞争路径（SSP3）、不均衡路径（SSP4）、以传统化石燃料为主的路径（SSP5）等 5 种社会经济发展路径。[1]报告中使用的说明性 SSP 情景集包括了 SSP1-1.9、SSP1-2.6、SSP2-4.5、SSP3-7.0 和 SSP5-8.5 共 5 类情境，涵盖了广泛的排放途径，其中包括新的低排放路径。[2]

表 8-1　IPCC 第六次报告基于温控目标的不同减排路径比较

路径分类	对应的 WGI 的 SSP 排放情景和 WGIII 的 IMP 情景	温升目标（实现概率）	2020 年实现碳中和时剩余累积碳排放空间/Gt CO2	2020—2100 年的剩余累积碳排放空间/GtCO2
C1	SSP1-1.9, SP、LD、Ren	1.5 度：没有或低过冲（>50%）	510［330-710］	320［-210-570］
C2	Neg	1.5 度高过冲（>50%）	720［530-930］	400［-90-620］
C3	SSP1-2.6, GS	2 度以内（>67%）	890［540-1160］	800［510-1140］
C4		2 度以内（>50%）	1210［970-1490］	1160［700-1490］

---

〔1〕　姜彤等：《共享社会经济路径（SSPs）人口和经济格点化数据集》，载《气候变化研究进展》2022 年第 3 期，第 381~383 页。

〔2〕　陈德亮、赖慧文：《IPCC AR6 WGI 报告的背景、架构和方法》，载《气候变化研究进展》2021 年第 6 期，第 636~643 页。

路径分类	对应的 WGI 的 SSP 排放情景和 WGIII 的 IMP 情景	温升目标（实现概率）	2020 年实现碳中和时剩余累积碳排放空间/Gt CO2	2020—2100 年的剩余累积碳排放空间/GtCO2
C5		2.5 度以内（>50%）	1780［1400-2360］	1780［1260-2360］
C6	SSP2-4.5, Mod-Act	3 度以内（>50%）	—	2790［2440-3520］
C7	SSP3-7.0, Cur-Pol	4 度以内（>50%）	—	4220［3160-5000］
C8	SSP5-8.5	超过 4 度（>50%）	—	5600［4910-7450］

注："—"表示没有评估数据。

不同的减排力度和减排路径，形成不同的情景矩阵。以 C1 情景为例，既可以通过降低能耗需求调整，也可以通过依靠高比例可再生能源实现。以 C2 情景为例，可以考虑依靠碳捕获与封存（CCS）等负排放技术实现，通过大量使用负排放技术促使过冲的温度下降。其他情景对应不同的减排路径，渐强措施适用于 C3 情景，现行政策路径适用于 C7 情景、适度行动路径适用于 C6 情景，八组情景对应地球未来的升温幅度。经过评估，以上八组情景对应的未来地球温升幅度，从 1.5 摄氏度到 4 摄氏度以上，实际上是一个非常大的范围。不少情景是先过冲，再回到目标。如果到 2030 年全球排放延续格拉斯哥气候大会（COP26）前宣布的国家自主贡献（NDCs）排放路径，将使 21 世纪的升温可能超过 1.5 摄氏度。将升温限制在 2 摄氏度以下将依赖于 2030 年后迅速加快减排努力，2030 年前与格拉斯哥气候大会（COP26）前宣布的国家自主贡献（NDCs）相一致，将升温限制在 2 摄氏度（概率高于 67%）的全球排放路径意味着，在 2020—2030 年 10 年间全球温室气体年平均每年减排率为 0~7 亿吨二氧化碳当量，在 2030—2050 年期间将前所未有地加速到每年 14 亿吨~20 亿吨二氧化碳当量。

二、国家自主贡献充分性评估结果与温控目标的差距

根据 IPCC 第六次评估报告第三工作组报告（IPCC-AR6-WGIII），各国在 2021 年格拉斯哥气候大会（COP26）前宣布了各自强化国家自主贡献（NDCs）承诺，将进一步减少 2030 年全球排放量，相对于立即采取行动将升温幅度限制在 2 摄氏度（>67%）的路径，原来的排放差距下降了约 20% 至

33%，相对于将升温幅度限制在1.5摄氏度（>50%）且没有过冲或过冲有限的路径，下降了约15%~20%。虽然相比于2015年首轮国家自主贡献（NDCs）目标有所进步，但与实现2摄氏度目标相比差距约为60亿吨~160亿吨二氧化碳当量，与1.5摄氏度目标相比差距约160亿吨~260亿吨二氧化碳当量，这仅仅属于目标上的差距。考虑到截至2020年底全球已经实施的经济与能源政策，将导致2030年的全球温室气体排放量高于更新国家自主贡献（NDCs）承诺所引致的排放量，差距大约为40亿吨~70亿吨二氧化碳当量，这表明现有承诺还存在实施差距。

但值得注意的是，IPCC第六次评估报告第三工作组报告（IPCC-AR6-WGⅢ）的截止日期是2021年10月11日，所以报告中评估的国家自主贡献（NDCs）是在格拉斯哥气候大会（COP26））之前，各缔约国提交给《公约》的各自更新国家自主贡献（NDCs）文件。在2021年10月12日至大会召开之时的1个月时间内，又有包括中国在内的25个国家提交了更新国家自主贡献（NDCs）。这些更新的结果并没有被放入IPCC第六次评估报告第三工作组报告（IPCC-AR6-WGⅢ）。国际能源署（IEA）在格拉斯哥大会期间发布的一项分析报告认为，全部更新的国家自主贡献（NDCs）承诺目标与会议期间敲定的其他全球承诺相结合，可能会将使得全球变暖被限制在1.8摄氏度。[1]因此，考虑到评估的时效性以及其他承诺，片面认为国家自主贡献（NDCs）无法实现《巴黎协定》2摄氏度的温控目标在科学上并不严谨。

另一个值得注意的方面是，第三工作组在评估国家自主贡献（NDCs）减缓目标充分性的同时，必须注意到发展中国家与发达国家在实施国家自主贡献（NDCs）方面的差别性。依据《巴黎协定》第3条、第4条、第9条、第10条和第11条的规定，发达国家必须支持发展中国家开展应对气候变化行动，并认真对待发展中国家在低碳转型资金、技术、能力方面的巨大需求。因此，只有让发展中国家缔约方获得与减缓行动相匹配的支助，才能确保其国家自主贡献（NDCs）的有效实施。在首轮提交的国家自主贡献预案（INDCs）与国家自主贡献（NDCs）文件中，发展中国家提交的承诺约有80%是需要以获

---

〔1〕 蒋含颖、高翔、王灿：《气候变化国际合作的进展与评价》，载《气候变化研究进展》2022年第5期，第591~604页。

得国际支持为前提的，资金需求预估总额可达 4.4 万亿美元。[1]根据第六次报告的评估结果，发达国家到 2020 年每年提供 1000 亿美元的承诺，无论是资金构成还是实际到位资金量都没有达标。发展中国家获得的支持有限，其国家自主贡献（NDCs）的实施就会缺乏有效保障。这也就意味着实施差距将被进一步拉大，因此充分性评估并不应当单单以提高减缓目标为手段，更应该关注在实施层面承诺兑现。[2]

三、"自上而下" 国别排放路径分析仍然存在争议

在 IPCC 历次评估报告有意回避评估《巴黎协定》温控目标减排路径针对不同国家建议的同时，[3]一些国际知名研究机构开始针对不同国家所提交的国家自主贡献（NDCs）是否符合 2 摄氏度和 1.5 摄氏度进行契合度分析，并据此给不同国家打分。比较有代表性的研究仍然是欧盟气候行动追踪项目（CAT），其专门公开了题为 "《巴黎协定》下的公平减排" 的研究报告，[4]并与其他学者于 2017 年在权威期刊《自然·气候变化》上发表论文研究成果。[5]研究内容的核心思路就是根据综合评估模型（IAMs）估计范围为每个国家构建一个公平份额的排放限额范围，然后对各国的国家自主贡献（NDCs）减排路径与《巴黎协定》温控目标进行兼容性分析，并指出不同国家贡献力度的不足。2017 年之前，CAT 评级方法使用四个类别对国家进行评级，包括 "楷模" "充足" "中等" 和 "不足"。2017 年更新了 CAT 评级方法，评级系统划分为六个类别，即 "楷模" "相容 1.5 摄氏度目标" "相容 2 摄氏度目标" "不足" "非常不足" 和 "严重不足"。其中，早先 "充足" 类别更新后分为两类 "相容 1.5 摄氏度目标" 和 "相容 2 摄氏度目标"。

---

〔1〕 樊星、高翔：《国家自主贡献更新进展、特征及其对全球气候治理的影响》，载《气候变化研究进展》2022 年第 2 期，第 230~239 页。

〔2〕 袁佳双等：《认识减缓气候变化最新进展科学助力碳中和》，载《气候变化研究进展》2022 年第 5 期，第 523~530 页。

〔3〕 谭显春等：《IPCC AR6 报告历史排放趋势和驱动因素相关核心结论解读》，载《气候变化研究进展》2022 年第 5 期，第 538~545 页。

〔4〕 Paola Parra et al. , "Equitable Emissions Reductions Under The Paris Agreement", *Climate Action Tracker Briefing Paper*, 2017.

〔5〕 Y. R. D. Pont et al. , "Equitable Mitigation to Achieve the Paris Agreement Goals", *Nature Climate Change*, 2017（7）, pp. 38~43.

表 8-2 气候行动追踪项目新旧评级类别比较

评级	2009 年标准	2017 年标准	备注
公平排放空间分配范围	不足	严重不足	这一评级的承诺远远超出了公平份额范围，与将全球变暖控制在 2 摄氏度以下完全不一致，更不用说《巴黎协定》更高的 1.5 摄氏度要求。如果所有的政府目标都在这个范围内，变暖将超过 4 摄氏度。
		非常不足	这一评级的承诺超出了公平份额范围，与将变暖控制在 2 摄氏度以下完全不一致，更不用说《巴黎协定》更高的 1.5 摄氏度限制了。如果所有政府目标都在这一范围内，全球变暖将达到 3 摄氏度到 4 摄氏度。
	中等	不足	这一评级的承诺是其公平份额范围中最不严格的部分，不符合将变暖控制在 2 摄氏度以下的要求，更不用说《巴黎协定》中更严格的 1.5 摄氏度限制。如果政府所有目标都在这个范围内，全球变暖将超过 2 摄氏度达到 3 摄氏度。
	充足	相容 2 摄氏度目标	这一评级的承诺符合 2009 年哥本哈根大会 2 摄氏度目标，因此属于该国的公平份额范围，但不完全符合《巴黎协定》。如果所有政府目标都在这一范围内，变暖可以控制在 2 摄氏度以下，但不能低于 2 摄氏度，而且仍然太高，不符合《巴黎协定》1.5 摄氏度的限制。
		相容 1.5 摄氏度目标	该评级表明，政府的努力处于其公平份额范围中最严格的部分：符合《巴黎协定》1.5 摄氏度的限制。
	楷模	楷模	这一评级表明，政府的努力比被视为公平贡献的努力更为雄心勃勃：这与《巴黎协定》1.5 摄氏度的限制完全一致。

资料来源：由作者根据 CAT 国家自主贡献充分性评估报告汇总。

气候行动追踪项目更新了评估标准后，所评估的所有 33 个典型国家的公平排放限额范围发生变化，在与这些所提交的首轮国家自主贡献（NDCs）目标以及《巴黎协定》温控目标进行拟合下的排放限额比较分析中，相关国家的等级发生了调整。其中，欧盟、巴西等 8 个国家和地区由旧评级中的"中等"降为新评级中的"不足"，阿根廷、日本等国家由旧评级中的"不足"
降为新评级中的"非常不足"，美国、俄罗斯等国由旧评级中的"不足"降
为新评级中的"严重不足"，中国由旧评级中的"中等"降为新评级中的
"非常不足"。澳大利亚、加拿大和新西兰三国保持"不足"状态。上升的国
家包括摩洛哥由旧评级"充足"上升为新评级的"相容 1.5 摄氏度目标"，菲
律宾等其他 5 国由旧评级"充足"上升为新评级的"相容 2 摄氏度目标"。

表 8-3　气候行动追踪项目基于新评级标准的典型国家 NDCs 充分性评估

温控目标	超过 4 摄氏度	小于 4 摄氏度	小于 3 摄氏度	小于 2 摄氏度	小于 1.5 摄氏度	小于 1.5 摄氏度
CAT 充分评估对应等级	严重不足	非常不足	不足	相容 2 摄氏度目标	相容 1.5 摄氏度目标	楷模
国家	智利 俄罗斯 沙特阿拉伯 土耳其 乌克兰 美国	阿根廷 中国 日本 新加坡 南非 韩国	澳大利亚 巴西 加拿大 欧盟 印尼 哈萨克斯坦 墨西哥 新西兰 挪威 秘鲁 瑞士	哥斯达黎加 埃塞俄比亚 印度 菲律宾 冈比亚	摩洛哥	无

资料来源：由作者根据 CAT 国家自主贡献充分性评估报告汇总。

欧盟气候行动追踪项目（CAT）对我国的评级显然发生了剧烈变化，其
在评估报告中的解释是，考虑到中国经历的年度与累积排放量的急剧增长
（2010 年至 2014 年），以及 GDP 等社会经济指标的改善人类发展指数
（HDI），更新评估工具产生的排放限额在大多数类别下，对中国的要求更加
严格，建议中国承担更有力度的减排责任。随着 1.5 摄氏度目标减排路径的
引入以及全球排放限额的降低，中国的国家自主贡献（NDCs）已超出了其公
平排放份额范围。对此，中国学者进行了针锋相对的研究，并指出 CAT 关于
国家自主贡献（NDCs）充分性的评估结果存在问题。部分国内学者基于自主

开发的气候变化综合评估全球模型（IAMC）对中国未来实现碳中和路径进行了评估，并与国际部分情景做了相应比较，基本上分为达峰平台期、深度脱碳期、源汇中和期。[1]与国际上对中国的2摄氏度、1.5摄氏度的情景分析，我国的研究虽然与其有一定幅度的差异，但大致趋势相同。在全球实现2摄氏度、1.5摄氏度目标的大背景路径下，基本上框定了未来实现碳中和的时间，总体趋势和实现路径基本上不会有太大差异。对中国而言，实现"双碳"目标需要付出艰苦卓绝的努力，实施中面临的具体问题非常多，既有技术上的，也有政策上的。部分国内学者指出，全球排放限额的理论研究源于国际社会对于公平原则、共同但有区别责任及各自能力原则（CBDR-RC）的不同理解，不同国家的学者对公平原则的解读不同，导致其提出了一系列不同的全球排放限额分配方案，并试图将全球剩余的排放空间"自上而下"分配给各个国家，从而形成与长期目标相对应的国别减排目标。但是，目前这种针对国家自主贡献（NDCs）的充分性研究，一方面考虑到全球认可的分配方案较为有限，一些国际研究机构特别是主要从发达国家立场或偏好选取方案，忽视强调历史减排责任的发展中国家方案；另一方面，发达国家开展的充分性评估都是从2030年当年全经济领域温室气体排放尺度，进行国家自主贡献（NDCs）目标与全球排放限额的比较。这两方面的因素导致了中国2030年预期碳排放水平高于应当被赋予的排放空间，从而认定了中国的国家自主贡献（NDCs）目标力度不能满足《巴黎协定》2摄氏度温控目标要求。[2]另有国内学者采用了全球变化评价模型（GCAM-TU），分析了各国的国家自主贡献（NDCs）承诺下的能源相关二氧化碳的全球排放路径，与不同可能性下2摄氏度温控目标对应的最优排放路径进行比较找出差距，得出结论认为中国目前的国家自主贡献（NDCs）给予全球减排进程的贡献是巨大的，中国承诺的贡献力度是非常充分的，与此相比包括日本、南非等国的贡献目标是不足的。[3]

由此可见，来自不同国家的学者由于采用了不同的综合评估模型

---

〔1〕 柴麒敏、傅莎、温新元：《中国实施国家自主贡献的路径研究》，载《环境经济研究》2019年第2期，第110~124页。

〔2〕 潘勋章、王海林：《〈巴黎协定〉下主要国家自主减排力度评估和比较》，载《中国人口·资源与环境》2018年第9期，第8~15页。

〔3〕 王利宁等：《国家自主决定贡献的减排力度评价》，载《气候变化研究进展》2018年第6期，第613~620页。

（IAMs），并从自己国家立场和偏好出发对排放空间公平原则分配进行理解，基于"自上而下"路径，对于各国的国家自主贡献（NDCs）充分性评估得出了各自不同的结论，这种由方法不同带来的政治上的分歧也导致了各国很难在国别排放路径充分性评估中达成一致，也就很难在未来气候谈判中达成关于国家自主贡献（NDCs）充分性评估的通用规则或框架标准，这也是 IPCC 第六次评估报告（AR6）回避国别评估的重要动因。在如何实现国家自主贡献（NDCs）充分减缓气候变化的问题上，各国更应本着相互理解和包容的态度，而非相互指责他国减排不力，推进全球气候合作进程，这也为"自下而上"部门排放预测研究提供了重要的空间。

四、"自下而上"部门排放预测研究基础日臻完善

一种评估方法是建立综合评估模型（IAMs）。综合评估模型（IAMs）将详细的能源系统技术模型与简化的经济和气候科学模型结合起来，提供一套可能的未来情景，以便评估实现特定气候目标的可行性。基于"自上而下"方法的主要目标是囊括国际管理方法所体现的全球视角，以及相关的全球温室气体排放总量限制，并将区域模拟的路径分为所调查的选定国家的具体路径。各种综合评估模型（IAMs）为在全球范围内将升温限制在 2 摄氏度或 1.5 摄氏度所需的条件提供了有效约束，并为不同部门的减排努力之间的成本和能源消耗权衡提供了深入的研究基础。然而，综合评估模型（IAMs）也有其局限性，其不能在制定全球性的部门基准方面发挥指导作用，因为这类评估模型通常没有足够的部门信息来支持对部门政策制定者有用的指标和基准。

表 8-4 代表性全球多区域气候变化综合评估模型（IAMs）

模型全称	简称	地区划分	开发者
多区域动态气候经济综合模型	RICD	美国、OECD 国家、欧洲、俄罗斯和东欧、中国、低收入国家	Nordhaus 等
区域与全球温室气体减排政策影响评估模型	MERGE	加拿大，澳大利亚与新西兰、中国、东欧和苏联、印度、日本、墨西哥和欧佩克国家、欧洲、美国其他地区	Manne 等

模型全称	简称	地区划分	开发者
温室气体影响政策分析模型	PAGE2002	欧盟、东欧和苏联、美国、中国、印度和东南亚、非洲与中东、拉丁美洲、其他 OECD 国家	Hope 等
排放预测与政策分析模型	EPPA	美国、欧盟、东欧、日本、苏联、澳大利亚和新西兰、加拿大、印度、高收入东亚、中东、印度尼西亚、墨西哥、中南美洲、非洲、世界其他地区	Babiker 等
全球技术诱导混合模型	WITCH	加拿大，日本和新西兰、美国、拉丁美洲，墨西哥与加勒比海地区、欧洲、中东和北非、转型经济体、中国、东南亚、韩国、澳大利亚、其他非洲	Bosetti 等
不确定性、谈判、分布式气候框架模型	FUND	美国、欧洲、其他泛太平洋 OECD 国家、中东欧和前苏联地区、中东、拉丁美洲、南亚与东南亚地区、中心计划亚洲国家、非洲	Tol
综合气候评估模型	ICAM	中国、印度与东两亚、中东、拉丁美洲、东欧和苏联地区、非洲、OECD 国家	Dowlatabadi 等
微型气候评估模型	MiniCAM	美国、加拿大、西欧、日本、澳大利亚和新西兰、前苏联、东欧、拉丁美洲、非洲、中东、中国、印度、韩国、其他亚洲国家	Brenkcn 等

模型全称	简称	地区划分	开发者
温室效应综合评估模型	IMAGE 2.4	加拿大、美国、巴西、日本、俄罗斯、中东、东亚、南亚、北非等 24 个国家和地区	Bouwmand 等
简化综合评估模型（能源系统模拟）	SIAMESE	欧盟、美国、日本、其他 OECD 国家	Sferra 等

备注：由作者根据文献资料加以总结。〔1〕〔2〕

　　另一种评估方法是建立一个"自下而上"的分析框架，研究一个部门内排放的关键驱动因素和相关的减排方案。根据 IPCC 所发布的《1.5 摄氏度特别报告》，"自下而上"的分析通常比综合评估模型（IAMs）更加具有潜力，〔3〕部分原因是综合评估模型（IAMs）在评估中缺乏部门排放数据，但也因为综合评估模型（IAMs）更适合捕捉渐变而非快速的排放变化，〔4〕"自下而上"的分析框架具有多方面的优势。其一，可以确定部门特征的减缓方案，使其尽可能快地接近该部门完全去碳化；其二，制定部门排放基准时可以考虑到各个被评估国家的现状，考虑目前部门减排做法以及一些变化在部分国家相较于其他国家更容易达成；其三，不需要进行全面的经济分析，而是专注于在技术可行性范围内实现《巴黎协定》目标的必要变化。

　　当然，通过部门评估为具体领域设定排放基准也会面临一系列挑战，尤其是如何评估这些基准是否与全球 1.5 摄氏度和 2 摄氏度的排放轨迹相兼容。其一，在一个综合评估模型（IAMs）中，有可能权衡各部门之间的减排速度和幅度，并利用二氧化碳清除手段（CDR）来减少累计净排放量。而在制定部门基准时，则需要确保任何部门都不依赖另一部门的行动，并通过在技术

〔1〕　段宏波、朱磊、范英：《能源-环境-经济气候变化综合评估模型研究综述》，载《系统工程学报》2014 年第 6 期，第 17 页。

〔2〕　F. Sferra et al., "Towards Optimal 1.5°and 2°C Emission Pathways for Individual Countries: a Finland Case Study", *Energy Policy in Review*, 2018（5），pp. 110~705.

〔3〕　IPCC, "IPCC Special Report on the Impacts of Global Warming of 1.5°C", http://www. ipcc. ch/report/sr15.

〔4〕　B. Hare, R. Brecha & M. Schaeffer, *Integrated Assessment Models: What are They and How do They Arrive at Their Conclusions*, Berlin, Germany: Climate Analytics, 2020.

限制条件下将部门基准设定在尽可能高的水平上，尽量减少对 CDR 技术的依赖。其二，在部门基准与温控目标兼容的综合评估情景下基于部门总排放量进行比较，这些部门的总排放量给出了一个上限，部门基准应该在这个上限内，以实现 1.5 摄氏度或 2 摄氏度目标的兼容。其三，在多数情况下"自下而上"分析框架需要基于综合评估模型的分析情境，并囊括额外的减排选择与近期排放趋势变化，更快地形成部门减排方案，也更容易被各国在更新国家自主贡献（NDCs）时所借鉴和采用。

国内外学术界已经针对部门基准开展了契合《巴黎协定》温控目标减排路径领域的评估研究，并主要围绕全球总体在能源、工业、交通和建筑等部门领域开展减排或控排基准评估。其中包括了国际能源署（IEA）在其《能源技术展望》中发布的"超越 2 摄氏度情景"（B2DS）研究，[1] 能源观察集团（Energy Watch Group，EWG）和芬兰拉彭兰塔-拉赫蒂理工大学（Lappeenranta University of Technology，LUT）联合发布的能源与交通部门减排基准方案，[2] 斯文·特斯克（Teske）等学者提出的交通、工业部门减排基准评估模型等。[3]《能源技术展望》模拟了如果技术创新被推向其"最大的实际极限"，清洁能源技术可以在多大程度上推动能源部门实现更高的减缓气候变化目标，其包括了"2 摄氏度情景"与"超越 2 摄氏度情景"，后者符合将未来平均温度上升限制在 1.75 摄氏度（中位数）。值得注意的是，"超越 2 摄氏度"方案（B2DS）是否真正符合《巴黎协定》温控目标是值得怀疑的，因为将实际温控上限设定为 2 摄氏度或 1.5 摄氏度，此情境只能为符合《巴黎协定》的部门基准提供一个参考上限。能源观察集团与 LUT 大学方案（EWG-LUT）联合建模举措模拟了包括电力和交通在内的多个部门的全球能源全面转型，并表明向 100%可再生能源转型在经济上与当前基于化石燃料和核的系统具有竞争力。能源部门研究结论表明，到 2050 年，每个地区的可再生能源电力系统都可以非常接近或达到 100%，这一结论被用来为可再生能源的比例基准提供

---

〔1〕 IEA，"World Energy Balances 2019"，https://www.iea.org/reports/world-energybalances-2019#data-service.

〔2〕 M. Ram，"Global Energy System Based on 100% Renewable Energy -Power Sector"，http://energywatchgroup.org/wpcontent/uploads/2017/11/Full-Study-100-Renewable-Energy-Worldwide-Power-Sector.pdf.

〔3〕 Sven Teske，*Achieving the Paris Climate Agreement Goals Global and Regional* 100% *Renewable Energy Scenarios with Non-energy GHG Pathways for* +1.5°C *and* +2°C，Springer，2020.

一个上限。同时，每个地区都可以实现近零排放甚至负排放的电力系统。在交通领域，研究结果表明每个地区完全脱碳的电力系统的含义被用来证实乘用车每公里的排放量可以而且应该在 2050 年达到零。一个完全脱碳的电力系统也意味着运输部门有非常高程度的零碳燃料。每个地区对这一指标的研究结果都被用来制定 2030 年和 2050 年之间这一基准的上限。由斯文·特斯克（Teske）主编的研究专著提供了与限制升温至 1.5 摄氏度相适应的全球与区域能源模型情景，并提供了交通、工业等部门的减排基准分析。在国内层面，学者基于 SPAMC 国家模型的"双碳"情景研究，特别是结合"十四五"规划最新形势，针对高投资高安全、强创新高质量、统筹协调的三组情景进行了深入、细致的模拟，并对工业、建筑、交通等终端部门和电力、钢铁、水泥、石化化工、有色金属等重点行业的历史排放、未来趋势进行了细颗粒度的分析，[1] 并重点对中国"终端高电气化率+新型电力系统"等转型路径的技术方案进行了阐述。

第二节　与《巴黎协定》相兼容部门基准评估框架设计

IPCC 第六次评估报告第三工作组报告（IPCC-AR6-WGⅢ）分章节针对能源、工业、交通、建筑、消费、市场、技术等不同部门给出了减缓气候变化的建议。欧盟气候行动追踪项目（CAT）在其研究中定义并分析了一系列全球范围内与《巴黎协定》兼容的基准，涉及四个主要部门：电力、交通、工业和建筑。在每个部门中，为几个独立但互补的指标定义了基准，还深入分析了 7 个国家（集团）在这些领域的基准，包含巴西、中国、欧盟、印度、印度尼西亚、南非和美国，并考虑了每个国家（集团）当前的技术和基础设施情况，制定了 2030 年和 2050 年基准，根据不同的方法和指标，增加了时间上的考量因素。以下内容将结合 IPCC 第六次评估报告第三工作组报告（IPCC-AR6-WGⅢ）针对部门的建议，以及 CAT 部门基准方案进行综合分析。

一、电力部门基准评估

IPCC 第六次评估报告第三工作组报告（IPCC-AR6-WGⅢ）指出，能源

---

〔1〕 柴麒敏、傅莎、温新元：《中国实施国家自主贡献的路径研究》，载《环境经济研究》2019 年第 2 期，第 110~124 页。

部门减排最为关键。要实现全球温升不超过工业化前 2 摄氏度的目标，到 2050 年全球对煤炭、石油和天然气的使用量需在 2020 年的基础上分别下降 85%、30% 和 25%；实现全球温升不超过工业化前 1.5 摄氏度的目标，则需要分别下降 95%、60% 和 45%。整个能源部门亟须能源系统的重大转型，包括大幅减少化石燃料的使用量、部署低排放能源、转向替代能源、提高能效和节能，但其可行性和成本在不同国家存在差异。[1]全球电力部门的燃料投入大约占全球一次能源需求总量的 38%。这使得电力部门成了能源需求最大的部门，也是全球二氧化碳排放量占比最高的部门。[2]因此，当务之急是加快全球电力系统去碳化战略的广泛实施，以实现《巴黎协定》将升温限制在 2 摄氏度以及 1.5 摄氏度所需的快速深度减排。在为电力部门分析的所有 1.5 摄氏度兼容路径中，可再生能源技术的吸收程度很高，从 2015 年到 2050 年，其在能源总需求中的份额随着时间推移而增加。这表明可再生能源在实现《巴黎协定》减缓目标方面将发挥关键作用。在 2030 年之后，碳捕集与封存技术（CCS）在大多数 1.5 摄氏度兼容的路径下实现脱碳方面发挥着越来越重要的作用。这种较晚而不是较早的碳吸收反映了这样一个不争的事实，即 CCS 技术目前还不是一个商业上可行的选择，需要进一步发展才能以电力部门深度脱碳所需的规模进行推广。[3]然而，在同一地区的不同路径中，CCS 技术的利用程度有很大差异。大多数"低 CCS 应用"路径通过替代更多的可再生能源来弥补减排不足，这也是所分析国家的"可再生能源份额"指标在不同路径之间存在巨大差异的主要原因。所有地区的许多路径都显示出在 2025 年甚至 2030 年之前总体能源需求的低增长。[4]这表明了对广泛的能源效率提高的期望，许多这样的措施均具有成本效益，而且易于实施，在工业和建筑部门实施的能源效率措施都有可能大大减少电力需求。

（一）与《巴黎协定》兼容的电力部门基准的界定

为了反映电力部门随着时间推移必要转型的关键因素，所选择的三个指

---

〔1〕 王卓妮等：《IPCC AR6 WGIII 报告减缓主要结论、亮点和启示》，载《气候变化研究进展》2022 年第 5 期，第 531~537 页。

〔2〕 IEA, Perspectives for the Clean Energy Transition-The Critical Role of Buildings, Paris, France, 2019.

〔3〕 彭雪婷、吕昊东、张贤：《IPCC AR6 报告解读：全球碳捕集利用与封存（CCUS）技术发展评估》，载《气候变化研究进展》2022 年第 5 期，第 580~590 页。

〔4〕 魏一鸣等：《全球能源系统转型趋势与低碳转型路径——来自于 IPCC 第六次评估报告的证据》，载《北京理工大学学报（社会科学版）》2022 年第 4 期，第 26 页。

标是：①电力生产碳排放强度；②可再生能源份额；③供电体系中的煤炭份额。选择这些指标是为了提供电力部门在 2030 年、2040 年和 2050 年这些里程碑年份所需的总体概况（电力排放强度），以及对每个国家在特定关键能源的积累（可再生能源份额）和淘汰（煤炭份额）方面需要取得多大进展进行更细化的描述。这些指标的《巴黎协定》兼容基准反映了所选择的间隔年（2030 年、2040 年、2050 年）在《巴黎协定》温控目标兼容路径下可行的最高水平方案（3/4 位数）。选择 75 百分位数作为基准范围的下限，是考虑到一些导致综合评估模型（IAMs）低估气候减缓行动中高水平雄心潜力的因素。例如，国际能源署（EIA）一直低估了可再生能源发电在全球能源结构中的普及率，而且低估了可再生能源系统资本成本的下降趋势，特别是光伏和储能技术的发展。此外，许多国际评估报告倾向于在很大程度上依赖各种二氧化碳去除技术（CDR），如依靠生物质燃料碳捕获与封存技术（BECCS）来实现温控目标。

在界定分析中特别引入了一项研究，参考 ETW-LUT 方案中关于电力和交通在内的多个部门的全球能源整体转型，并表明向 100% 可再生能源转型在经济上与当前基于化石燃料和核电的系统相比更加具有竞争力。[1]这项研究构成了电力部门基准范围的下限。为了进一步了解电力部门的结果，研究引用了相同国家的基准和替代来源指标，根据国际能源署（IEA）《能源技术展望报告》中的"超越 2 摄氏度情景（ETP-B2DS）方案"进行对比。

（二）电力排放强度基准评估

衡量能源系统脱碳的一个明确标准是电力部门的碳排放强度，以每千瓦时发电所排放的二氧化碳当量单位衡量（gCO2/kWh）。根据一般经验，燃油碳排放强度一般为 1000 gCO2/kWh，天然气发电大约是这个数字的一半。电力部门的碳排放强度是对可再生能源在电力部门所占比例的补充指标，并与煤炭的淘汰率明显相关。在综合评估模型（IAMs）中考虑了通过煤、石油和天然气三种化石燃料电力来源排放的二氧化碳，对于每种燃料和国家，根据

〔1〕　M. Ram et al., "Global Energy System Based on 100% Renewable Energy -Power Sector", http://energywatchgroup. org/wpcontent/uploads/2017/11/Full-Study-100-Renewable-Energy-Worldwide-Power-Sector. pdf.

2019年国际能源署（IEA）电力数据中的燃料需求计算出具体的电力排放强度。[1]对于附带的生物能源的碳捕获与封存技术（BECCS），假设捕获率为90%，电力碳排放强度为-300 gCO2/kWh，这是《IPCC2006年国家温室气体清单指南》（2019年修订版）提供的各种形式生物能源所默认直接排放系数加权平均值的赋值。选择纳入使用BECCS生产的电力负排放强度，是为了表达特定国家在分析的路径中对BECCS技术的相对依赖程度，这种技术目前还不可行，对其的利用程度也有限制。这也提供了一个更详细的国家特定的燃料利用组合轨迹，而不是简单将有或没有BECCS生产的电力视为零排放。然而，通过将BECCS纳入总体碳排放强度评估，允许不同的解决方案提供负排放，总体而言，仍然可以实现与全球1.5摄氏度相兼容的减排路径。所有化石燃料的排放因子都被用来计算电力部门的总体排放量，并除以发电量来计算电力排放强度。通过拟合，得出了全球以及7个典型国家在2030年、2040年和2050年《巴黎协定》兼容的电力部门排放强度基准。

表8-5　电力碳排放强度基准

单位：排放强度 gCO_2/kWh

国家	年	IAMs（中位数）	IAMs（3/4位数）	ETP-B2DS方案	EWG & LUT方案	《巴黎协定》兼容路径基准
全球	2030	175	125	229	48	50~125
	2040	31	24	72	6	5~25
	2050	5	−5	−8	0	<0
美国	2030	186	132	323	29	30~130
	2040	55	32	70	0	0~32
	2050	13	−4	−31	0	<0
欧盟	2030	113	77	78	82	75~80
	2040	14	0	27	6	0~5
	2050	−25	−31	−30	0	<0

---

[1] IEA, "World Energy Balances 2019", https://www.iea.org/reports/world-energybalances-2019#data-service.

续表

国家	年	IAMs（中位数）	IAMs（3/4位数）	ETP-B2DS方案	EWG & LUT方案	《巴黎协定》兼容路径基准
巴西	2030	42	20	10	2	0~20
	2040	−6	−11	11	0	<0
	2050	−17	−46	6	0	<0
印度	2030	241	156	256	114	115~155
	2040	18	3	97	0	5
	2050	−6	−22	32	0	<0
中国	2030	197	109	277	95	100~110
	2040	24	7	44	0	0-5
	2050	3	−1	−22	0	<0
南非	2030	447	377	304	47	45~377
	2040	38	12	34	5	−10
	2050	−3	−2	12	0	<0
印尼	2030	303	256		50	50~25
	2040	45	32		5	5~30
	2050	7	−11		0	<0

资料来源：由作者根据 CAT 分析报告汇总。

（三）可再生能源份额基准评估

对于每个情景和国家，可再生能源包括生物质能源在内的总发电量中的份额，来自反映燃料组合随时间变化的国家特定路径，并从区域一级的电力部门路径中缩小。在这种情况下，我们对"可再生能源"的定义是广泛的，不仅包括太阳能和风能这样的不稳定电力供应源，还包括像水力发电以及以生物质为燃料的火力发电能源。在这些情况下，电网的稳定性和可靠性是通过包括存储在内的多种技术，以具有成本效益的方式维持的。抽水蓄能实现了 1 周到 1 个月的存储，电池技术和压缩空气存储实现了每小时到每一天的存储。在 100% 使用可再生能源的情况下，来自可再生能源的合成气体（例如甲烷化、电解）燃烧发电仍然是实现电力调度与稳定供应的重要环节。为可再生能源在电力部门的份额制定与《巴黎协定》温控目标相适应的基准，需要依靠综合评估模型（IAMs）提供 2030 年和 2040 年可能的过渡路线图。为了实现《巴黎协定》温控目标，电力系统显然必须在 21 世纪中叶实现碳中和或负排放。实现这一目标的技术组合可以是多种多样的，包括基于化石燃料发电的碳捕获与封存（CCS）的应用以及核电的推广。对化石燃料 CCS 技术的依赖将进一步增加减排负担，在一个理想化的系统中只能捕获 90% 的碳排放，并迫使土地利用部门从大气中吸收更多排放。核电虽然是一种接近零碳排放的能源，但其存在政治上的可接受性、安全问题与核燃料循环利用有关的担忧，包括核扩散风险以及目前尚未解决的高水平核废料的处理，还有高经济成本的建设周期等一系列问题。

表 8-6 可再生能源比例基准

国家	年	IAMs（中位数）	IAMs（3/4 位数）	ETP-B2DS方案	EWG & LUT方案	《巴黎协定》兼容路径基准
全球	2030	52%	6%	7%	9%	55%~90%
	2040	73%	6%	3%	8%	75%~100%
	2050	71%	2%	4%	0%	98%~100%
美国	2030	48%	2%	3%	4%	50%~95%
	2040	70%	2%	1%	9%	70%~100%
	2050	72%	5%	6%	0%	98%~100%
欧盟	2030	68%	0%	9%	8%	70%~90%
	2040	83%	5%	9%	7%	85%~95%
	2050	86%	2%	5%	0%	98%~100%
巴西	2030	89%	0%	3%	8%	90%~100%
	2040	95%	6%	4%	9%	95%~100%
	2050	95%	7%	6%	9%	98%~100%

续表

国家	年	IAMs（中位数）	IAMs（3/4 位数）	ETP-B2DS 方案	EWG & LUT 方案	《巴黎协定》兼容路径基准
印度	2030	65%	6%	2%	1%	65%～80%
	2040	86%	8%	2%	8%	90%～100%
	2050	84%	8%	5%	8%	98%～100%
中国	2030	70%	6%	9%	9%	75%～90%
	2040	89%	1%	1%	6%	90%～95%
	2050	90%	4%	0%	9%	98%～100%
南非	2030	40%	4%	9%	8%	45%～100%
	2040	81%	5%	5%	9%	85%～100%
	2050	65%	0%	2%	0%	98%～100%
印尼	2030	45%	0%		4%	50%～85%
	2040	68%	9%		9%	80%～100%
	2050	74%	9%		9%	98%～100%

资料来源：由作者根据 CAT 分析报告汇总。

为了符合《巴黎协定》温控目标要求，并在 2050 年达到完全去碳化，最有希望的选择是利用可变且可调度的电力资源，并提供稳固的生物质能源，满足所有储存选项和灵活的电力需求，将电力部门顺利完全过渡到 100%可再生能源供应。[1]其他替代的低碳技术预计不会在经济上与可再生能源和存储发生竞争关系，因为可再生能源与存储的成本正在快速下降，并且预计还将在 2020—2030 年继续下降。[2]生物质能源、大规模电池储能、水电和燃气化循环发电技术的组合，将提供足够的储能潜力，以补偿风能和太阳能电力供

---

〔1〕　T. W. Brown et al.，"Response to 'Burden of Proof：A Comprehensive Review of the Feasibility of 100% Renewable-electricity Systems"，*Renewable and Sustainable Energy Reviews*，2018（5），92，pp. 834～847.

〔2〕　D. Bogdanov et al.，"Radical Transformation Pathway Towards Sustainable Electricity Via Evolutionary Steps"，*Nature Communications*，2019 10（1），pp，1～16.

应的变化。[1]评估 2050 年可再生能源份额基准的上限为 100%，与现有的全球研究一致。我们没有使用基于综合评估模型（IAMs）的结果来计算 2050 年份额下限，因为 2020 年之后可再生能源成本的下降表明市场渗透率更快，并将大大改变 2050 年的预测。因此，CAT 评估中在其基准设定 98% 的份额比率下限，参考了最低国别可再生能源渗透率，[2]并反映了上述的不确定性。

（四）电力部门的去煤率基准

煤炭造就了人类第一次工业革命，在世界能源系统中发挥着巨大的作用，但也是二氧化碳排放密度最高的化石燃料。尽管近年来许多国家的煤炭发电比例有所下降，但在有些国家仍在增长。这里，未消减的煤炭份额基准反映了未采用 CCS 技术的燃煤发电，因为配套有 CCS 技术的燃煤发电所产生的碳排放将被大比例回收和封存，并不会对一国电力体系的排放产生显著影响，但 CCS 技术的采用也意味了燃煤发电成本的急剧升高。

表 8-7　燃煤发电比率基准

国家	年	IAMs（中位数）	IAMs（3/4 位数）	ETP-B2DS 方案	EWG & LUT 方案	《巴黎协定》兼容路径基准
全球	2030	7%	2%	14%	1%	0~2.5%
	2040	1%	0	3%	0	0
	2050	0	0	1%	0	0
美国	2030	5%	1%	6%	0	0
	2040	1%	0	2%	0	0
	2050	0	0	1%	0	0
欧盟	2030	3%	1%	7%	1%	0
	2040	0	0	1%	0	0
	2050	0	0	0	0	0

〔1〕 C. Cheng et al., "Pumped Hydro Energy Storage and 100% Renewable Electricity for East Asia", *Global Energy Interconnection*, 2019, 2 (5), pp. 386~392.

〔2〕 W. Zappa, M. Junginger & M. van den Broek, "Is a 100% Renewable European Power System Feasible by 2050?", *Applied Energy*, 2019 (1) pp. 233~234.

续表

国家	年	IAMs（中位数）	IAMs（3/4 位数）	ETP-B2DS方案	EWG & LUT方案	《巴黎协定》兼容路径基准
巴西	2030	0	0	2%	0	0
	2040	0	0	1%	0	0
	2050	0	0	1%	0	0
印度	2030	19%	11%	15%	7%	5%~10%
	2040	1%	1%	1%	0	0
	2050	0	0	1%	0	0
中国	2030	17%	8%	29%	7%	5%~10%
	2040	1%	0	7%	0	0
	2050	0	0	0	0	0
南非	2030	43%	36%	35%	1%	0%~35%
	2040	6%	2%	6%	0	0
	2050	2%	0	2%	0	0
印尼	2030	13%	8%	11%	6%	5%~10%
	2040	1%	0	0	0	0
	2050	0	0	0	0	0

资料来源：由作者根据 CAT 分析报告汇总。

二、交通部门基准评估

IPCC 第六次评估报告第三工作组报告（IPCC-AR6-WGⅢ）关于交通运输章节的评估内容，对于该部门温室气体的减缓措施和转型路径给出了针对性建议。自 1990 年以来，全球范围内交通部门的温室气体排放量一直处于快速增长态势，在 2019 年已经发展成为全球第四大排放源，仅次于能源部门、工业部门以及农业、林业和其他土地利用（AFOLU）部门。其中，国际航空和航运领域的排放量正在迅速增长，预计到 2050 年将增长 60%~220%。[1]

---

[1]　IEA, "Perspectives for the Clean Energy Transition –The Critical Role of Buildings", Paris, France, 2019.

《巴黎协定》在国家自主贡献（NDCs）中核算国际运输的排放量时并未具体涵盖国际航运和民用航空的排放，而是由每个国家自行决定。[1]国际民用航空组织（ICAO）和国际海事组织（IMO）也只实施了提高燃油效率和减少需求的战略，对新技术的承诺很少，并且这些组织没有执行权。此外，《巴黎协定》描述了基于温升的目标，不利于明确民用航空和航运的国际温室气体排放治理。因此，将国际航运和民用航空明确纳入《巴黎协定》的治理范围可能会消除目前责任的模糊性，从而促进这些领域的脱碳努力。IPCC 第六次评估报告强调了交通部门减排的重要性，主要减排措施包括了三方面的内容：其一是减少交通领域需求，其二是对陆上交通运输部门进行脱碳转型，其三是要对航运以及民用航空运输等进行脱碳转型。在评估报告中，专家组针对多种燃料和动力技术的商业化水平进行了比较，并指出未来这些燃料或技术的应用时间节点与规模。报告指出，陆路交通部门需要继续推进电气化改革，而对于航运和民用航空来说需要进一步贯彻低碳技术的应用，并在国际管理机制方面进行进一步优化。[2]从中长期来看，交通领域所有子部门都需要促进运输服务需求管理与运输效率的提升。相关综合评估模型（IAMs）情景分析表明，全球温升目标要求全经济部门都采取减排措施，特别是交通部门电气化减排潜力的释放，在很大程度上取决于能源部门的脱碳水平。如果不采取减缓措施，交通部门排放在 2050 年相对于 2010 年可能要增长 65%，如果实施减缓措施成功，交通部门的排放量将减少 68%，这也与《巴黎协定》所追求的 1.5 摄氏度的温升目标要求相一致。

（一）与《巴黎协定》兼容的交通部门基准的界定

尽管减少运输排放需要减少运输需求，并使运输方式转向非机动车，但到 2050 年客运和货运去碳化的一个关键部门战略是电气化水平的提高，这取决于电力部门的同步去碳化、催化电动汽车（EVs）的快速普及，以减少燃油车（ICEVs）的份额，这将是实现交通部门脱碳目标的关键，并将通过广泛部署充电基础设施以及激励乘客转向电动汽车来助力最终目标的实现，这种加速可以通过由各个国家实施禁止销售燃油车的目标来推动，一些国家（如

---

〔1〕刘勇、朱瑜：《气候变化全球治理的新发展——国际航空业碳抵消与削减机制》，载《北京理工大学学报（社会科学版）》2019 年第 3 期，第 11 页。

〔2〕高园、欧训民：《IPCC AR6 报告解读：强化技术和管理创新的交通运输部门减碳路径》，载《气候变化研究进展》2022 年第 5 期，第 567~573 页。

部分欧盟国家）已经计划在未来 2025—2030 年的时间内全面淘汰燃油车。当下，虽然电动汽车在不同市场的渗透率不断扩大，但在正式淘汰燃油车之前也需要通过引入或改进燃油效率标准来提高传统汽车的燃油效率。许多国家都出台了乘用车燃料效率标准，但其严格程度不同。例如，欧盟出台的 2025 年燃油车燃料效率标准，可以实现潜在的全球减排 1.9 吉吨二氧化碳当量（$GtCO_2eq$）。[1]随着各国城镇化水平的提高，对公共交通的投资和城市化政策确保替代性交通工具的无障碍路线将是支持乘客从汽车转向其他公共交通或替代模式（如共享自行车）的关键。需要注意的是，由于国际航运和民用航空产生的碳排放并不在《公约》与《巴黎协定》所覆盖的部门排放范围之内，因此交通部门确立减排基准并不把航运、民用航空考虑在内。

交通部门与《巴黎协定》温控目标相兼容的基准可以包括四个方面的内容：其一，电动汽车使用份额基准，表征为电动车辆占据一国交通体系中整个轻型汽车（LDV）车队的百分比；其二，电动车销售份额基准，定义为电动车销售占据一国整个轻型车辆销售的百分比；其三，陆路运输每乘客公里陆上排放量基准（gCO_2/pkm），包括各类汽车、两轮和三轮车、公共汽车和火车等；其四，低排放燃料份额基准，表征为生物质燃料、电能和氢能等能源在交通体系客运与货运最终能源的国内运输部门总需求份额百分比。对于交通部门主要基准的评估仍然基于"自下而上"的模型工具，对《巴黎协定》1.5 摄氏度兼容情景的适用基准比率进行分析。

首先，由于电动汽车的生产份额、销售量份额以及单位乘客公里排放量需要详细的技术视角，因此在基准评估中采用了国际能源署（IEA）所发布的《世界电动车辆展望报告》中关于电动车辆"超越 2 摄氏度情景"评估方案（IEA-B2DS 方案），针对从 2020 到 2060 年三种情景的回溯和预测的组合进行评估。综合评估模型（IAMs）的 1.5 摄氏度兼容路径不能提供评估框架所需的电动汽车和轨道交通部门的相关评估数据，包括轻型汽车（LDVs）排放、乘客公里数（pkm）、每种运输工具的能源消耗数据等，因此主要依靠 IEA-B2DS 方案以及基于交通部门发展和市场研究的预测。气候行动追踪项目（CAT）针对交通部门的评估开发了灵活评估模型（CAT-Flex 方案），其基本

---

[1] H. Fekete et al., *The Impact of Good Practice Policies on Regional and Global Greenhouse Gas Emissions*, 2015.

假设是电动汽车将在一段时间内取代传统燃料汽车，因此其相对市场份额将增加，与一般的车队增长率无关。[1]电动汽车在不同时期的市场渗透率以适应从"B2DS 情景"中提取的三个基本指标（即车辆碳排放量、总能耗和乘客公里数）进行拟合，模型拟合分三步骤反复进行，以匹配乘客公里数（pkm）、碳排放和能耗数，以便为电动车市场份额找到合理的基准。第一步使用每辆汽车的公里数与不同的行驶公里数增长率；第二步使用基于国家电力部门反馈的电网碳强度率；第三步使用电动车初始增长率和燃油车（ICEV）碳排放强度增长率。评估模型输入的历史数据包括电动车生产量、电动车销售量、汽车保有总量、汽车报废率、电网碳排放强度、燃油车碳排放强度、车辆年平均里程数等。在选择历史数据时，优先考虑了来自样本国的官方数据，只有当各国的数据可用性差异较大时，历史数据才会参考国际能源署（IEA）等来源渠道。[2]此外，交通部门的基准评估在灵活评估模型中，使用 PROSPECTS 情景评估工具对 2050 年前的部门和总排放轨迹进行量化，对每个国家的加速应对气候变化行动的分析，确定了不同情景类别"《巴黎协定》1.5 摄氏度兼容基准""应用同类最佳技术水平"与"国家情景"的相关指标值范围。这些指标被直接输入 PROSPECTS 情景评估工具，并从中得出各自情景下的排放轨迹。

（二）电动汽车生产份额基准

为了实现 2050 年碳中和目标，全球交通部门到 2035 年新乘用车的销售必须达到零排放才能实现。[3]这里评估的基准是电动汽车（EV）的生产份额，表征为电动汽车在全部轻型车辆车队中的百分比数值。评估框架中对电动车的定义只包括全电池电动车（BEVs），而插电式混合动力车汽车，其排放主要取决于使用情况，对减排贡献率并不明确。通过已有方案评估可以发现，到 2030 年欧盟应该有超过一半的轻型车辆由电动汽车组成。而到 2040 年，中国和美国将有超过 65% 的车辆由电动汽车组成。印度和中国的电动车普及率与电网的碳排放强度密切相关。在 2030 年，两国的燃油汽车的碳排放

〔1〕 A. Grubler, C. Wilson & G. Nemet, "Apples, Oranges, and Consistent Comparisons of the Temporal Dynamics of Energy Transitions", *Energy Research and Social Science*, 2016, 22, pp. 18~25.

〔2〕 IEA, "Global EV Outlook 2018. Global EV Outlook", EVI, 2018, pp. 9~10.

〔3〕 T. Kuramochi et al., "Ten Key Short-term Sectoral Benchmarks to Limit Warming To 1.5°C", *Climate Policy*, 2018 (3), pp. 287~305.

强度都会降低，这意味着电力部门越早实现近零排放，电动车的普及就会越快，对两大发展中国家交通部门的低碳转型影响越明显。相反，由于巴西高度依赖水电，其电网的碳强度相对于其他国家要低得多，因此电动汽车的快速普及可以大大加快交通部门的脱碳速度。然而，随着时间的推移，其车队中生物燃料使用大幅扩大，将降低燃油车的碳排放强度，这在侧面减缓了对电动汽车的需求。

表 8-8 电动车生产份额基准

电动汽车生产份额占全部轻型车辆车队总数的百分比

国家	年	CAT-Flex 方案	IEA-B2DS 方案	《巴黎协定》兼容路径基准
全球	2030	20%	40%	20%~40%
	2040	65%	90%	65%~90%
	2050	85%	100%	85%~100%
美国	2030	30%	40%	30%~40%
	2040	70%	90%	70%~90%
	2050	85%	100%	85%~100%
欧盟	2030	55%	40%	40%~55%
	2040	85%	90%	85%~90%
	2050	95%	100%	95%~100%
巴西	2030	20%	40%	20%~40%
	2040	50%	90%	50%~90%
	2050	75%	100%	75%~100%
印度	2030	15%	55%	15%~55%
	2040	70%	96%	70%~95%
	2050	86%	100%	85%~100%
中国	2030	33%	50%	35%~50%
	2040	65%	95%	65%~95%
	2050	80%	100%	80%~100%

续表

国家	年	CAT-Flex 方案	IEA-B2DS 方案	《巴黎协定》 兼容路径基准
南非	2030	30%	50%	30%～50%
	2040	60%	95%	60%～95%
	2050	85%	100%	85%～100%
印尼	2030	10%	45%	10%～45%
	2040	45%	95%	45%～95%
	2050	70%	100%	70%～100%

资料来源：由作者根据 CAT 分析报告汇总。

（三）电动汽车销售份额基准

电动汽车（EV）的销售份额基准，定义为电动汽车销售数量在轻型车辆（LDV）总销售量的占比。这一基准是使用与电动汽车生产份额基准相同的评估框架方法得出的。

表 8-9　电动汽车销售份额基准

电动汽车在销售中的份额占年汽车销售的百分比

国家	年	CAT-Flex 方案	IEA-B2DS 方案	《巴黎协定》 兼容路径基准
全球	2030	75%	95%	75%～95%
	2040	100%	100%	100%
	2050	100%	100%	100%
美国	2030	100%	95%	95%～100%
	2040	100%	100%	100%
	2050	100%	100%	100%
欧盟	2030	100%	95%	95%～100%
	2040	100%	100%	100%
	2050	100%	100%	100%

续表

国家	年	CAT-Flex 方案	IEA-B2DS 方案	《巴黎协定》 兼容路径基准
巴西	2030	45%	95%	45%~95%
	2040	85%	100%	85%~100%
	2050	97%	100%	95%~100%
印度	2030	80%	95%	80%~95%
	2040	100%	100%	100%
	2050	100%	100%	100%
中国	2030	100%	95%	95%~100%
	2040	100%	100%	100%
	2050	100%	100%	100%
南非	2030	50%	95%	50%~95%
	2040	90%	100%	90%~100%
	2050	98%	100%	100%
印尼	2030	97%	95%	95%
	2040	100%	100%	100%
	2050	100%	100%	100%

资料来源：由作者根据 CAT 分析报告汇总。

（四）陆上交通工具碳排放强度基准

全球客运总公里数的大部分，约占总公里数的 85%，是由公路交通模式承担的。相比之下，货物运输主要由铁路运营。这里提出的基准是每公里的碳排放强度，范围包括了轻型汽车、大中型货运汽车、大中型客运汽车和铁路运输每公里的二氧化碳排放量。这里，轻型汽车的碳排放强度基准数据来自电动汽车份额基准的评估数据，中型货运汽车、大中型客运汽车与火车的碳排放强度数据根据 IEA-B2DS 评估方案得出，EWG&LUT 方案作为比照基准。

表 8-10　陆上交通工具碳排放强度基准

单位：gCO_2/pkm

国家	年	IEA-B2DS 方案	CAT-Flex 方案	EWG & LUT 方案	《巴黎协定》兼容路径基准
全球	2030	60	45	34	35~60
	2040	30	15	0	0~30
	2050	10	0	0	0~10
美国	2030	10	95	48	50~100
	2040	40	20	8	10~40
	2050	5	0	0	0
欧盟	2030	50	50	48	50
	2040	15	10	7	5~15
	2050	0	0	0	0
巴西	2030	40	30	29	30~40
	2040	20	5	5	5~20
	2050	5	0	0	0
印度	2030	35	20	18	20~35
	2040	20	5	4	5~20
	2050	10	0	0	0~10
中国	2030	40	35	26	25~40
	2040	15	5	4	5~15
	2050	5	0	0	0~5
南非	2030	70	60	28	30~70
	2040	30	10	4	5~30
	2050	10	0	0	0
印尼	2030	32	39	25	25~30
	2040	20	10	4	5~20
	2050	10	0	0	0~10

资料来源：由作者根据 CAT 分析报告汇总。

（五）交通部门零排放燃料份额基准

交通部门零排放燃料份额基准是指，生物质燃料、电能和氢能等低碳排放能源在一国国内交通部门能源总需求中的份额比例。需要指出的是，基准评估不包括国际民用航空与海上航运，但包括国内铁路、公路，以及国内范围的水运和民用航空运输。所需基准来自综合评估模型（IAMs）拟合的 1.5 摄氏度情景以及 IEA-B2D2 方案路径下的交通部门燃料份额，同时考虑了来自 EWG&LUT 方案中关于交通部门零排放燃料份额的额外基准数据。

表 8-11　交通部门零排放燃料份额基准评估

低碳燃料占最终能源需求的百分比

国家	年	IAMs 评估方案	IEA-B2DS 方案	EWG-LUT 方案	《巴黎协定》 兼容路径基准
全球	2030	15%	15%	15%	15%
	2040	40%	35%	60%	40%~60%
	2050	70%	60%	96%	70%~95%
美国	2030	20%	–	16%	15%~20%
	2040	45%	–	59%	45%~60%
	2050	75%	70%	96%	75%~95%
欧盟	2030	20%	20%	16%	15%~20%
	2040	55%	40%	59%	55%~60%
	2050	88%	64%	96%	80%~100%
巴西	2030	30%	–	28%	30%
	2040	60%	–	63%	60%~65%
	2050	85%	90%	93%	85%~95%
印度	2030	15%	–	20%	15%~20%
	2040	45%	–	61%	45%~60%
	2050	75%	55%	93%	75%~95%

国家	年	IAMs 评估方案	IEA-B2DS 方案	EWG-LUT 方案	《巴黎协定》兼容路径基准
中国	2030	15%	–	21%	15%~20%
	2040	35%	–	63%	35%~65%
	2050	70%	60%	95%	70%~95%
南非	2030	20%	–	22%	20%
	2040	50%	–	59%	50%~60%
	2050	80%	50%	87%	80%~90%
印尼	2030	20%	–	23%	20%~25%
	2040	55%	–	60%	55%~60%
	2050	80%	–	92%	80%~90%

资料来源：由作者根据 CAT 分析报告汇总。

三、工业部门基准评估

根据 IPCC 第六次评估报告第三工作组报告（IPCC-AR6-WGⅢ），为了实现《巴黎协定》所确立的全球 2 摄氏度乃至 1.5 摄氏度温控目标，扭转各国国内工业部门碳排放的持续增长趋势刻不容缓。从 IPCC 报告的八类情景分析，由于全球经济增长对各类高排放产品需求仍然保持持续增加态势，除了减排幅度最大的 C1 情景之外，其余情景中的工业增长能耗需求大多保持增加趋势。由此可见，开展幅度更大，且动作迅速的能源结构调整，以及促进低碳技术革新，是工业领域温室气体排放下降的关键要素。在国家工业体系中，钢铁、水泥、化工（塑料、合成氨）等高碳排放强度的工业部门如何实现深度减排面临着巨大挑战。如果想要到 2050 年之后实现工业部门碳排放的显著下降甚至净零排放的目标，必须有效推动部门以及跨部门措施的联合部署。同时，IPCC 第六次评估报告（AR6）指出，在已有的情景分析中，综合评估模型（IAMs）与行业模型的结果存在较大差异，综合评估模型（IAMs）尚不能够充分反映工业部门主要高排放行业领域最新的工艺进步状况，在能源替代、碳定价影响等方面也有相当大的改进空间。[1]本部分关于工业部门与《巴黎协定》相兼容的基准评估，主要涉及水泥、钢铁两个行业，主要采用"自下而上"的方法，利用内部分析和评估工具来界定行业碳排放强度基准，同时在全工业领域对整个部门所需电气化率水平进行评估。

（一）水泥行业基准

水泥的评估基准是以生产单位重量产品的排放强度作为评价基准，表征为公斤二氧化碳/吨水泥。该指标考虑了传统水泥和新型水泥两种不同类型的生产水平。评估过程不考虑原材料的替代性以及能源效率等影响因子，通过关注水泥行业最终产品的碳排放强度，来分析其符合《巴黎协定》温控目标兼容的生产路径，对水泥产品碳排放强度的分析在国家和地区之间进行明确的比较。水泥排放以熟料生产排放为主，约占水泥生产排放的90%。[2]熟料的生产需要高温，传统上是通过燃烧化石燃料产生的。此外，生产熟料时煅烧石灰石的化学过程会产生直接的生产工艺碳排放，工艺碳排放约占水泥排放的50%，而燃烧化石燃料获取热能通常占总排放量的40%以上。其余的排放来自间接的供电或供热等能源使用，这取决于提供电力或热力企业的燃料组合情况。

考虑到水泥生产碳排放的很大一部分来源于熟料生产，关键的减排方案旨在减少对熟料的需求，采用熟料水泥比率（CCR）进行界定，表征为每单位水泥生产使用的熟料比率。减少CCR的关键是使用熟料替代品。在全球范围内，水泥生产的平均CCR数值为75%。[3]传统上，常见的熟料替代品为粉煤灰和矿渣，可以实现CCR数值低至60%左右，在中国的水泥生产已实现。[4]然而，由于粉煤灰和矿渣是燃煤发电和钢铁生产的伴生负产品，从中长期来看在水泥生产中并不符合《巴黎协定》的1.5摄氏度兼容路径要求。另外一个

〔1〕 郭偲悦、耿涌：《IPCC AR6报告解读：工业部门减排》，载《气候变化研究进展》2022年第5期，第574~579页。

〔2〕 ETC, "Mission Possible. Sectoral focus-Steel", http://www.europeancalculator.eu/wpcontent/uploads/2019/09/EUCalc_ Raw-materialsmodule-and-manufacturing-and-secondary-rawmaterials-module.pdf.

〔3〕 CSI, "Getting the Numbers Right", https://gccassociation.org/gnr.

〔4〕 J. Wei, K. Cen & Y. Geng, *Evaluation and Mitigation of Cement Co 2 Emissions：Projection of Emission Scenarios Toward 2030 In China and Proposal of the Roadmap to a Low-Carbon World by 2050*, 2018 report.

技术方案是煅烧黏土与石灰石，根据水泥产品所需质量，可以达到40%~50%的CCR水平。黏土在全球供应量很大，且在全球各地都可以获取，但该生产过程仍然需要热量，且生产温度明显低于熟料生产。[1][2]随着水泥行业的技术进步，不断出现其他熟料替代品选项，需要不同的国家与水泥行业在原材料可用性以及CCR比率降低潜力之间进行权衡。

　　降低水泥生产碳排放的另一个途径是实现生产供电与供热来源的去碳化。一方面，通过转换用于制热的燃料，从化石燃料转向其他清洁型燃料，包括生物质燃料或废物燃烧利用等，可以大大降低碳排放水平。[3]生物质燃料发电在技术上可以100%取代化石燃料，但其使用受到生物质燃料可持续供应的限制。[4]在欧盟国家，供热供电组合的自动调节率最高，平均达到60%水平，个别水泥生产工厂甚至高达95%。[5]此外，不同种类的废物也可被用于制热，从城市固体废物和污水污泥到工业废物都可以燃烧利用。另一方面，其他一些技术选项包括电窑和制氢供能需要进一步的商业化布局。熟料窑的电气化在技术上是可行的，但面临一些重大挑战，包括需要大量的清洁电力来达到和维持高温。同样，氢气也被认为是一种低碳燃料选择，但在技术和市场发展方面也仍处于早期阶段。[6]

　　碳捕集与封存技术（CCS）以及碳捕集与利用（CCU）技术是水泥行业进入深度减排期的一个必要选择。与其他行业相比，从水泥生产中捕捉二氧化碳排放的问题更多一些。废气中的二氧化碳浓度相对较低，这使得捕捉二氧化碳的工作更加复杂和昂贵。通过全氧燃烧技术，可以实现几乎纯二氧化

　　〔1〕 ECRA，"Development of State-of-the-Art Techniques in Cement Manufacturing：Trying to Look Ahead"，CSI/ECRA-Technology Papers 2017，http：//www. ecra-online. org.

　　〔2〕 J. Lehne & F. Preston，"Chatham House Report Making Concrete Change Innovation in Low-carbon Cement and Concrete"，Concrete Change Report，http：//www. chathamhouse. org.

　　〔3〕 Y. Chan et al.，"Industrial Innovation：Pathways to Deep Decarbonisation of Industry. Part 1：Technology Analysis A Report Submitted by ICF Consulting Services Limited and Fraunhofer ISI to the European Commission，DG Climate Action Prepared by Checked by Publication Date"，http：//www. icf. com.

　　〔4〕 ETC，"Mission Possible. Sectoral focus-Steel"，http：//www. europeancalculator. eu/wpcontent/uploads/2019/09/EUCalc_ Raw-materialsmodule-and-manufacturing-and-secondary-rawmaterials-module. pdf.

　　〔5〕 ECRA，"Development of State of the Art Techniques in Cement Manufacturing：Trying to Look Ahead"，CSI/ECRA-Technology Papers 2017 Geneva，Switzerland.

　　〔6〕 Material Economics，"Industrial Transformation 2050-Pathways to Net-Zero Emissions from EU Heavy Industry"，https：//materialeconomics. com/publications/industrial-transformation-2050.

碳的废气流，然而这项技术仍处于研究和验证早期试点阶段。[1] CCS 技术的另一个挑战是捕获二氧化碳的运输和储存问题。水泥厂通常靠近大城市这样的最终使用地点，往往不容易将二氧化碳气罐运出。当然，各地区可能的储存地点差异很大，这使运输问题更加复杂，需要扩大储气基础设施。

在进行符合《巴黎协定》温控目标的水泥生产排放基准下降的路径预测过程中，评估模型仍然基于"自下而上"的拟合路径，同时要对一些基础性指标进行假设。其一，在燃料替换方面，假设水泥行业大约 50% 的替代燃料组合由生物质燃料组成，转化为水泥生产总能源需求的 30%，考虑到替换燃料可能涉及的土地利用变化排放问题，在 2050 年实现 90% 的生物质燃料或废物燃烧供能。[2] 其二，熟料水泥比（CCR）的提高相当迅速，假设到 2030 年，各国可以利用现有的粉煤灰和矿渣库存实现 55% 的熟料水泥比，在 2050 年应达到 50% 的水平。[3] 其三，也是最为关键的部分是碳捕获、利用与封存技术（CCUS）的引入。水泥生产包括与能源相关的排放和生产过程排放，这一事实使该行业的去碳化变得复杂。热能燃料组合的完全脱碳不会影响生产过程排放，只能通过避免熟料生产或捕捉碳排放来实现。到目前为止，最高的捕获率是 90% 左右，这使得 CCS 技术只是一种近零排放而非净零排放技术。因此需要假设 CCS 最多可以达到 95% 的捕获率。同时，最重要的是针对不同类型国家在 2030—2050 年的技术水平，针对水泥行业所能应用的 CCS 技术需要进行两类情境的模拟。在 CCS 技术低水平应用情境下，基本假设是 2030 年有 10% 的水泥企业，2050 年有 65% 的水泥企业，采用 CCS 技术。而在 CCS 技术高水平应用情境下，基本假设是在 2030 年有 12% 的企业，在 2050 年有 80% 的企业采用 CCS 技术。值得注意的是，欧盟气候行动追踪项目（CAT）在进行假设时并没有区别发展中国家与发达国家的差别情况。在评估所选择的 7 个典型国家和地区进行的评估中，结果显示没有一个国家能在 2050 年前实现完全脱碳。由于水泥生产会产生大量的生产过程排放，只有通过在所有

〔1〕 T. Fleiter et al. , "Industrial Innovation: Pathways to Deep Decarbonization of Industry", *Part 2*: *Scenario Analysis and Pathways to Deep Decarbonization*, 2019, p. 95.

〔2〕 R. Birdsey, P. Duffy & C. Smyth, "Environmental Research Letters Related Content Climate, Economic, and Environmental Impacts of Producing Wood Forbioenergy", 2018 Report.

〔3〕 K. Scrivener ,"Eco-efficient Cements: No Magic Bullet Needed", https://www. lc3. ch/wpcontent/uploads/2019/09/LC3-FINAL-for-KS-120819. pdf.

水泥厂应用 CCS 技术，用新型水泥生产工艺完全取代传统水泥，或者两者相结合才能实现水泥行业的完全脱碳。

表 8-12 水泥行业碳排放强度与下降基准

水泥生产排放强度，单位：$KgCO_2$／吨水泥

国家	年	低 CCS 应用情境	高 CCS 应用情境	下降率（低 CCS 应用）	下降率（高 CCS 应用）	《巴黎协定》兼容路径基准
全球	2030	370	360	40%	40%	40%
	2050	90	55	85%	90%	85%~90%
美国	2030	345	335	50%	55%	50%~55%
	2050	90	55	85%	90%	85%~90%
欧盟	2030	355	350	35%	40%	35%~40%
	2050	90	55	85%	90%	85%~90%
巴西	2030	365	355	35%	35%	35%
	2050	95	60	85%	90%	85%~90%
印度	2030	390	385	30%	35%	30%~35%
	2050	100	60	85%	90%	85%~90%
中国	2030	405	395	25%	30%	25%~30%
	2050	90	60	85%	90%	85%~90%
南非	2030	410	400	35%	35%	35%
	2050	95	60	85%	90%	85%~90%
印尼	2030	420	410	35%	40%	35%
	2050	90	60	85%	90%	85%~90%

资料来源：由作者根据 CAT 分析报告汇总。

（二）钢铁行业基准

钢铁的评估基准是以生产单位重量成品钢材的排放强度作为评价基准的，表征为公斤二氧化碳／吨粗钢。各国工业部门中钢铁行业排放基准的差异主要取决于技术变革以及废钢投入因素，此外一国整体的电气化水平也决定着钢

铁行业的脱碳进程。根据世界钢铁工业协会的统计，高炉转炉工艺（BF-BOF）是产生排放最多的钢铁生产方式，也是目前全球最常用的生产方法，其产量约占全球产量的70%。[1] 由于需要对铁矿石进行还原反应，因此 BF-BOF 工艺被公认为是钢铁部门中最具有能源密集型特征的生产工艺。这个过程中的主要能源是焦煤，必须首先将其转化为焦炭，需要大量的化石燃料投入，采用提高能源效率和燃料转换方案只能实现有限的减排，因为新技术仍然部分依赖煤炭。[2][3] 第二个最常见的生产方式是以回收废钢作为原料，从而避免了耗能的还原步骤以及相关生产过程排放的产生。[4] 同时，利用废钢进行钢铁生产完全采用电力供应，在清洁能源占据决定性地位时则可以完全实现钢铁生产的脱碳。而且，在能源投入方面，废钢生产方式需仅为 BF-BOF 工艺耗能的33%。[5] 当然，废钢的供应问题成了制约这一生产方式的重要因素。钢材生产的另一替代工艺是采取直接还原铁（DRI）生产模式，其是一种完全商业化推广的技术。尽管直接还原铁工艺生产的排放量比 BF-BOF 排放量低得多，但根据世界钢铁工业协会的数据，该技术仅在小范围内使用，供应全球钢铁产量的约1%。[6] 因为，此种工艺与当地天然气供应密切相关，天然气作为传统还原剂，将矿石还原为生铁后直接送入电弧炉（EAF），此工序与废钢回收相同。这里，天然气可以由沼气或氢气进行代替，在用于还原或生产氢气的电力由清洁能源生产的情形下，DRI 生产工艺有可能实现完全脱碳。熔融还原（DRI-smelt）是一项新的钢铁生产技术，可以省去高炉的使用，直接用熔融还原铁，但该技术仍然需要依赖煤炭，但不需要炼焦煤，从

〔1〕 World Steel Association, STEEL STATISTICAL YEARBOOK 2019 Concise version Preface. Worldsteel Association, https://www.worldsteel.org/steel-bytopic/statistics/steel-statistical-yearbook.html.

〔2〕 C. Bataille et al., "A Review of Technology and Policy Deep Decarbonization Pathway Options for Making Energy-intensive Industry Production Consistent With The Paris Agreement", *Journal of Cleaner Production*, 2018, 187, pp. 960~973.

〔3〕 Y. Chan et al., "Industrial Innovation: Pathways to Deep Decarbonisation of Industry. Part 1: Technology Analysis A Report Submitted by ICF Consulting Services Limited and Fraunhofer ISI to the European Commission", DG Climate Action 2019.

〔4〕 邹安全、罗杏玲、全春光：《钢铁行业供应链碳足迹界定及影响因素研究》，载《科技进步与对策》2015年第8期，第5页。

〔5〕 B. R. Willis et al., The Case Against New Coal Mines in the UK The Case Against New Coal Mines in the UK, 2020.

〔6〕 World Steel Association. Steel Statistical Yearbook 2019 Concise version Preface World steel Association, https://www.worldsteel.org/steel-bytopic/statistics/steel-statistical-yearbook.html.

而减少了能源需求。在生产过程没有引入 CCS 技术的情况下，整体工艺排放量可以减少约20%。在引入 CCS 技术之后，DRI-smelt 工艺与 BF-BOF 路线相比可以实现高达约95%的减排量。总之，钢铁行业中的每种生产工艺都可以提供不同的减排方案，但只有那些可以完全电气化改造的工艺才有可能实现完全脱碳，包括废钢-EAF 工艺以及采用氢气或通过电解使用清洁电力的 DRI 工艺。废钢-EAF 工艺已经完全商业化，并在全球范围内得到了广泛实践。采用氢气的 DRI 工艺也比电解模式在技术上要成熟很多。钢铁生产中除了可以完全脱碳的技术之外，也包括了一些可以实现大幅降碳的新冶炼技术，在仍然依赖煤炭的同时可以通过提高能效来实现减排，在一定程度上也可以实现燃料的清洁转化，如采用生物质燃料和氢气。然而，这条中间性工艺需要与 CCS 技术相结合才能大幅减少排放。[1]在多数发展中国家仍然高度依赖传统 BF-BOF 生产工艺的情形下，CCS 技术的加入成了一种重要考虑因素，但是 CCS 技术还远没有实现商业化应用，其成本更高、效率更低，且 BF-BOF 工艺配合使用的二氧化碳捕获率远远低于其他方式。[2]

此处，用于制定钢铁行业基准的方法是基于一个优先级体系，其中技术是根据各自的完全脱碳潜力进行评级。模型评估的基础是对技术市场引进率的分析，并结合国家特定情形的区域预测，如废钢供应情况和电力部门的清洁能源比率等因素。考虑到钢铁行业在技术路线上的广泛选择，可以得出两点结论：其一，各国的最佳脱碳技术路线可能不同；其二，没有一种单一技术可以使钢铁行业独立实现净零排放。[3]在此基础上，基准评估框架采用了两个不同的方案，以分析不同的低碳转型路线的影响。两个方案所考虑的一个共同因素是废钢回收率，这在各国都是不同的，取决于废钢的可用性。基于能源和材料效率方面的好处，以及全面脱碳的潜力，在制定基准时，两种方案都给予了最高优先权。在使用废钢可用性评估模型（SAAM）的情况下，

---

〔1〕　方志明、李小春、王国雄：《CO$_2$ 捕集与封存技术对于钢铁行业碳减排的可行性与潜力》，载《第五届宝钢学术年会论文集》2013 年。

〔2〕　McKinsey, "Decarbonization of Industrial Sectors: The Next Frontier", https://www.mckinsey.com/~/media/mckinsey/business functions/sustainability and resource productivity/our insihts/how industry can move toward a low carbon future/decarbonization-ofindustrial-sectors-the-next-frontier.

〔3〕　刘贞等：《钢铁行业碳减排情景仿真分析及评价研究》，载《中国人口·资源与环境》2012 年第 3 期，第 5 页。

收集了对废钢可用性的区域预测，并对公布的结果进行了缩减。[1]在第一种情况下，创新低碳技术是完全可行性的，特别是以氢为基础的 DRI 工艺以及引入 CCS 技术的 DRI-smelt 工艺，两项工艺的采用将大大增加钢铁行业的电气化水平。同时，这里需要考虑的一个重要驱动因素是 BF-BOF 工艺到 2050 年被完全淘汰，导致钢铁行业不再使用任何焦炭。而在第二种情况下，BF-BOF 工艺将继续是钢铁生产技术组合的一部分，并且在 2070 年才逐步被淘汰。这是由于发展中国家中的生产大国在短期内仍然依赖 BF-BOF 工艺生产，存在着新技术导致先期资产搁浅的风险。第二种方案允许 BF-BOF 生产设施完成整个生命周期后再行淘汰，这就导致了生产工艺层面减排的空间被大幅压缩，而 CCS 技术的引入必要性大幅增加。因此，第二种方案实际上转让为 CCS 技术高应用的场景，我们假设在建造熔融还原技术的国家，到 2050 年会配备 CCS 技术设施，大多数剩余的 BF-BOF 工艺钢铁工厂和所有的 DRI-smelt 工艺钢铁厂在 2050 年都配备了 CCS 技术设施。每个国家的最终钢铁生产排放基准都在 CAT 项目模拟的两种情景范围内，最小行业排放强度假定为 2050 年所有国家实现零排放强度，最大行业排放强度则是基于一国合理的工艺替代率、能源电气化率、CCS 技术应用合理水平进行设定。

表 8-13　钢铁行业碳排放强度与下降基准

钢铁生产碳排放强度 单位：$KgCO_2$/吨钢

国家	年	最小行业排放强度	最大行业排放强度	下降率（最小排放强度）	下降率（最大排放强度）	《巴黎协定》兼容路径基准
全球	2030	1335	1350	25%	30%	25%~30%
	2050	0	130	95%	100%	95%~100%
美国	2030	930	945	20%	25%	20%~25%
	2050	0	70	95%	100%	95%~100%
欧盟	2030	680	700	45%	45%	45%
	2050	0	75	95%	100%	95%~100%

---

〔1〕 M. Xylia et al., "Weighing Regional Scrap Availability in Global Pathways for Steel Production Processes", *Energy Efficiency*, 2018, 11 (5), pp. 1135~1159.

续表

国家	年	最小行业排放强度	最大行业排放强度	下降率（最小排放强度)	下降率（最大排放强度)	《巴黎协定》兼容路径基准
巴西	2030	1305	1390	5%	10%	5%~10%
	2050	0	195	85%	100%	85%~100%
印度	2030	1280	1295	45%	45%	5%
	2050	0	155	95%	100%	5%~100%
中国	2030	1290	1335	35%	35%	5%
	2050	0	100	95%	100%	95%~100%
南非	2030	1620	1630	30%	30%	0%
	2050	0	215	90%	100%	90%~100%
印尼	2030	1585	1600	5%	5%	5%
	2050	0	190	90%	100%	90%~100%

资料来源：由作者根据 CAT 分析报告汇总。

（三）工业部门整体电气化基准

水泥和钢铁行业是整个工业部门中规模较大的碳排放密集型行业，但仅仅实现这两个行业的脱碳并不能实现工业部门整体减排，为了确保《巴黎协定》长期温控目标的实现，我们需要在工业部门整体范围内设定一个广泛的工业总电气化率基准。在评估框架建构过程中，需要部分基于"自上而下"的综合评估模型（IAMs）来推导所选国家的工业部门全行业电气化率基准。由于包括钢铁、水泥等工业部门的低碳转型难易程度不同，因此很难为所有行业设定统一的减排基准，为此通过全工业领域生产的电气化转型来实现去碳目标，其完全依靠一国发电体系非化石能源比例的提升，进而实现与电力部门基准体系的对接。与《巴黎协定》兼容的工业部门电气化基准表征为一个数值范围，反映了所选择间隔年份（2030 年、2040 年、2050 年）与《巴黎协定》温控目标兼容路径中基于 3/4 位数水平的最高水平拟合。同时，CAT 评估模型选取了斯文·特斯克（Teske）等学者提出的工业部门评估模型的区域结果。值得注意的是，没有一个国家能够在 2050 年之前实现其工业部门 100%的电气化率，这证实了不同工业部门生产行业电气化的内在困难。

表8-14 工业部门体系中的电气化率基准

电力在工业中的份额 电力在最终能源需求中的百分比

国家	年	IAMs（中位数）	IAMs（3/4位数）	ETP-B2DS 方案	Teske 1.5 摄氏度方案	《巴黎协定》兼容路径基准
全球	2030	32%	35%	22%	35%	22%~35%
	2040	47%	56%	24%	5%	45%~55%
	2050	47%	50%	25%	5%	50%~55%
美国	2030	40%	50%	19%	36%	35%~50%
	2040	52%	72%	21%	50%	50%~70%
	2050	51%	69%	23%	3%	55%~70%
欧盟	2030	49%	58%	24%	2%	40%~60%
	2040	60%	77%	24%	5%	45%~75%
	2050	61%	74%	25%	7%	45%~75%
巴西	2030	29%	37%	15%	32%	30%~35%
	2040	36%	50%	16%	1%	40%~50%
	2050	38%	52%	17%	7%	50%~60%
印度	2030	32%	39%	19%	4%	35%~40%
	2040	43%	56%	21%	0%	50%~55%
	2050	40%	47%	23%	3%	45%~55%
中国	2030	50%	57%	27%	5%	45%~55%
	2040	72%	82%	29%	6%	55%~80%
	2050	74%	83%	31%	2%	60%~85%
南非	2030	61%	68%	37%	33%	45%~60%
	2040	73%	85%	41%	4%	45%~75%
	2050	77%	87%	6%	5%	55%~75%
印尼	2030	16%	20%	–	35%	20%~35%
	2040	35%	40%	–	2%	35%~40%
	2050	25%	50%	–	0	25%~50%

资料来源：由作者根据 CAT 分析报告汇总。

四、建筑部门基准评估

在评估建筑部门温室气体排放及减缓措施方面，IPCC 第六次评估报告（AR6）与第五次评估报告（AR5）相比，在多个方面取得了进展。其一，在建筑部门的温室气体排放边界方面，第六次评估报告（AR6）既考虑了直接与间接排放，也考虑了与建筑材料使用相关的隐含排放问题，并对全球范围建筑部门碳排放的趋势和驱动因素进行了定量分析。报告显示，全球建筑领域的碳排放仍然保持增长。以 2019 年为例，全球建筑温室气体排放量为 12 吉吨二氧化碳当量（$GtCO_2eq$），相当于当年全球温室气体排放量的 21%。考虑建筑领域的隐含碳排放后，建筑温室气体排放中 57% 是供电供热产生的间接排放，24% 来自建筑直接排放，18% 来自使用水泥和钢铁等建材产生的隐含排放。[1]其二，在建筑部门减缓气候变化的措施方面，除了通过技术提升能效以及尽可能多使用可再生能源外，还强调了非技术措施的贡献问题，尤其是人的合理行为对于建筑运行能耗和排放的显著影响。IPCC 第六次评估报告第三工作组报告（IPCC-AR6-WGⅢ）首次提出了"SER 分析框架"，SER 分别代表了三个英文单词的首字母，即①合理适度需求（Sufficiency），指避免建筑物和建筑中各项物品在生命周期中对能源和材料的过量、不合理的需求；②效率（Efficiency），指提高能源、资源的使用效率，在同样的需求下降低对能源资源的消耗；③可再生能源（Renewable），指尽量多地利用低碳或可再生能源，满足建筑所需的各项能源需求，降低建筑使用的能源、资源的碳强度。总体来说，"SER 框架"基本原则是在不降低使用者舒适度的前提下，尽量降低建筑建造和运行过程中能源和资源消耗的绝对量。

（一）与《巴黎协定》兼容的建筑部门基准界定

建筑部门与《巴黎协定》温控目标相兼容的基准可以包括四个方面的内容，这里评估框架的建构仍然以技术层面建筑部门减缓气候变化措施为核心，建立"自下而上"的建筑部门评估模型。需要分析的指标包括了建筑部门整体碳排放强度（$kgCO_2/m^2$）下降基准、建筑能效（Kwh/m^2）下降基准、建筑翻新率（每年翻新存量百分比）基准、新建筑占比（新建筑中零排放建筑

---

[1] 白泉、胡姗、谷立静：《对 IPCC AR6 报告建筑章节的介绍和解读》，载《气候变化研究进展》2022 年第 5 期，第 557~566 页。

的百分比）基准。这些指标包括了建筑部门所有能源需求活动，但不包括与建筑建造相关的能源使用的隐含碳排放问题，这部分排放由水泥和钢铁行业基准进行涵盖。因此，评估框架中涉及建筑部门的能源活动包括了制冷、供热（供暖和水加热）、照明、电器使用与烹饪用能等。在许多国家，建筑物室内供暖和制冷在能源需求排放中占据了主导地位，这里所说的建筑物包括了住宅和商业（或服务）建筑范畴。

从技术层面的减缓措施来看，建筑部门的排放可以通过减少建筑内能源需求和降低能源使用排放强度来解决。一方面，能源需求的减少可以通过提高电器效率（如炊具、电气设备、照明），或通过改善建筑结构来减少建筑物供暖和制冷需求。另一方面，建筑碳排放强度的降低可以通过供热（水加热）、制冷和烹饪的电气化来减少，电气化水平的提升同样需要依靠电力部门排放强度的降低。当然，这里能源供应的完全电气化并非实现零碳的必要条件，因为在许多地方也存在一些建筑物零排放能源的良好选择，包括太阳能加热或地热加热等途径。这些干预措施大多数需要在个人家庭层面采取行动。而建筑结构的改善则需要通过高标准的新建建筑物来提升，但同时也需要对现有建筑进行深度翻新改造。深度改造可以在保持热舒适度的同时，实现供暖和制冷的总能源需求的大幅减少。同样，向零排放技术的转变也需要更换个别建筑中的现有设备。围绕欧盟国家采用的 CLIMACT 模型评估分析，[1] 到 2030 年以至少 3% 的翻新率和 75% 的平均能源效率改进，才能帮助欧盟实现 2050 年净零排放目标的选择。为此，欧盟根据该模型预测出台了欧盟理事会/欧洲议会第 2018/844 号建筑能效指令，要求欧盟成员通过国内立法的方式，贯彻每年翻新 3% 的公共机构建筑，并从 2020 年起推进所有新建筑接近零能耗的要求。[2] 一些美国学者在研究中也指出，如果通过建筑结构的改进、建筑控制和热泵的安装可以为美国的建筑部门提供最大减排空间，到 2050 年实现 72%~78% 的部门减排。[3] 国际能源署（IEA）则对全球所有国家的建筑部

〔1〕　Q. Jossen et al., "The Key Role of Energy Renovation in the Net-Zero GHG Emission Challenge: Eurima's Contribution to the EU 2050 Strategy Consultation", https://stakeholder. netzero2050. eu.

〔2〕　European Parliament and the Council of the European Union (2018), Directive (EU) 2018/844 of the European Parliament and of the Council of 30 May 2018 Amending Directive 2010/31/EU on the Energy Performance of Buildings and Directive 2012/27/EU on Energy Efficiency.

〔3〕　J. Langevin, C. B. Harris & J. L. Reyna, "Assessing the Potential to Reduce U. S. Building CO2 Emissions 80% by 2050", *Joule*, 2019, 3 (10), pp. 2403~2424.

门进行了更广泛和全面的考察。在其"快速转型情景"预测中,建筑的电气化水平将增加到 53%,新燃煤和燃油锅炉在 2030 年前被淘汰,建筑物的总排放量在 2050 年减少到 $1.2GtCO_2$/年,但仍有 12% 的化石燃料能源供应给建筑物。由于大多数国家的建筑都有很长的使用寿命,尽早引入下降基准与低碳技术对于避免高碳、高能耗锁定的建筑基础设施而言至关重要。

欧盟气候行动追踪项目(CAT)所建立的建筑部门评估工具对 6 个典型国家(集团)的建筑部门减排路径进行评估,为了确保产生的建筑部门基准与《巴黎协定》1.5 摄氏度温控目标相兼容,需要将部门模拟结果与 1.5 摄氏度目标兼容的全球情景和排放路径进行比较。现有的综合评估模型(IAMs)结果并不包括建筑部门的直接和间接排放。然而,通过将建筑指标与 1.5 摄氏度兼容且满足可持续性标准情景中建筑部门的直接排放进行比较,我们发现,建筑物减排需要深入和迅速,到 2030 年要有大幅度的减少,到 2040 年几乎完全脱碳。使用所有情景的平均值,相对于 2020 年,该部门的总减排量到 2030 年应至少为45%,到 2040 年为 65%,到 2050 年为 75%。间接排放应该减少得更快,因为电力部门的基准导致比在综合评估模型(IAMs)情景中直接排放减少更快。CAT模型的总排放量的减少在不同国家和不同情景下有所不同,2030 年为 10%~60%,2040 年为 70%~95%,2050 年为 85%~100%。根据综合评估模型(IAMs)情景预测,假设完全脱碳的电网所产生的间接排放为零,到 2050 年建筑部门绝对总排放量应低于 2 吉吨二氧化碳当量($GtCO_2eq$)。

(二)建筑物碳排放强度下降基准

利用现有技术到 2050 年完全消除建筑排放是可能实现的。要做到这一点,需要大量投资于可再生能源或零碳电力供能的供暖和制冷设备,并改进建筑结构。因此,这里的碳排放强度下降基准可在 2050 年达到所有国家的接近零排放强度。各国减排速度的差异与国家内部的建筑部门实际情况密切相关。例如,巴西碳排放强度指标要求住宅排放下降率较低,因为与其他被评估的国家相比,其排放强度已经很低了。为了符合《巴黎协定》温控目标,需要在 2030 年之前实现建筑部门碳排放强度的大幅降低,不应推迟到 2040年或 2050 年。在所评估的国家中,到 2030 年,住宅部门的排放强度需要减少 45%~65%,商业部门需要减少 65%~75%。要做到这一点,需要立即采取行动,提高能效并进行旧建筑的深度改造,同时对新建筑实施更高水平的绿色建筑标准。

表 8-15　建筑碳排放强度下降基准

建筑物排放强度公斤单位：二氧化碳/平方米（$kgCO_2/m^2$）

国家	年份	住宅楼	商业建筑
		《巴黎协定》兼容路径基准	
美国	2030	65%	75%
	2040	90%	95%
	2050	100%	100%
欧盟	2030	60%	75%
	2040	95%	95%
	2050	100%	100%
巴西	2030	50%	75%
	2040	80%	95%
	2050	95%~100%	100%
印度	2030	45%~55%	70%
	2040	90%	95%
	2050	95%~100%	100%
中国	2030	60%	65%
	2040	90%	90%
	2050	100%	100%
南非	2030	50%	70%
	2040	90%	95%
	2050	100%	100%
全球	2030	—	—
	2040	90%	90%~95%
	2050	95%~100%	100%

资料来源：由作者根据 CAT 分析报告汇总。

（三）建筑物能耗基准

各国建筑物能耗指标包括了所有楼宇终端服务、空间加热、空间制冷、加热水、照明、烹饪和电器使用的能源需求。通过改善建筑结构或安装高能效的供热与制冷技术，空间加热和制冷的能源需求可以大幅下降。采用国际能源署的 ETW-B2DS 方案，2030 年建筑照明领域几乎完全转向高效的 LED 灯光使用，促进所有国家的建筑物照明能源需求大幅下降。此外，根据"SER 分析框架"，非技术措施的贡献，尤其是人的合理行为对于建筑能耗下降将产生显著影响，包括了节约用电、合理制冷或供热、使用高能效电器等行为所带来的减排效应。当然，这里需要注意的是，各国所处的气候带对能源需求的影响很大。例如，巴西的采暖度日数很低，制冷度日数适中，欧盟的采暖需求非常高，美国和中国的气候相似，对供暖和制冷的需求适中，印度的供暖需求很低，但对供暖的潜在需求很高。因此，建立全球统一的能耗下降基准也面临着很大挑战，各国需要结合自己的情况因地制宜。

表 8-16　建筑能耗下降基准

建筑物能源强度单位：千瓦时/平方米

国家	年份	住宅楼	商业建筑
		《巴黎协定》兼容路径基准	
美国	2030	25%~30%	20%~25%
	2040	40%~50%	30%~40%
	2050	45%~60%	40%~50%
欧盟	2030	30%	20%~25%
	2040	50%~55%	35%~45%
	2050	50%~60%	40%~50%
巴西	2030	20%	10%~15%
	2040	20%	15%~25%
	2050	20%~30%	15%~30%
印度	2030	20%~25%	10%~15%
	2040	35%~40%	20%~25%
	2050	40%~45%	25%~35%

续表

国家	年份	住宅楼	商业建筑
		《巴黎协定》兼容路径基准	
中国	2030	20%	10%~15%
	2040	35%~40%	25%~30%
	2050	45%~50%	35%~45%
南非	2030	25%	25%~30%
	2040	35%~40%	35%~40%
	2050	45%	45%~50%

资料来源：由作者根据 CAT 分析报告汇总。

（四）建筑物翻新率基准

翻新涉及对现有建筑结构的升级，以及对供热和制冷技术的改进等。美国和欧盟预计将比其他被评估的国家更早达到最高翻新率，因为预计 2050 年存在的大部分建筑已经建成。欧盟和美国不能依靠新建筑来提高平均能源和排放性能，还需要优先改善现有建筑。翻新率基准只设定在 2030 年和 2040 年，因为翻新工作应在 2050 年前完成。然而，如果未来十年建造的建筑没有足够高的标准，继续翻新可以帮助在 21 世纪后半叶最大限度地减少建筑部门能源使用和排放。

表 8-17　商业与住宅建筑翻修率基准

建筑物翻新率：每年翻新的建筑物的百分比

国家	年份	《巴黎协定》兼容路径基准
全球	2030	2.5%~3.5%
	2040	3.5%
美国	2030	3.5%
	2040	3.5%
欧盟	2030	3.5%
	2040	3.5%

国家	年份	《巴黎协定》兼容路径基准
巴西	2030	2.5%
	2040	3.5%
印度	2030	2.5%
	2040	3.5%
中国	2030	2.5%
	2040	3.5%
南非	2030	2.5%
	2040	3.5%

资料来源：由作者根据 CAT 分析报告汇总。

（五）新建筑标准

为了达到与《巴黎协定》温控目标路径兼容的部门能耗与碳排放强度基准，新盖建筑需要在建筑结构与能源供应方面完全遵循高标准进行建造。具体来说，所有的能源需求终端使用必须是零排放能源（太阳能、风能、地热能）或电力供能。结合电力部门的去碳化路径，到 2050 年电力适用的碳排放强度可以达到零水平。为了保持较低的建筑能源需求，并减少电力总需求，需要有较高的建筑热性能标准。具体的标准取决于当地的气候，对于气候比较极端的地区来说更为重要。解决建筑物内的能源使用问题可以最大限度地减少排放和总能源需求。所有新安装的住宅和商业建筑照明都应该是 LED 灯。在可能的情况下，炉灶的电气化可以实现高效、低碳的烹饪，所有新电器都应达到高能效标准。总之，新建筑标准应当是 100%零排放建筑，其定义为在电力部门去碳化的同时，已经或可以完全去碳化的建筑部门类型。

第三节　与《巴黎协定》相兼容部门基准评估工具的总体评价

国家自主贡献（NDCs）作为《巴黎协定》的核心制度，实现温控目标成功与否首先取决于各国是否在各自的国家自主贡献（NDCs）中提交了足以兼容 2 摄氏度甚至是 1.5 摄氏度的减排方案。为此，国际权威部门与学术界开展了广泛的国家自主贡献（NDCs）充分性评估。根据《巴黎协定》的制度安排，2023 年《公约》缔约方大会启动了第一次全球盘点，首轮国家自主贡献（NDCs）与实现《巴黎协定》温控目标的差距也将被找出并形成促进各个缔约方提高国家自主贡献（NDCs）的重要促进因素。现有多项评估方案认为，首轮国家自主贡献（NDCs）以及首轮更新贡献的内容与《巴黎协定》2 摄氏度与 1.5 摄氏度目标差距明显。

根据 2022 年 10 月联合国环境规划署（UNEP）发布的《正在关闭的窗口，气候危机需要国际社会快速行动——排放差距报告 2022》作出的评估预测：①与缔约方大会第二十六次会议（COP26）时基于减缓承诺的排放预测相比，各国自缔约方大会第二十六次会议（COP26）以来提交的新版和更新版国家自主贡献（NDCs），仅将 2030 年预计的全球温室气体排放量减少了 5 亿吨二氧化碳当量。②各国甚至在实现全球雄心严重不足的国家自主贡献（NDCs）方面都偏离了正轨。根据目前的政策，2030 年的全球温室气体排放量估计为 580 亿吨二氧化碳当量。2030 年，这一数字与无条件的国家自主贡献（NDCs）之间的实施差距约为 30 亿吨二氧化碳当量，与有条件的国家自主贡献（NDCs）之间的实施差距约为 60 亿吨二氧化碳当量。③2030 年，与 2 摄氏度路径每年的排放差距为 150 亿吨二氧化碳当量，与 1.5 摄氏度路径每年的排放差距为 230 亿吨二氧化碳当量。这还是假设无条件的国家自主贡献（NDCs）得到全面实施，并且有 66% 的概率控制在声明的升温限制以内的结果。此外，如果有条件的国家自主贡献（NDCs）得到全面实施，则以上每个差距都将缩小约 30 亿吨二氧化碳当量。④按照目前的政策，如果不采取额外的行动，预计 21 世纪全球变暖将达到 2.8 摄氏度。如果无条件和有条件的国家自主贡献（NDCs）情景得以实施，气温升幅将分别降低到 2.6 摄氏度和 2.4 摄氏度。⑤为了走上将全球变暖控制在 1.5 摄氏度以内的正轨，全球每年的温室气体排放量必须在短短 8 年内比目前实行政策下的排放量预测减少 45%，而且必须在 2030 年后继续快速下降，以避免耗尽有限的剩余大气碳预算。[1] 值得注意的是，包括联合国环境规划署（UNEP）在内的权威机构所出台的充分性评估报告更多关注的是国家自主贡献（NDCs）总体与《巴黎协定》温控

---

〔1〕 UNEP, "The Closing Window Climate Crisis Calls for Rapid Transformation of Societies Emissions Gap Report 2022", *United Nations Environmental Programme Assessment Report*, 2022.

目标是否兼容，为了避免影响政治互信和国际气候合作基础，鲜有针对具体缔约方国家自主贡献（NDCs）与《巴黎协定》兼容性的分析。来自不同国家的研究机构与学者由于采用了不同的评估框架，并以自己国家的立场和偏好为出发点，对于各国的国家自主贡献（NDCs）充分性评估得出了各自不同的结果。这种方法不同所带来的政治上的分歧，也导致了各国很难在国别排放路径充分性评估中达成一致，也就很难在未来的气候谈判中达成关于国家自主贡献（NDCs）充分性评估的通用规则或框架标准，这也是IPCC第六次评估报告（AR6）回避国别评估的重要动因。在如何实现国家自主贡献（NDCs）充分与《巴黎协定》温控目标兼容的问题上，各国更应本着相互理解和包容的态度去推进全球气候治理与合作进程，这也为"自下而上"基于部门的排放预测研究提供了广泛空间。

基于部门基准的评估预测研究将成为一种更加主流的趋势。虽然国家总排放水平是衡量其在全球范围内实现《巴黎协定》温控目标的有用工具，但每个国家都须根据每个部门不同的基准管理好特定部门的排放。政府制定部门基准应该是多少？各部门能否达到全球碳预算水平？这里，欧盟气候行动追踪项目（CAT）经定义并分析了一系列全球范围内与《巴黎协定》兼容的基准，涉及四个主要部门：电力、交通、工业和建筑。在每个部门中，为几个独立但互补的指标定义了基准，还深入分析了7个国家（地区）在这些领域的基准，包含巴西、中国、欧盟、印度、印度尼西亚、南非和美国，并考虑了每个国家（地区）当前的技术和基础设施情况，制定了2030年至2050年下降基准参考，根据不同的方法和指标，增加了时间上的考量因素。一些已有的结论值得我们关注，并可以吸收其中可行的因素形成我国的应对方案。

第一，在碳中和路线图的勾画上，评估方案是以2050年前实现脱碳作为"自上而下"的路线依据，其认为《巴黎协定》要求全球在2050年前实现脱碳，平均而言，尽管速度略有不同，但所有部门都需要在这个时间框架内实现脱碳。中国、印度、印度尼西亚等发展中大国的既定目标存在一定的不同，包括中国设定2060年碳中和目标、印度的2070年目标等，考虑到累积排放、经济、技术、能力建设等方面的差距，欧盟与美国等发达经济体更应率先实现承诺的2050年前碳中和目标，并加速自身所有部门的快速去碳化，分享部门减排技术和经验。

第二，在不同国家适用部门基准的问题上，评估方案认为两类国家应缩小差异，在时间上虽然都是从不同的基础开始，各国和各部门的基准不同，但各国政府最终都必须在所有部门追求共同选择，需要国家间的相互支持。这里刻意强调了共同责任，要求发展中国家实现与发达国家相同的部门减排基准和路径，缩小差距的同时意味着发达国家应做好表率，并在部门减排层面给予发展中国家必要的资金、技术和能力建设援助，以此促进后发国家的部门基准追赶上先进国家，同时国际社会应考虑到发展中国家在短时间内实现低碳转型的挑战，给予其更充分的转型过渡期。

第三，在部门基准推进的时间表设定上，评估方案认为，建立各个时间段主要排放部门的基准，有助于评估进展。这一点是值得肯定的，各国的政策制定者可以这些基准作为参考来评估与《巴黎协定》温控目标兼容的干预措施是否充分。此基准为需要发生变化的规模、地点和时间提供了一定的指导，使各国政府可以通过不同的去碳化战略来实现目标。评估方案强调了2030年前的进展很重要，仅在21世纪中叶实现脱碳是不够的。为了保持碳预算的可及性，必须在2030年前加快进展。这一点与我国的碳达峰目标也是契合的，为了实现经济增长与碳排放脱钩，我国需要在2020—2030年的10年期内，针对几乎所有排放部门出台的减排政策，在形成服务"双碳"目标的"1+N"政策体系与《2030年碳达峰实施方案》的基础上，通过参考评估方案形成的国际平均水平部门基准，为制定我国的高排放部门去碳化路径提供参考。

第四，在各个部门减排平衡推进问题上，评估方案认为，电力部门相对先进，全球范围内电力部门在去碳化方面已经取得了相当大的进展，应该继续成为政府的优先事项，特别是避免出现与《巴黎协定》不相容的新基础设施，如继续新建燃煤电厂。而在工业、交通、建筑领域则需要大幅推进，其发展速度还没有达到必要的程度，必须大力加强改进以达到2030年基准。这一点也是值得认可的，在包括我国在内的发展中国家，能源部门排放占据了温室气体排放的绝大部分。基于此，为实现碳达峰碳中和目标，必须率先实现能源领域的低碳转型，只有电力清洁生产水平提高，才能有效提升工业、交通、建筑等部门的电气化水平，实现经济体系的综合减排。

小　结

本书第五章至第八章的内容是围绕《巴黎协定》国家自主贡献遵约评估

的核心章节，包括四个方面的评估方案评价。第五章的国家自主贡献（NDCs）实施可信度评估框架，包括了与自主贡献自身直接相关的应对气候变化立法和政策基础，透明、包容和有效的决策过程，公共机构与私人机构参与，国家参与国际合作与公众舆论，以及过往气候变化承诺的逆转记录、政党与国家领导人的作用、地方实体的参与等核心要素，作为补充创设了国内目标与国家自主贡献（NDCs）连续性评估和典型国家的比较评估分析。第六章的评估方案基于《巴黎协定》国家自主贡献（NDCs）的遵约主体功能与程序问题展开，围绕遵约委员会的功能定位在于政治协商而非争端解决，便利履行职能与促进遵守的职能差别在于程序启动并未体现出不同国家的差异性，以及委员会所能采取的措施对缔约国的效力侧重于促进遵守而淡化了对非遵守情况的处理，建议借鉴国际环境条约中较成熟的非遵守情势程序来强化《巴黎协定》强制性义务的履行。第七章定位于碳市场网络（NCM）与《巴黎协定》的兼容性评估。评估方案假定碳单位的三个维度价值，即减缓价值（MV）、遵约价值（CV）和财务价值（FV），提出了《巴黎协定》国家自主贡献（NDCs）的灵活履约与碳市场网络（NCM）建设相衔接的可行方案。第八章定位于与《巴黎协定》目标相兼容的部门基准评估工具评析，分析了一系列全球范围内与《巴黎协定》相兼容的部门基准，涉及电力、交通、工业和建筑四个关键部门，并深入分析了典型国家的部门排放水平，考虑了每个国家（集团）当前的技术和基础设施情况，提出了关键年份的基准水平参考。

　　本部分的评估章节承接本书前文的国家自主贡献（NDCs）、遵约及其相关制度问题分析，相关评估结论对于本书后文的完善建议具有重要的启示性价值。在中国参与国际气候治理层面，其可信度评估中的国家参与国际合作与公众舆论，以及过往气候变化承诺的逆转记录、政党与国家领导人的作用，与中国参与国际气候谈判以及履行国际法律义务的整体战略布局关系密切。《巴黎协定》的便利履行与促进遵守有效实施评估，对中国参与《巴黎协定》遵约制度体系引入建设非遵守情势程序提供了可借鉴价值。碳市场网络与《巴黎协定》评估方案，为中国参与《巴黎协定》下的碳市场体系建设提供了重要参考。在中国完善国内履行国家自主贡献（NDCs）承诺方面，结合可信度评估中应对气候变化立法基础、领导人与政党的作用、公私机构的参与等评估因素的考量，与《巴黎协定》相兼容的部门基准评估的结论，尤其是碳捕获、利用与封存为代表等技术因素在能源、工业、交通和建筑等关键性行业完成低碳转型的作用认识，以及评估过程中对他国有益实施经验的借鉴，评估成果为国家决策者在国内层面实施《巴黎协定》国家自主贡献（NDCs）的建议形成提供了重要支持。

第九章

中国参与《巴黎协定》规则谈判与履行义务的建议

第一节　中国参与国际应对气候变化进程的总体战略

在巴黎气候大会开幕式上，中国国家主席习近平发表了题为"携手构建合作共赢、公平合理的气候变化治理机制"的重要讲话。习近平主席指出："对气候变化等全球性问题，如果抱着功利主义的思维，希望多占点便宜、少承担点责任，最终将是损人不利己。巴黎大会应该摒弃零和博弈的狭隘思维，推动各国尤其是发达国家多一点共享、多一点担当，实现互惠共赢。"[1]从巴黎气候大会促成《巴黎协定》的缔结，到6年后格拉斯哥气候大会决议基本完成巴黎规则手册（Paris Rulebook）的谈判，全球应对气候变化国际合作仍在艰难前行。应对气候变化的最根本途径并非依靠科学技术的不断革新，而是对气候变化问题及其治理路径进行深刻的道德反思。只有从价值判断和行为方式上改造人类自身的道德体系，才能更好地恢复失律的地球气候环境，让人类更好地与自然相处。[2]实现气候正义需要各国参与，作为一个负责任的大国，中国不仅要在国内进行气候正义实践，更要在国际场合为全球气候正义发出中国声音。中国应对气候变化战略必须有自己的道德立场、谈判宗旨与技术策略：一方面，应积极维护发展中国家的利益；另一方面，也要维护我国负责任的大国形象。

---

〔1〕《习近平在气候变化巴黎大会开幕式上的讲话（全文）》，载 http://www.xinhuanet.com/world/2015-12/01/c_1117309642.htm.，2022 年 11 月 12 日访问。

〔2〕史军：《自然与道德：气候变化的伦理追问》，科学出版社 2014 年版，第 3 页。

一、以"两个共同体"思想凝聚全球气候正义基本共识作为国家立场

习近平主席提出的"人与自然生命共同体"与"人类命运共同体"思想共同构成了气候正义基本共识的两大支柱。"人与自然生命共同体"思想深刻地指出了人与自然不可分割的事实，"人类必须尊重自然、顺应自然、保护自然"，作为自然的一分子，具有保护自然的理性与德性。任何否定和漠视气候变化自然灾难的行为都是在否定和漠视人类自身的生命价值，从道德上讲都是非正义的。"人与自然生命共同体"思想从根本上阐释了人类与地球环境的一体性现实，气候变化是全球性挑战，任何延迟应对气候变化行动所带来的自然报复，是任何一个国家无法逃避的。而正如《减缓气候变化全球义务奥斯陆原则》所指出的那样，人类所具有的独一无二的地位和能力，作为地球的守护者与受托人，具有维护我们的行星边界、保护和维持地球生物圈和生物多样性的职责。[1]在应对气候变化和保护地球生态整体性的问题上，不同国家具有超越国界进行合作的主体义务。

与此相对应，"人类命运共同体"思想旗帜鲜明地将扩大各国的利益交汇点作为推动形成人类命运共同体与利益共同体的重要路径。在探索全球气候正义的大背景下，该思想一方面强调了全球气候变化与全球人类命运不可割舍的关系，另一方面体现出了中国思路对全球气候治理政治进程不确定性的超越意识。[2]因为人类命运本身构成了人类命运无可争议的最大利益诉求，任何应对气候变化消极和倒退的口号与行动都应被视为气候非正义因素而受到全球共同抵制与谴责。"人类命运共同体"思想推动各国从人类共同命运与利益出发看待问题，为全球推进气候治理增添默契，更好地缓和不同阵营国家矛盾与利益冲突，从而为建设强有力的国际环境治理机构提供强大的内生动力。

二、以创新气候正义理论体系获取国际气候治理话语权为谈判宗旨

长久以来，美国与欧盟等发达经济体凭借强大的资金技术优势，始终把

---

〔1〕彭永捷：《让中国智慧为应对气候变化提供新思路——兼评"奥斯陆原则"》，载《探索与争鸣》2015年第10期，第4页。

〔2〕张肖阳：《后〈巴黎协定〉时代气候正义基本共识的达成》，载《中国人民大学学报》2018年第6期，第90~100页。

控着全球气候谈判的话语权。欧盟要争当全球气候治理话语权的"领导者"，美国在反复失信于天下后要收复话语权失地，而我国作为新兴发展中大国，参与国际气候谈判的基本定位也是要成为全球气候治理的贡献者、参与者与引领者。话语权的获得，对于抢占全球气候治理的"道德高地"而言至关重要，而提出获得国际社会广泛认可的气候正义理论体系则成了获得话语优势的基础。

《巴黎协定》的生效开启了全球应对气候变化进程的新篇章，但协定的达成是全球各个阵营利益妥协的产物，从《京都议定书》的单独履约到《巴黎协定》的全球参与，国际规则与标准形成从某种意义上仍然是发达国家所谓气候正义话语权所主导的结果。《巴黎协定》"自下而上"的治理模式是否可以实现全球气候正义仍然是悬而未决的问题。一方面，国家自主贡献（NDCs）模式由所有国家自己提出努力目标，是否能够根据发达国家的历史责任与不同国家的能力与现实排放水平，真实反映未来碳排放空间的分配正义具有极大的不确定性。另一方面，《巴黎协定》仅依靠强化透明度框架与全球盘点来倒逼各国提高自主贡献目标水平，而弱化了便利履行与促进遵守的国际遵约制度，不能督导各国履行应对气候变化义务，尤其是发达国家履行资金、技术和能力建设的援助义务，从某种意义上是矫正正义的缺失。同时，我们也要警惕发达国家利用其气候谈判的话语权，推进《巴黎协定》不断提升所谓努力雄心水平的棘轮机制实施规则来绑架我国进行不切实际的更新承诺，同时淡化这些国家自身所要承诺的资金、技术转让等支助义务。

为此，在指导未来全球气候变化谈判和国际规则完善的方向上，我国所创新的气候正义理论体系应当是有利于实现气候正义原则的价值平衡与排序的，有利于贯彻历史责任与能力实现代际公平与国际公正的，有利于实现各国气候责任的分配正义和矫正正义的，有利于全球应对进程效率与公平兼顾的。这就需要我国大力发展气候变化领域的人文社会科学研究，提出创新性和有影响力的气候正义学术概念与话语，同时要善于挖掘中国传统文化中的生态智慧理念，结合已有的西方气候正义理论辨析，形成自身的话语优势。

三、以坚持气候正义实践的双轨路线作为技术策略

在国际应对气候变化谈判中，我国应保持与发达国家接触互鉴、与发展中国家沟通互助的气候正义实践思路。与发展中国家的合作策略建立在充分

沟通与有效帮助的基础之上。在沟通层面，我国在历史责任与能力问题上应坚定发展中国家立场，坚持维护发展中国家的利益。对于发达国家、发展中国家两大阵营在气候治理上的分歧，我们不仅要关注发展中国家整体的发展权利，还要重点关注那些最不发达国家的利益，团结发展中国家中最不发达以及气候脆弱发展中国家的力量，使得表征为碳排放空间的气候资源分配符合各国能力水平及发展程度，最终实现符合最广泛发展中国家利益的气候分配正义的实施标准。[1]在互助层面，我国最能深刻体会到广大发展中国家在应对气候变化与实现国内脱贫攻坚的两难抉择，因此应当以示范引领与能力支持相结合的方式，实现与发展中国家伙伴的互助合作。随着我国"双碳"目标的提出以及实现节点的迫近，国内的碳减排与发展转型压力不断增大，作为主要任务仍是发展经济民生的发展中大国，我国仍须严格遵守《巴黎协定》各项义务，切实履行国家自主贡献（NDCs）承诺。2022年11月，我国率先向《公约》秘书处提交了《中国落实国家自主贡献目标进展报告（2022）》，[2]其中包括了国内已经取得的减缓和适应气候变化的成效，为广大发展中国家作出了表率。同时，我国应在力所能及的范围内，为其他发展中国家，尤其是气候脆弱国家和最不发达国家提供相关支助。例如，我国主动提出设立的"气候变化南南合作基金"，表明了我国愿意在落实本国减排努力的同时，帮助其他发展中国家提升能力。

面对发达国家阵营，我国的技术策略应当是既团结又斗争。在对话层面，应当坚持气候正义的生态整体性原则，看到气候变化是全球性环境问题，气候变化灾害也将可能发展成全球性劫难，任何对抗都无益于气候问题的解决，因此我国应与美国、欧盟等发达经济体开展深度对话，建立有效的意见交换与沟通机制，及时表达各自的利益诉求。围绕建立联合国主导下的国际气候治理体制与规则体系开展坦诚合作，包括建立具有一定管理功能的世界环境组织（WEO），并由其监督国际气候变化制度的实施，进一步强化《巴黎协定》项下国家自主贡献（NDCs）模式的履行效果，通过全球盘点与遵约制度的有效衔接实现气候矫正正义。此外，对于西方国家广泛推崇的符合国际帕

---

〔1〕 肖兰兰：《碳中和背景下的全球气候治理：中国推动构建人类命运共同体的生态路径》，载《福建师范大学学报（哲学社会科学版）》2022年第2期，第33~42、169~170页。

〔2〕 生态环境部：《中方提交〈中国落实国家自主贡献目标进展报告（2022）〉》，载中国政府网：http://www.gov.cn/xinwen/2022-11/12/content_ 5726372.htm.，2022年11月15日访问。

累托主义的碳定价机制，我国可以借鉴并加以运用，应当以《巴黎协定》下国际市场合作机制实施细则的初步共识为契机，推进与发达国家集团的碳定价合作，让全球低碳转型和过渡取得更佳效率与效果。在斗争层面，我国应当针锋相对地反击西方国家所渲染的"中国环境威胁论"或"中国责任论"等要求中国承担不切实际减排义务的对抗行为。对此，我国应当旗帜鲜明地表明自己的主张，在责任划分上指出发达国家集团的消费型转移排放、人均高排放与历史排放，而非我国的现实排放与生产型排放，才是全球气候变化的症结所在。这就需要我国不断改进气候斗争手段与传播方式，不仅仅是在谈判桌更要在媒体互联网等其他场合，驳斥西方的负面宣传丑化与无端指责，积极宣传中国开展国内"双碳"实践的法律、政策与治理效果，为树立我国在应对气候变化领域负责任的大国形象提供助力。

第二节　中国参与《巴黎协定》国家自主贡献谈判与履约的建议

一、建立国家自主贡献全面力度观

联合国气候变化格拉斯哥大会已经在 2021 年底顺利举办，尽管各个缔约方受到疫情的影响经济水平有不同程度的下降，但在全球气候治理领域各方对于"提高力度"的关注度和决心并没有改变。在美欧的主导下，在 COP26 之后由各缔约方通过重大气候双边、多边活动不断推动全球聚焦各国 2030 年减排目标。我国作为最大的发展中国家，应增强与其他各缔约方、非政府组织（NGO）之间的对话，呼吁各方全面平衡关注减缓目标、实施和支助措施的力度。2021—2025 年是《巴黎协定》所确立的国家自主贡献（NDCs）正式开始实施的第一阶段，全球气候多边进程聚焦于《巴黎协定》的落实。实现《公约》和《巴黎协定》所需的力度不仅包括目标力度，还包括行动实施的力度和支助保障的力度，尤其是为发展中国家提供资金、技术和能力建设支持保障的力度。因此，我国应从政治、科学、舆论等多个方面向外传导我国支持"三个力度"平衡并进的观点，扭转多边进程片面推崇提高目标数字的力度观。

从各国提交的报告中可以看出，各国提交的更新国家自主贡献（NDCs），更新模式多种多样。《巴黎协定》作为全球气候治理所取得的重要成果，需要各方的共同努力，不仅包括履行《巴黎协定》所规定的义务，也包括始终践行《巴黎协定》独特的"自下而上"履约精神，这是确保各方积极参与和《巴黎协定》全面、持续、有效实施的关键。在尊重和保护"各国根据本国实际国情、由国家自主决定"这一大前提下，支持各方以不同的模式更新其国家自主贡献（NDCs）。而不应仅仅倡导甚至约束各方以"提高减缓目标数字"为唯一更新方式。在未来各国落实《巴黎协定》的过程中，还可能产生更多类型的更新方案，我国应加强与各方的对话沟通，增进彼此的理解和信任，为更好地推动落实《巴黎协定》创造积极氛围。

二、积极适用导则筹备第二轮国家自主贡献（NDCs）方案

根据《巴黎协定》缔约方会议（CMA）的决定，我国将面临与国家自主贡献（NDCs）相关的两项重要任务。一是全面评估 2021 年首轮更新国家自主贡献（NDCs）内容形式及其实施进展；二是为 2025 年前提交我国第二轮国家自主贡献（NDCs）进行必要准备。对照巴黎规则手册所确定的国家自主贡献（NDCs）的信息与核算导则，要求报告范围更广、信息采用更为量化和具体的形式。在已经两次提交首轮自主贡献的基础上，若我国考虑主动适用导则的要求，还需要进一步按照导则要求完善有关内容，特别是要对标导则中的参考点信息、时间框架、信息范围、规划过程、假设和方法学，以及公平和力度方面等内容要素，提高信息的完整性和透明度。

（一）关于导则参考点适用的分析建议

我国提交的 2015 年第一轮与 2021 年更新国家自主贡献（NDCs）均提出了碳排放强度下降目标、非化石能源占比目标、二氧化碳排放达峰目标，以及森林蓄积量化目标，2021 年还额外增加了可再生能源装机容量目标。而且，更新文件在数值上体现了"力度"的提升，碳排放强度下降目标由 60%~65% 提升至 65% 以上，非化石能源占比目标由 20% 提升至 25%，峰值目标由 2030 年左右提前至 2030 年之前，森林蓄积量目标由 45 亿立方米增至 60 亿立方米。两次目标描述均符合参考点要求的目标描述有参考年份（2005 年）和下降百分数，但在基准年的量化信息上，并没有给出 2005 年对应的单位 GDP 碳排放强度值、非化石能源量和森林蓄积量。因此，是否符合参考点要求的"信息是提供对基准年的相关描述"尚存在争议。关于参考点要求中的数据来源与何种情况更新基准年信息的问题，我国两次自主贡献并未提供相关内容，有

必要为在后续国家自主贡献（NDCs）中通报这两方面的信息做好相应准备。

（二）关于时间框架适用的分析建议

我国于 2015 年首次提交的国家自主贡献（NDCs）并未写明起始年，目标年的表述既存在碳排放强度下降目标中的"到 2030 年"，也存在峰值目标中的"2030 年左右"。2021 年更新的目标针对峰值目标采取了"努力在 2030 年前达峰"的表述，强度目标仍然保留了"到 2030 年"的表述，这仍然是有待澄清的信息。按照信息导则关于共同时间框架的要求，国家自主贡献（NDCs）时间框架信息应包括自主贡献实施的起始年和终止年，并明确其国家自主贡献（NDCs）目标是单年目标还是多年目标。对标这一点，我国还需要在第二轮国家自主贡献（NDCs）通报中明确时间端点与目标的单年或多年目标的描述。

（三）关于信息范围适用的分析建议

我国于 2015 年提交的首轮国家自主贡献（NDCs）涉及了信息概括性描述，以及排放源与吸收汇所涉及类型，且目标描述仅提及了气体种类为二氧化碳，缺乏该气体排放所涉部门的信息。在 2021 年更新的国家自主贡献（NDCs）中，在成效部分以及未来努力领域部分，较详细列举了能源、工业、交通、城乡建筑、公共机构和农林业碳汇等方面，且在落实新目标举措中加入了有效控制非二氧化碳气体排放的内容。这也体现出关于信息范围的第三部分要求，即努力将本国的人为排放源或清除汇所有类别全部包括在内。但在关于信息范围所要求的减缓适应协同效应信息方面，尽管 2021 年文件包括了适应气候变化成效内容，但并没有单独列出适应气候变化所带来的减缓协同效应信息。在后续通报，仍然需要考虑进一步纳入更多部门和更多类型温室气体，同时加入减缓与适应协同效应的信息表述。

（四）关于规划过程适用的分析建议

我国于 2015 提交首次的国家自主贡献（NDCs）简要提及了规划过程信息要求的部分内容，指出"根据自身国情、发展阶段、可持续发展战略和国际责任担当，中国确定了到 2030 年的自主行动目标"。在 2021 年更新文件中，专门提及了背景国内的机构体制安排、形势背景、国情、社会参与等内容，更好地符合了规划过程信息的第一部分要求。同时，在实施成效部分，增加了对编制国家自主贡献相关先进做法与经验的介绍，包括四川地区的碳汇扶贫、青海地区的可再生能源产业发展、京津冀地区的控煤消费等做法，这些内容很好地回应了地方优先事项等信息要求的回应。而在减缓协同效应信息方面，2021 年文件达到了部分预期效果，包括纳入了强化经济社会适应气候变化的内容，以及提升自然生态领域适应气候变化的信息，但缺乏为协助创造减缓协同效益而实施的具体项目、措施和活动的更加详细的信息。未来在提交第二轮国家自主贡献（NDCs）时，可以考虑在规划过程内容中，进一步增加对于减缓协同效应的详细信息。

（五）关于假设和方法学适用的分析建议

我国在首轮和更新国家自主贡献（NDCs）中均未提供相关具体假设与方法学信息，有待在后续通报自主贡献提供有关内容，尤其是应当包括估算温室气体排放和清除的 IPCC 方法学和度量衡，以及部门类型活动的假设和方法学。在如何考虑将市场机制纳入方面，2021 年更新的国家自主贡献（NDCs）增加了加强碳排放交易等市场机制建设的专节内容，这也是后续通报自主贡献信息需要保持的地方。同时，可以考虑增加汇报我国开展的用能权交易、可再生能源配额交易、绿色电力交易等新市场制度类型。

（六）关于公平和力度要求适用的分析建议

我国在首次国家自主贡献（NDCs）中指出，该贡献是反映中国应对气候变化的最大努力，但除此之外并未提供该部分列举的其他要求的内容。2021年提交的更新国家自主贡献（NDCs）更加具体地在文件第三章节列举了落实目标的新举措，包括推进碳达峰碳中和工作、主动适应气候变化、强化支撑保障体系三个方面具体努力信息。在考虑公平性问题方面，主要体现在积极参与国际合作方面，如何在国内实施层面纳入公平因素考虑，也是未来提交第二轮国家自主贡献（NDCs）需要补足的地方。

（七）关于体现《公约》温控目标信息要求的分析建议

我国首轮提交的国家自主贡献（NDCs）中有"根据公约缔约方会议相关决定，在此提出中国应对气候变化的强化行动和措施，作为中国为实现《公约》第 2 条所确定目标做出的、反映中国应对气候变化最大努力的国家自主贡献（NDCs）"的一般性表述，某种意义上覆盖了导则此部分关于《公约》目标所要求的内容，但未提供《巴黎协定》关于 2 摄氏度等温控目标所列内容。在 2021 年更新的文件中，对于《公约》目标与《巴黎协定》的温控目标，均没有直接回应，未来应该视情况在后续通报提交的国家自主贡献（NDCs）中予以体现。

三、强化国家自主贡献（NDCs）义务履行的能力建设

在《巴黎协定》实施的背景下，各国通报和更新国家自主贡献（NDCs）是履行《巴黎协定》义务性工作。为推动《巴黎协定》的全面有效实施，中国应该从国内外两方面入手双管齐下，展现出大国的责任和担当。一方面，中国应强化国内的国家自主贡献（NDCs）后续提交的筹备工作，为保证提供专业上的理论支撑，建议成立相关的专家委员会，对专业事项进行研究探讨，并给出专业化的建议。在人员的吸纳方面，应该涉及能源、环境、法律、经济、国际经济贸易等各领域的专家学者，集思广益，从不同领域分别给出专业化的建议。另一方面，在国际方面，中国应通过国际合作强化实施国家自主贡献（NDCs）。各国已经表达出了对气候变化治理上的充分决心和信心，并作出庄严承诺，为更好地落实国家自主贡献（NDCs）的目标承诺，各国之间应该有效加强国家之间的沟通和交流，互帮互助。同时，也可以从各个国家中吸取经验和教训总结方法，对未来可能面临的问题做好充分的准备。

第三节　中国参与《巴黎协定》便利履行与促进遵守完善的建议

一、制度改进应体现促进性与强制性条款效力并重

在《巴黎协定》实施规则中引入非遵守情势程序规则，应当基于促进性、非惩罚性原则。从非遵守情势程序产生的效力以及发挥功能上来看，这种程序性规则实际上旨在确定当事国能够接受的责任，并不是通过类似司法的方式将两方置于原告与被告，该规则制定的假设前提是基于缔约国均不会产生非善意的违反。[1]然而，促进措施并不总是以使当事方恢复遵守为目的，特别是在其缺乏合作意愿的情况下。强制执行的条款实际上是基于当事国未达减排目标是该国战略谋划的蓄意结果，预期的执行成本高于遵守其义务。[2]

---

〔1〕　R. Young, "Environmental Governance: the Role of Institutions in Causing and Confronting Environmental Problems", *International Environmental Agreements*, 2003, 3（4）, pp. 377~393.

〔2〕　杨博文：《〈巴黎协定〉减排承诺下不遵约情事程序研究》，载《北京理工大学学报（社会科学版）》2020年第2期，第134~141页。

因此，应对之策应当是通过扩大外交手段来使用更有力的措施来加强遵约制度。在这些情况下，非遵守情势程序可能会转变成类似于司法程序的规定，当发现缔约方主观不遵约时，通过补救措施来确定责任并建议该缔约国进行遵守，包括提供国家自主贡献（NDCs）相关信息等义务。值得注意的是，鼓励性、非惩罚性和促进执行并不是相互对立的，而是反映出了需要区分缔约国不遵约的态度和情势，最终用以反映各方不遵守的各种原因。[1]

二、资金、技术支持与能力建设应体现共同但有区别责任保障遵约实现

缔约方履行具体减排计划的时间表，以及提交两年一度的减排清单和监测、报告和核查（MRV）内容、资金承诺等内容均会被《巴黎协定》便利履行与促进遵守委员会审议。关于应适用这些条款的缔约方类型问题，应当按照共同但有区别责任原则加以区分，对发达国家缔约方及其在减缓、资金、技术转让和能力建设方面的承诺，应当重点作为非遵守情势程序的内容考量范围。此外，应当建立平台来处理促进和执行等程序，包括不遵约的早期预警。促进、合作、非对抗性、非惩罚性、透明与及时的决议是这一进程要秉持的结果。对于共同但有区别责任原则的具体体现，应当规定非遵守情事程序的目的，即确保发达国家遵守并促进发展中国家的执行。与此同时，其强调发达国家和发展中国家根据《公约》共同但有区别责任的原则所规定的条款，即发达国家在减缓、适应、资金、技术开发和转让、能力建设、行动和支持透明度方面的强制性条款，以及发展中国家关于减缓、适应和行动透明度的自愿性促进条款。应当规定对当事国情况进行审查后，提供相应的遵约帮助和支持，从资金、技术以及减排能力建设方面给予咨询意见和现实援助。

三、非遵守情势程序应作为透明度和全球盘点的纽带

非遵守情势程序实际上应当与《巴黎协定》的其他核心制度密切联系，并应和其他机制间形成协同效应。非遵守情势程序是在对各国不能遵约的情况进行审查后所提出的具有援助性的程序规则，这与《巴黎协定》第 13 条第

---

〔1〕　Louise Fournier, "Compliance Mechanisms under the Kyoto Protocol: Lessons for Paris", https://www. researchgate. net/publication/316635610_ Compliance_ Mechanisms_ under_ the_ Kyoto_ Protocol_ Lessons_ for_ Paris/download.

5 款行动透明度框架相辅相成，其内容是明确和追踪成员在《巴黎协定》第 4 条下实现各自国家自主贡献（NDCs）方面所取得的进展，同时也是为了能够保证各缔约方能够按照减排行动计划完成年度目标，达到遵约效果。《巴黎协定》第 15 条有效地促进了透明度框架的执行，并支持各缔约方开展更多的合作。[1]非遵守情势程序的建立应当通过列明缔约国未能遵约的各种情况，分别对待和解决，进而能够以更为集中的方式解决现实问题，从而补充了透明度框架。非遵守情势程序中包含了对因非主观原因不能遵约的缔约方提供援助，这与《巴黎协定》第 14 条针对全球盘点的执行手段相联系。[2]各缔约方是否触发非遵守情势程序可以根据第 14 条的规定纳入全球盘点。最后，非遵守情势程序的构建还能够有助于解决《巴黎协定》第 6 条所提出的国家间的二氧化碳减排合作与转化的问题，[3]鼓励和便利公私实体参与碳单位交易活动，对全球气候治理提出新模式和新方法。非遵守情势程序的建立应当保证公平、公正以及公开的竞争环境、有效地建立信任，以此解决缔约方减排能力建设问题，通过建立对模糊问题的澄清规则与防止"搭便车"行为等来加强《巴黎协定》的实施。

四、促进公众参与和宣传教育作为遵约实现的结合点

《巴黎协定》第 12 条看似与遵约制度无关，[4]但根据前文关于《巴黎协定》国家自主贡献（NDCs）的可信度评估，公众宣传教育条款实际上深刻影响着缔约方及其社会公众的国家利益与观念的形成。因此，便利履行与促进

---

〔1〕 W. Onzivu, "Health in Global Climate Change Law: the Long Road to an Effective Legal Regime Protecting Both Public Health and the Climate", *Carbon & Climate Law Review*, 2010（4），pp. 364~382.

〔2〕 以评估实现本协定宗旨和长期目标的集体进展情况，成为全球总结（或全球总结）。评估工作应以全面和促进性的方式开展，同时考虑减缓、适应问题以及执行和支助的方式问题，并顾及公平和利用现有的最佳科学。作为《巴黎协定》缔约方会议的《公约》缔约方会议应在 2023 年进行第 1 次全球总结，此后每 5 年进行 1 次，除非作为《巴黎协定》缔约方会议的《公约》缔约方会议另有决定。全球总结的结果应为缔约方提供参考，以国家自主的方式根据本协定有关规定更新和加强它们的行动和支助，以及加强气候行动的国际合作。

〔3〕 作为《巴黎协定》缔约方会议的《公约》缔约方会议应定期审评本协定的执行情况，并应在其授权范围内作出为促进本协定有效执行所必要的决定。作为《巴黎协定》缔约方会议的《公约》缔约方会议应行使本协定赋予它的职能，并应：①设立为履行本协定而被认为必要的附属机构；②行使为履行本协定所需的其他职能。

〔4〕《巴黎协定》第 12 条，缔约国可以采取合作措施，加强气候变化教育、培训、公众宣传、公众参与获取信息，同时认识到这些步骤对于加强本协定下行动的重要性。

遵守制度作为《巴黎协定》的重要组成部分，其良好的实施也有赖于公众宣传与教育制度实施的协助与配合。我国在参与后续谈判中应建议纳入相关议题，通过要求缔约方向委员会备案有关缔约方国内的公众宣传与教育信息，在无形中向缔约方增加非对抗式压力，从而起到间接的督促作用。委员会及其他缔约方协助国际社会开展公众宣传与教育的有关事项，需由特定缔约方主动发起便利履行与促进遵守程序才可实施。委员会及其他缔约方的协助行为是一项获益性行为，该规定一方面给予缔约方得到委员会及其他缔约国协助"公众宣传"的权力，另一方面也展现了便利履行与促进遵守机制"协商为主，争议解决为辅"的基本理念。

第四节　中国参与《巴黎协定》遵约相关透明度与盘点完善的建议

一、促进透明度制度对于遵约的支持性功能

《巴黎协定》第 13 条规定，应设立一个关于行动和支助的强化透明度框架，这个框架包括国家信息通报、2 年期报告和 2 年期更新报告、国际评估和评审以及国际协商和分析。该透明度框架与便利履行与促进遵守制度在信息报告、评估、评审等方面有相似之处，可以从宏观层面打通两个制度的衔接通道。一方面，便利履行与促进遵守委员会拥有强制力是在其行使"促进遵守"职能时才具备的，该职能是对缔约国信息通报义务的监督。强化透明度框架能否得到良好的遵守在很大程度上对缔约国是否积极履行信息通报义务有很大的作用。因此，未来我国在参与透明度制度谈判的过程中，应将衔接性议题纳入其中。将便利履行与促进遵守机制作为透明度框架的执行手段在透明度框架模式、程序和指南中予以明确，使委员会从两个层面都有规则依据和制度保证，在制度层面进一步加强委员会对缔约国信息通报义务的监督效力。

二、透明度制度需要贯彻对发展中国家的差别待遇

对于发展中国家来说，更加定期和全面的报告给各国带来了不小的考验。中国自《公约》生效以来，一直按照要求履行义务并接受国际磋商与分析。但随着近些年来经济发展迅速，碳排放量逐渐增大，加之国际社会地位提高

与国际话语权的增强，我国在国际社会中受到的关注度也在逐渐增高。在强化透明度体系下，未来对我国报告上提出的挑战更应受到重点关注。报告体系的不完备，以及各国技术资金存在的客观不可忽视的差异性，使得技术审查效率低下。根据规定，中国等发展中国家自 2024 年起，还应该报告向其他发展中国家提供的应对气候变化资金方面的支持信息，并按照新指南的要求报告收到的信息。因此，我国在未来应在注重建立完备的报告体系的同时，强调共同但有区别原则在透明度实施中的贯彻，给予发展中国家差别待遇和相应过渡期保障。

三、增加对发展中国家履行透明度义务的信息支持和建设能力

现有的"透明度能力建设倡议"无论是从资金方面还是从技术方面都不能为发展中国家提供充足的支持。强化的透明度框架已经构建，但是与之相匹配的履约支持却不能满足需求。因此，在未来的强化透明度框架体系下，进一步为发展中国家提供履行规则的强化支持是新规则有效实施的保障。现阶段，发展中国家的能力建设需求仍有待满足，国际社会有必要一方面强化信息的共享，另一方面建立常态化的资金支持渠道，为发展中国家提供长足稳定的支持，强化发展中国家的履约信心。而发展中国家自身也不能仅仅依靠外界的支援，应不断强化自身的建设能力，实现国内立法与国际条约的有效衔接，并将建立常态化的透明度机制提上日程。对于我国而言，需要成立专门机构，培养专业人才，明确各自的职责与分工，为便利后续的信息工作开展打下坚实的基础。

四、全球盘点的实施应体现和融入我国的国家利益关切

中国应积极参与全球盘点工作进展，强调信息的获取筛选应服务于全球盘点的目的，代表发展中国家立场，不跃进、不盲从。对未充分反映《公约》和《巴黎协定》原则的指标或标准，尤其是那些过分强调发展中国家排放义务的标准，应以公平公正的态度予以纠正并积极推动更为有效、合理的盘点制度完善。对于信息筛选和技术评估的成果，可允许缔约方对盘点内部各构成要素采取相关审查并提出合理质疑。在制度协同规制方面，中国可以推动建立全球盘点、强化透明度框架与便利履行和促进遵守共同协调机制，简化复杂流程并在制度间直接提供支持与反馈。在盘点内容与标准参与层面，中

国应充分利用全球盘点所提供的平台模式，推动我国一些在国家自主贡献（NDCs）实施和低碳经济转型发展层面的成果纳入全球盘点，深化不同立场国家之间的合作，避免或减少一些不利于我国国家利益和国际形象的盘点标准或要素被发达国家过多引入盘点进程。

第五节　中国参与《巴黎协定》灵活履约应对环境完整性风险的建议

一、谈判中促进应对环境完整性风险国际规则的形成

第一，应设定严格的国际碳市场准入标准，完善与转让单位相关的实体规则要求。在《巴黎协定》第6条的实施细则中，应当针对转让单位自身以及密切相关的国家自主贡献（NDCs）目标设定严格的环境完整性要求。一方面，针对转让单位自身应建立严格标准。要建立符合可转让减缓成果的环境完整性标准。标准可根据机制的类型而有所不同。在基线信用交易模式下，可要求所产生的单位代表实际、永久、额外和经核证的减排量。而在总量控制与交易模式下，可要求配额总量上限的设定比保守计算的照常情境排放水平更为严格，并要求参与转让国在报告的排放量中采取更加保守的方式进行量化，并由有能力和独立的审计机构进行核证。在直接双边转让的情况下，可要求交易参与国建立明确可量化的转让制度。这一规则标准的实施将需要建立一个国际治理体制，可以凭借已经搭建的《巴黎协定》透明度管理体制，或是建立单独的国际碳市场治理机构，如世界银行的碳市场网络（NCM）平台，其核心任务是根据资格标准评估减缓成果转让活动的效果，监测各国对于环境完整性要求的遵守情况，解决偏差并定期重新评估。另一方面，需要针对各国提交的国家自主贡献（NDCs）目标建立严格标准。这一标准确立的目的是，防止减缓成果从国家自主贡献（NDCs）目标不如照常情境（BAU）排放目标严格的转让国转出，并促进缔约方不断提高其目标力度。对于与国家自主贡献（NDCs）目标相关的资格标准，可以参考总体温控目标下全球温室气体量预测或者各国历史温室气体排放趋势来制定，或者直接将国家自主贡献（NDCs）目标与参考水平进行比较，以确定其是否符合标准。参考水平的确定始终应基于转让国的国情。以历史排放量作为参考水平可能更简单，但这种方法并不适合排放量不断上升的快速增长的发展中国家。对于温室气

体排放量随着时间推移而减少的国家，使用历史排放量必须掌握总体下降趋势，以避免建立一个过高的参考水平，可以考虑对历史排放量进行趋势调整解决这些问题。

第二，让环境完整性标准对接《巴黎协定》透明度规则，设定国际报告和审查制度等程序性要求。程序性规则的完善是促进在《巴黎协定》实施过程中克服环境完整性风险的重要环节。中国在国际谈判中应当首先建议在《巴黎协定》碳市场规则实施过程中进一步完善报告制度。可以要求缔约方提供关于碳市场机制的使用、设计和运作的信息，包括如何确保转让单位质量的信息。在转让前提供信息的要求可以鼓励各国建立或使用确保减缓成果环境完整性的市场机制。具体而言，可以要求各国公布其对《巴黎协定》第 6 条第 2 款的预期用途，包括估计其打算转让多少单位、如何转让以及如何确保转让单位的额外性。公开报告要求也可以随后纳入关于实际转让单位的数量、转让的对象国、转让手段以及关于如何确保减缓成果质量的信息。公开信息应足够详细，以便审查小组查明任何问题。在审查方面，审查程序可作为《巴黎协定》第 13 条第 11 款所述技术专家审查的一部分进行。审查小组应具备相关的知识和经验，以便评估缔约方是否遵守确保环境完整性的义务，特别是在转让单位的质量方面。审查小组还应该有明确的任务授权，根据明确的定义评估转让单位的环境完整性。

二、实现碳市场建设与《巴黎协定》第 6 条实施规则的有效链接

第一，不断提升碳市场领域的基础能力建设，助力与国际可转让减缓成果（ITMOs）的衔接。合作方法（CA）机制对缔约方的参与提出了很多能力建设领域的调整。首先，通报的国家自主贡献（NDCs）目标需以量化形式表示，可转让减缓成果也必须是量化的，一般以吨二氧化碳当量（tCO2e）表示。这对中国的技术能力提出了挑战，主要包括监测、记录以及量化三个方面。其次，缔约方通报的国家自主贡献（NDCs）的多样性，导致了减缓成果的多样性，如巴黎大会第 1/CP.21 号决定第 36 段所述，缔约方在利用减缓成果国际转让时，需要相应调整各自的减缓承诺，以确保避免双重核算。附属科学技术咨询机构（SBSTA）拟制定"相应调整"的方法和标准，中国需要在国内碳排放管理制度体系建设中，积极论证、吸收和评估该方法和标准，在国内建立一套符合国情的相应调整规范或体系，以便更好地参与合作方法

（CA）机制，与其他缔约方对接。最后，参与合作方法（CA）机制要求缔约方具备登记结算制度与系统。登记系统可有助于追踪减缓成果的签发、转让、使用和注销等，可有效防止单位的重复使用。目前，我国已建立了全国碳交易注册登记系统，并由其承担全国碳排放权的确权登记、交易结算、分配履约等功能。基于附属科学技术咨询机构（SBSTA）制定的技术标准，我国的登记结算制度与系统应保证能够与国际登记系统和国际交易日志（ITL）进行数据交换，这将要求全国碳交易注册登记系统在核算标准上与国际技术标准保持一致或衔接。

第二，预先完善自愿减排市场，做好与 SDM 机制的对接。一方面，中国作为 CDM 项目的注册大国，必须认真考虑哪些类型的自愿减排项目可申请过渡，以及过渡之后对减缓单位的转让如何进行监管。由于 CDM 机制下我国与《京都议定书》附件一国家建立的是单向链接，而 SDM 机制对转让国与受让国没有限制，这会导致双向碳市场链接，从而改变中国净卖方的身份。中国需要积极探索碳市场链接，否则会有被边缘化的风险。另一方面，根据《巴黎协定》第 6 条第 4 款，SDM 机制受《巴黎协定》缔约方会议（CMA）指定机构的监督，实行集中管理。参与缔约方就其审批的核证减缓项目向国际监督机构负责。因此，中国若参与 SDM 机制需要制定一套与之对应的监管核证减缓项目的规范体系。当下，在重启国内的自愿减排项目审批进程后，应促进国内自愿减排市场的交易，并进一步为国家核证减排量（CCER）交易制定更加完善的法律法规体系，加强针对项目运行、核证与减排量交易的监管体系建设。

第三，不断推进国内碳交易制度体系设计，预防环境完整性风险问题的发生。以未来有效参与《巴黎协定》下的国际碳市场机制为目标，这对我国国内的碳排放交易制度体系建设提出了较高要求，尤其是需要先在国内层面有效应对市场机制所带来的环境完整性风险。这就需要发挥政府在碳排放管理以及低碳转型过程中的宏观调控作用，并建立独立监管体制发挥对市场的纠偏作用。一方面，各级政府之间要协调统一，注重顶层设计，统筹协调各减排政策，中央政府与地方政府之间要统一，不同的地方政府或中央政府的不同部门之间需要协调。明确各级政府的权责，避免管制无力或权力不当干预。另一方面，政府可以授权或成立独立的监管机构，由其对相应的政府职能部门负责。基于碳排放交易和减排活动的专业性特征，政府部门人员可能缺乏对此的充分了解或认知，专门的监管机构可以弥补这一不足。更重要的是，针对碳市场的管理必须做到政府信息公开，并尽早完善纳入碳排放交易控排企业的信息公开制度，发挥多方参与主体尤其是社会层面的监督作用，保障碳市场环境完整性目标的实现。

第十章

中国实施《巴黎协定》国家自主贡献承诺的 国内法律政策建议

第一节 以"两山"理论作为纳入"双碳"目标的 生态文明法治指引

"两山"理论是习近平生态文明思想的重要组成部分,是习近平总书记基于数十年来丰富的基层和地方党政工作,着眼世界经济社会与环境发展大势,遵循经济发展与环境治理规律提出的科学理论。根据国家自主贡献(NDCs)可信度评估的重要启示,国家领导人与政党作用的发挥,对于一国构建国家气候治理体系,履行国际环境条约义务具有重大影响。在把握国家治理体系和治理能力现代化背景下,习近平总书记提出了"双碳"目标,进一步丰富了"两山"理论新的核心内涵,特别凸显出"既要绿水青山,又要金山银山"的和谐价值理念。[1]其成为我国参与全球气候治理,实现国家自主贡献(NDCs)的理论源泉。融入了"双碳"目标的"两山"理论为我国生态文明立法、生态文明司法、生态文明行政执法、生态文明守法指明了发展方向。

一、推进"双碳"目标融入《生态环境法典》与国家整体生态文明立法

实现生态文明依法治理,关键在于有法可依,有法可依的关键在于立法的科学性。改革开放以来我国已经制定了体系化的生态环境保护法律法规,党的十八大以来在习近平生态文明思想的指引下,我国环境保护法律体系进

---

〔1〕 潘晓滨:《论"绿水青山就是金山银山"思想中的社会主义核心价值观》,载《2018 年天津社会年鉴》,天津人民出版社 2018 年版,第 242~248 页。

一步修改与完善，取得了长足的进步。"双碳"目标的提出对我国生态文明法律体系提出了更高要求。[1]从国内法层面来看，我国环境保护法体系由污染防治法、自然资源开发利用法、生态保护法和各类环境管理法四个分支体系构成，此外还需要得到民法、刑法等其他部门法的支撑。

在污染防治法领域，"双碳"目标的引入需要我们尽早修改《大气污染防治法》[2]，明确温室气体的大气污染物属性，同时加强大气污染与温室气体协同治理手段的法定化水平，深化将碳排放纳入环境影响评价、排污许可、总量控制等一系列污染控制制度体系。在自然资源开发利用法领域，以二氧化碳为主的温室气体主要来自化石能源排放，这就需要我国尽早出台《能源基本法》，对化石能源的使用、替代与市场监管形成整体布局，强化能源使用环境保护原则，以及可再生能源与节能制度的实施力度。在生态保护法领域，我国亟待出台一部应对气候变化基本法，统筹减缓与适应气候变化的措施手段，加强对应对气候变化过程中多重风险的处置，强化经济社会体系整体低碳转型，与极端天气防控、水资源开发、海岸带保护等适应工作的协调推进。

在环境管理法领域，我国立法可以考虑实施碳税制度，将其纳入《环境保护税法》或《资源税法》的调整体系，前者主要可以用来调整下游产业的温室气体直接排放，后者用来在上游能源开发环节针对温室气体的间接排放纳入税收调整。此外，我国应不断提升包括碳排放交易在内的各类环境权益交易制度的立法效力等级，发挥市场机制的调整作用。当然，这里涉及环境法体系与民法系统性、整体性、协同性作用的发挥。《民法典》虽然确立了绿色原则，为环境法与基础法律部门的沟通提供了接口，但针对各类环境权益交易市场中所涉及的碳排放权、用能权、排污权等权利的所有权、使用权性质，未来需要得到实质解决，并在日后的立法工作中探索解决。

《生态环境法典》的编纂为解决"双碳"目标保障的法律与政策相关问题提供了一个可行方案，法典作为国家最高的立法形式，更是具有鲜明时代特色的法学思想成果，环境法典所要实现的便是进一步推进生态文明建设和

---

〔1〕 吕忠梅：《锚定碳达峰碳中和目标气候变化顶层立法势在必行》，载中国气象局网：http://www.cma.gov.cn/2011xzt/2021zt/20210225/2021022503/202103/t202103 10_ 573285.html，访问日期：2021 年 10 月 22 日。

〔2〕《大气污染防治法》，即《中华人民共和国大气污染防治法》。为表述方便，本书中涉及我国法律文件，直接使用简称，省去"中华人民共和国"字样，全书统一，后不赘述。

环境治理体系现代化,[1]而习近平总书记指出要把碳达峰、碳中和纳入生态文明建设整体布局,[2]给了通过环境法典的有关规定设计保障"双碳"目标的顶层制度设计的可能。环境法典作为将环境法律法规在当前应对气候变化的背景下系统化、规范化整合的最高立法成果,是改变当前专门法缺失、相关法众多、政策约束性不强的理想途径。只有环境法典可以做到改变当前现有环境法律体系,进一步作为法律层面保障"双碳"目标实现的顶层设计。[3]

二、完善公私领域"双碳"目标落实严格执法

长期以来,我国生态环境治理执法领域存在短板,法律执行的力度由于地方的种种原因被削弱,根本原因是地方政府难以回避的政绩思维和保护主义思想。推动生态文明领域严格执法,要从根本上理顺生态环境领域体制机制,切实规范地方政府生态环境治理职责与考评机制,探索建立与生态文明建设需要相适应的政务人员政绩评价机制,克服地方政绩唯 GDP 的顽瘴痼疾。坚决制止以言代法、以权压法、逐利违法、徇私枉法等违规干预生态环境执法行为。要妥善协调涉及生态领域各项执法管理职责,形成完整的环境领域执法监管闭环,运用按日计罚、查封扣押、移送拘留、停产限产等执法手段,真正赋予法律以牙齿,给违法者以戒惧。

"双碳"目标的提出对我国环境执法提出了更高的要求。一方面,我国需要提升对控排企业的执法力度,强化对其超总量排放、无证排放,以及通过篡改数据等手段逃避温室气体排放监管的行为。生态环境部于 2021 年 10 月发布了《关于做好全国碳排放权交易市场第一个履约周期碳排放配额清缴工作的通知》,其中明确强调要高度重视并认真做好碳排放数据质量监督管理工作,发现数据虚报、瞒报、数据造假等违规行为,应严格按照相关规定进行处罚并组织整改,对排放数据存在造假情况的重点排放单位,依据相关技术规范按保守性原则审慎确定其排放量。未来可以考虑将"双罚制"纳入控排

---

[1] 吕忠梅:《做好中国环境法典编纂的时代答卷》,载《法学论坛》2022 年第 2 期,5~16 页。

[2] 黄润秋:《把碳达峰碳中和纳入生态文明建设整体布局》,载《环境保护》2021 年第 22 期,第 8~10 页。

[3] 潘晓滨、刘尚文:《环境法典编纂纳入"双碳"目标的可行路径研究》,载《湖北师范大学学报(哲学社会科学版)》2024 年第 1 期,第 78~89 页。

企业违法行为，即对企业进行行政罚款的同时，也要将企业及其直接责任人纳入信用监管体系。另一方面，我国需要加大落实地方政府完成"双碳"目标的责任，将地方碳达峰、碳中和的完成情况纳入行政首长的政绩考核，并引入针对"双碳"目标的离任审核与追责。同时，应将环保督察的工作重点向"双碳"目标倾斜，重点督导地方政府履职过程中可能出现的节能指标、温室气体控排指标的失真情况。在条件成熟情况下，鼓励地方政府开展"双碳"目标合作，实现府际之间的生态补偿，促进跨区域联合治理机制的创新，预防碳泄漏问题的发生。

三、大力发展"双碳"目标保障的环境司法专门化

司法是实现社会公平正义的最后一道保障，在生态文明建设的背景下，我国在环境司法领域取得了重要成果，这不仅仅体现在环境民事、刑事和行政诉讼案件的专业化审理和专门环境审判机构的建设层面，还表现于民事公益诉讼、行政公益诉讼和生态环境损害赔偿等一系列新制度的创新层面。"双碳"目标的实现亟须司法保障，并对环境司法发展提出了更高要求。[1]最高人民法院于 2021 年 1 月发布了《环境资源案件类型与统计规范（试行）》，特别将"气候变化应对"纳入了第四大类环境资源案例类型，并在第五大类"生态环境治理与服务"中引入了包括碳排放交易在内的环境容量利用案件类型，以及包括碳金融在内的绿色金融案件类型。

"双碳"相关案件分类框架建立后，需要大力推进"双碳"目标保障的环境司法专门化实务工作。一方面，2030 年碳达峰初期工作进程中会因为低碳转型产生各种利益纠纷，与"双碳"相关的民事和行政诉讼会显著增加，"双碳"案例的专业化审理势在必行。同时，可以考虑进一步发挥环境民事公益诉讼、行政公益诉讼的作用，由社会组织和检察机关对私主体以及公权力机关所从事的不利于"双碳"目标实现的涉碳排放、涉能源开发利用行为实施监督。另一方面，2030 年至 2060 年的碳中和阶段，随着碳减排任务的加剧以及减排难度的加大，可以考虑在《刑法》中将导致"双碳"目标实现严重减损的超量排放温室气体行为纳入污染环境罪，甚至可以考虑增设"超量排放温室气体罪"，起到立法保障"双碳"目标的震慑效果。

---

〔1〕 孙佑海：《为实现"双碳"目标提供有力司法保障》，载《人民法院报》2021 年 6 月 11 日。

四、促进社会公众在"双碳"目标实现进程普遍守法

法治的最终目标是促进全民普遍守法，生态文明法治建设重要目标之一就是要让社会公众能够形成环境保护意识，将"绿水青山"真正认同为"金山银山"，并自觉践行参加到对环境有益的行动当中。"双碳"目标的提出，对于公众自觉守法提出了更高要求。通过广泛的低碳社会、低碳生活和低碳法治宣传，让低碳理念真正深入人心，让公众认识到今天身体力行实现"双碳"目标，是为了减缓气候变化对子孙后代的影响，也是为了全人类共同生存的地球环境公益，为国家生态环境领域各项改革举措及生态文明依法治理提供良好的社会舆论环境和民意基础，为融入"双碳"目标后的生态文明体制改革各项举措提供更加有力的外部环境支撑。同时，公众的普遍守法并非一种自我约束行为，应该发挥社会公众的能动性，在全国范围内广泛实施碳普惠制度，将其纳入已有的碳市场体系，激励社会公众积极从事有利于节能减排的活动，为"双碳"目标的实现贡献自己的力量。[1]

第二节　以碳市场为关键点构建应对气候变化法律与政策体系

根据国家自主贡献（NDCs）可信度评估的重要启示，一国应对气候变化法律和政策体系的建立，对于一国从顶层设计上构建国家气候治理体系，履行国际环境条约义务具有很大的影响。其代表了一国履行《巴黎协定》国家自主贡献（NDCs）承诺的决心与意志，也保证了国内实施其国家自主贡献（NDCs）既定目标的稳定性和可预见性。与此同时，与《巴黎协定》相关的部门基准评估方案，也为国家在能源、工业、交通、建筑等领域的减排路径提供了参考方案，便于国家在总体政策设计中结合不同行业部门特点出台"双碳"目标相关部门基准。宏观来看，我国应当尽快完善"双碳"目标下的整体以及基于部门的细分政策体系，并从立法层面以碳排放交易立法为突破口，逐步构建起国家应对气候变化的基本法律与保障性制度体系。

---

〔1〕 潘晓滨、都博洋：《"双碳"目标下我国碳普惠公众参与之法律问题分析》，载《环境保护》2021 年第 17 期，第 69~73 页。

一、夯实国家和地方"双碳"目标实施的政策体系

《中共中央 国务院关于完整准确全面贯彻新发展理念做好碳达峰碳中和工作的意见》（以下简称《意见》）对全国碳达峰碳中和工作起到了指引与统领作用，是"双碳"领域"1+N"政策体系中的"1"的体现。同时期由国务院发布的《2030年前碳达峰行动方案》（以下简称《方案》）与《意见》共同构成了我国"双碳"工作的顶层设计。《意见》设立了以2025年、2030年与2060年三个阶段性目标，其中2025年力求"为实现碳达峰、碳中和奠定坚实基础"、2030年力求"二氧化碳排放量达到峰值并实现稳中有降"、2060年力求"碳中和目标顺利实现，生态文明建设取得丰硕成果，开创人与自然和谐共生新境界"。并提出推动经济社会发展全面绿色转型、深度调整产业结构等十大方面，为碳达峰碳中和指明了前进方向。《方案》提出了能源、工业、城乡建设、交通运输等领域的"碳达峰十大行动"，"N"的政策内容正在逐步展开。

表 10-1　不同领域保障碳达峰相关政策部署

发布时间	发布部门	文件名
（一）能源绿色低碳转型行动		
2022年1月29日	国家发展和改革委员会、国家能源局	《"十四五"新型储能发展实施方案》
2022年1月18日	国家发展和改革委员会、国家能源局	《关于加快建设全国统一电力市场体系的指导意见》
2022年1月30日	国家发展和改革委员会、国家能源局	《关于完善能源绿色低碳转型体制机制和政策措施的意见》
2022年3月9日	国家发展和改革委员会、国家能源局、工业和信息化部等十部门	《关于进一步推进电能替代的指导意见》
2022年1月29日	国家发展和改革委员会、国家能源局	《"十四五"现代能源体系规划》

续表

发布时间	发布部门	文件名
2022 年 3 月 23 日	国家发展和改革委员会、国家能源局	《氢能产业发展中长期规划（2021—2035 年）》
2022 年 4 月 9 日	国家发展和改革委员会等六部门	《煤炭清洁高效利用重点领域标杆水平和基准水平（2022 年版）》
2022 年 5 月 14 日	国家发展和改革委员会、国家能源局	《关于促进新时代新能源高质量发展实施方案》
2022 年 6 月 1 日	国家发展和改革委员会等九部门	《"十四五"可再生能源发展规划》
2022 年 9 月 20 日	国家能源局	《能源碳达峰碳中和标准化提升行动计划》
2023 年 2 月 21 日	国家能源局	《加快油气勘探开发与新能源融合发展行动方案（2023—2025 年）》
（二）节能降碳增效行动		
2021 年 6 月 1 日	国家机关事务管理局、国家发展和改革委员会	《"十四五"公共机构节约能源资源工作规划》
2021 年 10 月 18 日	国家发展和改革委员会	《关于严格能效约束推动重点领域节能降碳的若干意见》
2022 年 1 月 24 日	国务院	《"十四五"节能减排综合工作方案》
2022 年 6 月 10 日	生态环境部等七部门	《减污降碳协同增效实施方案》
2022 年 11 月 29 日	工业和信息化部	《国家工业和信息化领域节能技术装备推荐目录（2022 年版）》
（三）工业领域碳达峰行动		
2021 年 9 月 3 日	工业和信息化部、人民银行、原银行保险监督管理委员会、证券业监督管理委员会	《关于加强产融合作推动工业绿色发展的指导意见》

续表

发布时间	发布部门	文件名
2021 年 11 月 15 日	工业和信息化部	《"十四五"工业绿色发展规划》
2021 年 12 月 2 日	工业和信息化部	《2021 年碳达峰碳中和专项行业标准制修订项目计划》
2022 年 1 月 20 日	工业和信息化部、国家发展和改革委员会、生态环境部	《关于促进钢铁工业高质量发展的指导意见》
2022 年 3 月 28 日	工业和信息化部等六部门	《关于"十四五"推动石化化工行业高质量发展的指导意见》
2022 年 4 月 12 日	工业和信息化部、国家发展和改革委员会	《关于化纤工业高质量发展的指导意见》
2022 年 4 月 12 日	工业和信息化部、国家发展和改革委员会	《关于产业用纺织品行业高质量发展的指导意见》
2022 年 6 月 8 日	工业和信息化部等五部门	《关于推动轻工业高质量发展的指导意见》
2022 年 6 月 20 日	工业和信息化部等六部门	《工业水效提升行动计划》
2022 年 6 月 23 日	工业和信息化部等六部门	《工业能效提升行动计划》
2022 年 7 月 7 日	工业和信息化部、国家发展和改革委员会、生态环境部	《工业领域碳达峰实施方案》
2022 年 8 月 24 日	工业和信息化部	《加快电力装备绿色低碳创新发展行动计划》
2022 年 11 月 2 日	工业和信息化部等四部门	《建材行业碳达峰实施方案》
2022 年 11 月 10 日	工业和信息化部、国家发展和改革委员会、自然资源部	《有色金属行业碳达峰实施方案》
（四）城乡建设碳达峰行动		
2021 年 10 月 21 日	中共中央办公厅、国务院办公厅	《关于推动城乡建设绿色发展的意见》

续表

发布时间	发布部门	文件名
2021 年 11 月 12 日	国务院	《"十四五"推进农业农村现代化规划》
2022 年 1 月 19 日	住房和城乡建设部	《"十四五"建筑业发展规划》
2022 年 3 月 1 日	住房和城乡建设部	《"十四五"住房和城乡建设科技发展规划》
2022 年 3 月 1 日	住房和城乡建设部	《十四五"建筑节能与绿色建筑发展规划》
2022 年 5 月 7 日	农业农村部、国家发展和改革委员会	《农业农村减排固碳实施方案》
2022 年 6 月 30 日	住房和城乡建设部、国家发展和改革委员会	《城乡建设领域碳达峰实施方案》
（五）交通运输绿色低碳行动		
2021 年 10 月 29 日	交通运输部	《绿色交通"十四五"发展规划》
2021 年 12 月 9 日	国务院	《"十四五"现代综合交通运输体系发展规划》
2022 年 4 月 18 日	交通运输部、国家铁路局、中国民用航空局、国家邮政局	《贯彻落实〈中共中央国务院关于完整准确全面贯彻新发展理念做好碳达峰碳中和工作的意见〉的实施意见》
（六）循环经济助力降碳行动		
2021 年 7 月 1 日	国家发展和改革委员会	《"十四五"循环经济发展规划》
2022 年 1 月 27 日	工业和信息化部等八部门	《加快推动工业资源综合利用实施方案》
（七）绿色低碳科技创新行动		
2021 年 11 月 29 日	国家能源局、科学技术部	《"十四五"能源领域科技创新规划》
2022 年 6 月 24 日	科学技术部等九部门	《科技支撑碳达峰碳中和实施方案（2022—2030 年）》
2022 年 12 月 13 日	国家发展和改革委员会、科学技术部	《关于进一步完善市场导向的绿色技术创新体系实施方案（2023-2025 年）》

续表

发布时间	发布部门	文件名
（八）碳汇能力巩固提升行动		
2021 年 12 月 31 日	国家市场监督管理总局、中国国家标准化管理委员会	《林业碳汇项目审定和核证指南》（GB/T 41198-2021）
2022 年 2 月 21 日	自然资源部	《海洋碳汇经济价值核算方法》
2023 年 9 月 29 日	自然资源部	《海洋碳汇核算方法标准》
（九）绿色低碳全民行动		
2022 年 1 月 18 日	国家发展和改革委员会等七部门	《促进绿色消费实施方案》
2022 年 4 月 19 日	教育部	《加强碳达峰碳中和高等教育人才培养体系建设工作方案》
2022 年 9 月 8 日	生态环境部	《2022 年绿色低碳公众参与实践基地征集活动方案》
2022 年 10 月 26 日	教育部	《绿色低碳发展国民教育体系建设实施方案》
（十）财政、金融、统计、司法、商业等其他领域支持行动		
2021 年 11 月 27 日	国有资产监督管理委员会	《关于推进中央企业高质量发展做好碳达峰碳中和工作的指导意见》
2022 年 1 月 27 日	中华全国工商业联合会	《关于引导服务民营企业做好碳达峰碳中和工作的意见》
2022 年 4 月 22 日	国家发展和改革委员会、国家统计局、生态环境部	《关于加快建立统一规范的碳排放统计核算体系实施方案》
2022 年 6 月 1 日	原银行保险监督管理委员会	《银行业保险业绿色金融指引》
2022 年 5 月 25 日	财政部	《财政支持做好碳达峰碳中和工作的意见》
2022 年 5 月 31 日	国家税务总局	《支持绿色发展税费优惠政策指引》

续表

发布时间	发布部门	文件名
2022 年 10 月 18 日	国家市场监管总局、国家发展和改革委员会等九部门	《关于印发建立健全碳达峰碳中和标准计量体系实施方案的通知》
2022 年 11 月 10 日	生态环境部	《气候投融资试点地方气候投融资项目入库参考标准》
2023 年 2 月 16 日	最高人民法院	《关于完整准确全面贯彻新发展理念为积极稳妥推进碳达峰碳中和提供司法服务的意见》
2023 年 10 月 20 日	国家发展和改革委员会	《国家碳达峰试点建设方案》

资料来源：由作者根据中央政府官方信息发布整理。

在《意见》与《方案》出台之后，我国各省、自治区、直辖市陆续根据地方实际提出了推动地区层面的"双碳"工作实施意见。从 2022 年 2 月至 2023 年 7 月，浙江省、重庆市、福建省等少数省份出台了对接党中央、国务院《意见》的碳达峰、碳中和综合实施方案，包括北京市、上海市、天津市、河北省、山东省、山西省、黑龙江省、吉林省、辽宁省、河南省、安徽省、湖南省、江西省、广东省、云南省、贵州省、青海省、海南省、陕西省、甘肃省、广西壮族自治区、宁夏回族自治区等多数省份出台了对接国务院《方案》的省级碳达峰实施方案。另有个别省份出台了更加具体的实施方案，例如湖北省经济和信息化厅印发的《工业领域碳达峰实施方案》，上海银保监局等八部门印发的《上海银行业保险业"十四五"期间推动绿色金融发展服务碳达峰碳中和战略的行动方案》，新疆维吾尔自治区住房和城乡建设厅、自治区发展和改革委员会印发的《新疆维吾尔自治区城乡建设领域碳达峰实施方案》等。

综上来看，我国横纵双向的"双碳"目标政策实施体系日臻完善。在中央层面，各个国务院职能部委陆续出台了围绕自身负责领域的碳达峰碳中和实施方案和具体规划意见。在地方层面，各个省、自治区、直辖市也出台了省级碳达峰碳中和工作实施方案。未来，我国在"双碳"目标配套政策领域，仍然有必要进一步扩展和深化。一方面，中央部委层面大多围绕碳达峰的 10 年内中短期目标进行政策设计，有必要进一步研究部署针对 2060 年碳中和目标下的长期战略规划。尤其是负有降碳与控排重要职责的能源、工业、交通等部门，更需要在政策中针对中远期行业的减排路径进行预先谋划。另一方面，地方层面仍然需要围绕碳达峰碳中和在 2060 年长远目标以及分部门行业的具体领域的实施进行长远和细化的政策制定，结合每一个地方不同的资源禀赋和经济发展水平，出台 2060 年远景目标，并围绕能源、工业、交通、城乡建设、生态保护、财政金融、科技发展等不同领域，出台更加细致的工作方案。同时，无论是中央还是地方都仍然有必要延续以碳市场建设为核心的低碳转型实施思路，在推动立法的同时进一步丰富碳排放交易等市场工具的配套政策体系。

二、建立国家"一体两翼型"应对气候变化的法律保障体系

我国应对气候变化法律体系应当是"一体两翼型"，即在基本法的统领下，构建从"上游"减缓到下游"适应"的法律体系。[1]后来这一观点被其他学者进一步丰富为"一体两翼四向型"，将减缓和适应法律分别具体化为四个平行维度，[2]包括温室气体减排、增汇、人类社会适应、生态系统适应四个主要方面。另一种学术观点则转换视角，突出了法律体系随时间演进的构建特点，即采取气候变化国际法的"框架公约+议定书"模式，将原则性内容在基本法中加以确立，并逐步在各分支应对技术层面进行立法，以确立单行法或现行法律修订的形式添加到法律体系之中。[3]综合世界各国立法实践以及学者们的立法建议，本书认为，我国应对气候变化法律体系的构建宜采取分布渐进的"三层级一关键点"组合模式，即以基本法为内核，以减缓和适应各单行法为密切联系层，以保障性制度和其他相关法律为支持层，将碳排放交易的立法作为推进重要着力点。

---

〔1〕 张梓太：《中国气候变化应对法框架体系初探》，载《南京大学学报（哲学·人文科学·社会科学）》2010 年第 5 期，第 37~43 页。

〔2〕 廖建凯：《我国气候变化立法研究——以减缓、适应及其综合为路径》，中国检查出版社2012 年版。

〔3〕 龚微：《气候变化国际法与我国气候变化立法模式》，载《湘潭大学学报（哲学社会科学版）》2013 年第 3 期，第 42~46 页。

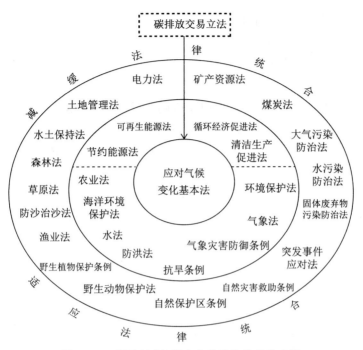

图 10-1　我国应对气候变化法律的体系化建设

三、以气候变化应对基本法作为法律体系的核心层

核心层是我国应对气候变化法律体系大厦的"钢筋骨架"，是起到统领和支撑性作用的法律。核心层应当只有一部法律，即气候变化应对基本法，价值导向性、原则性、稳定性和框架性是该法的主要特点。该法一旦确立，除非发生重大外部环境变化，否则不应随意修改。究其内容，基本法应当明确立法目的、基本原则、组织机构设置和战略规划四个重要内容。[1]

第一，明确应对气候变化法律体系的立法目的。法律目的是人的需要在法律上的直接体现，我国气候变化应对基本法的立法目的应当是内外双向的，以气候责任理念作为重要推动力。对内而言，应当有利于维护气候系统稳定、保护人民生命财产安全、促进我国经济社会可持续发展。对外而言，应当有

---

〔1〕　潘晓滨：《中国应对气候变化法律体系的构建》，载《南开学报（哲学社会科学版）》2016年第6期，第78~85页。

利于我国履行应对气候变化的国际法律义务，参与国际气候治理，逐步树立起我国在气候领域的国际领导力。

第二，确立应对气候变化法律体系的基本原则。其应当是反映立法价值和立法目的，并对应对气候变化法律活动起到普遍指导意义的根本性准则。本书认为具体应包括：国家核心利益原则、风险预防原则、减适并重原则、环境民主原则四个方面。国家核心利益原则应当居于首要位置，是比例原则在应对气候变化基本法制定领域的具体体现。要求我们制定任何应对气候变化领域的法律，或者从事应对气候变化的有关活动，都不应当损害国家的核心利益，措施应当是适当的，并与我国当前所处发展阶段相适应，任何超前的行动都必须以保障人民生存权和发展权为前提。风险预防原则来自《联合国气候变化框架公约》，并完全适合于国内的气候立法，该原则要求我们所采取的任何应对手段都不能以没有科学确定性为前提而不作为，但措施手段同时也要符合成本效益。减适并重原则体现出我国应对气候变化的减缓和适应两类手段的平衡性，既不能效仿发达国家一味重视减缓立法，也不能遵循部分发展中国家过分强调适应立法。环境民主原则体现出应对气候变化并非政府一家之责，而应集合社会公众力量的共同参与，强调了气候法律参与主体的多元性，并为下位法中不同参与主体权利义务的设置提供支持。

第三，建立应对气候变化法律体系的组织机构与战略规划。这是应对气候变化基本法密切关联的两个重要内容。纵观发达国家和发展中国家的气候立法，首要内容都是指定或创立负责应对气候变化领域的国家机构，明确其职权和责任，并对气候变化应对工作进行短期、中期和长期的战略规划。我国目前的应对气候变化工作主要通过政策层面进行推进，形成了以国务院应对气候变化领导小组为决策层、以国家发展和改革委员会为主要执行机构、多部委联合参与的组织体系。在应对气候变化基本法中，这种组织体系应加以法定化，保证组织架构的稳定性，并纳入适当的创新机制，如效仿他国做法，依法设置专门化的应对气候变化咨询机构，为决策和执行部门提供支持。同时，法律应将目前已经实施的、纳入国家经济社会发展规划的应对气候变化政策模式写入法律，保证规划工作的稳定性和可预见性。

四、以减缓和适应专门法作为法律体系的密切联系层

密切联系层是我国应对气候变化法律体系大厦的重要支柱，是贯彻基本

法指导思想、实现气候治理政策工具法定化的重要组成部分。减缓与适应是应对气候变化的主要实施路径，两者内在存在着一致性。减缓是对碳排放的限制，使其保持在可控范围内，有利于国家实现对气候变化的长期适应；适应是对当前气候变化不良影响的积极应对，降低自身脆弱性，有利于国家投入更多资源进行减缓努力。在法律层面，我国现行法律法规虽然涉及应对气候变化中减缓和适应的内容，但规定太过分散且条款针对性不强，我国立法机关应制定单行减缓与适应气候变化法，分别用于调整减缓和适应领域内的社会关系，对分散化的法律规范进行整合。两部单行法中涉及具体制度和实施细则等内容，可以由气候变化应对基本法中授权的行政管理部门采用更具灵活性的行政法规和部门规章形式进行规制。

减缓气候变化法是以控制温室气体的绝对和相对排放量作为立法目标的专门性法律，其核心内容涵盖减少排放源和增进吸收汇两个重要方面，涉及能源、产业、环保和资源利用等多领域法律。与能源相关的碳排放占据了我国排放量的绝大部分，因此对能源供给侧和需求侧的规制将是减缓立法的重点所在。其一，新法应吸收《节约能源法》和《可再生能源法》的内容分别作为提高能效和可再生能源章节的有关条款；其二，新法应整合现行的《电力法》《煤炭法》以及未来将要颁行的《石油天然气法》相关法律规范，将其作为化石燃料清洁化利用的有关条款；其三，作为经济激励型工具的碳排放交易、碳税、节能量交易等市场化手段，可以作为单独章节在新法中进行原则性规定。

与产业有关的碳排放也是新法规制的重要内容。其内容涵盖与二氧化碳相关的工业生产过程排放、与氮氧化物有关的化工行业排放、与人工温室气体生产有关的氟化气体行业排放。新法应吸收现行法中《循环经济促进法》和《清洁生产促进法》的有关条款，并整合一些针对具体行业进行规制的相关部门规章和行业标准等内容。新法中针对具体行业的规定也应以原则性内容为宜，具体实施细节和标准规范有待国家发展和改革委员会、工业和信息化部、科技部等政府职能部门出台部门规章或规范性文件进行专项规定和指导。值得注意的是，针对工业生产碳排放规制的相关立法也是碳排放交易配额分配制度中覆盖产业部门排放数据统计收集以及基准线法无偿分配的重要法律依据。

与增加碳汇有关内容是新法规制的重要组成部分，其内容应当包含森林碳汇和土壤固碳两个方面。我国现行法律中的《森林法》《草原法》《防沙治沙法》《水土保持法》和《土地管理法》都与增加碳汇密切相关。新法应当吸取其中的相联系内容构成专门的碳汇章节，考虑到我国不同省市所处地理环境的差异，新法中的碳汇规定不宜太过具体，可以留待相关职能部门以及各地方通过部门规章和地方性法规的形式进行立法。需要补充说明的是，增加碳汇与碳排放交易的关联性体现在两个方面：其一，某些私人主体可以通过增加碳汇的减排活动获得国家颁发的核证减排量（CCER），并可以通过市场交易出售给纳入配额管理的排放实体后获得收益；其二，由于我国各省市地理环境的巨大差异，某些省市的地方政府可以通过推动植树造林等增加碳汇活动，获得在国家统一排放交易体系中配额总量分解的额外早期行动奖励。

适应气候变化法是以增强人类社会和生态系统适应气候变化的能力作为立法目标的专门性法律，其核心内容涵盖了人类社会适应和生态系统保护两个重要方面，涉及农业、水资源、气象防灾和生态保护等多方面法律。[1]保护人类社会免受气候变化影响，提高其适应气候变化的能力，是适应气候变化法的主要方面。其内容涉及农业生产、水资源利用、海岸带保护和气象防灾。我国的适应立法应当吸收现行《农业法》《水法》《海洋环境保护法》《气象法》《防洪法》《突发事件应对法》等法律以及《抗旱条例》《气象灾害防御条例》《自然灾害救助条例》等有关法规中的应对措施规定，形成人类社会适应气候变化的独立章节。此外，由于适应气候变化法更多地体现了政府责任型工具的法定化，而且事关人民群众的生命财产安全，因此立法中应明确各负责中央部委和地方政府的职权和责任。保护和改善生态环境，降低生态系统适应气候变化的脆弱性，是适应气候变化法的重要补充。其内容涉及综合环境保护与生物多样性保护，我国目前已经建立起了以《环境保护法》为核心、各种单行污染防治和环境保护法律为骨干、行政法规为补充的环境法律体系。我国适应气候变化的新法应当吸收该体系中与气候变化相关联的法律内容，纳入的重点应放置于生态环境与物种保护而非污染治理，从而形成生态系统适应气候变化的独立章节。

---

〔1〕 张梓太：《论气候变化立法之演进——适应性立法之视角》，载《中国地质大学学报（社会科学版）》2010年第1期，第70~73页。

从表面来看，适应气候变化立法似乎与碳排放交易相距甚远，其实两者也有一定的关联性。适应气候变化无论从人类社会应对方面还是生态系统保护方面，都需要大量的资金投入，而作为资金来源的重要方面，碳排放配额的有偿拍卖收入可以用来支持适应气候变化工作。根据污染者负担原则，气候变化影响是由过量碳排放导致的，并导致了最终适应气候变化成本的产生，因此通过建立配额有偿分配的资金机制来支持国家或地区的适应气候变化进程完全具有法律正当性。

五、以保障性制度与相关法律的协调作为法律体系的支持层

支持层是我国应对气候变化法律体系大厦的基石，是在气候变化应对基本法的指导下，为气候变化减缓和适应法律的有效实施提供技术、资金和能力建设支持等一系列法律制度的合集。

第一，技术创新是推动低碳经济转型、应对气候变化的重要手段，能效提高、可再生能源的普及、智能电网的建立以及碳捕获与封存（CCS）的应用都需要国家在技术层面进行推动。我国宜通过科技部等政府职能部门颁行相关部门规章，通过标准制定和经济激励，促进技术的研究、开发、示范和应用推广，灵活性与及时性是技术法律制度制定的重要考虑。碳排放交易的一个重要作用就是在保障既有减排效果的情形下，促进相关控排企业积极通过技术创新完成减排，通过节省下来的配额进行市场交易而获益。相关技术促进保障性法律的确立将能够明显放大碳排放交易的实施效果。

第二，应对气候变化领域的能力建设，也是我国建立保障性制度的重要一环。其核心内容包括国家和产业层面气候变化信息的搜集与监测、气候变化信息系统的构建以及气候变化风险评估系统的建立等一系列措施。在法律层面，由于能力建设领域的技术性较强，较适合通过国家发展和改革委员会联合工业和信息化部、农业部、国家气象局等部门出台针对性强的部门规章，并依靠规范性文件进行细节规定。在实施碳排放交易的情形下，尤其是在完善配额分配制度的过程中，更加需要国家和产业层面一系列排放信息的搜集和统计，更需要相关信息管理系统的建立和支撑。

第三，确立应对气候变化资金制度更为关键，无论是减缓和适应气候变化具体措施的实施，还是应对气候变化领域技术和能力建设的推进，都离不开国家财政以及相关金融机构资金的支持。我国目前虽然缺少相关立法，但

仍然可以通过财政部等职能部门出台相应的部门规章，对应对气候变化的资金来源、使用和管理等具体制度进行明确规定，同时由中国人民银行出台有关文件引导和鼓励金融机构资金向应对气候变化领域倾斜。在实施碳排放交易的情形下，尤其是在完善配额分配制度的过程中，建立配额有偿分配收入的资金使用机制也是应对气候变化资金制度的重要一环，对于支持我国减缓与适应气候变化的工作具有重要意义。

六、以碳排放交易立法作为法律体系的关键着力点

进行碳排放交易立法是我国推动应对气候变化法律体系建设的关键环节。其不仅体现在作为减缓气候变化中减排领域的重要手段需要法定化后发挥关键性作用，而且对于适应气候变化和各项气候变化保障性法律与减缓领域的连接也起到了重要的桥梁职能。截至 2023 年 11 月，我国的全国统一排放交易立法仍然处于建设阶段，国务院条例暂未发布，仅有生态环境部出台的部门规章进行了框架性规定，法律层级的提高、内容体系的完善都是我国碳排放交易立法的发展方向。在立法层级上，本书认为，我国的碳排放交易立法至少应当以国务院法规形式发布，这是因为碳排放交易涉及了较多的国家部门与地方政府，在国家部委之间以及中央和地方之间进行协调，仅仅依靠生态环境部颁行的部门规章，其法律效力是远远不够的，必要时可以考虑由全国人民代表大会将其制定为单行法律，从属于减缓气候变化法律体系之中。在具体内容方面，本书认为，我国的碳排放交易立法应当包括：碳排放交易的立法目的与基本原则，配额明确的产权界定，排放交易参与主体的权利与义务，排放交易的监督管理体制，排放交易参与主体的法律责任等。

第三节 引入保障"双碳"目标进展的国家碳预算制度

国家自主贡献（NDCs）可信度评估发现，为了保障国家减排目标的实现，发达国家普遍将碳预算制度引入了应对气候变化立法，并建立起以碳预算制度与碳交易或碳税制度为重点的碳中和目标保障体系。对于我国来讲，为了确保"双碳"目标的实现，尤其是 2030 年碳达峰之后碳中和目标能够按计划顺利达成，需要纳入国家碳预算制度提供总体规划、规范操作和明确的碳排放下降量化管理，在应对气候变化基本法统合的基础上发挥制度优势。

国家碳预算制度需要在未来出台的《应对气候变化法》中明确其法律地位、实施机构和基本制度内容，并由国务院出台配套行政法规建立实施细则。[1] 在国家碳预算的程序设计、调整制度层面，可以适当借鉴财政预算制度已有的运行模式，并与财政预算所建立的专项资金供给紧密协同，结合温室气体排放统计核算工作的实际进展，打造本土化的国家碳预算制度体系。

一、将国家碳预算纳入应对气候变化立法的整体规划

推进"双碳"目标的保障立法不仅要考虑建立制度框架对碳减排活动进行授权，还要具备综合协调及目标指引功能。相较于以往泾渭分明的专门性立法和等待问题暴露后再予以解决的回应性立法两种路径选择，"双碳"目标下的应对气候变化立法需要更新思路解决旧有问题。一方面，打破国家气候治理分散式立法局面，[2] 使已施行的《大气污染防治法》《可再生能源法》《循环经济促进法》等法律实现立法统合，增加应对气候变化法律体系内部的关联与协作。[3] 另一方面，建立以碳预算为代表的常态化碳减排专项法律制度，启动长效减排机制，避免"运动式减碳"。无论是出于应对气候变化法律体系整体架构的考虑，还是从碳减排活动对减缓气候变化的从属关系来看，我国出台《应对气候变化法》均是国家碳预算法律制度实现的前提。因此，国家碳预算制度的确立不宜单独采用专门性立法，而应当通过《应对气候变化法》的碳预算专款或专章进行规定，而后由国务院出台国家碳预算管理的行政法规进行实施细则的明确。客观上受"双碳"目标影响，国家应对气候变化立法形态呈现出更为明晰的"制度群"特征。[4] 为此要配套制定实施细则，打造层级分明、内容详实的碳预算制度体系。与此同时，要注意国家碳预算内容与其他法律的功能衔接，使人大的审查职能范围扩展至应对气候变化工作并符合程序法定要求，形成国家碳预算与财政预算审议的一致性。

---

〔1〕 潘晓滨：《碳中和背景下国家碳预算的理论同构与立法路径》，载《湖南大学学报（社会科学版）》2024年第1期，第53~61页。

〔2〕 李猛：《"双碳"目标背景下完善我国碳中和立法的理论基础与实现路径》，载《社会科学研究》2021年第6期，第90~101页。

〔3〕 曹明德：《中国气候变化立法的已有经验总结与建议》，载《清华法治论衡》2015年第1期，第81~90页。

〔4〕 冯帅：《论"碳中和"立法的体系化建构》，载《政治与法律》2022年第2期，第15~29页。

二、建立国家碳预算编制职能机构

国家碳预算的编制区别于传统财政预算编制流程，对碳排放信息实时更新提出了较高要求，需要政府建立全新职能部门，以其专项工作内容重构碳预算编制流程。为此，《应对气候变化法》应授权增设专门机构，直接接受国家碳达峰碳中和工作领导小组指导。就单个收支期间而论，该机构在当年碳预算出台前应当与各方代表展开磋商，结合磋商结果、核算数据、研究成果及实施进度向国务院提交年度碳预算建议书，国务院以其建议书为重要参考依据制定当年预算并提交人大审议。经人大审议通过的年度碳预算，该机构在其实施过程中具有建议权。当具备《应对气候变化法》规定的特殊情况时，应将更改减排措施的提案交由该部门，由其出具审查结果并提议国务院进行年度碳预算调整。与财政资金收支决算的直观特点不同，气候变化问题的复杂性以及碳减排效果的验证难度，导致审议人员对预算实施监督十分困难，因此该机构负有年度预算实施情况的解释说明义务。

三、配置国家碳预算期间运行的程序性规则

国家碳预算相对目标的设定决定了计划实施的阶段性特征，为了满足统筹管理的要求，以 5 年和 1 年分别作为预算计划周期与预算期间的时间跨度，纳入专门国家碳预算法律基本成了各国保证碳预算有效运行的通用做法，表现出碳预算确有区别于传统预算的立法思路，但这并不意味着碳预算能够与财政预算切断关联，出台碳预算程序性规定要注意借鉴预算法现有经验。我国《预算法》（2018 年修正案）在跨年度预算平衡机制及转移支付制度方面进行修改完善，使《预算法》进一步向"预算法治"理念靠拢，[1]其"动态预算"管理观念转化契合碳预算的内在思路，[2]因而国家碳预算多项程序可以与预算法保持一致，尤其是涉及预算调整的部分，在提交预算调整方案后由全国人民代表大会常务委员会审批通过，符合预算整体监督思路。效仿预算法程序的同时也应设计碳预算专属规定，例如碳预算决算汇报采用各国政

---

〔1〕 何文盛、杜丽娜、蔡泽山：《国家治理现代化视角下预算治理的理念嬗变与演化兴起》，载《上海行政学院学报》2019 年第 6 期，第 10~21 页。
〔2〕 王嘉颖：《优化创新跨年度预算平衡机制的思路——基于新〈预算法〉背景下》，载《财经问题研究》2016 年第 S2 期，第 37~39 页。

府通用的年度报告形式，报告中还包含对当前温室气体排放情况、气候年度行动计划的执行、减排活动整体进度及对未来的整体预估。

四、完善国家碳预算调整制度的分类实施

国家碳预算调整制度至少应当具备碳预算平衡、碳预算转移支付以及配套监督机制。碳预算平衡是碳预算计划调整的实现路径。时间上，通过跨期转移表现为历史损耗预算的弥补和未来剩余预算的规划；空间上，将碳预算平衡分为地区横向转移、组织内部纵向转移与横纵向转移并行，形成额度转化后的区域间流转，总体目标是达成一国境内整体碳预算平衡状态。国家碳预算调整离不开《应对气候变化法》的授权与约束，通过基本法的一般性规定为主体行为提供法律依据。碳预算的跨期平衡方面，需要在专门实施规则中体现"剩余预算的结转"和"预算超标的紧急计划"来组成跨期平衡的时段覆盖；剩余预算的结转包括历史亏损弥补与未来预算扩充，预算超标的紧急计划则应当包含紧急响应措施与补全期限的规定。转移支付方面，与气候环境容量相挂钩的碳预算额度不能被简单视同于传统转移支付的资金额度，这意味着碳预算额度转移包含额度转化的中间过程将会撬动更多资金流动，考虑到预算层级与转移支付手段问题，在基本法中明确政府有权就年度计划做出额度调配，授予相应权限。

五、健全财政预算的碳减排资金专项供给

碳预算与传统财政预算最主要的交汇点在于减排活动的资金支持，实现国家碳预算的温室气体减排目标不仅需要气候变化应对方面的法律规范，还要发挥财政预算在碳达峰碳中和整体进程中的推动作用，带动社会资金向减排领域流入。过往经验足以证实中央环境保护专项资金对地方环境保护能力建设的扶持作用，但也应当认识到专项资金的"应急式投资"风格并不符合"双碳"长期目标下的可持续发展路径。[1]为此，预算资金供给同样应契合"双碳"目标的分段实施特点进行制度设计。预算支出方面，初始阶段应将碳预算纳入政府性基金管控范围，设立中央与地方共享的温室气体减排基金，

---

〔1〕 郑谊英：《构建体现国家治理现代化要求的预算法律监督机制——以政府环境保护公共财政预算为视角》，载《河南师范大学学报（哲学社会科学版）》2015年第5期，第71~75页。

专款专用的同时利用预算计划保证减排活动持续发力，奠定绿色经济发展基础。预算收入方面，专项基金中包括未来交通和能源等行业实施碳税后的税收收入，在后续碳市场配额由无偿分配过渡到有偿使用后，一部分初始配额的收益同样可被纳入碳预算资金来源。

第四节　建立碳捕获与封存技术与碳市场的耦合机制

国家自主贡献（NDCs）可信度评估发现，公私合作参与气候治理具有重要的启示性价值。同时，在与《巴黎协定》相关的部门基准评估中可以发现，碳捕获与封存技术（CCS）的推广和成熟对于工业化国家 2030 年至 2050 年能源生产，以钢铁和水泥为代表的工业领域深度脱碳而言必不可少。中国正处于低碳经济转型的重要过渡时期，在"双碳"提出后，能源替代与工业体系减排无疑将成为重中之重，但在经济体系无法彻底脱碳的技术背景下，为实现碳中和，需要思考如何完成碳清除这"最后一公里"的目标，以 CCS 技术为代表的降碳手段是重要选项。如何利用碳市场机制推动 CCS 技术的发展，也必将成为中国低碳转型法律路径选择的重要议题。[1]

一、中国应采取渐进式立法路径推进 CCS 技术与碳市场衔接

第一阶段是 CCS 技术融入碳市场的促进性立法。由于短期内中国碳市场所能够推动的碳排放配额的信用价格还远远低于利用 CCS 技术清除 1 吨二氧化碳的价格，CCS 技术早期无疑需要政府的大力投入和财政补贴支持。可以考虑碳市场配额拍卖或将其他相关交易收益的一部分，用于鼓励 CCS 技术项目的开发，或直接向 CCS 技术开发商免费分配配额，让其在碳市场出售获益，都可以起到补贴效果。从长期来看，随着碳中和目标兑现期的临近，国家势必出台更加严格的碳减排要求。同时，CCS 技术在经历一段时间的补贴后也将走向成熟。CCS 技术清除 1 吨二氧化碳的价格也会与社会平均碳价水平相接近，这个时期则需要考虑美国路径的优势，通过设计 CCS 项目减排规则，利用市场手段来促进 CCS 技术大规模商业化应用。

---

[1] 潘晓滨：《碳中和背景下碳捕获与封存技术纳入碳市场的立法经验及中国启示》，载《太平洋学报》2021 年第 6 期，第 13~24 页。

第二阶段是 CCS 技术融入碳市场的管理性立法。当下中国 CCS 技术的应用与发展仍然处于后发阶段，但随着中国全国统一碳市场的启动，各地方碳市场试点的探索也将进入深水期，未来的控排企业，尤其是火电行业、钢铁行业、水泥行业等对 CCS 项目的需求也可能逐渐显现，中国对 CCS 技术的推进势必要从财政扶持过渡到完全的市场竞争。推动 CCS 技术融入碳市场，中期来看可行的路径实施选项既包括国家层面的顶层设计，也包括地方层面的先行先试。国家层面可以通过将大型 CCS 项目纳入国家自愿减排机制，通过政策引导支持大型能源企业、工业企业金融机构等投资 CCS 项目。而地方层面则可以探索并选择运行良好且碳价较高的区域碳市场，通过修改地方碳排放交易立法将 CCS 项目运营商直接纳入其中，并允许一些有实力的大型企业投资 CCS 项目来抵消自己在地区碳市场的履约义务，剩余减排量可以存储或出售。

二、充分重视健全配套法律体系对于将 CCS 技术纳入碳市场的支持作用

第一，完善中国环境管理法律。一方面，需要对二氧化碳等温室气体的污染物法律属性进行界定，可以对《环境保护法》第 42 条的"防治在生产建设或者其他活动中产生的废气、废水、废渣、医疗废物、粉尘、恶臭气体、放射性物质以及噪声、振动、光辐射、电磁波辐射等对环境的污染和危害"条款进行补充，把二氧化碳等温室气体明确列入其中。作为重要的实施立法，中国需要修改 2020 年颁行的《排污许可管理条例》，在其中增加碳排放许可的内容。同时，有必要出台碳排放总量控制、碳减排规划与碳排放监测等专门化配套规则。另一方面，《环境保护法》需要对第 40 条进行修改，明确国家在促进清洁生产和资源循环利用的方式中，在鼓励企业"采用资源利用率高、污染物排放量少的工艺、设备以及废弃物综合利用技术和污染物无害化处理技术"条款中加入"碳减排技术"的原则性规定，并在清洁生产和资源循环利用的实施性立法中确立 CCS 技术作为二氧化碳减排措施的法律地位。

第二，调整中国税收相关法律。在《环境保护法》纳入低碳因素之后，中国应考虑对相关税收立法进行修改。目前与污染物排放和资源利用直接相关的法律分别是《环境保护税法》和《资源税法》，修改的重心应偏向在这两部税法中增加针对参与 CCS 技术项目等温室气体自愿减排活动的税收减免、优惠或其他激励制度。一方面，《环境保护税法》本质上是一部污染物排放税

法，在二氧化碳等温室气体被确立为污染物之后，可以考虑在其附件中将以二氧化碳为代表的温室气体纳入应税污染物范围，并在该法第三章第 12~13条减免条款中增加对某些控排企业参与 CCS 技术等自愿减排项目的减征、免征或缓征规则。另一方面，可以考虑从《资源税法》的修改入手，在立法目的中引入减少化石燃料使用和应对气候变化的内容，将计税规则中的"根据化石燃料开采量作为计量依据"，转变为"化石燃料的含碳量或未来化石燃料燃烧所产生的二氧化碳排放量作为计税依据"。在该税法第 6 条免征条款和第 7 条缓征条款中，加入针对石油、天然气等化石燃料开采企业从事 CCS 技术应用和项目开发的减免税细则内容。此外，中国需要考虑其他 CCS 项目参与者的利益分配问题，可以通过修改企业所得税法、增值税法等相关法律，在相关税收条款中增加针对 CCS 项目开发商缓征、经营所得减免税、加速折旧等优惠性规定，以激发其投资 CCS 项目的热情。

第三，对标中国科技促进法律。从科技促进法律角度来看，对于 CCS 技术的发展和促进应进行有针对性的明确规定。虽然《促进科技成果转化法》（2015 年修订）在第 12 条第 3 款科技成果转化项目中明确引入了应对气候变化和碳减排内容，但没有针对 CCS 技术的法律地位进行明确规定，同时也缺少完整、具体的激励制度和配套的资金衔接规则。在 CCS 技术早期阶段的促进方式选择上，法律明确规定国家可以通过政府采购、研究开发资助、发布产业技术指导目录，以及示范推广等方式予以支持，但最为关键的资金来源则需要进一步明确。目前，中国针对与能源使用和碳减排相关技术促进的基金制度主要包括，根据《节约能源法》（2018 年修正）确立的节能专项基金制度，以及根据《可再生能源法》（2009 年修正）所确立的可再生能源发展基金制度等。此外，中国正在征求意见的《碳排放权交易管理暂行条例（草案修改稿）》（2021 年 3 月 30 日发布）也提出要建立碳排放交易基金制度。未来，针对 CCS 技术早期的各种奖励和补贴政策，仍然需要《促进科技成果转化法》配套规则对该技术早期资金来源进行明确，同时纳入对私人投资 CCS 技术的激励性规定，以便引导科研院所、企业或其他实体进行 CCS 新技术的研发投入，并为 CCS 技术创新和应用的先进单位和个人提供经济奖励。

第五节　完善公私合作治理构建以碳市场为核心的公众参与制度

碳排放交易制度是我国积极应对气候变化、完成国民经济低碳转型的重要手段。通过国家自主贡献（NDCs）可信度评估可以发现，公众参与政府国内应对气候变化行动的态度和实际参与，有助于解释各国对气候行动的不同政治支持水平，因此对国家自主贡献（NDCs）的可信度评估十分很重要。在我国重点开展以碳市场为核心的应对气候变化工作的背景下，将公众参与机制融入我国应对气候变化和碳市场推进工作是完全必要且可行的。在立法路径上可以选择融合型或专项型立法对碳市场公众参与机制进行法定化，并针对公众参与中的参与主体、参与范围和参与方式三个主要方面进行具体的制度设计。[1]

一、健全碳市场多元化参与主体的制度安排

参与主体的界定是公众参与机制的首要方面，其规则是要解决碳市场公众参与机制中的"由谁参与"问题。碳市场运行中的参与公众范围应当包括与制度实施环境效果利益攸关的社会公众与环境保护非政府组织，同时也包括了游离于碳排放交易之外的产业部门。其一，公民个人应当被包含在参与"公众"的范围之内。根据气候责任理论，每一个国家与公民个人都应当负有应对气候变化的道义责任。因此，参与碳排放交易的配额分配进程，保障该制度环境效果的有效实现，也是每个公民个人的权利与义不容辞的责任。其二，环境保护非政府组织也应当被包含在参与"公众"的范围之内。非政府组织（NGO）是环境保护与应对气候变化的急先锋，他们往往由具有积极参与环境保护事业的精英人士组成，具有较高的环境保护与应对气候变化的知识文化水平和活动经验，对于碳配额分配这类涉及较多技术标准和流程的方法或措施，可以起到更加行之有效的监督作用。其三，游离于碳市场之外的产业部门及企业也应当包括在参与"公众"的范围之内。这是因为，在一国碳预算制定过程中，往往需要在碳排放交易覆盖范围以及非覆盖范围之间进

---

〔1〕潘晓滨：《碳中和背景下我国碳市场公众参与法律制度研究》，载《法学杂志》2022 年第 4 期，第 151~159 页。

行碳预算分割。如果覆盖范围之内的产业部门通过向决策者施加影响获得了更多的碳排放配额，那么这些覆盖范围之外的产业及其个体排放企业无疑将承受更大的减排压力，这种局面对覆盖范围之外的产业部门明显是不公平的。此外，有些产业部门如果是碳市场覆盖产业部门的下游领域，也有可能成为碳配额成本传递的被动承担者。

二、扩大公众参与碳市场等气候环保类的事务范围

参与范围是要解决碳市场公众参与机制中由特定主体"参与哪些事务"的问题。碳市场中的公众参与范围应当至少包括公众对控排企业纳入标准、碳配额分配、碳市场履行等相关信息的知情，公众对碳配额分配重要环节的参与决策，公众对碳排放交易制度实施的监督三个主要方面。其一，公众知情是保障公众有效参与的重要前提，在碳市场等规则的制定和完善中，公众知情的内容应当包括产业部门的覆盖范围标准、个体企业的准入门槛、针对覆盖产业的碳泄漏分类标准、针对覆盖产业中既有纳入企业的配额无偿分配规则及其选择依据、针对既有纳入企业的配额有偿分配规则、针对配额分配变动情况下的配额处理规则等。其二，公众参与决策，可以对碳市场相关规则立法和决策进程起到有效保障。由于该环节事关众多的信息收集和处理，并且决定了碳市场整体运转的优劣，充分发动公众参与决策进程可以有效避免政府管理部门因为信息不对称而作出单方面错误决策。其三，公众监督是公众作为气候变化受影响者以及经济利益相关者参与碳市场运行的重要内容。公众的实时监督以及发现问题后的揭发与检举，可以有效应对部分产业利益集团对政府部门施加的影响，保障碳市场运转的公正性。上级政府可以通过设立第三方独立机构保障公众监督信息的有效反馈和及时处理，促进碳市场主管部门依法行政，同时建立必要的激励机制促进公众积极履行监督的权利。

三、明确公众参与机制中的参与方式制度设计

参与方式是要解决碳市场公众参与机制中由特定主体可以采用"哪些具体方式"来参与特定事务的问题。在程序上，公众参与的途径多种多样，包括座谈会和论证会、听证会、问卷调查、公开征求意见等多种形式都是公众有效参与的备选项，并可以凭借网络社交平台（ICT）采取众包等域外国家已经践行的崭新网络传媒公众参与方式。

听证会是国家相关职能部门可以首要考虑的公众参与方式。听证是公众陈述意见进行利益表达的重要途径，通过政府职能部门与公众代表之间的辩论，使双方对问题的认识得到充分交流。如果公众建议被政府采纳，则会显著提高其对规则的认可和协作程度。由于碳市场规则的出台会涉及产业覆盖门槛、个体企业排放基准、行业分配方法等诸多技术性问题的确定，在政府部门作出公共决策之前，有必要设计相关程序在规则制定前听取利害攸关方尤其是纳入行业以及覆盖范围之外行业代表的意见。

座谈会和论证会是公众参与机制得到有效确立的重要保障手段之一。我国《立法法》《行政法规制定程序条例》和《规章制定程序条例》都将这两种方式作为职能部门听取公众对行政立法的重要途径。其中，座谈会方式适用于受碳排放交易规则影响的下游行业以及社会公众群体，由于碳市场会增加上游部分能源和高排放行业的运营成本，其势必会通过价格传导影响下游企业和相关消费者，因此有必要通过座谈会这种协商参与机制让受影响的公众充分表达自己的意见。而论证会形式则适合于行业协会代表和领域内专家的参与，由技术人士对碳市场相关规则进行充分论证并提出专业化建议。

问卷调查也是政府职能部门获知公众意见的重要保障手段。通过对问卷进行合理设计，确定受调查群体的样本范围，可以有效获知碳排放交易覆盖范围内外的代表性行业、受影响企业以及社会公众对配额分配等规则合理与否的普遍倾向。调查范围需根据人力、物力条件进行合理性规划。

最后，应当充分运用当代大众社交网络传媒平台的既有优势，发掘公众智力资源，获取舆情支持。网络社交平台（ICT）的高速发展，让社会公众的视野进一步扩大，而且更加容易表达自己的意见，所形成的舆情压力甚至会迫使权力机构修正原有的政策决定。当下，全球气候变暖关系到每一个人的切身环境利益。随着政府对碳排放交易相关活动信息公开力度的增加，以及我国专业化环境保护非政府组织的快速成长，愈来愈多的社会团体和公民个人将关注减缓气候变化问题。政府相关职能部门可以考虑借鉴欧洲国家成熟的网络众包经验，在碳市场规则的合理性内容规划、某些创新领域突破和科学性难题等问题上，吸收热心气候变化应对且富有思维创造力的团体和个人凭借网络平台参与其中，从而在信息传播的同时，获得广泛社会公众对于规则的认可度和舆情支持。

气候变化问题是当代人类面临的最严峻环境挑战，其负面影响的全球性决定了任何一个国家都无法独善其身，而是需要国际社会的共同努力。在国际层面，经历了近三十年的谈判和国际立法进程，应对气候变化国际法一直在努力寻求符合各方利益的减排分摊方案。随着京都时代的终结，《巴黎协定》无疑是未来20年国际社会应对气候变化的重要法律文件，协定的达成在于凝聚国际社会的共同政治意愿，允许各国采取"自下而上"的国家自主贡献（NDCs）模式参与全球应对气候变化进程。在国内层面，党和国家高度重视应对气候变化工作的开展，不仅积极参与国际气候谈判，还在2015年的巴黎气候大会和2021年的格拉斯哥气候大会分别提交了我国的首轮国家自主贡献（NDCs）和首轮更新贡献文件，快速推进国内"双碳"法律与政策体系建设。党的二十大报告指出，我国要积极稳妥推进碳达峰碳中和，立足我国能源资源禀赋，坚持先立后破，有计划分步骤实施碳达峰行动，深入推进能源革命，积极参与应对气候变化全球治理。

提交国家自主贡献（NDCs）承诺并保障有效履行是《巴黎协定》的一项缔约方义务。在遵约路径上，协定采取了从温控目标到国家自主贡献，从遵约评估到差距再分配的思路。虽然全球盘点制度增强了温控目标到国家贡献之间差距的透明度，但是在如何对各国贡献进行承诺的充分性与可信度评估，以及事后的履行效果评估，《巴黎协定》中的国家自主贡献（NDCs）制度、便利履行与促进遵守制度、透明度制度、全球盘点等规则都没有作出明确界定，这也给协定所能实现的实施效果带来了极大的不确定性。形成并借鉴具有普遍参考价值的国家自主贡献（NDCs）遵约评估方案，势必成为未来全球气候治理所要面对的问题。中国作为全球应对气候变化的重要参与者、贡献者和引领者，如果能够在未来气候谈判中与多数缔约方认同的遵约评估方案达成一致，并在国家自主贡献（NDCs）可信度评估、遵约程序评估、灵活履约评估、部门基准评估等方案的指引下，完善国内应对气候变化法律与政策体系建设，将会进一步巩固我国在国际气候治理中的引领地位，这也是本书的重要意义所在。

截至目前，国内还没有学者对《巴黎协定》国家自主贡献遵约评估进行过系统性研究，本书的完成将填补这一学术研究的漏洞。同时，本书也试图从以下几个方面取得重要的研究突破：其一，本书提出《巴黎协定》国家自主贡献的遵约评估，应当围绕其可信度评估、基于部门基准的充分性评估、基于便利履行与促进遵守的程序评估、灵活履约制度评估的"四维度"框架，进而综合性评价《巴黎协定》现行的国家自主贡献及其遵约制度体系。其二，本书首次运用"四维度"的分析框架对《巴黎协定》现有制度及其实施细则的得失，以及主要国家履行国家自主贡献（NDCs）相关义务情况进行分析；其三，本书综合应用法学与跨学科理论，对《巴黎协定》国家自主贡献遵约评估的理论基础进行了探究，整合了气候正义理论的内涵与外延，进一步丰富和发展了国际应对气候变化法的遵约理论基础；其四，本书运用"四维度"分析框架的现有分析结论，对我国参与国际谈判和履行《巴黎协定》义务，以及在国内层面实施国家自主贡献（NDCs）承诺保障"双碳"目标的顺利实现提出针对性建议。

从本书承担到基本完成经历了多年时间，这段时间里国内外应对气候变化进程发生了诸多大事，这也让本书需要多次调整，并对已有结论和进程进行修改。在国际层面，《巴黎协定》实施细则自 2018 年到 2021 年逐步谈判达成，不断提升《巴黎协定》国家自主贡献相关遵约问题的实务进展，2021 年底首轮更新国家自主贡献（NDCs）的提交，以及权威研究机构针对部门基准问题的新研究成果等，也进一步丰富了本书的素材。在国内层面，国家"双碳"目标的提出，以及党的二十大针对"双碳"进程的指导思想不断深化，国家应对气候变化的政策制度体系不断健全，国家碳市场在 2021 年的全面启动，都为本书提供了重要现实性基础。

本书存在一定的局限性。其一，对于《巴黎协定》国家自主贡献遵约评估的基础理论研究，本书选取了法学、国际关系学、伦理学几个视角，而对于此问题更加透彻的研究仍然需要结合环境经济学、公共管理学等领域进行系统分析，尤其是跨学科领域针对实施效果的建模分析，需要广泛的统计分析能力，但由于受到研究时间以及作者学术背景的限制很难在短时间内完成，这也是今后针对该领域进行更深入研究时需要完善的地方。其二，本书在研究方法的选取上，更多地依靠文献调研，以及基于文献基础之上的概念分析、比较分析和规范分析等方法。文献掌握的有限性可能会直接影响本书的深度和广度。其三，本书所提出的国家自主贡献遵约评估"四维度"的分析框架，尤其是分析框架中的可信度评估、充分性评估等议题，更多依靠理论研究的推动，未来仍然需要实践检验。

缩略词表

英文缩写	英文	中文
6.4ER	Paris Agreement Article 6.4 Certified Emission Reduction	《巴黎协定》第6.4条可持续发展机制项下核证减排量
AAUs	Assigned Amount Units	分配数量单位（京都）
AF	Adaption Fund	适应基金
ADP	Ad Hoc Working Group onthe Durban Platform	德班平台特设工作组
AIIB	Asian Infrastructure Investment Bank	亚洲基础设施投资银行
AILAC	The Asociación Independiente de Latinoamérica y el Caribe	拉丁美洲和加勒比独立联盟
AGN	African Group of Negotiators	非洲国家集团
AFOLU	Agriculture, Forestry and Other Land Use	农业、林业和其他土地利用
AOSIS	Alliance of Small Island States	小岛屿国家联盟
APA	Ad Hoc Working Group onthe Paris Agreement	《巴黎协定》特设工作组
AR4	IPCC Fourth Assessment Report	IPCC第四次评估报告
AR5	IPCC Fifth Assessment Report	IPCC第五次评估报告
AR6	IPCC Sixth Assessment Report	IPCC第六次评估报告
ATS	Aviation Emission Trading Scheme	航空排放交易体系（欧盟）
AWG-KP	Ad Hoc Working Group onKyoto Protocol	附件一国家《京都议定书》进一步承诺特别工作组

英文缩写	英文	中文
AWG-LCA	Ad Hoc Working Group onLong Corporation Action	长期合作行动特别工作组
B&R	Belt and Road Initiative	一带一路倡议（中）
BAP	Bali Action Plan	巴厘行动计划
BAT	Best Available Technology	最佳可用技术
BAU	Business as Usual	照常情境
BECCS	Bio-Energy Carbon Capture and Sequestration	生物质燃料碳捕获与封存
BEV	Battery Electricity Vehicle	全电池电动车
B&C	Baseline and Credit	基线信用型交易
BTR	Biennial Transparency Report	两年期透明度报告
BUR	Biennial Update Report	两年期更新报告
CA	Cooperative Approach	合作方法
CARP	Centralized Accounting and Reporting Platform	集中核算和报告平台
CAT	Climate Action Tracker	气候行动追踪项目（欧盟）
CBDR	Common but Differential Responsibility	共同但有区别责任原则
CBDR-RC	Common but Differential Responsibility and Respective Capability	共同但有区别责任与各自能力原则
CCA	Climate Change Act	气候变化法（英）
CCER	Chinese Certified Emission Reduction	中国核证自愿减排量
CCS	Carbon Capture and Sequestration	碳捕获与封存
CCUS	Carbon Capture Utilization and Storage	碳捕获、利用与封存
CCXG	The Climate Change Expert Group	气候变化专家组
CDM	Clean Development Mechanism	清洁发展机制（京都）
CDR	Carbon Dioxide Removal	二氧化碳去除技术
CEA	China Emission Allowance	中国排放配额
CER	Certified Emission Reduction	核证减排量（京都）

英文缩写	英文	中文
CITL	Community Independent Transaction Log	市场法人识别系统
CMA	Conference of the Parties serving as the meeting of the Parties to the Paris Agreement	作为《巴黎协定》缔约方会议的《公约》缔约方会议
CMP	Conference of the Parties serving as the meetingof the Parties to the Kyoto Protocol	作为《京都议定书》缔约方会议的《公约》缔约方会议
CORSIA	Carbon Offsetting and Reduction Scheme for International Aviation	国际航空碳抵消和减排计划
CO2	Carbon Dioxide	二氧化碳
CO2e	Equivalent Carbon Dioxide	二氧化碳当量
COP	Conference of Parties to UNFCCC	联合国气候变化框架公约缔约方大会
CPRS	Carbon Pollution Reduction Scheme	碳污染减排机制（澳）
CV	Compliance Value	遵约价值
C&T	Cap and trade	总量控制与交易
DACCS	Direct Air Carbon Capture and Sequestration	直接空气碳捕获和封存
DNA	Designated National Authority	指定国家主管部门
DOE	Designated Operational Entity	指定经营实体
ECCP-I	European Climate Change Plan-I	第一个欧洲气候变化计划
EEA	European Environment Agency	欧洲环境局
EIG	Environment Integrity Group	环境完整性集团
EPA	US Environment Protection Agency	美国联邦环保署
EPs	Equator Principles	赤道准则
ERU	Emission Reduction Unit	减少排放单位（京都）
ESD	Effort Sharing Decision	努力共担决定（欧盟）
ETF	Enhanced Transparency Framework	强化透明度框架
ETS	Emissions Trading Scheme	排放交易体系

英文缩写	英文	中文
EUA	EU Allowance	欧盟排放配额
EU-ETS	EU Emissions Trading System	欧盟排放交易体系
EVs	Electricity Vehicles	电动汽车
EWG	Energy Watch Group	能源观察集团
FAR	IPCCFirst Assessment Report	IPCC第一次评估报告
FV	Financial Value	财务价值
FVA	Framework for Various Approaches	各种方法框架
GCCSI	Global Carbon Capture and Sequestration Institute	全球碳捕集与封存研究院
GCF	Green Climate Fund	绿色气候基金
GDP	Gross Domestic Product	国民生产总值
GEF	Global Environment Fund	全球环境基金
GHG	Greenhouse Gas	温室气体
GMDAC	Global Migration Data Analysis Centre	全球移民数据分析中心
GST	Global Stock-take	全球盘点机制
GRI	Grantham Research Institute on Climate Change and the Environment	伦敦政经学院格林汉姆研究所
GWP	Global Warming Potential	全球升温潜值
HFCs	Hydrofluorocarbons	氢氟碳化物
IAMs	Integrated Assessment Models	综合评估模型
IAMC	Integrated Assessment Models of Climate Change	气候变化综合评估全球模型
ICAO	International Civil Aviation Organization	国际民用航空组织
ICAP	International Carbon Action Partnership	国际碳行动合作组织
ICAR	International Carbon Allowance Reserve	国际碳资产储备
ICEVs	Internal Combustion Engine Vehicles	燃油车
IDMC	Internal Displacement Monitoring Centre	境内流离失所监测中心

英文缩写	英文	中文
IEA	International Energy Agency	国际能源署
IET	International Emission Trade	国际排放交易机制
IETA	International Emissions Trading Association	国际排放交易协会
IMP	Instructive Mitigation Pathway	说明性减缓路径
IMO	International Maritime Organization	国际海事组织
INC	International Negotiation Committee	政府间谈判委员会
INDCs	Intended Nationally Determined Contributions	国家自主贡献预案
IPCC	Intergovernmental Panel On Climate Change	联合国政府间气候变化专门委员会
ISCU	International Standard Carbon Unit	国际标准碳单位
ITL	International Trading Log	国际交易日志
ITMOs	Internationally Transferred Mitigation Outcomes	国际可转让减缓成果
JCM	Japan Credit Mechanism	日本联合信用机制
JI	Joint Implementation	联合履约机制（京都）
JRC	Joint Research Center	欧盟委员会联合研究中心
K-ETS	Korea Emissions Trading Scheme	韩国排放交易体系
KSG	Bundes-Klimaschutzgeset	联邦气候保护法（德）
LCFS	Low Carbon Fuel Standard	低碳燃料标准制度（美）
LDC	Least-developed Country	最不发达国家
LEDS	Low GHG Emission Development Strategy	国家长期温室气体低排放战略
LMDC	Like-minded Developing Countries	立场相近发展中国家
LRATP	Convention on Long Range Transboundary Air Pollution	长距离越境空气污染公约
LULUCF	Land Use, Land-use Change and Forestry	土地利用、土地利用变化和林业活动
MAC	Marginal Abatement Cost Curve	边际减排成本曲线

英文缩写	英文	中文
MEAs	Multilateral Environment Agreements	多边环境协定
MEF	Major Economies Forum on Energy and Climate	主要经济体能源与气候论坛
MOCA	Ministerial Conference on Climate Action	气候行动部长级会议
MOU	Memorandum of Understanding	谅解备忘录
MPG	Modalities, Procedures, and Guidelines	模式、程序和指南
MRV	Monitoring, Reporting and Verification	监测、报告和核证
MSR	Market Stability Reserve	市场稳定储备机制（欧盟）
MV	Mitigation Value	减缓价值
NAMAs	Nationally Appropriate Mitigation Actions	国家适当的减缓行动
NAP	National Allocation Plan	国家分配计划（欧盟）
NCM	Networked Carbon Market	碳市场网络（世行）
NCP	Non-Compliance Procedure	非遵守情势程序
NDCs	Nationally Determined Contributions	国家自主贡献
NGO	Non-Government Organization	非政府组织
NIM	National Implementation Mechanism	国家实施机制（欧盟）
NIR	National Inventory Report	国家清单报告
NMA	Non-Market Approaches	非市场方法
NMM	New Market Mechanism	新市场机制
NZU	New Zealand Unit	新西兰配额单位
NZETS	New Zealand Emissions Trading Scheme	新西兰排放交易体系
ODA	Official Development Assistance	官方开发援助
OECD	Organization for Economic Co-operation and Development	经济合作与发展组织
OMGE	Overall Mitigation in Global Emissions,	全球排放的全面减缓
PA	Paris Agreement	巴黎协定

英文缩写	英文	中文
PACT	Project for Advancing Climate Transparency	增强气候变化透明度项目
PCCB	Paris Committee on Capacity-building	巴黎能力建设委员会
PHCER	Pu Hui Certified Emission Reduction	碳普惠核证减排量
PMR	Partner Membership Readiness	世界银行市场准备伙伴关系
PoAs	Programme of Activities	(活动规划类) 项目
PPP	Polluter Pay Principle	污染者负担原则
REDD+	Reducing Emissions from Deforestation, Forest Degradation and sustainable forest management	减少毁林、森林退化引起的碳排放和可持续林业管理
RGGI	Regional Greenhouse Gas Initiative	区域温室气体减排行动 (美)
RMU	Removal Unit	清除单位 (京都)
SAR	IPCC Second Assessment Report	IPCC 第二次评估报告
SBI	Subsidiary Body for Implementation	附属履行机构
SBSTA	Subsidiary Body for Scientific and Technological Advice	附属科学技术咨询机构
SCF	Strategic Climate Fund	气候战略基金
SDGs	Sustainable Development Goals	2030 年联合国可持续发展议程
SDM	Sustainable Development Mechanism	可持续发展机制
SEI	Stockholm Environment Institute	瑞典斯德哥尔摩环境研究所
SER	Sufficiency, Efficiency, Renewable	建筑物适度、效率与可再生能源分析法
SIDS	Small Island Developing States	小岛屿发展中国家
SNBC	La Stratégie Nationale Bas-Carbone	法国国家碳预算和国家低碳战略
SOP	Share of Proceeds	收益分成

续表

英文缩写	英文	中文
SSPs	Shared Socioeconomic Pathways	共享社会经济路径
STS	Science Technology Society Analysis	科学技术社会分析法
TAR	IPCC ThirdAssessment Report	IPCC 第三次评估报告
TEC	Technical Executive Commission	技术转让执行委员会
TERs	Technical Expert Reviews	技术专家评审
TWC	Tradable White Certificate	白色证书交易
UK–ETS	United Kingdom Emissions Trading Scheme	英国排放交易体系
UNDP	United Nations Development Programme	联合国开发计划署
UNEP	United Nations Environment Programme	联合国环境规划署
UNFCCC	United Nations Framework Convention on Climate Change	联合国气候变化框架公约
UNGA	United Nation Global Assembly	联合国大会
WBG	World Bank Group	世界银行集团
WCI	Western Climate Initiative	西部气候倡议
WEO	World Environment Organization	世界环境组织
WRI	World Resources Institute	世界资源研究所
WTO	World Trade Organization	世界贸易组织

参考文献

中文类

（一）中文书籍

［1］［美］埃里克·波斯纳、戴维·韦斯巴赫：《气候变化的正义》，李智、张键译，社会科学文献出版社 2011 年版。

［2］本书编写组：《党的十八届五中全会〈建议〉学习辅导百问》，学习出版社 2015 年版。

［3］本书编写组：《党的十九届五中全会〈建议〉学习辅导百问》，学习出版社 2020 年版。

［4］蔡守秋：《中国环境资源法学的基本理论》，中国人民大学出版社 2019 年版。

［5］曹荣湘主编：《全球大变暖——气候经济、政治与伦理》，社会科学文献出版社 2010 年版。

［6］陈春英：《气候治理与气候正义》，中国社会科学出版社 2019 年版。

［7］陈晓：《气候正义理论的辨析与建构》，中国社会科学出版社 2021 年版。

［8］陈迎、巢清尘等：《碳达峰、碳中和 100 问》，人民日报出版社 2021 年版。

［9］［澳］大卫·希尔曼、约瑟夫·韦恩·史密斯：《气候变化的挑战与民主的失灵》，武锡申、李楠译，社会科学文献出版社 2009 年版。

［10］华启和：《气候博弈的伦理共识与中国选择》，社会科学文献出版社 2014 年版。

［11］［英］戴维·赫尔德、安格斯·赫德、玛丽卡·西罗斯主编：《气候变化的治理：科学、经济学、政治学与伦理学》，谢来辉等译，社会科学文献出版社 2012 年版。

［12］李浩培：《条约法概论》，法律出版社 2003 年版。

［13］梁晓菲、吕江：《气候变化〈巴黎协定〉及中国的路径选择研究》，知识产权出版社 2019 年版。

［14］刘晗、李静：《气候变化视角下共同但有区别责任原则研究》，知识产权出版社 2012 年版。

［15］刘明明：《温室气体排放控制法律制度研究》，法律出版社 2012 年版。

［16］吕红：《气候变化与能源转型：一种法律的语境范式》，法律出版社 2013 年版。

［17］吕忠梅：《环境法新视野》，中国政法大学出版社 2000 年版。

[18] 潘抱存、潘宇昊:《中国国际法理论新发展》,法律出版社 2010 年版。

[19] [英] 帕特莎·波尼、埃伦·波义尔:《国际法与环境》(第 2 版),那力等译,高等教育出版社 2007 年版。

[20] 潘晓滨:《碳排放交易配额分配制度——基于法学与经济学视角的分析》,南开大学出版社 2017 年版。

[21] 史军:《自然与道德:气候变化的伦理追问》,科学出版社 2014 年版。

[22] 史学瀛、李树成、潘晓滨:《碳排放交易市场与制度设计》,南开大学出版社 2014 年版。

[23] 唐颖侠:《国际气候变化条约的遵守机制研究》,人民出版社 2009 年版。

[24] 田丹宇:《应付气候变化立法研究》,电子工业出版社 2020 年版。

[25] 万鄂湘等:《国际条约法》,武汉大学出版社 1998 年版。

[26] 万霞:《国际环境法资料选编(中英文对照)》,中国政法大学出版社 2011 年版。

[27] 汪军:《碳中和时代》,电子工业出版社 2021 年版。

[28] 王曦:《国际环境法》,法律出版社 2005 年版。

[29] 王燕、张磊:《碳排放交易法律保障机制的本土化研究》,法律出版社 2016 年版。

[30] 夏梓耀:《碳排放权研究》,中国法制出版社 2016 年版。

[31] 徐向东编:《全球正义》,浙江大学出版社 2011 年版。

[32] 姚明:《地方立法协作研究》,中国法制出版社 2019 年版。

[33] [美] 约翰·罗尔斯:《正义论》,何怀宏、何包钢、廖申白译,中国社会科学出版社 2009 年版。

[34] 赵岚:《美国环境正义运动研究》,知识产权出版社 2018 年版。

[35] 中国 21 世纪议程管理中心:《碳捕集、利用与封存技术进展与展望》,科学出版社 2012 年版。

(二) 中文期刊

[1] 安树民、张世秋:《〈巴黎协定〉下中国气候治理的挑战与应对策略》,载《环境保护》2016 年第 22 期。

[2] 白泉、胡姗、谷立静:《对 IPCC AR6 报告建筑章节的介绍和解读》,载《气候变化研究进展》2022 年第 5 期。

[3] 薄燕:《〈巴黎协定〉坚持的"共区原则"与国际气候治理机制的变迁》,载《气候变化研究进展》2016 年第 3 期。

[4] 蔡拓:《世界主义与人类命运共同体的比较分析》,载《国际政治研究》2018 第 6 期。

[5] 蔡文灿:《国际碳排放权分配方案的构建——基于全球公共物品和财产权的视角》,载《华侨大学学报(哲学社会科学版)》2013 年第 4 期。

[6] 曹明德、程玉:《加快气候变化立法,助力" 双碳" 目标实现》,载《中国科技财富》

2021 年第 8 期。

[7] 曹明德:《中国参与国际气候治理的法律立场和策略:以气候正义为视角》,载《中国法学》2016 年第 1 期。

[8] 曹明德:《中国气候变化立法的已有经验总结与建议》,载《清华法治论衡》2014 年第 3 期。

[9] 曹炜:《环境监管中的"规范执行偏离效应"研究》,载《中国法学》2018 年第 6 期。

[10] 曹裕、王子彦:《碳交易与碳税机制比较研究》,载《财经理论与实践》2015 第 5 期。

[11] 柴麒敏等:《〈巴黎协定〉实施细则评估与全球气候治理展望》,载《气候变化研究进展》2020 年第 2 期。

[12] 柴麒敏、傅莎、温新元:《中国实施国家自主贡献的路径研究》,载《环境经济研究》2019 年第 2 期。

[13] 柴荣:《中国传统生态环境法文化及当代价值研究》,载《中国法学》2021 年第 3 期。

[14] 常纪文、焦一多、汤方晴:《〈气候变化应对法〉制定时如何规定公众参与?(下)》,载《环境影响评价》2015 年第 5 期。

[15] 常纪文、田丹宇:《应对气候变化法的立法探究》,载《中国环境管理》2021 年第 2 期。

[16] 巢清尘等:《巴黎协定——全球气候治理的新起点》,载《气候变化研究进展》2016 年第 1 期。

[17] 陈德亮、赖慧文:《IPCC AR6 WGI 报告的背景、架构和方法》,载《气候变化研究进展》2021 年第 6 期。

[18] 陈海嵩:《发展中国家应对气候变化立法及其启示》,载《南京工业大学学报(社会科学版)》2013 年第 4 期。

[19] 陈敏鹏等:《〈巴黎协定〉适应和损失损害内容的解读和对策》,载《气候变化研究进展》2016 年第 3 期。

[20] 陈泉生:《论环境法的基本原则》,载《中国法学》1998 年第 4 期。

[21] 陈若英:《感性与理性之间的选择——评〈气候变化正义〉和减排规制手段》,载《政法论坛》2013 年第 2 期。

[22] 陈文彬:《〈卡塔赫纳生物安全议定书〉不遵约机制研究》,载《福建师大福清分校学报》2016 年第 4 期。

[23] 陈文彬:《国际环境条约不遵约机制的强制性问题研究》,载《东南学术》2017 年第 6 期。

[24] 陈熹、刘滨、周剑:《国际气候变化法中 REDD 机制的发展——兼对〈巴黎协定〉第

5 条解析》，载《北京林业大学学报（社会科学版）》2017 年第 1 期。

[25] 陈新伟、赵怀普：《欧盟气候变化政策的演变》，载《国际展望》2011 年第 1 期。

[26] 陈馨等：《国际适应气候变化政策保障体系建设》，载《气候变化研究进展》2016 年第 6 期。

[27] 陈怡等：《欧盟长期温室气体低排放发展战略草案的分析和对中国的启示借鉴》，载《世界环境》2019 年第 5 期。

[28] 陈贻健：《国际气候法律新秩序的困境与出路：基于"德班——巴黎"进程的分析》，载《环球法律评论》2016 年第 2 期。

[29] 陈贻健：《气候变化技术机制专门化的困境及其克服》，载《当代法学》2018 年第 1 期。

[30] 陈迎：《碳中和概念再辨析》，载《中国人口·资源与环境》2022 年第 4 期。

[31] 崔金星、徐以祥：《法律着力碳交易：机制与对策》，载《环境与可持续发展》2012 年第 2 期。

[32] 崔金星：《气候法语境下碳监测制度的法律构建》，载《中国政法大学学报》2016 年第 3 期。

[33] 党庶枫、曾文革：《〈巴黎协定〉碳交易机制新趋向对中国的挑战与因应》，载《中国科技论坛》2019 年第 1 期。

[34] 丁参、戴建平：《应对气候变化——资本主义的挑战与社会主义的道路》，载《自然辩证法通讯》2022 年第 2 期。

[35] 丁金光、徐伟：《共谋全球生态文明建设是习近平生态文明思想的重要组成部分》，载《东岳论丛》2020 年第 11 期。

[36] 董亮：《透明度原则的制度化及其影响：以全球气候治理为例》，载《外交评论（外交学院学报）》2018 年第 4 期。

[37] 董文福等：《美国温室气体强制报告制度综述》，载《中国环境监测》2011 年第 2 期。

[38] 董一凡：《试析欧盟绿色新政》，载《现代国际关系》2020 年第 9 期。

[39] 杜群：《〈巴黎协定〉对气候变化诉讼发展的实证意义》，载《政治与法律》2022 年第 7 期。

[40] 段宏波、朱磊、范英：《能源-环境-经济气候变化综合评估模型研究综述》，载《系统工程学报》2014 年第 6 期。

[41] 樊星、高翔：《国家自主贡献更新进展、特征及其对全球气候治理的影响》，载《气候变化研究进展》2022 年第 2 期。

[42] 樊星等：《发达国家 2020 年前减排承诺进展评估及相关建议》，载《环境保护》2022 年第 3 期。

［43］樊星、秦圆圆、高翔：《IPCC 第六次评估报告第一工作组报告主要结论解读及建议》，载《环境保护》2021 年第 C2 期。

［44］方世荣、孙才华：《论促进低碳社会建设的政府职能及其行政行为》，载《法学》2011 年第 6 期。

［45］冯帅：《多边气候条约中遵约机制的转型——基于"京都—巴黎"进程的分析》，载《太平洋学报》2022 年第 4 期。

［46］冯帅：《论"碳中和"立法的体系化建构》，载《政治与法律》2022 年第 2 期。

［47］高广生：《〈中国应对气候变化国家方案〉减缓内容简介》，载《中国能源》2007 年第 8 期。

［48］高桂林、陈炜贤：《碳达峰法制化的路径》，载《广西社会科学》2021 年第 9 期。

［49］高奇琦：《和谐世界主义：中国参与全球治理的理论基础》，载《当代世界与社会主义》2016 年第 4 期。

［50］高世楫、俞敏：《中国提出"双碳"目标的历史背景，重大意义和变革路径》，载《新经济导刊》2021 年第 2 期。

［51］高帅等：《〈巴黎协定〉下的国际碳市场机制：基本形式和前景展望》，载《气候变化研究进展》2019 年第 3 期。

［52］高翔、樊星：《〈巴黎协定〉国家自主贡献信息、核算规则及评估》，载《中国人口·资源与环境》2020 年第 5 期。

［53］高翔、滕飞：《〈巴黎协定〉与全球气候治理体系的变迁》，载《中国能源》2016 年第 2 期。

［54］高翔：《〈巴黎协定〉与国际减缓气候变化合作模式的变迁》，载《气候变化研究进展》2016 年第 2 期。

［55］高园、欧训民：《IPCC AR6 报告解读：强化技术和管理创新的交通运输部门减碳路径》，载《气候变化研究进展》2022 年第 5 期。

［56］龚微：《大气污染物与温室气体协同控制面临的挑战与应对——以法律实施为视角》，载《西南民族大学学报（人文社科版）》2017 年第 1 期。

［57］龚微：《论〈巴黎协定〉下气候资金提供的透明度》，载《法学评论》2017 年第 4 期。

［58］郭偲悦、耿涌：《IPCC AR6 报告解读：工业部门减排》，载《气候变化研究进展》2022 年第 5 期。

［59］郭朝先：《2060 年碳中和引致中国经济系统根本性变革》，载《高等学校文科学术文摘》2021 年第 5 期。

［60］郭伟、唐人虎：《2060 碳中和目标下的电力行业》，载《中国能源》2020 年第 11 期。

［61］郭雪慧、李秋成：《京津冀环境协同治理的法治路径与对策》，载《河北法学》2019

年第 10 期。

[62] 郭瑶帅:《瑞典环境法法典化对我国的启示》,载《环境与发展》2020 年第 2 期。

[63] 郝丽燕:《违约可得利益损失赔偿的确定标准》,载《环球法律评论》2016 年第 2 期。

[64] 何继江、于琪琪、秦心怡:《碳中和愿景下的德国汉堡能源转型经验与启示》,载《河北经贸大学学报》2021 年第 4 期。

[65] 何建坤:《全球气候治理形势与我国低碳发展对策》,载《中国地质大学学报(社会科学版)》2017 年第 5 期。

[66] 何建坤:《〈巴黎协定〉巴黎协定后全球气候治理的形势与中国的引领作用》,载《中国环境管理》2018 年第 1 期。

[67] 何建坤:《〈巴黎协定〉新机制及其影响》,载《世界环境》2016 年第 1 期。

[68] 何建坤:《全球气候治理新机制与中国经济的低碳转型》,载《武汉大学学报(哲学社会科学版)》2016 年第 4 期。

[69] 何文盛、杜丽娜、蔡泽山:《国家治理现代化视角下预算治理的理念嬗变与演化兴起》,载《上海行政学院学报》2019 年第 6 期。

[70] 胡鞍钢:《中国实现 2030 年前碳达峰目标及主要途径》,载《北京工业大学学报(社会科学版)》2021 年第 3 期。

[71] 黄晨等:《气候适应治理的国际比较研究与战略启示》,载《科研管理》2021 年第 2 期。

[72] 黄婧:《〈京都议定书〉遵约机制探析》,载《西部法学评论》2012 年第 1 期。

[73] 黄润秋:《深入贯彻落实党的十九届五中全会精神 协同推进生态环境高水平保护和经济高质量发展》,载《环境保护》2021 年第 Z1 期。

[74] 黄润秋:《把碳达峰碳中和纳入生态文明建设整体布局》,载《环境保护》2021 年第 22 期。

[75] 黄素梅:《气候变化"自下而上"治理模式的优势、实施困境与完善路径》,载《湘潭大学学报(哲学社会科学版)》,2021 年第 5 期。

[76] 黄学贤:《法治政府的内在特征及其实现:中共中央关于全面推进依法治国若干重大问题的决定〉解读》,载《江苏社会科学》2015 年第 1 期。

[77] 江娅、刘汉琴:《论正义产生的条件——从休谟到罗尔斯》,载《伦理学研究》2012 年第 6 期。

[78] 姜冬梅、刘庆强、佟庆:《CDM 与我国温室气体自愿减排机制的比较研究》,载《中国经贸导刊(理论版)》2017 年第 35 期。

[79] 姜彤、苏布达、王艳君等:《共享社会经济路径(SSPs)人口和经济格点化数据集》,载《气候变化研究进展》2022 年第 3 期。

[80] 蒋含颖、高翔、王灿：《气候变化国际合作的进展与评价》，载《气候变化研究进展》2022 年第 5 期。

[81] 解振华：《应对气候变化挑战 促进绿色低碳发展》，载《城市与环境研究》2017 年第 1 期。

[82] 金哲：《日本气候变化适应法制及对我国的启示》，载《环境保护》2019 年第 23 期。

[83] 荆克迪、师翠英：《人类命运共同体原则下的全球气候博弈分析》，载《南京社会科学》2019 年第 1 期。

[84] ［西］卡门·贝莱奥斯-卡斯泰罗、曲云英：《气候伦理的非个体主义特征：支持共同或累积的责任》，载《国际社会科学杂志（中文版）》2015 年第 3 期。

[85] ［瑞士］克里斯托弗·司徒博、牟春：《为何故、为了谁我们去看护？——环境伦理、责任和气候正义》，载《复旦学报（社会科学版）》2009 年第 1 期。

[86] 兰莹、秦天宝：《〈欧洲气候法〉：以"气候中和"引领全球行动》，载《环境保护》2020 年第 9 期。

[87] 李传轩：《碳权利的提出及其法律构造》，载《南京大学学报（哲学·人文科学·社会科学版）》2017 年第 2 期。

[88] 李春林：《气候变化与气候正义》，载《福州大学学报（哲学社会科学版）》2010 年第 6 期。

[89] 李干杰：《以习近平生态文明思想为指导坚决打好污染防治攻坚战》，载《行政管理改革》2018 年第 11 期。

[90] 李钢、廖建辉：《基于碳资本存量的碳排放权分配方案》，载《中国社会科学》2015 年第 7 期。

[91] 李化：《论国际气候变化法的生成》，载《中国地质大学学报（社会科学版）》2017 年第 6 期。

[92] 李慧明、李彦文：《共同但有区别的责任原则在〈巴黎协定〉中的演变及其影响》，载《阅江学刊》2017 年第 5 期。

[93] 李慧明：《〈巴黎协定〉与全球气候治理体系的转型》，载《国际展望》2016 年第 2 期。

[94] 李建福：《国际环境政治中非政府组织功能剖析》，载《太平洋学报》2022 年第 5 期。

[95] 李猛：《"双碳"目标背景下完善我国碳中和立法的理论基础与实现路径》，载《社会科学研究》2021 年第 6 期。

[96] 李伟、李航星：《英国碳预算：目标、模式及其影响》，载《现代国际关系》2009 年第 8 期。

[97] 李兴锋：《我国温室气体排放总量控制法律机制探析》，载《湖南科技大学学报（社

会科学版）》2014 年第 2 期。

[98] 李艳芳、田时雨：《不确定性与复杂性背景下气候变化风险规制立法》，载《吉林大学社会科学学报》2018 年第 2 期。

[99] 李艳芳、张忠利：《美国联邦对温室气体排放的法律监管及其挑战》，载《郑州大学学报（哲学社会科学版）》2014 年第 3 期。

[100] 李志：《全球气候治理的国家责任伦理思考》，载《黑河学刊》2018 年第 5 期。

[101] 梁福秋：《理性与选择——西蒙的有限理性理论与科尔曼的理性选择理论比较研究》，载《科教导刊（中旬刊）》》2011 年第 19 期。

[102] 梁晓菲：《论〈巴黎协定〉遵约机制：透明度框架与全球盘点》，载《西安交通大学学报（社会科学版）》2018 年第 2 期。

[103] 廖斌、崔金星：《欧盟温室气体排放监测管理体制立法经验及其借鉴》，载《当代法学》2012 年第 4 期。

[104] 林灿铃：《气候变化所致损失损害补偿责任》，载《中国政法大学学报》2016 年第 6 期。

[105] 林红珍、白胜庆：《促进我国低碳经济发展的法律保障研究》，载《理论界》2013 年第 9 期。

[106] 林永居：《英国、美国、德国低碳转型的财政政策及启示》，载《财政研究》2014 年第 5 期。

[107] 刘明明、李光禄：《财政管理视野下中国碳预算体系的构建》，载《湖北社会科学》2019 年第 6 期。

[108] 刘学之等：《欧盟碳市场 MRV 制度体系及其对中国的启示》，载《中国科技论坛》2018 年第 8 期。

[109] 刘勇、朱瑜：《气候变化全球治理的新发展——国际航空业碳抵消与削减机制》，载《北京理工大学学报（社会科学版）》2019 年第 3 期。

[110] 刘贞等：《钢铁行业碳减排情景仿真分析及评价研究》，载《中国人口·资源与环境》2012 年第 3 期。

[111] 刘志云：《国际法的有效性新解》，载《现代法学》2009 年第 5 期。

[112] 刘志云：《国际机制理论与国际法学的互动：从概念辨析到跨学科合作》，载《法学论坛》2010 年第 2 期。

[113] 柳华文：《"双碳"目标及其实施的国际法解读》，载《北京大学学报（哲学社会科学版）》2022 年第 2 期。

[114] 卢春天、朱震：《我国环境社会治理的现代内涵与体系构建》，载《干旱区资源与环境》2021 年第 9 期。

[115] 吕江《〈巴黎协定〉：新的制度安排、不确定性及中国选择》，载《国际观察》2016

年第 3 期。

[116] 吕江：《破解联合国气候变化谈判的困局——基于不完全契约理论的视角》，载《上海财经大学学报（哲学社会科学版）》2014 年第 4 期。

[117] 吕忠梅、王国飞：《中国碳排放市场建设：司法问题及对策》，载《甘肃社会科学》2016 年第 5 期。

[118] 吕忠梅：《习近平法治思想的生态文明法治理论》，载《中国高校社会科学》2022 年第 4 期。

[119] 吕忠梅：《发现环境法典的逻辑主线：可持续发展》，载《法律科学（西北政法大学学报）》2022 年第 1 期。

[120] 吕忠梅：《做好中国环境法典编纂的时代答卷》，载《法学论坛》2022 年第 2 期。

[121] 马亮：《欧盟〈减排分担条例〉：NDCs 背景下气候目标主义立法规制》，载《太原理工大学学报（社会科学版）》2021 年第 2 期。

[122] 马勇、姚驰：《通胀目标调整、政策可信度与宏观调控效应》，载《金融研究》2022 年第 7 期。

[123] 毛显强等：《从理念到行动：温室气体与局地污染物减排的协同效益与协同控制研究综述》，载《气候变化研究进展》2021 年第 3 期。

[124] 潘晓滨、史学瀛：《欧盟排放交易机制总量设置、调整与中国的借鉴》，载《理论与现代化》2015 第 5 期。

[125] 潘晓滨：《跨区域大气污染治理的法律路径——基于美国 RGGI 模式的思考》，载《法学论坛》2018 年第 4 期。

[126] 潘晓滨：《碳中和背景下我国碳市场公众参与法律制度研究》，载《法学杂志》2022 年第 4 期。

[127] 潘晓滨：《〈巴黎协定〉下碳市场实施环境完整性风险及其应对研究》，载《贵州省党校学报》2022 年第 1 期。

[128] 潘晓滨：《中国地方应对气候变化先行立法研究》，载《法学杂志》2017 年第 3 期。

[129] 潘晓滨：《中国应对气候变化法律体系的构建》，载《南开学报（哲学社会科学版）》2016 年第 6 期。

[130] 潘晓滨：《碳中和背景下国家碳预算的理论同构与立法路径》，载《湖南大学学报社会科学版》2024 年第 1 期。

[131] 潘晓滨：《碳中和背景下碳捕获与封存技术纳入碳市场的立法经验及中国启示》，载《太平洋学报》2021 年第 6 期。

[132] 潘晓滨、刘尚文：《环境法典编纂纳入"双碳"目标的可行路径研究》，载《湖北师范大学学报（哲学社会科学版）》2024 年第 1 期。

[133] 潘晓滨、都博洋：《"双碳"目标下我国碳普惠公众参与之法律问题分析》，载《环

境保护》2021 年第 Z2 期。

[134] 潘勋章、王海林：《〈巴黎协定〉下主要国家自主减排力度评估和比较》，载《中国人口·资源与环境》2018 年第 9 期。

[135] 彭晓洁、钟永馨：《碳排放权交易价格的影响因素及策略研究》，载《价格月刊》2021 年第 12 期。

[136] 彭雪婷、吕昊东、张贤：《IPCC AR6 报告解读：全球碳捕集利用与封存（CCUS）技术发展评估》，载《气候变化研究进展》2022 年第 5 期。

[137] 彭永捷：《让中国智慧为应对气候变化提供新思路——兼评"奥斯陆原则"》，载《探索与争鸣》2015 年第 10 期。

[138] 蒲昌伟：《作为国际法实施新机制的不遵约机制新探》，载《哈尔滨师范大学社会科学学报》2016 年第 4 期。

[139] 齐绍洲、王薇：《欧盟碳排放权交易体系第三阶段改革对碳价格的影响》，载《环境经济研究》2020 年第 1 期。

[140] 秦冰雪：《气候变化动态监测快报》，载《中国科学院兰州文献情报中心》2022 年第 9 期。

[141] 秦天宝、侯芳：《论国际环境公约遵约机制的演变》，载《区域与全球发展》2017 年第 2 期。

[142] 秦天宝：《论〈巴黎协定〉中"自下而上"机制及启示》，载《国际法研究》2016 年第 3 期。

[143] 史军：《代际气候正义何以可能》，载《哲学动态》2011 年第 7 期。

[144] 史学瀛、宋亚容：《从波兰气候大会看国际气候变化法新成果》，载《天津法学》2019 年第 2 期。

[145] 宋锡祥、梁琛：《菲律宾〈气候变化法〉主要特点评析》，载《和田师范专科学校学报》2013 年第 5 期。

[146] 宋英：《〈巴黎协定〉与全球环境治理》，载《北京大学学报（哲学社会科学版）》2016 年第 6 期。

[147] 谭冰霖：《碳交易管理的法律构造及制度完善——以我国七省市碳交易试点为样本》，载《西南民族大学学报（人文社会科学版）》2017 年第 7 期。

[148] 谭显春等：《IPCC AR6 报告历史排放趋势和驱动因素相关核心结论解读》，载《气候变化研究进展》2022 年第 5 期。

[149] 陶玉洁、李梦宇、段茂盛：《〈巴黎协定〉下市场机制建设中的风险与对策》，载《气候变化研究进展》2020 年第 1 期。

[150] 田丹宇、郑文茹：《国外应对气候变化的立法进展与启示》，载《气候变化研究进展》2020 年第 4 期。

［151］［美］托马斯·内格尔、赵永刚、易小明：《全球正义问题》，载《吉首大学学报（社会科学版）》2010年第6期。

［152］王彬辉：《我国碳排放权交易的发展及其立法跟进》，载《时代法学》2015年第2期。

［153］王灿发、陈贻健：《"气候正义"与中国气候变化立法的目标和制度选择》，载《中国高校社会科学》2014年第2期。

［154］王灿发、陈贻健：《论气候正义》，载《国际社会科学杂志（中文版）》2013年第2期。

［155］王灿发：《论生态文明建设法律保障体系的构建》，载《中国法学》2014年第3期。

［156］王国飞：《碳市场语境下的碳排放环境风险：生成逻辑与行政规制》，载《吉首大学学报（社会科学版）》2020年第1期。

［157］王宏昌：《风险预防原则的法律适用分析》，载《东南大学学报（哲学社会科学版）》2021年第S2期。

［158］王宏巍：《环境民主原则简论》，载《环境保护》2008年第18期。

［159］王卉彤：《气候变化挑战下的国际金融衍生品市场新动向及其对中国的启示》，载《财政研究》2008年第6期。

［160］王慧、张宁宁：《美国加州碳排放交易机制及其启示》，载《环境与可持续发展》2015年第6期。

［161］王嘉颖：《优化创新跨年度预算平衡机制的思路——基于新〈预算法〉背景下》，载《财经问题研究》2016年第S2期。

［162］王江：《论碳达峰碳中和行动的法制框架》，载《东方法学》2021年第5期。

［163］王金南等：《应对气候变化的中国碳税政策研究》，载《中国环境科学》2009年第1期。

［164］王利宁、杨雷、陈文颖等：《国家自主决定贡献的减排力度评价》，载《气候变化研究进展》2018年第6期。

［165］王林彬：《为什么要遵守国际法——国际法与国际关系：质疑与反思》，载《国际论坛》2006年第4期。

［166］王明国：《遵约与国际制度的有效性：情投意合还是一厢情愿》，载《当代亚太》2011年第2期。

［167］王瑞彬：《落实〈巴黎协定〉：制约与超越》，载《国际问题研究》2017年第1期。

［168］王社坤：《论我国碳评价制度的构建》，载《北方法学》2022年第2期。

［169］王田、董亮、高翔：《〈巴黎协定〉强化透明度体系的建立与实施展望》，载《气候变化研究进展》2019年第6期。

［170］王彦志：《非政府组织参与全球环境治理——一个国际法学与国际关系理论的跨学

科视角》，载《当代法学》2012 年第 1 期。

[171] 王遥、刘倩：《气候融资：全球形势及中国问题研究》，载《国际金融研究》2012
年第 9 期。

[172] 王莹莹：《无知可以免责吗？——反思气候变化中的历史排放责任》，载《自然辩证
法通讯》2022 年第 2 期。

[173] 王卓妮等：《IPCC AR6 WGIII 报告减缓主要结论、亮点和启示》，载《气候变化研
究进展》2022 年第 5 期。

[174] 魏庆坡：《美国宣布退出对〈巴黎协定〉遵约机制的启示及完善》，载《国际商务
（对外经济贸易大学学报）》2020 年第 6 期。

[175] 魏一鸣等：《全球能源系统转型趋势与低碳转型路径》，载《北京理工大学学报
（社会科学版）》2022 年第 4 期。

[176] 吴卫星：《后京都时代（2012~2020 年）碳排放权分配的战略构想——兼及"共同
但有区别的责任"原则》，载《南京工业大学学报（社会科学版）》2010 年第
2 期。

[177] 武掌华：《霍布斯国家主义法律观之刍议》，载《湘潭大学学报（哲学社会科学
版）》2005 年第 Z1 期。

[178] 夏宝龙：《照着"绿水青山就是金山银山"的路子走下去》，载《政策瞭望》2015
年第 3 期。

[179] 肖兰兰：《碳中和背景下的全球气候治理：中国推动构建人类命运共同体的生态路
径》，载《福建师范大学学报（哲学社会科学版）》2022 年第 2 期。

[180] 肖洋：《在碳时代中崛起：新兴大国赶超的可持续动力探析》，载《太平洋学报》
2012 年第 7 期。

[181] 谢惠媛：《世界贫困问题的伦理论争——析托马斯·博格的世界贫困理论》，载《社
科纵横》2012 年第 6 期。

[182] 新华社：《中共中央关于全面深化改革若干重大问题的决定（2013 年 11 月 12 日中
国共产党第十八届中央委员会第三次全体会议通过）》，载《求是》2013 年第
12 期。

[183] 徐崇利：《〈巴黎协定〉制度变迁的性质与中国的推动作用》，载《法制与社会发
展》2018 年第 6 期。

[184] 徐崇利：《构建国际法之"法理学"——国际法学与国际关系理论之学科交叉》，
载《比较法研究》2009 年第 4 期。

[185] 徐静：《新时代京津冀大气污染协同治理的困境及对策》，载《理论观察》2022 年
第 4 期。

[186] 徐双庆，刘滨：《日本国内碳交易体系研究及启示》，载《清华大学学报（自然科学

版）》2012 年第 8 期。

［187］徐祥民：《"两山"理论探源》，载《中州学刊》2019 年第 5 期。

［188］徐祥民：《论我国环境法中的总行为控制制度》，载《法学》2015 年第 12 期。

［189］许琳、陈迎：《全球气候治理与中国的战略选择》，载《世界经济与政治》2013 年第 1 期。

［190］许小亮：《法律世界主义》，载《清华法学》2014 年第 1 期。

［191］杨博文：《〈巴黎协定〉减排承诺下不遵约情势程序研究》，载《北京理工大学学报（社会科学版）》2020 年第 2 期。

［192］杨博文：《多层次碳金融监管框架：原则、工具与体制重构》，载《当代经济管理》2018 年第 10 期。

［193］杨博文：《〈巴黎协定〉后国际碳市场自愿减排标准的适用与规范完善》，载《国际经贸探索》2021 年第 6 期。

［194］杨博文：《后巴黎时代气候融资视角下碳金融监管的法律路径》，载《国际商务研究》2019 年第 6 期。

［195］杨博文、尹彦辉：《顾此失彼还是一举两得？——对我国碳减排经济政策实施后减排效果的检视》，载《财经论丛》2020 年第 2 期。

［196］杨桃：《气候变化伦理原则——世界科学知识和技术伦理委员会适应与缓解报告》，载《国际社会科学杂志（中文版）》2017 年第 4 期。

［197］杨通进：《气候正义研究的三个焦点问题》，载《伦理学研究》2022 年第 1 期。

［198］叶江：《试论欧盟的全球治理理念、实践及影响——基于全球气候治理的分析》，载《欧洲研究》2014 年第 3 期。

［199］易卫中：《论后巴黎时代气候变化遵约机制的建构路径及我国的策略》，载《湘潭大学学报（哲学社会科学版）》2020 年第 2 期。

［200］尤明青、王海晶：《我国碳排放权交易制度变迁的逻辑——兼评〈碳排放权交易管理暂行条例（征求意见稿）〉》，载《吉首大学学报（社会科学版）》2020 年第 1 期。

［201］于宏源：《自上而下的全球气候治理模式调整：动力，特点与趋势》，载《国际关系研究》2020 年第 1 期。

［202］于宏源：《〈巴黎协定〉新的全球气候治理与中国的战略选择》，载《太平洋学报》2016 年第 11 期。

［203］于文轩、胡泽弘：《"双碳"目标下的法律政策协同与法制因应——基于法政策学的视角》，载《中国人口·资源与环境》2022 年第 4 期。

［204］袁佳、陈波、吴莹等：《碳达峰碳中和目标下公正转型对我国就业的挑战与对策》，载《金融发展评论》2022 年第 1 期。

［205］袁佳双等：《认识减缓气候变化最新进展科学助力碳中和》，载《气候变化研究进展》2022年第18期。

［206］张肖阳：《后〈巴黎协定〉时代气候正义基本共识的达成》，载《中国人民大学学报》2018年第6期。

［207］张永香等：《美国退出〈巴黎协定〉对全球气候治理的影响》，载《气候变化研究进展》2017年第5期。

［208］张友国：《碳达峰、碳中和工作面临的形势与开局思路》，载《行政管理改革》2021年第3期。

［209］张志勋、郑小波：《论风险预防原则在我国环境法中的适用及完善》，载《江西社会科学》2010年第10期。

［210］张忠利：《韩国碳排放交易法律及其对我国的启示》，载《东北亚论坛》2016年第5期。

［211］张梓太：《中国环境立法应适度法典化》，载《南京大学法律评论》2009年第1期。

［212］赵俊：《我国应对气候变化立法的基本原则研究》，载《政治与法律》2015年第7期。

［213］赵俊：《我国环境信息公开制度与〈巴黎协定〉的适配问题研究》，载《政治与法律》2016年第8期。

［214］曾文革、党庶枫：《〈巴黎协定〉国家自主贡献下的新市场机制探析》，载《中国人口·资源与环境》2017年第9期。

［215］曾文革、吴庆禹：《后巴黎时代〈欧洲气候法〉的治理变革及启示》，载《中华环境》2021年第Z1期。

［216］郑玲丽：《低碳经济下碳交易法律体系的构建》，载《华东政法大学学报》2011年第1期。

［217］郑玲丽：《〈巴黎协定〉生效后碳关税法律制度设计及对策》，载《国际商务研究》2017年第6期。

［218］舟丹：《中国2030年碳排放达峰路径分析》，载《中外能源》2017年第5期。

［219］朱茂磊：《论"碳预算"的国家职能及其配置》，载《南阳师范学院学报》2016年第7期。

［220］朱鹏飞：《国际环境条约遵约机制研究》，载《法学杂志》2010年第10期。

［221］朱鹏飞：《论〈蒙特利尔议定书〉非遵守情势程序》，载《政治与法律》2008年第10期。

［222］朱松丽：《从巴黎到卡托维兹：全球气候治理中的统一和分裂》，载《气候变化研究进展》2019年第2期。

［223］竺效：《论中国环境法基本原则的立法发展与再发展》，载《华东政法大学学报》

2014 年第 3 期。

［224］庄贵阳：《我国实现"双碳"目标面临的挑战及对策》，载《人民论坛》2021 年第
　　　18 期。

［225］庄敬华：《〈气候变化应对法〉刑事责任条款探析》，载《中国政法大学学报》2015
　　　第 6 期。

［226］邹安全、罗杏玲、全春光：《钢铁行业供应链碳足迹界定及影响因素研究》，载《科
　　　技进步与对策》2015 年第 8 期。

（三）硕博士论文

［1］曹家玮：《〈巴黎协定〉促进遵守和履行机制研究》，华东政法大学 2020 年硕士学位
　　　论文。

［2］石瑶：《从"非遵守情势程序"探究国际环境条约的遵守机制》，吉林大学 2015 年硕
　　　士学位论文。

［3］宋冬：《论〈巴黎协定〉遵约机制的构建》，外交学院 2018 年博士学位论文。

［4］王晓丽：《国际环境条约遵约机制研究》，中国政法大学 2007 年博士学位论文。

［5］张昊：《〈巴黎协定〉实施细则中透明度规则探究》，外交学院 2021 年硕士学位论文。

［6］朱鹏飞：《国际环境争端解决机制研究》，华东政法大学 2009 年博士学位论文。

（四）其他中文文献

［1］［美］爱迪·布朗·维丝：《理解国际环境协定的遵守：十三个似是而非的观念》，秦
　　　天宝译，载《国际环境法与比较环境法评论》（第 1 卷），法律出版社 2002 年版。

［2］CMA. 1：《〈巴黎协定〉第 4 条第 10 款所述国家自主贡献的共同时间框架》，载 ht-
　　　tps：//unfccc. int/sites/default/files/resource/cma2018_ 03a01C. pdf.

［3］CMA. 1：《〈巴黎协定〉第 4 条第 12 款所述公共登记册运作和使用的模式和程序》，载
　　　https：//unfccc. int/sites/default/files/resource/cma2018_ 03a01C. pdf.

［4］CMA. 1：《第 1/CP. 21 号决定第 28 段所述促进国家自主贡献清晰、透明和可理解的信
　　　息》，载 https：//unfccc. int/sites/default/files/resource/cma2018_ 03a01C. pdf.

［5］CMA. 1：《实施应对措施的影响问题论坛在〈巴黎协定〉之下的模式、工作方案和职
　　　能》，载 https：//unfccc. int/sites/default/files/resource/cma2018_ 03a01C. pdf.

［6］CMA. 1：《与第 1/CP. 21 号决定减缓一节有关的进一步指导意见》，载 https：//unfc-
　　　cc. int/sites/default/files/resource/cma2018_ 03a01C. pdf.

［7］CMA. 3：《〈巴黎协定〉第 4 条第 10 款所述国家自主贡献的共同时间框架》，载 ht-
　　　tps：//unfccc. int/sites/default/files/resource/CMA2021_ 10_ Add3_ C. pdf.

［8］CMA. 3：《〈巴黎协定〉第 4 条第 12 款所述公共登记册运作和使用的模式和程序》，载
　　　https：//unfccc. int/sites/default/files/resource/CMA2021_ 10_ Add3_ C. pdf.

［9］IEA：《全球煤炭需求将在今年恢复历史最高水平并有望在 2023 年再创新高》，载 https://finance. sina. com. cn/roll/2022-08-08/doc-imizmscv5346600. shtml.

[10] UNFCCC:《〈巴黎协定〉之下国家自主贡献的 2022 年综合报告》,载 https://unfc-cc. int/sites/default/files/resource/message_ to_ parties_ and_ observers_ on_ ndc_ numbers. pdf.

[11] 本刊编辑部:《联合国环境规划署发布〈绿水青山就是金山银山〉报告——中国生态文明理念走向世界》,载《人民日报》2016 年 5 月 26 日。

[12] 本刊编辑部:《习近平总书记在省部级主要领导干部学习贯彻党的十八届五中全会精神专题研讨班上的讲话》,载《人民日报》2016 年 5 月 10 日。

[13] 本刊编辑部:《中共中央关于坚持和完善中国特色社会主义制度 推进国家治理体系和治理能力现代化若干重大问题的决定》,载《人民日报》2019 年 11 月 4 日。

[14] 陈思宇:《我国碳排放权交易中的行政法律救济制度研究》,载中国法学会环境资源法学研究会》,载《新形势下环境法的发展与完善——2016 年全国环境资源法学研讨会(年会)论文集》2016 年。

[15] 樊星、柴麒敏:《国家自主贡献实施细则及其对中国的影响分析》,载谢伏瞻、刘雅鸣主编:《应对气候变化报告(2019)防范气候风险》,社会科学文献出版社 2019 年版。

[16] 樊星:《国家自主贡献更新模式及中国的应对》,载谢伏瞻、刘雅鸣主编:《应对气候变化报告(2020:提升气候行动力)》,社会科学文献出版社 2020 年版。

[17] 郝志鹏:《法国〈能源与气候法〉的颁行、实施与挑战》,载《人民法院报》2021 年 4 月 30 日。

[18] 胡熠、黎元生:《习近平生态文明思想在福建的孕育与实践》,载《学时时报》2019 年 1 月 9 日。

[19] 黄浩涛:《生态兴则文明兴生态衰则文明衰——学习习近平总书记关于生态文明建设的重要论述》,载人民网:http://dangjian. people. com. cn/n/2015/0804/c117092-27408033. html.

[20] 黄锐:《中国提交应对气候变化国家自主贡献文件》,载 http://www. xinhuanet. com//2015-06/30/c_ 1115774780. htm.

[21] 黄润秋:《生态环境部部长中宣部"中国这十年"新闻发布会答记者问》,载https://www. mee. gov. cn/ywdt/zbft/202209/t20220915_ 994045. shtml.

[22] 解振华:《〈巴黎协定〉是应对气候变化进程中的里程碑》,http://www. xinhuanet. com/live/2015-12/23/c_ 128559382. htm.

[23] 刘倩、付加锋:《2021 年国家自主贡献更新特征研究》,载《中国环境科学学会 2021 年科学技术年会论文集(一)》2021 年版。

[24] 吕忠梅:《锚定碳达峰碳中和目标气候变化顶层立法势在必行》,载中国气象局网:

http://www.cma.gov.cn/2011xzt/2021zt/20210225/2021022503/202103/t20210310_
573285.html.

［25］潘晓滨：《论"绿水青山就是金山银山"思想中的社会主义核心价值观》，载《2018
年天津社会年鉴》，天津人民出版社 2018 年版。

［26］清华大学中国碳市场研究中心：《地方政府参与全国碳市场工作手册》，清华大学中
国碳市场研究中心，2019 年。

［27］孙金龙、黄润秋：《坚决贯彻落实习近平总书记重要宣示 以更大力度推进应对气候
变化工作》，载《光明日报》2020 年 9 月 30 日。

［28］孙佑海：《为实现"双碳"目标提供有力司法保障》，载《人民法院报》2021 年 6 月
11 日。

［29］习近平：《习近平就气候变化〈巴黎协定〉正式生效致信联合国秘书长潘基文》，载
https://china.chinadaily.com.cn/2016-11/04/content_27279191.htm.

［30］习近平：《共同但有区别的责任原则是全球气候治理的基石》，载 http://
news.cctv.com/2021/04/22/ARTI4C8nWQCTYZkmf0KbOQdS210422.shtml.

［31］新华社：《习近平出席〈生物多样性公约〉第十五次缔约方大会领导人峰会并发表主
旨讲话》，载中国政府网：http://www.gov.cn/xinwen/2021-10/12/content_5642075.
htm.

［32］新华社：《习近平在第七十五届联合国大会一般性辩论上的讲话（全文）》，载中共
中央党校网：https://www.ccps.gov.cn/xtt/202009/t20200922_143555.shtml.

［33］新华社：《习近平在气候变化巴黎大会开幕式上的讲话（全文）》，载新华网，
http://www.xinhuanet.com/world/2015-12/01/c_1117309642.htm.

［34］新华社：《习近平在省部级主要领导干部学习贯彻党的十九届五中全会精神专题研讨
班开班式上发表重要讲话》，载中共中央党校网：https://www.ccps.gov.cn/xtt/
202101/t20210111_147076.shtml.

［35］新华社：《习近平在中共中央政治局第二十九次集体学习时强调保持生态文明建设战
略定力努力建设人与自然和谐共生的现代化》，载 http://www.gov.cn/xinwen/2021-
05/01/content_5604364.htm.

［36］新华社：《在历史的十字路口引领人类进步潮流——习近平主席在第七十六届联合国
大会一般性辩论上的重要讲话解读》，载中国政府网：http://www.gov.cn/xinwen/
2021-09/22/content_5638739.htm.

［37］《习近平主持中共中央政治局第三十六次集体学习》，载新华社：http://
cpc.people.com.cn/n1/2022/0125/c64094-32339608.html.

［38］殷俊红：《天津出台全国首部碳达峰碳中和促进条例》，载中国经济网：http://
www.ce.cn/cysc/stwm/gd/202110/15/t20211015_36996709.shtml.

[39]《习近平在气候雄心峰会上的讲话（全文）》，载中国政府网：http://www.gov.cn/xinwen/2020-12/13/content_ 5569138.htm.

[40]《最高人民法院.关于为加快建设全国统一大市场提供司法服务和保障的意见》，载https://www.court.gov.cn/fabu-xiangqing-367241.html.

外文类

（一）外文书籍

[1] Abram Chayes &Antonia Handler Chayes, *The New Sovereignty：Compliance with International Regulatory Agreements*, Cambridge MA, London；Harvard University Press, 1995.

[2] Alexandre Kiss & Dinah Shelton, *Guide to International Environmental Law*, Martinus Nijhoff Publishers, 2007.

[3] Arno Behrens , *Financial Impacts of Climate Change——An Overview of Climate Change related Actions in the European Commission's Development Cooperation*, Brussels：Centre for European Policy Studies Press, 2008.

[4] P. Bridgewater, R. E. Kim & K. Bosselmann , *Ecological Integrity：A Relevant Concept for International Environmental Law in the Anthropocene?*, Yearbook of International Environmental Law, 2016.

[5] J. Brunnée, "Promoting Compliance with Multilateral Environmental Agreements", *Promoting Compliance in an Evolving Climate Regime* , edited by J. Brunnée, M. Doelle & L. Rajamani, Cambridge, UK：Cambridge University Press, 2012

[6] J. Bulmer, "Compliance Regimes in Multilateral Environmental Agreement", *Promoting Compliance in an Evolving Climate Regime* , edited by J. Brunnée, M. Doelle & L. Rajamani, Cambridge, UK：Cambridge University Press, 2012

[7] A. Chayes & A. Handler Chayes, *The New Sovereignty：Compliance with International Regulatory Agreements*, Cambridge, MA：Harvard Uiversity Press, 1995.

[8] Daniel Klein et al. , *The Paris Agreement on Climate Change：Analysis and Commentary* , OUP Oxford, 2017.

[9] A. Dixit, *The Making of Economic Policy：A Transaction-Cost Politics Perspective*, Cambridge, MA：The MIT Press, 1996.

[10] T. Gehring, "Reaty-Making and Treaty Evolution", *The Oxford Hand book of International Law*, edited by D. Bodansky, J. Brunnée & E. Hey, New York：Oxford University Press, 2007

[11] Henrique Schneider, *The Role of Carbon Markets in the Paris Agreement：Mitigation and Development*, Springer, 2019.

[12] A. Jackson et al. , *Networked Carbon Markets：Permission Less Innovation with Distributed Ledgers?*, Social Science Electronic Publishing, 2018.

［13］ D. Klein （eds.）, *The Paris Agreement on Climate Change: Analysis and Commentary*, Oxford, UK: Oxford University Press, 2017.

［14］ F. Krause, W. Bach & J. Koomey, *Energy Policy in the Greenhouse: From Warming Fate to Warming Limit*, Routledge, 2013.

［15］ M. Lockwood, "The Political Dynamics of Green Transformations", *The Politics of Green Transformations*, London and New York: Routledge, 2015.

［16］ E. Milano, *In Non-compliance Procedures and Mechanisms and the Effectiveness of International Environmental Agreements*, The Hague: T. M. C. Asser Press, 2009.

［17］ J. Meckling, *Carbon Coalitions: Business, Climate Politics, and the Rise of Emissions Trading*, MIT Press, 2011.

［18］ AxelMichaelowa, *Carbon Markets or Climate Finance? Low Carbon and Adaptation Investment Choices for the Developing World*, London: Taylor and Francis Press, 2012.

［19］ T. Muinzer & G. Little, *A Stocktake of Legal Research on the United Kingdom's Climate Change Act: Present Understandings, Future Opportunities*, European Energy Law Report. Intersentia, 2020.

［20］ JonathanVerschuuren, *Research Handbook on Climate Change Adaptation Law*, Edward Elgar Publishing, 2013.

［21］ Romanin Jacur, "Triggering Non-compliance Procedures", *Non-compliance Procedures and Mechanisms and the Effectiveness of International Environmental Agreements* , edited by T. Treves et al. , The Hague: T. M. C. Asser Press, 2009.

［22］ N. Stern & D. Zenghelis, "City Solutions to Global Problems", *Living in the Endless City*, Phaidon Press, 2011.

［23］ Susanne C. Moser& Lisa Dilling （eds.）, *Creating a Climate for Change: Communicating Climate Change and Facilitating Social Change*, Cambridge University Press, 2008.

［24］ Sven Teske, *Achieving the Paris Climate Agreement Goals Global and Regional 100% Renewable Energy Scenarios with Non-energy GHG Pathways for* +1. 5°C *and* +2°C, *Springer*, 2021.

［25］ T. L. Treves et al. , *Non-compliance Procedures and Mechanisms and the Effectiveness of International Environmental Agreements*, The Hague: T. M. C. Asser Press, 2009.

（二） 外文期刊

［1］ Abram Chayes & Antonia Handler Chayes, "Compliance Without Enforcement: State Behavior under Regulatory Treaties ", *Negotiation Journal*, 1991, 7 （3）.

［2］ J. E. Aldy & R. N. Stavins, "The Promise and Problems of Pricing Carbon: Theory and Experience", *The Journal of Environment & Development*, 2012, 21 （2）.

［3］E. Aldy Joseph & A. Pizer William，"Alternative Metrics for Comparing Domestic Climate Change Mitigation Efforts and the Emerging International Climate Policy Architecture"，*Review of Environmental Economics and Policy*，2016，10（1）.

［4］AlexandreGajevic Sayegh，"Climate Justice after Paris：A Normative Framework"，*Journal of Global Ethics*，2017，13（3）.

［5］R. Andrea，"The Principle of Sustainability：Transforming Law and Governance"，*Journal of Environmental Law*，2010（3）.

［6］C. Bataille et al.，"A Review of Technology and Policy Deep Decarbonization Pathway Options for Making Energy－intensive Industry Production Consistent with the Paris Agreement"，*Journal of Cleaner Production*，2018，187.

［7］M. Benito & A. Michaelowa，"How to Operationalize Accounting under Article 6 Market Mechanisms of the Paris Agreement"，*Climate Policy*，2019，19（7）.

［8］T. Bernauer & R. Gampfer，"Effects of Civil Society Involvement on Popular Legitimacy of Global Environmental Governance"，*Global Environmental Change*，2013. 23（2）.

［9］P. Bi & S. Walker，"Mortality Trends for Deaths Related to Excessive Heat（E900）and Excessive Cold（E901），Australia，1910-1997"，*Environmental Health*，2001，1（2）.

［10］D. Bodansky，"The Legal Character of the Paris Agreement"，*Review of European，Comparative & International Environmental Law*，2016，25（2）.

［11］D. Bodansky，"The Paris Climate Change Agreement：A New Hope?"，*American Journal of International Law*，2016，110（2）.

［12］D. Bodansky，"The Legal Character of the Paris Agreement"，*Review of European，Comparative and International Environmental Law*，2016，25（2）.

［13］D. Bodansky，"The Paris Climate Change Agreement：A New Hope?"，*The American Journal of International Law*，2017，110（2）.

［14］D. Bogdanov et al.，"Radical Transformation Pathway Towards Sustainable Electricity Via Evolutionary Steps"，*Nature Communications*，2019，10（1）.

［15］M. Bragagni，"Sustainable Development and the Need to Reform the Carbon Tax"，*Journal of Public Affairs*，2017

［16］T. W. Brown et al.，"Response to Burden of Proof：A Comprehensive Review of the Feasibility of 100% Renewable－electricity Systems"，*Renewable and Sustainable Energy Reviews*，2018，92（5）.

［17］J. Brunnée，"Coping with Consent：Law－Making under Multilateral Environmental Agreements"，*Leiden Journal of International Law*，2002，15.

［18］S. Brunner，C. Flachsland & R. Marschinski，"Credible Commitment in Carbon Policy"，

Climate Policy, 2012, 12 (2).

[19] Buchholz Wolfgang, "Barrett, Scott: Environment and Statecraft: The Strategy of Environmental Treaty-Making", *Journal of Institutional and Theoretical Economics*, 2004, 160 (2).

[20] J. W. Chang, Y. D. Jiao & F. Q. Tang, "How to Enhance Public Participation in Enactment of Law on Coping with Climate Change? (Second Part)", *Environmental Impact Assessment*, 2015.

[21] Chasek Pam, David L. Downie & J. W. Brown, *Global Environmental Politics*, 6th Edition, Westview Press, 2013 (6).

[22] L. Chen, "Are Emissions Trading Schemes A Pathway to Enhancing Transparency under the Paris Agreement?", *Vermont Journal of Environmental Law*, 2018, 3 (1).

[23] C. Cheng et al., "Pumped Hydro Energy Storage and 100 % Renewable Electricity for East Asia", *Global Energy Interconnection*, 2019. 2 (5).

[24] A. Cherp & J. Jewell, "The Concept of Energy Security: Beyond the Four As", 75 *Energy Policy*, 2014 (7).

[25] Todd L. Cherry et al., "Can the Paris Agreement Deliver Ambitious Climate Cooperation? An Experimental Investigation of the Effectiveness of Pledge-and-review and Targeting Short-lived Climate Pollutants", *Environmental Science and Policy*, 2021.

[26] Christensen Hobbs, "A Model of State and Federal Biofuel Policy: Feasibility Assessment of the California Low Carbon Fuel Standard", *Applied Energy*, 2016 (5).

[27] Christina Voigt & Xiang Gao, "Accountability in the Paris Agreement: the Interplay between Transparency and Compliance", *Nordic Environmental Law Journal*, 2020 (1).

[28] Christoff, "The Promissory Note: COP 21 and the Paris Climate Agreement", *Environmental Politics*, 2016, 25 (5).

[29] R. R. Churchill & G. Ulfstein, "Autonomous Institutional Arrangements in Multilateral Agreements: A Little Noticed Phenomenon in International Law", *American Journal of International Law*, 94, 2000.

[30] "Climate Change: the IPCC Response Strategies", *Choice Reviews Online*, 1992, 29 (6).

[31] H. Compston & I. Bailey, "Climate Policy Strength Compared: China, the US, the EU, India, Russia, and Japan", *Climate Policy*, 2014, 3 (2): .

[32] E. Corell & M. M. Betsill, "A Comparative Look at NGO Influence in International Environmental Negotiations: Desertification and Climate Change", *Global Environmental Politics*, 2006, 1 (4).

[33] Daniel Bodansky, "The Legal Character of the Paris Agreement", *Review of European*,

Comparative & International Environmental Law, 2016, 25 (2).

[34] J. De Mot, "Comment on Lobbying in the European Union Emissions Trading Scheme: Inefficiencies Caused by Industry Rent-seeking", 30*th Annual Conference of the European Association of Law and Economics*, 2013.

[35] Peeters M. DeketelaereK, "Key Challenges of EU Climate Change Policy: Competences, Measures and Compliance", *EU Climate Change Policy the Challenge of New Regulatory Initiatives*, 2006.

[36] "Development of UN Framework Convention on Climate Change Negotiations under COP25: Article 6 of the Paris Agreement perspective", *Open Political Science*, 2019, 2 (1).

[37] M. Doelle, "The Paris Agreement: Historic Breakthrough or High Stakes Experiment?", *Climate Law* 6, 2016.

[38] G. W. Downs, D. M. Rocke & P. N. Barsoom, "Is the Good News about Compliance Good News about Cooperation?", *International Organization*, 1996, 50 (3).

[39] W. Edwin, "Hot Air Trading under the Kyoto Protocol: An Environmental Problem or Not?", *European Environmental Law Review*, 2005, 14 (3).

[40] S. Fankhauser, C. Gennaioli, & Collins, "The Political Economy of Passing Climate Change Legislation: Evidence from a Survey", *Global Environmental Change*, 35, 2015.

[41] F. Farstad, N. Carter & C. Burns, "What Does Brexit Mean for the UK's Climate Change Act?", *The Political Quarterly*, 2018, 89 (2).

[42] Hanna Fekete et al., "Paris Agreement Climate Proposals Need a Boost to Keep Warming Well Below 2 Degrees", *Nature*, 2016.

[43] D. J. Fiorino, "Explaining Cational Environmental Performance: Approaches, Evidence, and Implications", *Policy Sciences*, 2011, 44.

[44] T. Fleiter et al., "Industrial Innovation: Pathways to Deep Decarbonization of Industry", *Part 2: Scenario Analysis and Pathways to Deep Decarbonization*, 2019.

[45] A. Gambhir et al., "The Contribution of Non-CO2 Greenhouse Gas Mitigation to Achieving Long-Term Temperature Goals", *Energies*, 2017, 10 (5).

[46] Gao Yun, "China's Response to Climate Change Issues after Paris Climate Change Conference", *Advances in Climate Change Research*, 2016, 7 (4).

[47] F. Gilardi, "Policy Credibility and Delegation to Independent Regulatory Agencies: A Comparative Empirical Analysis", *Journal of European Public Policy*, 2002, 9 (6).

[48] Godwell Nhamo & Senia Nhamo, "One Global Deal from Paris 2015: Convergence and Contestations on the Future Climate Mitigation Agenda", *South African Journal of International Affairs*, 2016, 23 (3).

［49］Bryan A. Green, "Lessons from the Montreal Protocol: Guidance for the Next International Climate Change Agreement", *Environmental Law*, 2009 (39).

［50］Z. Gu, C. Voigt & J. Werksman, "Facilitating Implementation and Promoting Compliance with the Paris Agreement under Article15: Conceptual Challenges and Pragmatic Choices", *Climate Law*, 2019, 9 (1).

［51］Gunning Hamn, "Social License and Environmental Protection: Why Businesses Go beyond Compliance", *Law & Social Inquiry*, 2004, 29 (2).

［52］A. Gupta & H. van Asselt, "Transparency in Multilateral Climate Politics: Furthering (or Distracting From) Accountability?", *Regulation & Governance*, 2019, 13 (1).

［53］HaraldWinkler, Brian Mantlana & Thapelo Letete, "Transparency of Action and Support in the Paris Agreement", *Climate Policy*, 2017, 17 (7).

［54］Harold H. Koh, "The 1998 Frankel Lecture: Bringing International Law Home", *Houston Law Review*, 1999, 35.

［55］Hausfather Zeke, Peters Glen P., "Emissions-the 'business as usual' story is misleading", Nature, 2020.

［56］L. Hermwille et al., "Catalyzing Mitigation Ambition under the Paris Agreement: Elements for an Effective Global Stocktake", *Climate Policy*, 2019 (8).

［57］W. J. Henisz, "The Institutional Environment for Infrastructure Investment", *Industrial and Corporate Change*, 2002, 11 (2).

［58］Niklas Hoehne et al., "Exploring Fair and Ambitious Mitigation Contributions under the Paris Agreement Goals", *Environmental Science & Policy*, 2017.

［59］L. Höglund-Isaksson et al., "Cost Estimates of the Kigali Amendment to Phase-down Hydrofluorocarbons", *Environmental Science & Policy*, 2017 (75).

［60］O. Holm et al., "Sustainability Labelling as a Tool for Reporting the Sustainable Development Impacts of Climate Actions Relevant to Article 6 of the Paris Agreement", *Int Environ Agreements*, 2019, 19 (2).

［61］Jennifer Huang, "Exploring Climate Framework Laws and the Future of Climate Action", *Pace Environmental Law Review*, 2021 (2).

［62］Ibar Alonso Raquel, Quiroga García Raquel & Arenas Parra Mar, "Opinion Mining of Green Energy Sentiment: A Russia-Ukraine Conflict Analysis", *Mathematics*, 2022 (10).

［63］J. Malinauskaite et al., "Energy Efficiency in Industry: EU and National Policies in Italy and the UK", *Energy*, 2019 (1).

［64］D. Jamieson, "Climate Change, Responsibility, and Justice", *Science & Engineering Ethics*, 2011.

［65］ JenniferHuang, "Climate Justice: Climate Justice and the Paris Agreement", *Animal & Envtl. L.*, 2017 (9)

［66］ Jonathan Fox, "Transparency for Accountability: Civil Society Monitoring of Multilateral Development Bank Anti-Poverty Projects", *Development in Practice*, 1997, 17 (2).

［67］ Joseph E. Aldy, William A. Pizer & Keigo Akimoto, "Comparing Emissions Mitigation Efforts Across Countries", *Climate Policy*, 2017, 17 (4).

［68］ O. Karen, C. Arensb & F. Mersmannc, "Learning from CDM SD Tool Experience for Article 6. 4 in the Paris Agreement", *Climate Policy*, 2018, 18 (4).

［69］ Khan Mizan, Mfitumukiza David & Huq Saleemul, "Capacity Building for Implementation of Nationally Determined Contributions under the Paris Agreement", *Climate Policy*, 2020, 20 (4).

［70］ R. E. Kim & K. Bosselmann, "International Environmental Law in the Anthropocene: Towards a Purposive System of Multilateral Environmental Agreements", *Transnational Environmental Law*, 2013, 2 (2).

［71］ S. Kim et al. , "The Renewable Fuel Standard May Limit Overall Greenhouse Gas Savings by Corn Stover-Based Cellulosic Biofuels in the U. S. Midwest: Effects of the Regulatory Approach on Projected Emissions", *Environmental Science & Technology*, 2019, 53 (5).

［72］ T. Kuramochi et al. , "Ten Key Short-term Sectoral Benchmarks to Limit Warming to 1. 5° C", *Climate Policy*, 2018 (3).

［73］ B. Kvaloy, H. Finseraas & O. Listhaug, "The Publics' Concern for Global Warming: A Cross-national Study of 47 Countries", *Journal of Peace Research*, 2012, 49 (1).

［74］ B. Lahn, "A History of the Global Carbon Budget", *Wiley Interdisciplinary Reviews: Climate Change*, 2020, 11 (3).

［75］ B. Lahn, "Changing Climate Change: The Carbon Budget and the Modifying-work of the IPCC", *Social studies of Science*, 2021, 51 (1).

［76］ Lambert Schneider & Stephanie La Hoz Theuer, "Environmental Integrity of International Carbon Market Mechanisms under the Paris Agreement", *Climate Policy*, 2019, 19 (3).

［77］ J. Langevin, C. B. Harris & J. L. Reyna, "Assessing the Potential to Reduce U. S. Building CO2 Emissions 80% by 2050", *Joule*, 2019, 3 (10).

［78］ H. K. Laudari et al. , "What Lessons Do the First Nationally Determined Contribution (NDC) Formulation Process and Implementation Outcome Provide to the Enhanced/Updated NDC? A Reality Check from Nepal", *Science of The Total Environment*, 2020.

［79］ LauraPineschi, "Non-Compliance Mechanisms and the Proposed Center for the Prevention and Management of Environment Disputes", *Anuario de Derecho Internacional*, 2004.

[80] P. Lawrence & D. Wong, "Soft Law in the Paris Climate Agreement: Strength or weakness? ", *Review of European Comparative & International Environmental Law*, 2017, 26 (3).

[81] X. Li & D. Wang, "Does Transfer Payments Promote Low−Carbon Development of Resource −Exhausted Cities in China? ", *Earth's Future*, 2022, 10 (1).

[82] M. Lockwood, "The Political Sustainability of Climate Policy: The Case of the UK Climate Change Act", *Global Environmental Change*, 2013, 23 (5).

[83] Louis−GaetanGiraudet, Luc Bodineau & Dominique Finon, "The Costs and Benefits of White Certificates Schemes", *Energy Efficiency*, 2012 (5).

[84] M. J. Mace & Roda Verheyen, "Loss, Damage and Responsibility after COP 21: All Options Open for the Paris Agreement", *Review of European, Comparative & International Environmental Law*, 2016, 25 (2).

[85] J. Macinante, "Operationalizing Cooperative Approaches Under the Paris Agreement by Valuing Mitigation Outcomes", *SSRN Electronic Journal*, 2018.

[86] A. Majid, "Development of UN Framework Convention on Climate Change Negotiations under COP25: Article 6 of the Paris Agreement Perspective", *Open Political Science*, 2019, 2 (1).

[87] M. A. Mehling, G. E. Metcalf & R. N. Stavins, "Linking Heterogeneous Climate Policies (Consistent with the Paris Agreement) ", *Environmental Law*, 2018, 48 (4).

[88] MeinhardDoelle, "Compliance in Transition: Facilitative Compliance Finding its Place in the Paris Climate Regime?", *Carbon & Climate Law Review*, 2018.

[89] K. Miard, "Lobbying During the Revision of the EU Emissions Trading System: Does EU Membership Influence Company Lobbying Strategies? ", *Journal of European Integration*, 2014.

[90] M. Michael, G. Metcalf & R. Stavins, "Linking Heterogeneous Climate Policies Consistent with the Paris Agreement ", *Environmental Law*, 2019, 8.

[91] M. Michael, "Governing Cooperative Approaches under the Paris Agreement", *Ecology Law Quarterly*, 2019, 46 (3).

[92] A. Michaelowa et al. , "Additionality Revisited: Guarding the Integrity of Market Mechanisms under the Paris Agreement", *Climate Policy*, 2019, 19 (10).

[93] A. Michaelowa, I. Shishlov & D. Brescia, "Evolution of International Carbon Markets: Lessons for the Paris Agreement", *Wiley Interdisciplinary Reviews: Climate Change*, 2019, 10 (6).

[94] R. S. Morse & J. B. Stephens, "Teaching Collaborative Governance: Phases, Competencies, and Case−Based Learning", Journal of Public Affairs Education, 2012, 18 (3).

[95] C. Mulder, E. Conti & G. Mancinelli, "Carbon Budget and National Gross Domestic Product

in the Framework of the Paris Climate Agreement", *Ecological Indicators*, 2021, 130.

[96] Nicolas VanAken, "The Emission Trading Scheme Case Law: Some New Paths for a Better European Environment Protection", *Climate Change and European Trading*, Edward Elgar Publishing, 2008.

[97] Niklas Höhne et al., "The Paris Agreement: Resolving the Inconsistency between Global Goals and National Contributions", *Climate Policy*, 2017, 17 (1).

[98] S. Oberthür & E. Northrop, "Towards an Effective Mechanism to Facilitate Implementation and Promote Compliance under the Paris Agreement", *Climate Law*, 2018, 8 (1-2).

[99] S. Oberthür, "Options for a Compliance Mechanism in a 2015 Climate Agreement", *Climate Law*, 2014, 4 (1-2).

[100] Oberthür Sebastian & Groen Lisanne, "Hardening and Softening of Multilateral Climate Governance towards the Paris Agreement", *Journal of Environmental Policy & Planning*, 2020, 22 (6).

[101] S. Oberthür & R. Bodle, "Legal Form and Nature of the Paris Outcome", *Climate Law*, 2017, 6 (1-2).

[102] S. Oberthür & R. Lefeber, "Holding Countries to Account: The Kyoto Protocol's Compliance System Revisited after Four Years of Experience", *Climate Law*, 2010 1 (1).

[103] S. Oberthür, "Options for a Compliance Mechanism in a 2015 Climate Agreement", *Climate Law*, 2014 (4).

[104] K. H. Olsen, C. Arens & F. Mersmann, "Learning from CDM SD Tool Experience for Article 6. 4 of the Paris Agreement", *Climate Policy*, 2018, 18 (1-5).

[105] W. P. Pauw et al., "Conditional Nationally Determined Contributions in the Paris Agreement: Foothold for Equity or Achilles Heel?", *Climate Policy*, 2020 (4).

[106] Peter Lawrence & Daryl Wong, "Soft Law in the Paris Climate Agreement: Strength or Weakness?", *Review of European Comparative & International*, 2017.

[107] Phillip R. Trimble, "International Law, World Order, and Critical Legal Studies", *Stanford Law Review*, 1990, 42.

[108] W. Pieter & R. Klein, "Beyond Ambition: Increasing the Transparency, Coherence and Implementability of Nationally Determined Contributions", *Climate Policy*, 2020 (4).

[109] Y. R. D. Pont et al., "Equitable Mitigation to Achieve the Paris Agreement Goals", *Nature Climate Change*, 2017 (7).

[110] L. Rajamani, "Ambition and Differentiation in the 2015 Paris Agreement: Interpretative Possibilities and Underlying Politics", *International and Comparative Law Quarterly*, 65, 2016.

［111］ L. Rajamani, "The 2015 Paris Agreement: Interplay between Hard, Soft and Non-obligations", *Journal of Environmental Law*, 2016, 28 (2).

［112］ M. Ranson & R. N. Stavins, "Linkage of Greenhouse Gas Emissions Trading Systems: Learning from Experience", *Climate Policy*, 2016, 16 (3).

［113］ D. A. Reifsnyder, "Kigali Amendment Implementation and Preparations for Multilateral Fund Replenishment", *Environmental Policy and Law*, 2018, 47 (5-6).

［114］ Richard Kinley, "Climate Change after Paris: From Turning Point to Transformation", *Climate Policy*, 2017, 17 (1).

［115］ Robert O. Keohane, David G. Victor, "Cooperation and Discord in Global Climate Policy", *Nature Climate Change*, 2016, 6 (6).

［116］ J. Rogelj et al., "Understanding the Origin of Paris Agreement Emission Uncertainties", *Nature Communications*, 2017.

［117］ J. Room, "The Real Budget Crisis: 'The CO2 Emissions Budget Framing is a Recipe for Delaying Concrete Action Now'", *Climate Progress*, 2013.

［118］ F. Röser et al., "Ambition in the Making: Analyzing the Preparation and Implementation Process of the Nationally Determined Contributions under the Paris Agreement", *Climate Policy*, 2020 (4).

［119］ SandraCassotta, "The Paris Agreement in Logic of Multi-regulatory Governance: A Step Forward to a New Concept of 'Global Progressive Adaptive-Mitigation'", *European Energy and Environmental Law Review*, 2016, 25.

［120］ SandrineMalijean-Dubois, Thomas Spencer & Matthieu Wemaere, "The Legal Form of the Paris Climate Agreement: A Comprehensive Assessment of Options", *Social Science*, Electronic Publishing, 2015.

［121］ J. Saurer, "Grundstrukturen des Bundes-Klimaschutzgesetzes", *Natur und Recht*, 2020, 42 (7).

［122］ L. Schneider et al., "Double Counting and the Paris Agreement Rulebook", *Science*, 2019, 366 (6462).

［123］ L. Schneider, A. Kollmuss & M. Lazarus, "Addressing the Risk of Double Counting Emission Reductions under the UNFCCC", *Climatic Change*, 2015, 131 (4).

［124］ SebastianOberthür, "Reflections on Global Climate Politics Post Paris: Power, Interests and Polycentricity", *The International Spectator*, 2016, 51 (4).

［125］ F. Sferra, "Towards Optimal 1. 5°and 2°C Emission Pathways for Individual Countries: a Finland Case Study", *Energy Policy in Review*, 2018 (5).

［126］ I. Shishlov, R. Morel & V. Bellassen, "Compliance of the Parties to the Kyoto Protocol in the First Commitment Period", *Climate Policy*, 2016, 16 (6).

[127] Shobe et al., "Price and Quantity Collars for Stabilizing Emission Allowance Prices: Laboratory Experiments on the EUETS Market Stability Reserve (2016) ", *Journal of Environmental Economics and Management*, 2016, 76.

[128] M. K. Shrivastava & S. Bhaduri, "Market-based Mechanism and 'Climate Justice': Reframing the Debate for a Way Forward", *International Environmental Agreements: Politics, Law and Economics*, 2019 (19).

[129] A. Siemons & L. Schneider, "Averaging or Multi-year Accounting? Environmental Integrity Implications for Using International Carbon Markets in the Context of Single-year Targets", *Climate Policy*, 2021.

[130] G. Sundqvist et al., " One World or Two? Science – policy Interactions in the Climate Field", *Critical Policy Studies*, 2018, 12 (4).

[131] Taravella & D. Dismuke, "The Potential Impact of the U. S. Carbon Capture and Storage Tax Credit Expansion on the Economic Feasibility of Industrial Carbon Capture and Storage", *Energy Policy*, 2021, 149 (2).

[132] E. Todd & M. Russell, "Earth Friendly Agriculture for Soil, Water, and Climate: A Multi-jurisdictional Cooperative Approach", *Drake Journal of Agricultural Law*, 2016, 21 (1).

[133] Vegard H. Tørstad, "Participation, Ambition and Compliance: Can the Paris Agreement Solve the Effectiveness Trilemma? ", *Environmental Politics*, 2020, 29 (5).

[134] Cabrera A. Vicedo et al., "The Burden of Heat-related Mortality Attributable to Recent Human-induced Climate Change", *Nature Climate Change*, 2021, 11 (6).

[135] C. Voigt & X. Gao, "Accountability in the Paris Agreement: the Interplay between Transparency and Compliance ", *Nordic Environmental Law Journal*, 2020 (1).

[136] C. Voigt, "The Compliance and Implementation Mechanism of the Paris Agreement ", *Review of European, Comparative & International Environmental Law*, 25 (2), 2016.

[137] Wang Tian & Gao Xiang, "Reflection and Operationalization of the Common but Differentiated Responsibilities and Respective Capabilities Principle in the Transparency Framework under the International Climate Change Regime", *Advances in Climate Change Research*, 2018, 9 (4).

[138] Weifeng Liu et al., "Global Economic and Environmental Outcomes of the Paris Agreement", *Energy Economics*, 2020, 90.

[139] Weikmans Romain, Asselt Harro van & Roberts J. Timmons, "Transparency Requirements under the Paris Agreement and Their (un) Likely Impact on Strengthening the Ambition of Nationally Determined Contributions (NDCs) ", *Climate Policy*, 2020, 20 (4).

［140］ S. White et al. , "A Risk-based Approach to Evaluating the Area of Review and Leakage Risks at CO2 Storage Sites", *International Journal of Greenhouse Gas Control*, 2020, 93.

［141］ WilsonHolland, "Aquifer Classification for the UIC Program: Prototype Studies in New Mexico", *Groundwater*, 2010, 22 (6).

［142］ Winkler Harald, "Putting Equity into Practice in the Global Stocktake under the Paris Agreement", *Climate Policy*, 2020, 20 (1).

［143］ M. Winning et al. , "Nationally Determined Contributions under the Paris Agreement and the Costs of Delayed Action", *Climate Policy*, 2019 (8).

［144］ Woerdman Edwin, "Hot Air Trading under the Kyoto Protocol: An Environmental Problem or Not? ", *European Environmental Law Review*, 2005 (14).

［145］ M. Xylia et al. , "Weighing Regional Scrap Availability in Global Pathways for Steel Production Processes", *Energy Efficiency*, 2018, 11 (5).

［146］ R. Young, "Environmental Governance: the Role of Institutions in Causing and Confronting Environmental Problems", *International Environmental Agreements*, 2003, 3 (4).

［147］ W. Zappa, M. Junginger & M. van den Broek, "Is a 100% Renewable European Power System Feasible by 2050? ", *Applied Energy*, 2019 (1)

［148］ A. Zahar, "A Bottom-Up Compliance Mechanism for the Paris Agreement", *Chinese Journal of Environmental Law*, 1 (1), 2017.

［149］ Luis H. Zamarioli et al. , "The Climate Consistency Goal and the Transformation of Global Finance", *Nature Climate Change*, 2021, 11 (7).

［150］ B. Zhang et al. , "Policy Interactions and Under-performing Emission Trading Markets in China", *Environmental Science & Technology*, 2013, 47.

（三） 其他外文文献

［1］ A. Abeysinghe & S. Barakat, The Paris Agreement: An Effective Compliance and Implementation Mechanism, London: International Institute for Environment and Development. , 2016.

［2］ AlinaAverchenkova & Sini Matikainen, Assessing the Consistency of National Mitigation Actions in the G20 with the Paris Agreement, Grantham Research Institute on Climate Change and the Environment, Centre for Climate Change Economics and Policy, 2016.

［3］ AlinaAverchenkova et al. , Augustin Lagarde, Isabella Neuweg and Georg Zachmann. Climate policy in China, the European Union and the United States: main drivers and prospects for the future In-depth country analyses, Grantham Research Institute on Climate Change and the Environment, Centre for Climate Change Economics and Policy, 2016.

［4］ M. Andrei, Decoding article 6 of the Paris Agreement, Manila: ADB, 2018.

［5］ H. Andrew & S. Hoch, Features and Implications of NDCs for Carbon Markets, Washington

DC: Climate Focus, 2017.

[6] AnneOlhoff et al., The Emissions Gap Report 2020: A UNEP Synthesis Report, United Nations Environment Programme, 2020.

[7] Richard Elliot Benedick, Lessons from the Montreal Protocol, http://www. eoearth. org/article/Lessons_ from_ the_ Montreal_ Protocol.

[8] S. Biniaz, Elaborating Article 15 of the Paris Agreement: Facilitating Implementation and Promoting Compliance, IDDRI Policy Brief No. 10/17, 2017 (10).

[9] R. Birdsey, P. Duffy & C. Smyth, Environmental Research Letters Related Content Climate, Economic, and Environmental Impacts of Producing Wood Forbioenergy, 2018 (8).

[10] J. Boutang & M. Tuddenham, L'ambitieux Objectif Français de la Neutralité Carbone Nette en 2050, Annales des Mines-Responsabilite et environnement, FFE, 2018 (1).

[11] S. Brunner, Policy Strategies to Foster the Resilience of Mountain Social-ecological Systems under Uncertain Global Change, Environmental Science & Policy. 2016.

[12] J. Bushnell et al., Uncertainty, Innovation, and Infrastructure Credits: Outlook for the Low Carbon Fuel Standard Through 2030, Institute of Transportation Studies, Working Paper Series, 2020.

[13] M. Christensen & S. Durlauf, Monetary Policy and Policy Credibility: Theories and Evidence, Working Paper, 1989.

[14] D. Ciplet et al., The Transformative Capability of Transparency in Global Environmental Governance, Global Environmental Politics. 2018.

[15] CSI, Getting the Numbers Right, 2016, https://gccassociation. org/gnr.

[16] Y. Dagnet et al., Mapping the Linkages between the Transparency Framework and Other Provisions of the Paris Agreement, Working Paper, Washington, DC: Project for Advancing Climate Transparency (PACT), 2017.

[17] Derik Broekhoff & Lambert Schneider, Market Mechanisms in the Paris Agreement-Differences and Commonalities with Kyoto Mechanisms, Discussion Paper, German Emissions Trading Authority (DEHSt), September 2016, Berlin, Germany.

[18] L. Djikstra & S. Athanasoglou, The Europe 2020 Index: The Progress of EU Countries, Regions, and Cities to the 2020 Targets, 2015, Brussels: European Commission, http://ec. europa. eu/regional_ policy/sources/docgener/focus/2015_ 01_ europe2020_ index. pdf.

[19] M. Doelle, Experience with the Facilitative and Enforcement Branches of the Kyoto Compliance System. In Promoting Compliance in an Evolving Climate Regime, edited by J. Brunnée, M. Doelle & L. Rajamani, Cambridge, UK: Cambridge University Press, 2012.

[20] ECRA, Development of State-of-the-Art Techniques in Cement Manufacturing: Trying to

Look Ahead, CSI/ECRA-Technology Papers 2017, http://www. ecra-online. org.

[21] T. Egebo & A. S. Englander, Institutional Commitments and Policy Credibility: A Critical Survey and Empirical Evidence Form The ERM. OECD Economic Studies, No. 18. 1992. Paris: OECD, http://www. oecd. org/eu/34250714. pdf.

[22] Emma Krause et al. , International Carbon Action Partnership (icap) Status Report 2021, International Carbon Action Partnership (icap), 2021.

[23] EPA, Fluorinated Greenhouse Gas Emissions and Supplies Reported to the GHGRP, https://www. epa. gov/ghgreporting/fluorinated-greenhouse-gas-emissions-and-supplies-reported-ghgrp#production.

[24] EPA, Phasedown of Hydrofluorocarbons: Establishing the Allowance Allocation and Trading Program Under the American Innovation and Manufacturing Act, https://www. federalregister. gov/documents/2021/10/05/2021-21030/phasedown-of-hydrofluorocarbons-establishing-the-allowance-allocation-and-trading-programe.

[25] ETC, Mission Possible. Sectoral focus-Steel, 2019, http://www. europeancalculator. eu/wpcontent/uploads/2019/09/EUCalc_Raw-materialsmodule-and-manufacturing-and-secondary-rawmaterials-module. pdf.

[26] H. Fekete et al. , The Impact of Good Practice Policies on Regional and Global Greenhouse Gas Emissions, 2015

[27] J. Fuessler & M. Herren, Networked Carbon Markets: Design Options for an International Carbon Asset Reserve for the World, World Bank Group Report, 2015.

[28] G20, 2021, G20 Rome Leaders' Declaration, https://www. g20. org/wp-content/ uploads/2021/10/G20-ROME-LEADERS-DECLARATION. pdf.

[29] J. Graichen, M. Cames & L. Schneider, Categorization of INDCs in the light of Art. 6 of the Paris Agreement, Discussion Paper, Umweltbundesamt, Berlin, Germany, 2015.

[30] W. B. Group, Networked Carbon Markets: Mitigation Action Assessment Protocol, Word Bank Group Report, 2016.

[31] A. Guterres, Secretary-General's Statement on the Conclusion of the UN Climate Change Conference COP26, https://www. un. org/sg/en/node/ 260645.

[32] B. Hare, R. Brecha & M. Schaeffer, Integrated Assessment Models: What are They and How Do They Arrive at Their Conclusions, Berlin, Germany: Climate Analytics, 2020.

[33] C. Hood, G. Briner & M. Rocha, GHG or not GHG: Accounting for Diverse Mitigation Contributions in the Post-2020 Climate Framework, Organization for Economic Co-operation and Development and International Energy Agency, Paris, 2018.

[34] IEA, Global EV Outlook 2018, Global EV Outlook, EVI, 2018.

[35] IEA, Perspectives for the Clean Energy Transition-The Critical Role of Buildings, Paris, France, 2019.

[36] IEA, World Energy Balances 2019, 2019 IEA report, https://www. iea. org/reports/world-energybalances-2019#data-service.

[37] IGES, IGES INDC and Market Mechanism Database Version v3. 0, http://enviroscope. iges. or. jp/modules/envirolib/view. php? docid=6147.

[38] IPCC, International Panel for Climate Change, Working Group III Contribution to the Sixth Assessment Report of the Intergovernmental Panel on Climate Change, Mitigation of Climate change, 2022.

[39] IPCC, IPCC Special Report on the Impacts of Global Warming of 1. 5°C, http://www. ipcc. ch/report/sr15.

[40] IPCC, Climate Change 2022: Mitigation of Climate Change, https://www. ipcc. ch/report/ar6/wg3.

[41] IRENA, Global Renewables Outlook 2020, 2020.

[42] G. Jakob & S. Lambert, Categorization of INDCs in the light of Art. 6 of the Paris Agreement, Berlin: DEHSt, 2016.

[43] Jakob Graichen, Martin Cames & Lambert Schneider, Categorization of INDCs in the light of Art. 6 of the Paris Agreement, Discussing Paper, 2016.

[44] Jonathan Wilkinson & Jochen Flasbarth, Climate Finance Delivery Plan: Meeting the US $ 100 Billion Goal, https://ukcop26. org/wp-content/uploads/2021/10/Climate-Finance-Delivery-Plan-1. pdf.

[45] JoostPauwelyn, Before the Subcomm, On Trade of the H. Comm, On Ways and Means, 11 1h Cong. 4, http://waysandmeans. house. gov/media/pdf/111/pauw. pdf.

[46] Joseph E. Aldy, Evaluating Mitigation Effort: Tools and Institutions for Assessing Nationally Determined Contributions, World Bank Group's Networked Carbon Markets Initiative, 2015.

[47] Q. Jossen et al. , The Key Role of Energy Renovation in the Net-Zero GHG Emission Challenge: Eurima's Contribution to the EU 2050 Strategy Consultation, 2018, https://stakeholder. netzero2050. eu.

[48] B. Kavya, Market-based Approaches of the Paris Agreement: Where are we now? New Delhi: The Energy and Resources Institute, 2018.

[49] N. Kreibich & L. Hermwille, Robust Transfers of Mitigation Outcomes, Understanding Environmental Integrity Challenges, JIKO Policy Paper No 2, 2016, Wuppertal, Germany.

[50] N. Kreibich & W. Obergassel, Carbon Markets After Paris, How to Account for the Transfer of Mitigation Results? JIKO Policy Paper No. 1, 2016. Wuppertal, Germany.

［51］ S. La Hoz Theuer, Environmental Integrity in Post 2020 Carbon Markets: Options to Avoid Trading of Hot Air Under Article 6. 2 of the Paris Agreement, University of Cambridge, Cambridge, UK, 2016.

［52］ Lambert Schneider et al. , Robust Accounting of International Transfers under Article 6 of the Paris Agreement, Discussion Paper, German Emissions Trading Authority (DEHSt), September 2017, Berlin, Germany.

［53］ M. Lazarus, A. Kollmuss & L. Schneider, Single-year Mitigation Targets: Uncharted Territory for Emissions Trading and unit Transfers, Stockholm: SEI, 2014.

［54］ J. Lehne & F. Preston, Chatham House Report Making Concrete Change Innovation in Low-carbon Cement and Concrete, Concrete Change Report, 2019 Retrieved from www. chatham-house. org.

［55］ A. Leiserowitz, International Public Opinion, Perception, and Understanding of Global Climate change, Human Development Report 2007/2008, http://www. climateaccess. org/ sites/default/files/Leiserowitz_ International%20Public%20Opinion. pdf.

［56］ J. D. Macinante, Networked Carbon Markets: Key Elements of the Mitigation Value Assessment Process, Word Bank Group Report, 2016.

［57］ G. Majone, Temporal Consistency and Policy Credibility: Why Democracies Need Non-Majoritarian Institutions, Florence (IT): European University Institute 2006, http:// www. eui. eu/Documents/ RSCAS/Publications/WorkingPapers/9657. pdf.

［58］ Marcu Andrei & Mandy Rambharos, Rulebook for Article 6 in the Paris Agreement: Takeaway from the COP 24 Outcome, European Roundtable on Climate Change and Sustainable Transition, February 2019.

［59］ A. Marcu, Carbon Market Provisions in the Paris Agreement (Article 6), CEPS Special report, 2016, Brussels, Belgium.

［60］ Material Economics, Industrial Transformation2050-Pathways to Net-Zero Emissions from EU Heavy Industry, 2019, https://materialeconomics. com/publications/industrial-trans-formation-2050.

［61］ McKinsey, Decarbonization of Industrial Sectors: the Next Frontier, 2018, https://www. mckinsey. com/~/media/mckinsey/business functions/sustainability and resource productivi-ty/our insihts/how industry can move toward a low carbon future/decarbonization-ofindustrial-sectors-the-next-frontier.

［62］ MEF, Declaration of the Leaders the Major Economies Forum on Energy and Climate, ht-tps://obamawhitehouse. archives. gov/the-press-office/ declaration-leaders-major-econo-mies-forum-energy-and-climate.

［63］ A. Michaelowa et al., Promoting Transparency in Article 6: Designing a Coherent and Robust Reporting and Review Cycle in the Context of Operationalizing Articles 6 and 13 of the Paris Agreement, Freiburg: Perspectives, 2020.

［64］ Axel Michaelowa et al., Promoting Article 6 Readiness in NDCs and NDC Implementation Plans, Final report 2021.

［65］ Moritz v. Unger, Sandra Greiner & Nicole Krämer, The CDM Legal Context Post-2020, Altas, Discussion Paper, 2019.

［66］ M. Nachmany et al., The 2015 Global Climate Legislation Study - A Review of Climate Change Legislation in 99 Countries, London: Grantham Research Institute on Climate Change and the Environment, Globe and Inter Parliamentary Union (IPU) Research Paper, 2015.

［67］ S. Oberthür (eds.), The Mechanism to Facilitate Implementation and Promote Compliance with the Paris Agreement Design Options, WRI Technical Report, 2018 (5).

［68］ Paola Parra et al., Equitable Emissions Reductions under the Paris Agreement, Climate Action Tracker Briefing Paper, 2017.

［69］ PIK, Paris Reality Check - pledged Climate Futures, https://www. pik-potsdam. de/primap-live/indcs.

［70］ PIK, Paris Reality Check - pledged Climate Futures, PIK Analysis Report 2016 https:// www. pik-potsdam. de/primap-live/indcs.

［71］ A. Prag, C. Hood & P. M. Barata, Made to Measure: Options for Emissions Accounting under the UNFCCC, Oecd/iea Climate Change Expert Group Papers, 2013.

［72］ A. Prag et al., Tracking and Trading: Expanding on Options for International Greenhouse Gas Unit Accounting after 2012, Organization for Economic Co-operation and Development and International Energy Agency, Paris, 2012.

［73］ M. Ram et al., Global Energy System Based on 100% Renewable Energy - Power Sector, http://energywatchgroup. org/wpcontent/uploads/2017/11/Full - Study - 100 - Renewable - Energy-Worldwide-Power-Sector. pdf.

［74］ M. Rocha, Reporting Tables - potential Areas of Work under SBSTA and Options - Part I: GHG Inventories and Tracking Progress Towards NDCs, OECD/IEA Climate Change Expert Group Papers, 2019.

［75］ L. Schneider, A. Kollmuss & S. La Hoz Theuer, Ensuring the Environmental Integrity of Market Mechanisms under the Paris Agreement, SEI Policy Brief, 2016 (10), Seattle, United States.

［76］ Lambert Schneider & Derik Broekhoff, Market Mechanisms in the Paris Agreement - differences and Commonalities with Kyoto Mechanisms, Working Paper, 2016.

［77］ Lambert Schneider et al. , Robust Accounting of International Transfers under Article 6 of the Paris Agreement, DEHSt Discussing Paper, 2016.

［78］ K. Scrivener, Eco-efficient Cements: No Magic Bullet Needed, 2019, https://www. lc3. ch/wpcontent/uploads/2019/09/LC3-FINAL-for-KS-120819. pdf.

［79］ Stefano De Clara et al. , International Carbon Action Partnership (icap) Status Report 2022, International Carbon Action Partnership (icap), 2022.

［80］ L. Stephanie et al. , International Transfers under Article 6 in the Context of Diverse Ambition of NDCs, Stockholm: SEI, 2017.

［81］ UNFCCC, 2022, Guiding Questions by the SB Chairs for the Technical Assessment Component of the First Global Stocktake, https://unfccc. int/ topics/global-stocktake.

［82］ UNFCCC, Communication and update of Andorra's Nationally Determined Contribution, https://unfccc. int/sites/default/files/NDC/202206/20200514-%20Actualitzaci%C3%B3%20NDC. pdf.

［83］ UNFCCC, Communication and Update of United Kingdom of Great Britain and Northern Ireland 2030 Nationally Determined Contribution, https://unfccc. int/sites/default/files/NDC/2022-09/UK%20NDC%20ICTU%202022. pdf.

［84］ UNFCCC, Communication and Update of United Republic of Tanzania's Nationally Determined Contribution, https://unfccc. int/sites/default/files/NDC/2022-06/TANZANIA_ NDC_ SUBMISSION_ 30%20JULY%202021. pdf.

［85］ UNFCCC, Communication and Update of United States of America's ' Nationally Determined Contribution, https://unfccc. int/sites/default/files/NDC/2022 - 06/United% 20States% 20NDC%20April%2021%202021%20Final. pdf.

［86］ UNFCCC, Communication and Update of Zambia's Nationally Determined Contribution, https://unfccc. int/sites/default/files/NDC/2022-06/Final% 20Zambia_ Revised%20and% 20Updated_ NDC_ 2021_ . pdf.

［87］ UNFCCC, Communication and Update of Zimbabwe's Nationally Determined Contribution, https://unfccc. int/sites/default/files/NDC/202206/Zimbabwe%20Revised%20Nationally% 20Determined% 20Contribution% 202021% 20Final. pdfhttps://unfccc. int/sites/default/files/NDC/202206/TANZANIA_ NDC_ SUBMISSION_ 30%20JULY%202021. pdf.

［88］ UNFCCC, Handbook on Measurement, Reporting and Verification for Developing Country Parties, http://unfccc. int/files/national_ reports/annex_ i_ natcom_ /application/pdf/non-annex_ i_ mrv_ handbook. pdf.

［89］ UNFCCC, Singapore's Update of Its First Nationally Determined Contribution (NDC) and Accompanying Information, https://unfccc. int/sites/default/files/NDC/202206/

Singapore%27s%20Update%20of%201st%20NDC. pdf.

［90］ UNFCCC, Switzerland. Biennial report（BR）, https://unfccc. int/sites/default/files/re-source/CHE_ BR4_ 2020. pdf.

［91］ UNFCCC, The Chile's Nationally Determined Contribution, https://unfccc. int/sites/default/files/NDC/2022-06/Chile%27s_ NDC_ 2020_ english. pdf.

［92］ UNFCCC, The Republic of Moldova's Nationally Determined Contribution, https://unfc-cc. int/sites/default/files/NDC/2022-06/MD_ Updated_ NDC_ final_ version_ EN. pdf.

［93］ UNFCCC, The Republic of the Marshall Islands Nationally Determined Contribution, ht-tps://pacificndc. org/sites/default/files/2021 – 01/Republic% 20of% 20Marshall% 20Islands%20NDC. pdf.

［94］ UNFCCC, Update of Nationally Determined Contribution（NDC）of Jamaica, https://unfc-cc. int/sites/default/files/NDC/2022-06/Updated%20NDC%20Jamaica%20-%20ICTU%20Guidance. pdf.

［95］ UNFCCC, Update of Nationally Determined Contribution（NDC）of Norway, https://unfc-cc. int/sites/default/files/NDC/2022-06/Norway_ updatedNDC_ 2020%20%28Updated%20submission%29. pdf.

［96］ UNFCCC, Adoption of the Paris Agreement, http://unfccc. int/documentation/documents/advanced_ search/items/6911. php? priref=600008831.

［97］ United Nations Framework Convention on Climate Change（UNFCCC）, Various Approaches, Including Opportunities for Using Markets, to Enhance the Cost-Effectiveness Of, and to Promote, Mitigation Actions, Bearing in Mind Different Circumstances of Developed and Developing Countries, Technical Paper, FCCC/TP/2012/4.

［98］ L. Vallejo, S. Moarif & A. Halimanjaya, Enhancing Mitigation and Finance Reporting: Building on Current Experience to Meet the Paris Agreement Requirements, OECD/IEA Climate Change Expert Group Papers, 2017.

［99］ H. Van Asselt et al. , Maximizing the Potential of the Paris Agreement: Effective Review in a Hybrid Regime, SEI Report, 2016.

［100］ H. Van Asselt et al. , Maximizing the Potential of the Paris Agreement: Effective Review of Action and Support in a Bottom-Up Regime, Social Science Research Network, 2016.

［101］ J. Wachsmuth, M. Schaeffer & B. Hare, The EU Long-term Strategy to Reduce GHG Emis-sions in Light of the Paris Agreement and the IPCC Special Report on 1, 5°C, Working Papers 2018.

［102］ J. Wei, K. Cen & Y. Geng, Evaluation and Mitigation of Cement CO_2 Emissions: Projection of Emission Scenarios Toward 2030 in China and Proposal of the Roadmap to a

Low-carbon World by 2050, 2018, https://doi. org/10. 1007/s11027-018-9813-0.

[103] B. R. Willis et al. , The Case Against New Coal Mines in the UK the Case Against New Coal Mines in the UK, 2020.

[104] World Bank, The Worldwide Governance Indicators, 2015, http://info. worldbank. org/governance/wgi/index. aspx#home.

[105] World Steel Association, Steel Statistical Yearbook 2019 Concise Version Preface, World steel Association, 2019, https://www. worldsteel. org/steel-bytopic/statistics/steel-statistical-yearbook. html.

[106] World Values Survey Wave 7: 2017-2020, Q99: Active/Inactive membership environmental organization, https://www. worldvaluessurvey. org/WVSOnline. jsp.

[107] WRI, CAIT Climate Data Explorer, WRI, Washington D. C. , http://cait. wri. org/indcs.

[108] Yamide Dagnet, Cynthia Elliott & Nathan Cogswell, INSIDER: Designing the Paris Agreement's Transparency Framework, 2019.